智能制造综合标准化专项研究成果丛书

智能制造基础共性标准研究成果（一）

国家智能制造标准化总体组　主编

电子工业出版社·

Publishing House of Electronics Industry

北京·BEIJING

内 容 简 介

2015 年开始，工业和信息化部与财政部共同实施了"智能制造综合标准化与新模式应用"专项行动。专项行动包括智能制造综合标准化和新模式应用两部分内容。本系列丛书是 2015 年专项中智能制造综合标准化的部分研究成果。丛书分为三册，其中基础共性标准成果两册，行业应用标准成果一册。

本书是丛书的第一册，收录了 16 项智能制造基础共性标准，是针对智能工厂/数字化车间这一领域的研究成果。

本书可供制造业企业、科研院所相关人员参考阅读。

图书在版编目（CIP）数据

智能制造基础共性标准研究成果. 一 / 国家智能制造标准化总体组主编. —北京：电子工业出版社，2018.12
（智能制造综合标准化专项研究成果丛书）
ISBN 978-7-121-35126-6

Ⅰ. ①智⋯　Ⅱ. ①国⋯　Ⅲ. ①智能制造系统—标准化—研究　Ⅳ. ①TH166-65

中国版本图书馆 CIP 数据核字（2018）第 224615 号

策划编辑：徐　静　陈韦凯
责任编辑：陈韦凯　郭穗娟
印　　刷：北京天宇星印刷厂
装　　订：北京天宇星印刷厂
出版发行：电子工业出版社
　　　　　北京市海淀区万寿路 173 信箱　邮编　100036
开　　本：880×1230　1/16　印张：28.5　字数：883 千字
版　　次：2018 年 12 月第 1 版
印　　次：2018 年 12 月第 1 次印刷
定　　价：198.00 元

凡所购买电子工业出版社图书有缺损问题，请向购买书店调换。若书店售缺，请与本社发行部联系，联系及邮购电话：（010）88254888，88258888。

质量投诉请发邮件至 zlts@phei.com.cn，盗版侵权举报请发邮件至 dbqq@phei.com.cn。

本书咨询联系方式：chenwk@phei.com.cn。

编 委 会

指导委员会

主任委员：李　东

副主任委员：尤　政　　王瑞华　　朱森第

委　　员：张荣翰　　汪　宏　　董景辰　　赵　波

　　　　　欧阳劲松　徐洪海　　张入通　　朱恺真

　　　　　于海滨　　蒙有为　　尹天文　　石　勇

　　　　　孙迎新　　余晓江　　李　侠　　邵柏庆

出版工作委员会

主　　编：董景辰

副主编：杨建军　　王麟琨

参编人员：王春喜　刘　丹　史学玲　丁　露　吴东亚　卓　兰

　　　　　张　晖　周　平　郭　楠　范科峰　胡静宜　黎晓东

　　　　　王　英　徐建平　张岩涛　徐　鹏　涂　煊　柴　熠

　　　　　李翌辉　史海波　王克达　于秀明　赵奉杰　鞠恩民

　　　　　于美梅　苗建军　谢兵兵　郝玉成　朱恺真　王　琨

　　　　　朱毅明　徐　静

编 者 按

2015 年开始，工业和信息化部与财政部共同实施了《智能制造综合标准化与新模式应用》专项行动，专项包括智能制造综合标准化和新模式应用两部分内容。本系列丛书是 2015 年专项中智能制造综合标准化的部分研究成果。丛书分为三册，基础共性标准成果两册，行业应用标准成果一册。本书是丛书的第一册，收录了 16 项标准成果，每项成果均按照 GB/T 1.1—2009《标准化工作导则　第 1 部分：标准的结构和编写》的要求进行编写。

此次出版的标准研究成果符合国家标准化委员会与工业和信息化部 2015 年发布的《智能制造标准体系建设指南》。根据专项的考核目标，标准的研究成果是形成标准草案，在此基础上再申报国家标准或者行业标准立项。目前，已有一部分成果完成国家标准或者行业标准的立项，也有不少成果已经在企业中得到应用。

按照工业和信息化部发布的"智能制造综合标准化和新模式管理办法"规定，专项标准的研究过程须经过三次技术审查。审查专家组由该领域的技术专家和标准化专家组成，其中至少包含两名国家智能制造标准化专家咨询组的专家。每次审查会都形成会议纪要、专家审查意见及专家审查意见汇总处理结果。所形成的标准（草案）还必须经过验证，由专项的项目承担单位建设验证平台，并在一个以上的企业现场创建验证环境（2016 年以后要求在三个以上的企业现场搭建验证环境）。通过举证、平台、现场三种验证方式，使验证覆盖标准（草案）的全部内容，从而保证了标准（草案）有较好的完整性、准确性和可操作性。

智能制造标准的特点是综合性非常强，不但在内容上要将设计、制造、通信、软件、管理等多个领域的技术融合在一起，而且还要进行全面的验证，所以技术难度是很大的。这也是对标准化工作一个新的挑战。感谢专项的承担单位、参研单位和众多的技术专家，付出了巨大的努力，克服了很多困难，最终取得了较好的成果。

希望本丛书的出版能对业界推进企业智能制造转型升级有所帮助，并希望大家对丛书的内容提出宝贵的意见。

《智能制造综合标准化专项研究成果丛书》编委会

2018 年 9 月

目　　录

成果一

智能制造　系统架构

引　言

标准解决的问题：

本标准规定了智能制造系统架构的范围和内容，以及生命周期、系统层级、智能功能三个维度之间的关系。

标准的适用对象：

本标准适用于从事智能制造研究、规划的人员。

专项承担研究单位：

中国电子技术标准化研究院。

专项参研联合单位：

机械工业仪器仪表综合技术经济研究所、北京机械工业自动化研究所、中国电子信息产业发展研究院（赛迪集团）、机械工业北京电工技术经济研究所、北京蓝波技术信息开发公司、海尔集团、浙江中控技术股份有限公司、中国信息通信研究院、上海明匠智能系统有限公司、中国信息通信研究院。

专项参研人员：

胡静宜、韦莎、宋继伟、耿力、纪婷钰、王春喜、汪烁、孙洁香、杨秋影、左世全、许斌、王琨、邓伟、潘理达、钱涛、米永东、俞文光、柏立悦、沈善俊、毕京洲、张凤德、石友康。

智能制造 系统架构

1 范围

本标准规定了智能制造系统架构的范围和内容，以及生命周期、系统层级、智能功能三个维度之间的关系。

本标准适用于从事智能制造研究、规划的人员。

2 规范性引用文件

下列文件对于本文件的应用是必不可少的。凡是注日期的引用文件，仅注日期的版本适用于本文件。凡是不注日期的引用文件，其最新版本（包括所有的修改单）适用于本文件。

GB/T 15624—2011 服务标准化工作指南

GB/T 18354—2006 物流术语

3 术语和定义

以下术语和定义适用于本文件。

3.1

智能制造 intelligent manufacturing

基于新一代信息通信技术与先进制造技术深度融合，贯穿于设计、生产、管理、服务等制造活动的各个环节，具有自感知、自学习、自决策、自执行、自适应等功能的新型生产方式。

3.2

生命周期 lifecycle

从产品原型研发开始到产品废止结束的各个阶段。

3.3

系统层级 system hierarchy

与制造控制系统和其他业务系统相关的层次，自下而上共五层，分别为设备层、控制层、车间层、企业层和协同层。

3.4

智能功能 intelligent functions

使制造活动具有自感知、自学习、自决策、自执行、自适应等一个或多个功能的新一代信息通信技术的层级划分，包括资源要素、系统集成、互联互通、信息融合和新兴业态等五层智能化要求。

3

3.5

设计　design

根据企业的所有约束条件以及所选择的技术来对需求进行构造、仿真、验证、优化的活动过程。

3.6

生产　production

通过劳动创造所需要的物质资料的过程。

3.7

物流　logistics

物品从供应地向接收地的实体流动过程。根据实际需要，将运输、储存、装卸、搬运、包装、流通加工、配送、信息处理等基本功能实施有机结合。

[GB/T 18354—2006，定义2.2]

3.8

销售　sale

企业将商品、劳务、观念导向消费者或使用者的商业活动过程，即将企业拥有的产品或商品等从企业转移到购买者（客户）手中的经营活动。

3.9

服务　service

服务提供者与顾客接触过程中所产生的一系列活动的过程及其结果，其结果通常是无形的。

[GB/T 15624—2011，定义3.1]

3.10

设备层　equipment level

企业利用传感器、仪器仪表、条码、射频识别、机器、机械和装置等，实现实际物理流程并感知和操控物理流程的层级。

3.11

控制层　control level

用于工厂内处理信息、实现监测和控制物理流程的层级，包括企业常用的可编程逻辑控制器（PLC）、数据采集与监视控制系统（SCADA）、分布式控制系统（DCS）和现场总线控制系统（FCS）等系统。

3.12

车间层　workshop level

企业利用制造执行系统（MES）等系统，实现生产期望产品的工作流（包括记录维护和流程协调），及面向工厂/车间的生产管理的层级。

3.13

企业层 enterprise level

用于企业管理所需的业务相关活动以实现企业经营管理的层级。其中，制造相关活动包括建立基础车间调度（比如物料的使用，传送和运输），确定库存水平以及确保物料按时传送给合适的地点以进行生产。

3.14

协同层 cooperation level

企业实现其内部和外部信息环境中不同数据、应用、业务流程和服务共享及互联的方法与过程的层级。

3.15

资源要素 resources elements

企业进行生产时所需要使用的资源或工具，包括设计施工图纸、产品工艺文件、原材料、制造设备、生产车间和工厂等物理实体，也包括电力、燃气等能源以及人员。

3.16

系统集成 system integration

通过二维码、射频识别、软件等信息技术集成原材料、零部件、能源、设备等各种制造资源。由小到大实现从智能装备到智能生产单元、智能生产线、数字化车间、智能工厂，乃至智能制造系统的集成。

3.17

互联互通 interconnection

通过有线、无线等通信技术，实现机器之间、机器与控制系统之间、企业之间相互连接的功能。

3.18

信息融合 information fusion

在系统集成和通信的基础上，利用云计算、大数据等新一代信息技术，在保障信息安全的前提下，实现信息协同共享。

3.19

新兴业态 new business pattern

基于人工智能等新一代信息技术实现不同产业间企业内部价值链和外部产业链整合所形成的新型产业形态，包括大规模个性化定制、远程运维服务和网络协同制造等服务型制造模式。

4 缩略语

下列缩略语适用于本文件。
APS：高级计划与排程系统（Advanced Planning and Scheduling System）
CAPP：计算机辅助工艺过程设计系统（Computer-Aided Process Planning）

CRM：客户关系管理（Customer Relationship Management）

DCS：分布式控制系统（Distributed Control System）

ERP：企业资源计划（Enterprise Resource Planning）

ELM：设备生命周期管理（Equipment Lifecycle Management）

FCS：现场总线控制系统 （Fieldbus Control System）

IP：互联网协议（Internet Protocol）

MES：制造执行系统（Manufacturing Execution System）

MOM：制造运行管理（Manufacturing Operation Management）

PLC：可编程逻辑控制器（Programmable Logic Controller）

PLM：产品生命周期管理（Product Lifecycle Management）

WMS：物流仓储管理（Warehouse Management System）

SCADA：监控与数据采集系统（Supervisory Control and Data Acquisition）

SCM：供应链管理（Supply Chain Management）

SLM：服务生命周期管理（Service Lifecycle Management）

WMS：物流仓储管理（Warehouse Management System）

5 智能制造的系统架构

5.1 概述

智能制造的系统架构包括生命周期、系统层级和智能功能三个维度，如图1所示。

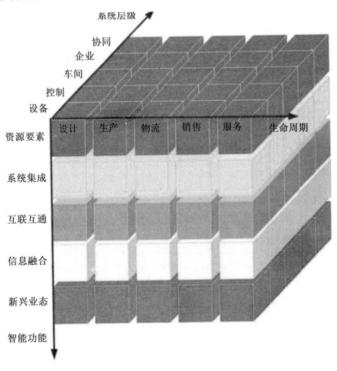

图 1 智能制造系统架构

生命周期维度是由设计、生产、物流、销售、服务等一系列相互联系的价值创造活动组成的链式集合。生命周期中各项活动相互关联、相互影响。不同行业的生命周期构成不同。生命周期维度应体现智能制造过程的信息流。

注1： 存在并不涉及全部生命周期维度的行业，如石化生产行业不涉及设计和物流。

系统层级维度的系统层级自下而上共分五层，分别为设备层、控制层、车间层、企业层和协同层。智能制造的系统层级体现了装备的智能化和互联网协议（IP）化，以及网络的扁平化趋势。

智能功能维度主要包括资源要素、系统集成、互联互通、信息融合和新兴业态等五层。智能制造的关键是实现贯穿企业设备层、控制层、车间层、工厂层、协同层不同层面的纵向集成，跨智能功能不同级别的横向集成，以及覆盖产品全生命周期的端到端集成。

5.2 生命周期维度

5.2.1 设计

设计一般包括产品设计、工艺设计、辅助制造、设计与制造集成等相关活动。

5.2.2 生产

生产一般包括生产调度、原料采购、计划排产、生产管理、质量管理、能源管理、物流仓储（厂内）等活动。

5.2.3 物流

物流主要包括物料收货、物料备发、成品存储和物流派送等活动。应保证整个运输、搬运过程无剧烈冲击和震动，防止重力挤压，防水防潮，避免高温日晒，确保销售包装不变形、无破损、无磨损，包装容器具无破损，内料无渗漏，物流全过程实时定位、可追踪。

5.2.4 销售

销售一般包括精准营销、电子商务（CTC）、第三方交易平台电子商务（BTC）、复杂产品应用模拟场景、移动端用户体验设计（UE）、客户自服务门户等活动。

5.2.5 服务

企业应通过信息化技术收集消费者个性化需求建立专属个性化大数据库，通过数据分析，有针对性地为消费者提供有偿或无偿、有形或无形的问题解决方案。服务可分为售前服务、售中服务和售后服务。

5.3 系统层级维度

5.3.1 设备层

设备层应包括用来监视和操纵制造或生成过程的传感器以及执行机构、仪器仪表、条码、机器、机械和装置等，是企业进行生产活动的物质技术基础。

5.3.2 控制层

控制层通常表示手动的或自动的控制活动，使过程保持稳定或处于控制之下。包括可编程逻辑控制器（PLC）、数据采集与监视控制系统（SCADA）、分布式控制系统（DCS）和现场总线控制系统（FCS）等。

5.3.3 车间层

车间层实现面向工厂/车间的生产管理，包括制造执行系统（MES）和物流仓储管理（WMS）等。车间层的活动主要包括：

a）报告包括可变制造成本在内的区域生产。

b）汇集并维护有关生产、库存量、人力、原材料、备件和能量使用等的区域数据。

c）完成按工程功能要求的数据收集和离线性能分析，这可能包括统计质量分析和有关的控制功能。

d）完成必要的人员功能，诸如：工作时间统计（例如时间、任务），劳动力调度等。

e）为其自身的区域建立包括维护、运输和其他与生产有关的需要在内的、直接的详细的生产计划。

f）为其各个生产区域局部优化成本，同时完成企业层所建立的生产计划。

g）修改生产计划以补偿在其负责区域可能会出现的工厂生产中断。

5.3.4 企业层

企业层实现面向企业的经营管理，包括企业资源计划系统（ERP）、供应链管理系统（SCM）、客户关系管理系统（CRM）、计算机辅助设计系统（CAD）、计算机辅助工程系统（CAE）和计算机辅助制造系统（CAM）等。企业层的活动主要包括：

a）汇集并维护原材料和备件的使用以及可用库存，并为采购原材料和备件提供数据。

b）汇集并维护全部能源使用及可用库存，并为采购能源提供数据。

c）汇集并维护全部半成品和生产库存文件。

d）汇集并维护与客户要求有关的质量控制文件。

e）汇集并维护预防性和预测性维护计划所需要的机械和设备使用及寿命历史文档。

f）汇集并维护人力使用数据，以便将其传送到人事部门和会计部门。

g）建立基本的工厂生产调度计划。

h）根据资源可用性的变化、可供利用的能源、功率需求水平、以及维护的需求，为接收到的订单修改基本的工厂生产调度计划。

i）根据基本的工厂生产调度计划，开发最佳的预防性维护和设备更新计划。

j）确定每个存储点的原材料、能源、备件，以及半成品的最佳库存水平。

k）当出现主要生产中断时，有必要修改基本工厂生产调度计划。

l）基于上述所有活动的产能计划。

5.3.5 协同层

协同层应体现企业之间的协作过程，它是由产业链上不同企业通过互联网络共享信息，实现协同研发、智能生产、精准物流和智能服务等。协同层可以超出传统企业的范畴，包括产业链上下游，以及大型企业的不同子公司等，通过互联网进行全方位的协同和信息分享。

5.4 智能功能维度

5.4.1 资源要素

资源要素应包括战略和组织、雇员、设备、能源、原料、知识、市场等活动。

5.4.2 系统集成

系统集成应包括通过二维码、射频识别、软件等信息技术集成的原材料、零部件、能源、设备等各种制造资源，由小到大实现从智能装备到智能生产单元、智能生产线、数字化车间、智能工厂，乃至智能制造系统的集成。涉及集成模式、现场控制执行层的集成、信息管理系统的集成、企业内部纵向集成、企业间端到端集成等活动。

5.4.3 互联互通

互联互通可以是某一个工厂内部的生产设备和信息化设施间的物理网络连接（厂内互联），也可以是两个（或多个）工厂生产设备、信息化设施之间的物理网络连接（厂外互联）；互通更多强调上述物理网络连接能否为不同场景、不同设备和应用提供不同服务质量、不同类型的信息传输通道，包括物理网络和信息网络等。表 1 给出了 OSI（Open System Interconnection，开放式系统互联）模型各层级中所包含的互联互通协议。

表 1 在 OSI 模型各层级中所包含的互联互通协议

OSI 模型		智能功能——互联互通层
7	应用层	
6	表示层	OPC-UA, DDS, XMPP, Web Services HTTP, HTTPs, SOAP, CoAP, MQTT, AMQP
5	会话层	
4	传输层	UDP, TCP
3	网络层	IP, IPsec
2	数据链路层	Ethernet, WiFi, GSM/4G/5G, TSN, MACsec
1	物理层	Cable & Wireless

OSI 模型的物理层应包含 Cable & Wireless 协议，主要为电缆、光纤、无线等传输介质的协议。

OSI 模型的数据链路层应包含 Ethernet、WiFi、GSM/4G/5G、TSN 和 MACsec 协议。其中，TSN 为时间敏感网络协议，主要应用于各种支持低延时及基于时间同步数据传输的以太网协议。MACsec 是一个用于保护局域网安全的协议，其通过识别局域网上非授权站点来阻止其通信，从而保证网络正常运行，同时还能保护信息完整性和保密性。

OSI 模型的网络层应包含 IP 和 IPsec 协议。其中，IPsec（互联网安全协议）是一个协议组合，透过对 IP 协议的分组进行加密和认证来保护 IP 协议的网络传输协议族（一些相互关联的协议的集合）。

OSI 模型的传输层应包含 UDP 和 TCP 协议。UDP 协议为用户数据报协议，是一个简单的面向数据报的运输层协议，它只是把应用程序传给 IP 层的数据报发送出去，但是并不能保证它们能到达目的地。TCP 协议为传输控制协议，提供的是面向连接、可靠的字节流服务。

OSI 模型会话层、表示层和应用层应包含 OPC-UA、DDS、XMPP、Web Services HTTP、HTTPs、SOAP、CoAP、MQTT 和 AMQP 协议。其中，OPC-UA 即 OPC 统一架构，其具有安全，可靠和独立于厂商的特点，可实现原始数据和预处理的信息从制造层级到生产计划或 ERP 层级的传输。DDS 为数据分发服务，用于 M2M 通信。消息队列遥测传输（MQTT）是一个即时通信协议，为目前最常用的物联网通信协议之一。该协议应支持所有平台，几乎可以把所有联网物品和外部连接起来，被用作传感器和致动器（比如通过 Twitter 让房屋联网）的通信协议。高级消息队列协议（AMQP）是一个提供统一消息服务的应用层标准高级消息队列协议，为应用层协议的一个开放标准，为面向消息的中间件设计。基于此协议的客户端与消息中间件可传递消息，并不受客户端/中间件不同产品、不同开发语言等条件的限制。

5.4.4 信息融合

信息融合应在系统集成和通信的基础上，利用云计算、大数据等新一代信息技术，在保障信息安全的前提下，实现信息协同共享。包括数据融合平台、数据清洗、数据质量提升、数据安全、车间数据融合、工厂数据融合、企业数据融合、虚拟现实和物理世界融合等活动。

5.4.5 新兴业态

5.4.5.1 大规模个性化定制

a）产品应采用模块化设计，通过差异化的定制参数，组合形成个性化产品。

b）应建有基于互联网的个性化定制服务平台，通过定制参数选择、三维数字建模、虚拟现实或增强现实等方式，实现与用户深度交互，快速生成产品定制方案。

c）应建有个性化产品数据库，应用大数据技术对用户的个性化需求特征进行挖掘和分析。

d）个性化定制平台应与企业研发设计、计划排产、柔性制造、营销管理、供应链管理、物流配送和售后服务等数字化制造系统实现协同与集成。

5.4.5.2 远程运维服务

a）应采用远程运维服务模式的智能装备/产品应配置开放的数据接口，具备数据采集、通信和远程控制等功能，利用支持 IPv4、IPv6 等技术的工业互联网，采集并上传设备状态、作业操作、环境情况等数据，并根据远程指令灵活调整设备运行参数。

b）应建立智能装备/产品远程运维服务平台，能够对装备/产品上传数据进行有效筛选、梳理、存储与管理，并通过数据挖掘、分析，向用户提供日常运行维护、在线检测、预测性维护、故障预警、诊断与修复、运行优化、远程升级等服务。

c）智能装备/产品远程运维服务平台应与设备制造商的产品全生命周期管理系统（PLM）、客户关系管理系统（CRM）、产品研发管理系统实现信息共享。

d）智能装备/产品远程运维服务平台应建立相应的专家库和专家咨询系统，能够为智能装备/产品的远程诊断提供智能决策支持，并向用户提出运行维护解决方案。

e）应建立信息安全管理制度，具备信息安全防护能力。通过持续改进，建立高效、安全的智能服务系统，提供的服务能够与产品形成实时、有效互动，大幅度提升嵌入式系统、移动互联网、大数据分析、智能决策支持系统的集成应用水平。

5.4.5.3 网络协同制造

a）应建有网络化制造资源协同云平台，具有完善的体系架构和相应的运行规则。

b）应通过协同云平台，展示社会/企业/部门制造资源，实现制造资源和需求的有效对接。

c）应通过协同云平台，实现面向需求的企业间/部门间创新资源、设计能力的共享、互补和对接。

d）应通过协同云平台，实现面向订单的企业间/部门间生产资源合理调配，以及制造过程各环节和供应链的并行组织生产。

e）应建有围绕全生产链协同共享的产品溯源体系，实现企业间涵盖产品生产制造与运维服务等环节的信息溯源服务。

f）应建有工业信息安全管理制度和技术防护体系，具备网络防护、应急响应等信息安全保障能力。

6 系统架构三维度之间的关系

6.1 生命周期维度与系统层级维度之间的关系

6.1.1 制造平面

智能制造系统架构的生命周期维度是产品、设备和服务的生命周期。系统层级维度是从现场设备到协同制造的企业层级。这两个维度是制造的过程和基础。智能功能维度体现了数据生命周期，即资源要素、系统集成、互联互通、信息融合和新兴业态对应了数据的产生、采集、传输、分析和应用。为了说明生命周期维度和系统层级维度之间的关系，本标准将智能功能维度映射到生命周期维度和系统层级维度组成的平面上，即将三维的智能制造系统架构压缩为两维的制造平面，并通过企业常用的软硬件系统来说明智能制造与传统制造的区别与联系。生命周期维度与系统层级维度组成的两维制造平面关键软硬件系统如图2所示。

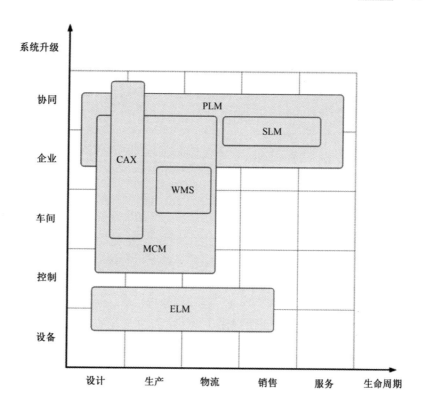

图 2 生命周期维度与系统层级维度组成的两维制造平面关键软硬件系统

6.1.2 工业物联网平台

工业物联网平台覆盖了生命周期维度和系统层级维度所组成的平面。企业应采用物联网等技术实现制造的信息流要求。

6.1.3 CAX

CAX（CAP、CAE、CAPP、CAM）应处于生命周期维度的设计和生产，系统层级维度的车间、企业和协同层。CAX 应包括模块零件信息的获取、工艺决策、工艺数据库、人机交互界面、工艺文件管理与输出等。

6.1.4 PLM

PLM 应贯穿生命周期维度，处于系统层级维度的企业和协同层。PLM 应支持产品全生命周期的信息的创建、管理、分发和应用，能够集成与产品相关的人力资源。

6.1.5 MOM

MOM 应处于生命周期维度的设计、生产和物流，系统层级的控制、车间、企业和协同层。MOM 应涉及生产运行、维护运行、质量运行和库存运行等，并提供供应链管理和约束理论的先进计划与排程工具。

6.1.6 ELM

ELM 应处于生命周期维度的设计、生产和物流，系统层级的控制、车间、企业和协同层。企业宜采用边缘计算等网络边缘侧技术，实现设备的敏捷连接，对设备的实时监控和控制，数据优化处理等功能。

6.1.7 WMS

WMS 应处于生命周期维度的生产和物流，系统层级的车间和企业层。企业应建立可靠、安全、实用的物流仓储控制系统。

6.1.8 SLM

SLM 应处于生命周期维度的物流、销售和服务，系统层级的企业和协同层。企业应实现客户关系管理、供应链管理等功能。

6.2 生命周期维度与智能功能维度之间的关系

6.2.1 智能平面

智能制造的核心是数据驱动价值，其基础是网络化和数字化。智能功能维度的各项资源要素在生命周期维度会产生设计数据、生产数据、物流数据、销售数据和服务数据等各类业务数据；这些数据需要通过物联网进行采集和交互，通过大数据进行建模和分析，最后通过人工智能等技术进行应用。为了说明生命周期维度和智能功能维度之间的关系，本标准将系统层级维度映射到生命周期维度和智能功能维度组成的平面上，即将三维的智能制造系统架构压缩为两维的智能平面（见图 3），并通过生命周期各环节产生的数据以及对数据的应用来说明智能制造与传统制造的区别与联系。

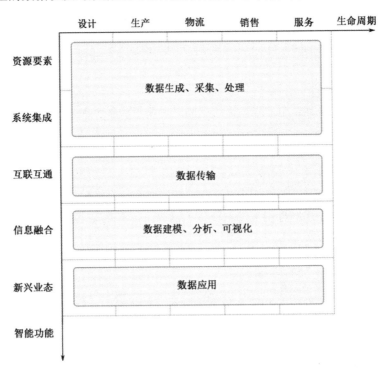

图 3　生命周期维度与智能功能维度组成的两维智能平面核心数据处理过程

6.2.2 数据生成、采集、处理

数据的生产、采集和处理贯穿于生命周期维度的各个环节，主要体现在智能功能的资源要素和系统集成。数据体现在智能功能维度的形式如下：

a）设计数据通常包括建模（机械、电子、流体）、仿真、样品数据、商业端数据、需求以及供应商数据等。

b）生产数据通常包括原材料、采购（原料、批次）、实际生产数据、质量数据、生产计划以及工厂配置等数据。

c）物流数据通常包括物流跟踪、物料清单、生产理念、产品序列以及库存数据等。

d）销售数据通常包括订单数据、报价信息、个性化需求、客户参数以及分销渠道等数据。

e）服务数据通常包括固定维护数据、备件数据、报修信息、意见反馈以及故障参数等数据。

6.2.3 数据传输

数据的传输贯穿于生命周期维度的各个环节，应通过物联网等互联互通技术实现。

6.2.4 数据建模、分析、可视化

数据的建模、分析和可视化贯穿于生命周期维度的各个环节，应利用云计算、大数据等新一代信息技术，在保障信息安全的前提下实现。

6.2.5 数据应用

数据应用可包括诊断、预测、配置和优化等。企业宜通过人工智能等技术对数据进行应用，实现大规模个性化定制、远程运维和工业云等新模式、新业态。

6.2.6 信息安全

信息安全要求应覆盖生命周期维度和智能功能维度所组成的智能平面。企业应对数据的各个环节进行安全保护。

附录 A
（资料性附录）
智能制造系统架构使用示例

智能制造系统架构通过三个维度展示了智能制造的全貌。为更好地解读和理解系统架构，以计算机辅助设计（CAD）、工业机器人和工业互联网为例，分别从点、线、面三个方面诠释智能制造重点领域在系统架构中所处的位置及其相关标准。

CAD 位于智能制造系统架构生命周期维度的设计环节、系统层级的企业层，以及智能功能维度的信息融合，如图 A.1 所示。

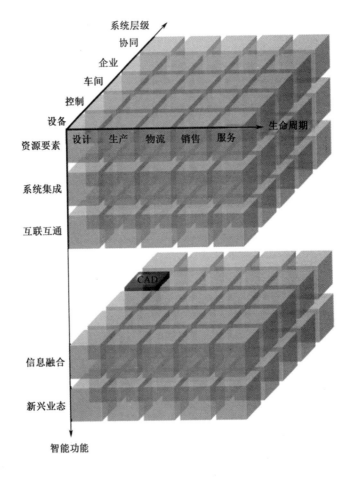

图 A.1　CAD 在智能制造系统架构中的位置

目前，CAD 正逐渐从传统的桌面软件向云服务平台过渡。下一步，结合 CAD 的云端化、基于模型定义（MBD）以及基于模型生产（MBM）等技术发展趋势，将制定新的 CAD 标准。CAD 在智能制造系统架构中的位置相应会发生变化，如图 A.2 所示。

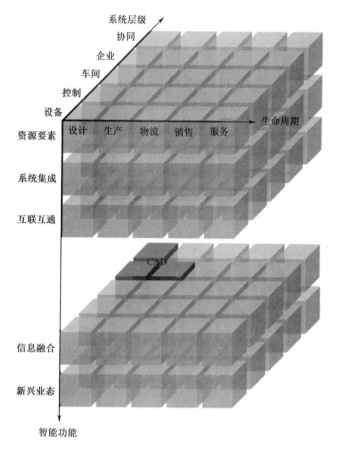

图 A.2 CAD 在智能制造系统架构中的位置变化

工业机器人位于智能制造系统架构生命周期的生产、物流环节，系统层级的设备层级和控制层级，以及智能功能的资源要素，如图 A.3 所示。

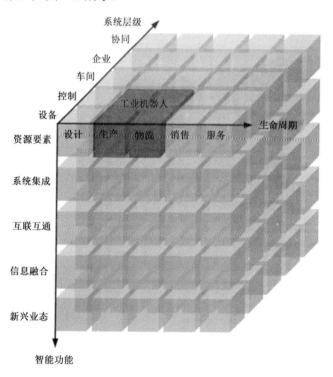

图 A.3 工业机器人在智能制造系统架构中的位置

工业互联网位于智能制造系统架构生命周期的所有环节、系统层级的设备、控制、工厂、企业和协同五个层级，以及智能功能的互联互通，如图 A.4 所示。

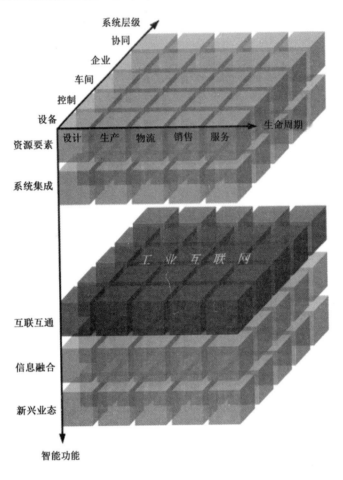

图 A.4　工业互联网在智能制造系统架构中的位置

附录 B
（资料性附录）
已发布、制定中的智能制造基础共性标准和关键技术标准在智能制造系统架构中的位置

序号	标准名称	标准号号/计划号	对应国际标准号	状态	生命周期维度					系统层级维度					智能功能维度				
					设计	生产	物流	销售	服务	设备	控制	车间	企业	协同	资源要素	系统集成	互联互通	信息融合	新兴业态
1	信息技术　词汇	GB/T 5271	ISO/IEC 2382	已发布	✓	✓	✓	✓	✓										✓
2	信息技术　嵌入式系统术语	GB/T 22033—2008		已发布	✓	✓	✓	✓	✓										
3	工业过程测量和控制　术语和定义	GB/T 17212—1998		已发布	✓					✓	✓						✓		
4	网络化制造技术术语	GB/T 25486—2010		已发布	✓	✓			✓								✓		
5	技术产品文件　计算机辅助设计与制图　词汇	GB/T 15751—1995	ISO/TR 10623—1992	已发布	✓	✓	✓	✓	✓										
6	制造业信息化　技术术语	GB/T 18725—2008		已发布	✓													✓	
7	信息技术　开放系统互联　基本参考模型	GB/T 9387	ISO/IEC 7498	已发布	✓					✓	✓				✓	✓	✓		
8	过程检测和控制流程图用图形符号和文字代号	GB/T 2625—1981		已发布	✓					✓						✓			
9	工业过程测量和控制　在过程设备目录中的数据　结构和元素	GB/T 20818	IEC 61987	已发布	✓	✓				✓					✓		✓		✓
10	工业过程测量、控制和自动化　生产设施表示用参考模型（数字工厂）	GB/Z 32235—2015	IEC 62794	已发布	✓					✓	✓	✓	✓	✓	✓	✓	✓	✓	✓
11	供应链管理业务参考模型	GB/T 25103—2010		已发布			✓	✓					✓	✓			✓	✓	✓
12	批控制	GB/T 19892.1～19892.2	IEC 61512	已发布	✓	✓					✓	✓			✓	✓	✓	✓	
13	信息技术　元数据注册系统（MDR）	GB/T 18391.1～18391.6	ISO/IEC 11179	已发布	✓	✓					✓							✓	
14	信息技术　实现元数据注册系统（MDR）内容一致性的规程	GB/T 23824	ISO/IEC TR 20943	已发布	✓	✓					✓						✓		

续表

序号	标准名称	标准号/计划号	对应国际标准号	状态	生命周期维度					系统层级维度					智能功能维度				
					设计	生产	物流	销售	服务	设备	控制	车间	企业	协同	资源要素	系统集成	互联互通	信息融合	新兴业态
15	信息技术 开放系统互连 注册机构操作规程 一般规程	GB/T 17969.1—2000	ISO/IEC 9834-1	已发布	✓			✓	✓		✓						✓		
16	信息技术 开放系统互连 OID 的国家编号体系和注册规程	GB/T 26231—2010		已发布	✓						✓						✓		
17	信息技术 传感器网络 第 501 部分：标识：传感节点编码规则	GB/T 30269.501—2014		已发布					✓							✓			
18	工业物联网仪表身份标识协议	20150005-T-604		制定中		✓	✓			✓					✓				✓
19	信息技术 开放系统互连 用于对象标识符解析系统运营机构的规程	20112007-T-604		制定中	✓						✓						✓		
20	信息技术 开放系统互连 对象标识符解析系统	20120558-T-469	ISO/IEC 29168-1:2011	制定中		✓			✓	✓				✓					
21	信息技术传感器网络 第 502 部分：标识：解析和管理规范	20120545-T-469		制定中		✓									✓				
22	传感器网络 标识 解析和管理规范	20120545-T-469		制定中		✓										✓			
23	智能传感器 术语	20150007-T-604		制定中	✓	✓				✓					✓	✓			
24	增材制造（AM）技术 术语	20142484-T-604	ISO 17296-1:2014	制定中	✓	✓				✓		✓			✓				✓
25	工业控制网络安全风险评估规范	GB/T 26333—2010		已发布		✓				✓		✓				✓			
26	工业控制系统信息安全	GB/T 30976.1～30976.2		已发布		✓					✓	✓							
27	工业自动化产品安全要求	GB 30439		已发布						✓									
28	过程工业领域安全仪表系统的功能安全	GB/T 21109.1～21109.3	IEC 61511	已发布		✓					✓								
29	控制与通信网络 CIP Safety 规范	20132552-Z-604	IEC 61784-3	制定中		✓				✓					✓			✓	
30	控制与通信网络 Safety-over-EtherCAT 规范	20141330-T-604	IEC 61784-3	制定中		✓				✓					✓			✓	
31	工业通信网络网络与系统安全 第 2-1 部分：建立工业自动化和控制系统安全程序	20120829-T-604	IEC 62443-2-1	制定中		✓							✓					✓	
32	集散控制系统（DCS）安全防护标准	20130783-T-604		制定中		✓					✓							✓	
33	集散控制系统（DCS）安全管理标准	20130784-T-604		制定中		✓					✓							✓	
34	集散控制系统（DCS）安全评估标准	20130785-T-604		制定中		✓					✓							✓	✓

续表

序号	标准名称	标准号/计划号	对应国际标准号	状态	设计	生产	物流	销售	服务	设备	控制	车间	企业	协同	资源要素	系统集成	互联互通	信息融合	新兴业态
35	集散控制系统（DCS）风险与脆弱性检测标准	2013C786-T-604		制定中		✓					✓					✓			
36	用于工业测量与控制系统的 EPA 规范 第 5 部分：网络安全规范	20077698-Q-604		制定中		✓					✓					✓	✓		
37	可编程逻辑控制器（PLC）安全要求	20130787-T-604		制定中		✓				✓						✓			
38	信息安全技术 安全可控信息系统 电力系统安全指标体系	20120527-T-469		制定中	✓						✓		✓		✓	✓			
39	信息技术 服务 服务管理	GB/T 24405	ISO/IEC 20000	已发布	✓	✓	✓	✓	✓							✓			
40	信息技术 开放系统互连 一致性测试方法和框架	GB/T 17178.1～17178.7	ISO/IEC9646	已发布		✓								✓		✓		✓	
41	工业过程测量和控制、系统评估中系统特性的评定	GB/T 18272.1～18272.8	IEC 61069	已发布		✓							✓		✓			✓	✓
42	工业自动化仪表通用试验方法	GB/T 29247—2012		已发布		✓				✓					✓				
43	过程测量和控制装置 通用性能评定方法和程序	GB/T 18271.1～18271.4	IEC 61298	已发布	✓	✓				✓					✓				
44	过程工业自动化系统出厂验收测试（FAT）、现场验收测试（SAT）和现场综合测试规范	GB/T 25928—2010	IEC 62381	已发布		✓		✓		✓					✓				
45	Modbus 测试规范	GB/T 25919—2010		已发布		✓				✓	✓	✓				✓		✓	
46	信息技术 开放系统互连 测试方法和规范（MTS）测试和测试控制记法 第 3 版 第 4 部分：TTCN-3 操作语义	20142102-T-469		制定中		✓					✓						✓		
47	智能传感器 性能评定方法	20150010-T-604		制定中	✓	✓				✓					✓	✓			
48	增材制造技术 主要特性和测试方法	2015139-T-604	ISO 17296-3:2014	制定中		✓				✓					✓	✓			✓
49	可靠性、维修性与有效性预计报告编制指南	GB/T 7289—1987		已发布		✓				✓					✓				
50	系统可靠性分析技术 失效模式和影响分析（FMEA）程序	GB/T 7826—2012		已发布		✓				✓					✓				
51	测量、控制和实验室用的电设备 电磁兼容性要求	GB/T 18268	IEC 61326	已发布		✓				✓					✓				
52	电子设备可靠性预计模型及数据手册	20132222-T-339		制定中		✓				✓					✓				

续表

序号	标准名称	标准号/计划号	对应国际标准号	状态	生命周期维度					系统层级维度					智能功能维度				
					设计	生产	物流	销售	服务	设备	控制	车间	企业	协同	资源要素	系统集成	互联互通	信息融合	新兴业态
53	系统可信性规范指南	20141011-T-339	IEC 62347:2006	制定中		✓					✓				✓				
54	设备可靠性 可靠性评价方法	20141010-T-339	IEC62308:2006	制定中		✓				✓					✓				
55	物联网总体技术 智能传感器可靠性设计方法与评审	20150015-T-604		制定中		✓				✓					✓				
56	可编程序控制器 第1部分：通用信息	GB/T 15969.1~15969.8	IEC 61131	已发布	✓	✓				✓		✓				✓	✓		
57	可编程标准仪器接口的高性能协议	GB/T 15946—2008	IEC 60488	已发布		✓					✓	✓				✓	✓		
58	工业以太网交换机技术规范	GB/T 30094—2013		已发布		✓					✓	✓				✓		✓	
59	工业机器人 编程和操作图形用户接口	GB/T 19399—2003		已发布	✓	✓				✓						✓	✓		
60	机器人低成本通用通信总线	GB/T 29825—2013		已发布		✓					✓					✓	✓		
61	快速成形软件数据接口	GB/T 25632—2010		已发布		✓									✓				
62	信息技术 中文语音识别互联网服务接口要求	20141232-T-469		制定中					✓						✓	✓			
63	信息技术 中文语音合成互联网服务接口要求	20141231-T-469		制定中					✓						✓	✓			
64	信息技术 中文语音识别终端服务接口要求	20141233-T-469		制定中					✓						✓			✓	
65	智能传感器 第1部分：总则	20120832-T-604		制定中						✓						✓			
66	智能传感器 检查和例行试验导则	20150003-T-604		制定中						✓							✓		
67	物联网总体技术 智能传感器特性与分类	20150018-T-604		制定中						✓	✓				✓	✓			
68	物联网总体技术 智能传感器接口规范	20150004-T-604		制定中						✓	✓				✓	✓		✓	
69	工业物联网仪表互操作协议	20150011-T-604		制定中						✓	✓					✓	✓		
70	工业物联网仪表服务协议	20150012-T-604		制定中										✓	✓	✓			
71	工业物联网仪表应用属性协议	20150006-T-604		制定中										✓			✓	✓	
72	远程终端单元（RTU）技术规范	20142423-T-604		制定中						✓	✓				✓	✓			
73	机器人仿真开发环境接口	20120878-T-604		制定中	✓											✓	✓		
74	机器人模块人通信系统接口	20130872-T-604		制定中						✓					✓	✓	✓		
75	高速式机器人通信总线接口	20130873-T-604		制定中						✓					✓	✓			
76	开放式机器人控制器通信接口规范	20112051-T-604		制定中							✓				✓	✓	✓		
77	增材制造（AM）文件格式	20142485-T-604	ISO/ASTM 52915:2013	制定中	✓										✓				✓

续表

序号	标准名称	标准号/计划号	对应国际标准号	状态	生命周期维度					系统层级维度					智能功能维度				
					设计	生产	物流	销售	服务	设备	控制	车间	企业	协同	资源要素	系统集成	互联互通	信息融合	新兴业态
78	增材制造技术 增材制造产品设计指南	20151392-T-604	ISO/ASTM DIS 20195	制定中	√										√				√
79	信息技术 射频识别 800-900MHz 空中接口协议	GB/T 29768—2013		已发布						√	√								
80	信息技术 射频识别 2.45GHz 空中接口协议	GB/T 28925—2012		已发布			√			√						√			
81	信息技术 射频识别 2.45GHz 空中接口符合性测试方法	GB/T 28926—2012		已发布			√			√						√			
82	现场设备工具（FDT）接口规范	GB/T 29618	IEC 62453	已发布		√						√				√	√		
83	过程控制用功能块	GB/T 21099.1~21099.3	IEC/TS 61804	已发布		√					√	√				√	√		
84	控制网络 LONWORKS 技术规范	GB/Z 20177.1~20177.4		已发布		√				√	√	√				√	√		
85	控制网络 HBES 技术规范 住宅和楼宇控制系统	GB/T 20965—2013		已发布		√						√				√	√		
86	工业通信网络 工业环境中的通信网络安装	GB/T 26336—2010	IEC 61918	已发布		√				√	√	√				√	√		
87	工业过程测量和控制系统用功能块	GB/T 19769.1~19769.4	IEC 61499	已发布		√				√		√			√				
88	技术产品文件 拉丁字母、数字和符号的 CAD 字体	GB/T 18594—2001		已发布	√								√			√			
89	技术制图 CAD 系统用图线的表示	GB/T 18686—2002		已发布	√								√			√			
90	技术产品文件 CAD 图层的组织和命名 第 1 部分：概述与原则	GB/T 18617.1~18617.11	ISO 13567	已发布	√								√			√			
91	技术产品文件 生命周期模型及文档分配	GB/T 19097—2003	ISO 15226:1999	已发布	√						√					√			
92	技术产品文件 计算机辅助技术信息处理 安全性要求	GB/T 16722.1~16722.4	ISO 11442	已发布	√						√								
93	CAD 工程制图规则	GB/T 18229—2000		已发布	√								√			√			
94	CAD 文件管理	GB/T 17825.1~17825.10		已发布	√								√			√			
95	计算机辅助工艺设计（CAPP）系统功能规范	GB/T 28282—2012		已发布	√	√										√	√	√	
96	工业企业信息化集成系统规范	GB/T 26335—2010		已发布	√	√	√	√	√	√					√	√	√	√	
97	工业自动化系统 企业参考体系结构与方法论的需求	GB/T 18757—2008	ISO 15704:2000,IDT	已发布	√	√	√	√	√				√		√	√	√	√	√

续表

序号	标准名称	标准号号计划号	对应国际标准号	状态	生命周期维度					系统层级维度					资源要素	智能功能维度			
					设计	生产	物流	销售	服务	设备	控制	车间	企业	协同		系统集成	互联互通	信息融合	新兴业态
98	工业自动化系统 企业模型的概念与规则	GB/T 18999—2003	ISO 14258:1998,IDT	已发布	√	√										√	√	√	√
99	工业自动化系统 制造报文规范*	GB/T 16720.1~16720.4	ISO 9506	已发布		√			√	√	√					√	√	√	
100	工业自动化系统与集成 制造软件互操作性能力 建规 第1部分：框架	GB/T 19902.1~19902.6	ISO 16100	已发布	√	√				√	√					√	√	√	
101	工业自动化系统与集成 测试应用的服务接口	GB/T 22270.1~22270.2	ISO 20242	已发布	√	√			√	√	√					√	√	√	
102	工业自动化系统与集成 开放系统应用集成框架 第1部分：通用的参考描述	GB/T 19659.1~19659.5	ISO 15745	已发布	√	√	√	√	√	√	√					√	√	√	√
103	工业自动化系统 产品数据表达与交换	GB/T 16656.501—2005	ISO 10303	已发布	√	√	√	√	√	√	√					√	√	√	
104	工业自动化系统与集成 诊断、能力评估以及维护应用集成 第1部分：综述与通用要求	GB/T 27758	ISO 18435	已发布	√	√			√	√	√					√	√	√	
105	工业自动化系统与集成 过程规范语言	GB/T 20719	ISO 18629	已发布		√			√	√	√					√		√	
106	工业自动化系统与集成 制造执行系统功能体系结构	GB/T 25485—2010		已发布					√	√	√					√	√	√	
107	工业自动化 车间生产	GB/T 16980.1~16980.2	IDT ISO/TR 10314	已发布	√	√				√	√	√			√	√	√	√	
108	企业信息化系统集成实施指南	GB/T 26327—2010		已发布	√	√			√	√	√		√	√	√	√	√	√	
109	企业集成 企业建模框架	GB/T 16642—2008	ISO 19439—2006,IDT	已发布	√	√	√	√	√	√	√	√	√		√	√	√	√	
110	企业集成 企业建模构件	GB/T 22454—2008	ISO 19440—2007,IDT	已发布	√	√	√	√	√	√	√	√	√		√	√	√	√	
111	企业资源计划	GB/T 25109.1~25109.4		已发布	√	√	√	√	√			√	√		√	√	√	√	
112	企业用产品数据管理（PDM）实施规范	GB/Z 18727—2002		已发布	√	√			√			√	√		√	√	√	√	
113	企业控制系统集成	GB/T 20720.1~20720.3	IEC 62264	已发布	√	√	√	√	√	√	√	√	√		√	√	√	√	
114	网络化制造应用实施规范	GB/T 25487—2010		已发布	√	√	√	√	√			√	√		√	√	√	√	
115	网络化制造环境中业务互操作协议与模型	GB/T 30095—2013		已发布	√	√	√	√	√			√	√		√	√	√	√	
116	网络化制造系统集成模型	GB/T 25488—2010		已发布	√	√	√	√	√			√	√		√	√	√	√	
117	制造业信息化评估体系	GB/T 31131—2014		已发布	√	√			√	√	√	√	√		√	√	√	√	

续表

序号	标准名称	标准号/计划号	对应国际标准号	状态	设计	生产	物流	销售	服务	设备	控制	车间	企业	协同	资源要素	系统集成	互联互通	信息融合	新兴业态
118	机器的状态检测和诊断 数据处理、通信和表达	GB/T 22281.1～22281.2	ISO 13374	已发布	✓	✓	✓	✓	✓	✓	✓	✓	✓	✓	✓	✓	✓	✓	
119	面向制造业信息化的 ASP 平台功能体系结构	GB/T 25460—2010		已发布	✓	✓	✓	✓	✓	✓	✓	✓	✓	✓	✓	✓	✓	✓	
120	基于网络化的企业信息集成规范	GB/T 18729—2011		已发布	✓	✓						✓	✓	✓	✓	✓	✓	✓	
121	自动引导车 通用技术条件	GB/T 20721—2006		已发布	✓	✓	✓	✓	✓	✓	✓	✓	✓	✓	✓	✓	✓	✓	
122	OPC 统一结构	2009C699-T-60	IEC 62541	制定中		✓				✓	✓	✓	✓	✓		✓	✓		
123	FDT/DTM 和 EDDL 互操作规范	20130772-T-604		制定中	✓	✓				✓	✓	✓				✓			
124	PROFIBUS 安装导则 规划设计、布线装配与调试验收	201132542-T-604		制定中	✓	✓				✓	✓	✓			✓		✓		
125	工业自动化能效	2014-328-T-604	IEC/TR 62837:2013	制定中	✓	✓							✓		✓		✓	✓	
126	技术产品文件 产品生命周期管理 文档管理	20130219-T-469		制定中	✓	✓	✓	✓	✓			✓	✓	✓		✓		✓	
127	先进自动化技术及其应用 制造业企业过程互操作要求 第 1 部分：企业互操作框架	2012C881-T-604	ISO 11354-1:2011 IDT	制定中	✓	✓	✓	✓	✓	✓	✓	✓	✓	✓	✓	✓	✓	✓	
128	集团企业经营管理信息核心构件标准	20132566-T-604		制定中		✓	✓	✓		✓	✓	✓	✓	✓	✓	✓	✓	✓	
129	集团企业经营管理业务参考模型	201132567-T-604		制定中		✓	✓	✓	✓	✓	✓	✓	✓	✓	✓	✓	✓	✓	
130	自动识别技术和 ERP、MES 和 CRM 等技术的接口	201132580-T-604		制定中	✓	✓	✓	✓	✓	✓	✓	✓	✓	✓		✓	✓		
131	自动化系统与集成 制造系统能源效率和环境影响因素的评估 第 1 部分：概述和总则	20141341-T-604	ISO 20140-1:2013	制定中	✓	✓	✓	✓		✓	✓	✓	✓		✓	✓		✓	
132	自动化系统与集成 制造系统 先进控制与优化软件集成 第 2 部分：架构和功能	20141342-T-604		制定中		✓				✓	✓	✓	✓		✓	✓	✓		
133	物流装备管理监控系统功能体系	20130876-T-604		制定中		✓	✓		✓	✓	✓	✓	✓		✓		✓		
134	弹性计算应用接口	GB/T 31915—2015		已发布										✓	✓				✓
135	信息技术 云数据存储和管理 第 2 部分：基于对象的云存储应用接口	GB/T 31916.2—2015		已发布										✓	✓		✓		✓
136	云计算术语	20120570-T-469		制定中										✓			✓		✓
137	云计算参考架构	20121421-T-469		制定中										✓			✓		✓

续表

序号	标准名称	标准号/计划号	对应国际标准号	状态	生命周期维度					系统层级维度					智能功能维度				
					设计	生产	物流	销售	服务	设备	控制	车间	企业	协同	资源要素	系统集成	互联互通	信息融合	新兴业态
138	信息技术 云计算 云服务级别协议规范	20153705-T-469		制定中										✓					✓
139	软件工程 产品质量	GB/T 16260.1~16260.4		已发布					✓				✓					✓	
140	软件工程 软件产品质量要求与评价（SQuaRE）SQuaRE指南	GB/T 25000.1—2010		已发布					✓				✓					✓	
141	软件工程 商业现货（COTS）软件产品质量要求和测试细则	GB/T 25000.51—2010		已发布					✓				✓					✓	
142	嵌入式软件质量保证要求	GB/T 28172:2011		已发布		✓			✓		✓					✓		✓	
143	系统与软件功能性	GB/T 29831.1~29831.3		已发布		✓			✓		✓					✓		✓	
144	系统与软件可靠性	GB/T 29832.1~29832.3		已发布		✓			✓		✓					✓		✓	
145	系统与软件可移植性	GB/T 29833.1~29833.3		已发布		✓			✓		✓					✓		✓	
146	系统与软件维护性	GB/T 29834.1~29834.3		已发布		✓			✓		✓					✓		✓	
147	系统与软件效率	GB/T 29835.1~29835.3		已发布		✓			✓		✓					✓		✓	
148	系统与软件易用性	GB/T 29836.1~29836.3		已发布		✓			✓				✓			✓		✓	
149	嵌入式软件质量度量	GB/T 30961—2014		已发布		✓			✓				✓			✓		✓	
150	信息技术 软件生存周期过程指南	GB/Z 18493—2001		已发布	✓	✓	✓	✓	✓									✓	
151	系统工程 系统生存周期过程	GB/T 22032—2008		已发布	✓	✓	✓	✓	✓					✓				✓	
152	系统工程 GB/T 22032（系统生存周期过程）应用指南	GB/Z 31103—2014		已发布	✓	✓	✓	✓	✓		✓					✓		✓	
153	物联网 数据质量	2015046-T-469		制定中	✓	✓			✓						✓				
154	多媒体数据语义描述要求	20141172-T-469		制定中	✓	✓			✓					✓				✓	
155	信息技术 通用数据导入接口规范	20141204-T-469		制定中	✓	✓			✓					✓				✓	
156	信息技术 数据溯源描述模型	20141202-T-469		制定中	✓	✓			✓							✓		✓	
157	信息技术 数据质量评价指标	20141203-T-469		制定中	✓	✓			✓					✓				✓	
158	信息技术 数据交易服务平台 交易数据描述	20141200-T-469		制定中					✓					✓				✓	
159	信息技术 数据交易服务平台 通用功能要求	20141201-T-469		制定中					✓					✓				✓	
160	制造执行系统（MES）规范	2012-0532T-SJ		制定中		✓						✓				✓		✓	

续表

序号	标准名称	标准号计划号	对应国际标准号	状态	设计	生产	物流	销售	服务	设备	控制	车间	企业	协同	资源要素	系统集成	互联互通	信息融合	新兴业态
					生命周期维度					系统层级维度					智能功能维度				
161	工艺数据管理规范	2012-0546T-SJ		制定中		✓												✓	
162	产品生命周期管理规范	2012-0547T-SJ		制定中	✓	✓	✓	✓			✓							✓	
163	数据能力成熟度评价模型	20141184-T-469		制定中	✓	✓	✓	✓	✓							✓		✓	
164	软件资产管理能力成熟度模型	2012-2404T-SJ		制定中					✓					✓				✓	
165	软件资产管理实施指南	2012-2405T-SJ		制定中					✓					✓				✓	
166	信息技术 传感器网络 第301部分：通信与信息交换 低速无线传感器网络网络层和应用支持子层规范	GB/T 30269.301—2014		已发布										✓		✓			
167	信息技术 系统间远程通信和信息交换 局域网 第3部分：带碰撞检测的载波侦听多址访问(CSMA/CD)的访问方法和物理层规范	GB/Z 15629.3—2014		已发布							✓	✓					✓		
168	信息技术 系统间远程通信和信息交换 OSI路由选择框架	GB/Z 17977—2000		已发布							✓	✓				✓			
169	信息技术 增强型通信运输协议 第1部分：单工组播运输规范	GB/T 26241.1—2010		已发布								✓					✓		
170	信息技术 中继组播控制协议(RMCP)第1部分：框架	GB/T 26243.1—2010		已发布								✓					✓		
171	信息技术 传感器网络 第2部分：术语	GB/T 30269.2—2013		已发布							✓		✓			✓			
172	信息技术 传感器网络 第302部分：通信与信息交换 面向高可靠应用的无线传感器网络媒体访问控制和物理层规范	20120549-T-469		已发布							✓					✓			
173	信息技术 传感器网络 第501部分：标识：传感节点标识符编制规则	GB/T 30269.501—2014		已发布							✓		✓			✓			
174	信息技术 传感器网络 系统间远程通信和信息交换 局域网和城域网 特定要求	GB/T 15629		已发布								✓					✓		
175	信息技术 传感器网络 第701部分：传感器接口：信号接口	GB/T 30269.701—2014		已发布							✓					✓			

续表

序号	标准名称	标准号/计划号	对应国际标准号	状态	生命周期维度					系统层级维度					智能功能维度				
					设计	生产	物流	销售	服务	设备	控制	车间	企业	协同	资源要素	系统集成	互联互通	信息融合	新兴业态
176	测量和控制数字数据通信 工业控制系统用现场总线 类型3: PROFIBUS 规范	GB/T 20540—2006	IEC 61158、IEC 61784	已发布		✓					✓	✓	✓			✓	✓		
177	测量和控制数字数据通信 工业控制系统用现场总线 类型10: PROFINET 规范	GB/T 20541—2006	IEC 61158、IEC 61784	已发布		✓					✓	✓	✓			✓	✓		
178	测量和控制数字数据通信 工业控制系统用现场总线 类型2: ControlNet 和 EtherNet/IP 规范	GB/Z 26157—2010	IEC 61158、IEC 61784	已发布		✓					✓	✓	✓			✓	✓		
179	测量和控制数字数据通信 工业控制系统用现场总线 类型8: INTERBUS 规范	GB/Z 29619—2013	IEC 61158、IEC 61784	已发布		✓					✓	✓				✓	✓		
180	工业通信网络 现场总线规范 类型20: HART规范	GB/T 29910—2013	IEC 61158、IEC 61784	已发布		✓					✓	✓				✓	✓		
181	工业通信网络 现场总线规范 类型10: PROFINET I/O规范	GB/T 25105	IEC 61158、IEC 61784	已发布		✓					✓	✓				✓	✓		
182	工业通信网络 现场总线规范 第5部分: WirelessHART 无线通信网络及通信行规	GB/T 29910.5—2013	IEC 62591:2010	已发布		✓				✓	✓	✓				✓			
183	工业以太网现场总线 EtherCAT	GB/T 31230—2014	IEC 61158、IEC 61784	已发布		✓				✓	✓	✓				✓	✓		
184	工业无线网络 WIA 规范	GB/T 26790.1~26790.2	IEC 62601	已发布		✓				✓	✓	✓				✓	✓		
185	用于工业测量与控制系统的 EPA 系统结构与通信规范	GB/T 20171—2006	IEC 61158、IEC 61784	已发布		✓				✓	✓	✓				✓	✓		
186	以太网 POWERLINK 通信行规规范	GB/T 27960—2011	IEC 61158	已发布		✓				✓	✓	✓				✓	✓		
187	基于 Modbus 协议的工业自动化网络规范	GB/T 19582—2008	IEC 61158、IEC 61784	已发布		✓				✓	✓	✓				✓	✓		
188	CC-Link 控制与通信网络规范	GB/T 19760—2008	IEC 61158、IEC 61784	已发布		✓				✓	✓	✓				✓	✓		
189	PROFIBUS&PROFINET 技术行规 PROFIdrive	GB/T 25740—2013		已发布		✓				✓	✓	✓				✓	✓		

续表

序号	标准名称	标准号/计划号	对应国际标准号	状态	生命周期维度					系统层级维度					智能功能维度				
					设计	生产	物流	销售	服务	设备	控制	车间	企业	协同	资源要素	系统集成	互联互通	信息融合	新兴业态
190	信息技术 系统间远程通信和信息交换 社区节能控制网络协议	20141206-T-469		制定中	✓	✓					✓						✓		
191	信息技术 传感器网络 第901部分：网关	20120550-T-469		制定中		✓	✓	✓			✓					✓			
192	信息技术 通用布缆 工业建筑群	20132347-T-469		制定中					✓		✓					✓			
193	信息技术 系统间远程通信和信息交换 低压电力线通信	2014:207-T-469		制定中							✓					✓			
194	信息技术 传感器网络 第1部分：参考体系结构和通用技术要求	20091414-T-469		制定中							✓					✓			
195	信息技术 传感器网络 第303部分：通信与信息交换：基于IP的无线传感器网络层技术规范	20153381-T-469		制定中							✓					✓			
196	信息技术 传感器网络 第305部分：通信与信息交换：超声波通信协议规范	20150041-T-469		制定中							✓					✓			
197	信息技术 传感器网络 第401部分：协同信息处理：支撑协同信息处理的服务及接口	201C0400-T-469		制定中							✓					✓			
198	信息技术 传感器网络 第502部分：标识：传感节点标识解析和管理规范	20120545-T-469		制定中							✓					✓			
199	信息技术 传感器网络 第504部分：标识：传感节点标识符管理规范	20153386-T-469		制定中							✓					✓			
200	信息技术 传感器网络 第601部分：信息安全：通用技术规范	20091418-T-469		制定中							✓					✓			
201	信息技术 传感器网络 第602部分：信息安全：网络传输安全技术规范	20120551-T-469		制定中							✓					✓			
202	信息技术 传感器网络 第603部分：信息安全 网络传输安全测评规范	20150039-T-469		制定中							✓					✓			
203	信息技术 传感器网络网络层和应用支持子层安全测评规范	20153385-T-469		制定中							✓					✓			

续表

序号	标准名称	标准号/计划号	对应国际标准号	状态	生命周期维度					系统层级维度					资源要素	智能功能维度			
					设计	生产	物流	销售	服务	设备	控制	车间	企业	协同		系统集成	互联互通	信息融合	新兴业态
204	信息技术 传感器网络 第702部分：传感器接口：数据接口	20100398-T-469		制定中							✓					✓			
205	信息技术 传感器网络 第801部分：测试：通用要求	20120548-T-469		制定中							✓					✓			
206	信息技术 传感器网络 第802部分：测试：低速无线传感器网络媒体控制和物理层	20120546-T-469		制定中							✓					✓			
207	信息技术 传感器网络 第803部分：测试：低速无线传感器网络网络层和应用支持子层	20120547-T-469		制定中							✓					✓			
208	信息技术 传感器网络 第804部分：测试：传感器接口测试规范	20153384-T-469		制定中							✓					✓			
209	信息技术 传感器网络 第805部分：测试：传感器网关网测试规范	20153383-T-469		制定中							✓					✓			
210	信息技术 传感器网络 第806部分：测试：传感器节点标识符解析一致性测试技术规范	20153382-T-469		制定中							✓					✓			
211	信息技术 传感器网络 第1001部分：中间件 传感器网络节点数据交互规范	20100399-T-469		制定中							✓					✓			
212	信息技术 系统间远程通信和信息交换 中高速无线局域网媒体访问控制和物理层规范	20132349-T-469		制定中								✓					✓		
213	信息技术 系统间远程通信和信息交换 局域网和城域网特定要求 基于可见光通信的媒体访问控制和物理层规范	20142105-T-469		制定中								✓					✓		
214	物联网 协同信息处理参考模型	20150040-T-469		制定中											✓	✓			
215	物联网 感知对象信息融合模型	20150049-T-469		制定中											✓	✓			
216	物联网 信息交换和共享	20150042-T-469		制定中											✓	✓			
217	物联网 参考体系结构	20130054-T-469		制定中									✓		✓	✓			
218	物联网 接口要求	20130055-T-469		制定中									✓		✓	✓			
219	制造过程物联网集成平台应用实施规范	20132572-T-604		制定中		✓	✓			✓	✓		✓		✓	✓		✓	✓
220	制造过程物联网集成中间件平台参考体系	20132573-T-604		制定中		✓	✓			✓	✓		✓		✓	✓		✓	✓

附录 C
（资料性附录）
系统架构应用案例一：离散型制造企业

C.1 离散型制造业涉及的生命周期维度相关技术

C.1.1 设计

离散型制造企业在设计方面采用了大量先进设计技术，如三维计算机辅助设计（CAD）、计算机辅助工艺规划（CAPP）、可靠性评价、设计和工艺模拟仿真等。

a) CAD 应用。CAD 是工程技术人员以计算机为工具，对产品和工程进行总体设计、绘图、分析和编写技术文档等设计活动的总称。CAD 的功能可归纳为四类：数字建模、工程分析、动态模拟和自动绘图。一个完整的 CAD 系统，通常由人机交互接口、科学计算、图形系统和工程数据库等组成。离散型制造企业正在使用的 CAD 系统包括：MCAD（机械 CAD），如 UG，Ideas，Pro/E，Catia，SolidEdge，SolidWorks，AutoCAD 等；ECAD（电子 CAD），如 Cadence，Mentor Graphics，Zuken，Protel 等。

b) CAE 系统应用。在产品开发中，CAE 技术的应用通常贯穿于产品整个开发过程。CAE 系统不像 CAD 系统那样比较单一，其所涉及的系统和方法很多，主要有：有限元法、模态分析法、运动仿真、方案优选、可靠性分析、制造过程仿真、产品装配仿真、虚拟样机与产品工作性能评测等。离散型制造企业正在使用的 CAE 系统包括 Moldflow（注塑成型的流动、模具冷却、收缩、翘曲等塑料过程仿真）。

原来离散型制造企业的 CAE 和 CAD 系统相对独立，这样的结构影响了开发人员的工作效率，目前已把 CAD 平台和 CAE 平台整合到一个系统中，这样 CAD 设计完成后，关键部件的 CAE 分析可以马上进行；对于 CAE 分析过程中发现的问题，可以立即在 CAD 系统中进行更改，可以提升开发的效率。

C.1.2 生产

传统是按生产计划，单一化生产，这种批量化标准化的生产方式不能满足用户个性化需求，同时这种生产模式对用户是封闭的，用户看不到生产的过程，无任何的参与。离散型制造企业生产模式是用户需求驱动的柔性化生产，用户下单，信息并行传达至模块商、设备商、生产线等，整个生产过程对用户是开放透明的，生产全过程用户可视。在这种模式下，从用户提需求到交付，离散型制造企业可快速响应，交付速度大幅度缩短。

支持离散型制造企业生产模式的核心就是智能制造执行 iMES 系统，iMES 系统包含计划排产、生产管理、质量管理、物料管理、设备管理、报表及可视化、人员管理等 7 个功能模块。下面介绍其中 5 个功能模块。

a) 计划排产。采用先进的排产算法支持按到料时间正向排产、按照交期反向排产、按照瓶颈设备正向和反向排产等，支持滚动排产，模拟现场原料、在制品等库存变化情况。

b）生产管理。在制品跟踪，通过条码技术对箱体进行追踪，从预装到总装以及各返修区的全流程追踪。

c）质量管理。工艺管理，包括工艺路线管理，对产品的工序、工艺路线进行管理；BOM 管理，对制造 BOM 进行管理；工艺文件管理，对工艺指导、工艺文件进行管理；工艺参数管理，提供基于产品和设备的工艺变量参数标准和质量变量参数标准管理，提供质量缺陷树、缺陷部位树、原因树管理。

d）物料管理。基于计划、BOM、在制品队列数据，采用先进的物料配送算法指导物料管理，实现按需配送、按需生产，只要车间某工位需要物料，物料配送人员，可自动得到哪个工位，哪个人员，需要什么物料，需要多少，何时需要等物料需求信息；同时，车间生产人员，也可以自动得到应该用什么物料，应该用多少，已经送了多少，还缺多少；生产管理人员可以实时得到物料消耗报表和物料超额领用等报警信息。

e）设备管理。设备监视，设备运行状态、生产过程数据及检测结果监控，设备运行状态图形化显示、设备利用率、故障统计分析和监视信息展示。包括车间总览画面、区域总览画面、工位总览图。

C.1.3　物流

智慧物流是基于互联网技术、智能的物流设备及先进的物联网技术应用，搭建高度柔性的生产物流作业模式。生产过程中原材料通过物流执行系统的运算和控制，实现运作自组织，准时、自动、准确地到达生产设备及生产人员，实现生产物料与生产设备人员的互联；生产完成的产品能够及时自动进入互联电商的平台，并与车辆互联，实现可视的物流运转。

离散型制造企业的智慧物流模式是通过搭建两个平台来支撑：内部互联平台——实现生产过程中内部供应链资源的互联互动；外部互联平台——实现内部供应链和外部供应链资源的互联互动。

物流设备是物流互联实现的基础，先进的技术应用是物流互联实现的重要竞争力。RFID、红外识别和虚拟仿真等技术的应用提高了厂内物流点到点配送、高效等竞争力。RFID 是一种非接触式的自动识别技术，它通过射频信号自动识别目标对象并获取相关数据，识别工作无须人工干预，可工作于各种恶劣环境，其多目标识别、抗高温、抗金属、抗灰尘等优势，给工厂带来极高的读取准确性、范围式感应、数据自动采集和自动报警预警等效果。虚拟仿真是指通过数字化仿真系统对现场物流进行仿真模拟，通过虚拟化仿真对现场设备利用率、线平衡、产能瓶颈等信息进行分析，提前做出判断，保障现场物流运输准确、高效、高质量。采用条码技术、GPS、电子单证、LBS 等物联网技术，实现物流和车辆流动的定位、跟踪、控制等全流程可视化管理功能。

C.1.4　销售

离散型制造企业的销售模式由传统的渠道销售到数字化营销。数字营销模式基于 CRM 会员管理以及用户社群资源，通过大数据研究，将已有用户数据和第三方归集的用户数据进行梳理研究，同时，应用聚类分析，形成用户画像和标签管理的千人千面的精准营销。从而实现交易数据、客户数据、商品数据、用户行为数据透明化；用户行为、用户标签轨迹可视化。

为更好地推进会员大数据的应用，更好地发挥数据资产的价值，CRM 平台启动会员大数据即席查询系统项目，并在统一的平台下满足三方面的功能需求：

a）统一的采集及存储。建立规则引擎，对历史数据、增量数据进行数据清洗（引擎规则与业务沟通确定）。同时，建立数据标准化规则引擎，对数据进行规划，对源数据拆解和标准化、结构化；要求具备数据标签引擎，对相关数据进行标签化，并支持自定义标签规则。建立统一识别，对历史数据，以用户为维度按照关键字进行用户统一识别；要求具备互联网用户识别能力和技术，必要时要对自有媒体布放监测代码，或跟第三方数据公司进行数据合作。要求建立整套数据质量检测机制，对数据的质量进行分析，要求对错误数据、虚假数据进行校验；要求数据质量检测逻辑支持系统自定义，可修改。

b）统一的分析及共享。建立统一的数据分析环境，适应主流的分析工具，应对灵活的分析需求及分析程序的部署；建立面向主题的灵活的数据仓库，支持对底层数据灵活统计、即席查询。

c）数据共享。建立数据共享的机制，让数据可以按照不同的保密等级实现内外共享；要求数据共享层能够支持数据订阅、分发、回收功能，接口要求可控，可加密，加密算法要求包含主流加密算法，并能够进行解密。

C.1.5 服务

智慧服务平台创建了新的服务模式，解决用户及时维修的需求，通过社会化外包、信息化取代等实现订单信息化，仓储智能化，对用户提供维修服务解决方案。用户购买产品后通过该平台一键录入信息，建立专属档案并上传，完全替代传统纸质保修卡，信息永不丢失。

在云数据的支持下，平台还可实现与智能设备的实时连接，实现设备故障自诊断、自反馈离散型制造企业云，服务人员主动抢单，主动联系用户上门服务，整个服务流程可视，用户在线全流程自主评价，颠覆传统的用户报修服务流程、电话中心接听、督办和回访流程。

基于云计算和大数据技术建立云的服务平台，具有多通道并行接入能力，对智能产品运行数据与用户使用习惯数据进行采集，并建模分析。云平台能够提供运行数据或用户使用习惯数据，支撑制造商、用户进行数据分析与挖掘，实现创新性应用。应用大数据分析、移动互联网等技术，自动生成产品运行与应用状态报告，并推送至用户端。通过是实验室平台搭建故障树模型、利用历史数据库精准模拟。采用大数据集成技术打通物料供应商、企业、用户体验全流程信息流。运用基于云架构下的质量微服务，为同行业提供质量微服务包以及技术支持。运用基于云架构下的质量微服务解决方案，可为同行业提供质量微服务包以及技术支持，对提升行业服务水平有直接的借鉴、应用推广价值。

C.2 离散型制造业涉及的系统层级维度相关技术

智能互联工厂典型的五层控制架构如图 C.1 所示。Level 0 是设备层，主要为生产设备、机器人、物流设备和动力装备，也可包括 IT/OT 等基础设施如电子标签、工业以太网、现场总线等；Level 1 是控制层，主要是工业互联网，也包含 Mater-PLC，HMI 控制界面和 SCADA 控制系统等；Level 2 是管理层，包括 MES、WMS、EAM、模拟仿真等工业管理软件；Level 3 是企业层，由 ERP、PLM 和定制平台等企业资源管理系统组建。Level 4 是协同层，主要包含 HOPE、众创汇、海达源、智慧物流等系统平台，实现企业与上下游资源、企业与企业间的协同创新。

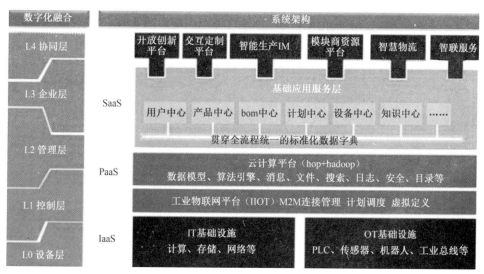

图 C.1 智能互联工厂典型的五层控制架构

C.2.1 设备层

智能机器人是 L0 设备层的核心单元之一，综合信息传输、传感器、伺服、人工智能等控制与数字技术前端应用。提升机器人的互联互感，数据传输与柔性化作业水平，逐步向智能主体和多机协同过度。

传统工业机器人适应柔性生产过程的方法是可自由编程，透过配装不同工装执行不同的作业任务。这些机器人目前在互联工厂主要集中在码垛、搬运、焊接、冲压等工业生产环节，但无法满足大规模定制需求。因此，互联工厂机器人研究的重点是智能机器人的柔性化应用。随着批量生产时代正逐渐被适应市场动态变化的定制式生产所替换，在数字化或智能化工厂的建设中需要提升生产能力的柔性反应能力。

目前，互联工厂应用 RFID 识别技术，可实现机器人程序的动态加载，但只是基于常规示教机器人应用的小幅提升。实验室工程实验室重点开展对动作柔性自主控制的研究及快速示教与控制，力图突破机器人自适应柔性应用。动作自主控制是在传统工业机器人应用技术的基础上，融合智能传感器技术，通过增加视觉及力觉的闭环控制，可使机器人具备类人的柔性，提高制造系统的自适应性，从根本上形成作业柔性驱动。

通过力觉系统、视觉系统让机器人感知到工作环境包括工件大小、装配力度的变化，使它能自我调整程序，改变路径，实现自适应的目的，从而满足个性化生产的需求。借由 VR 操控实体机器人，能将数小时编程时间缩至短短几分钟，同时精确重现操作人员的加工手法，对提升生产线快速响应和柔性制造水平具有重要意义。

C.2.2 控制层

传统的工业监控软件大部分功能属于 IEC62264 中工业控制系统集成层次模型中第二层过程监控层的范围，但随着信息技术与控制技术的融合，在工业控制系统增加了部分第三层企业执行层功能。另一方面，现有工业监控软件缺少统一的架构设计，技术相对封闭，软件复用差，很难满足大型企业用户日益增长的信息化业务需求。

为此，从传统的工业监控软件出发，结合当前日益高涨的制造企业智能化要求解决工厂内信息盲点和信息孤岛的实际问题，将研究和开发的工业控制数据服务平台主要达到以下目的：

a）统一的设备接入：所有现场设备均由该数据服务平台接入和数据交换。

b）统一的协同控制：所有现场设备均可由该数据服务平台进行管理、控制和联动。

c）统一的数据管理：所有现场设备上报的数据均可由该数据服务平台进行管理。

d）统一的可视化展示：所有现场设备信息及运行情况均可由该数据服务平台进行展示。

e）统一的第三方数据接口：所有第三方管理或应用软件均可由该数据服务平台提供统一接口和数据服务。

C.2.3 车间层

车间层的核心系统平台是智能制造执行系统。该平台通过协同化的操作，在柔性制造和降本增效方面获得极大优势。智能制造执行系统在云端集成了与离散智能制造各业务活动相关的主要工业软件，如 APS、MES 和 WMS 等，可实现用户订单直达工厂，而且由原来的串行驱动改为并行驱动物料供应商、生产设备和物流运输等全流程资源，从而快速响应用户需求。同时，智能制造平台不断地对生产相关的各要素开展数据采集、数据处理、数据分析的工作，在多品种、小批量的生产环境中能够准确执行指令，实现闭环反馈，提高柔性制造能力。另外，智能制造执行系统整合了物联网、云计算、大数据等新一代信息技术，在高互联的环境中，提升了工厂对作业过程中感知、分享、分析和应对自主能力，减少因生产直接与辅助人员交互和信息传递不及时导致的产能损失。

智能制造执行系统采用 TOGAF 架构框架方法：将业务战略、目标、需求等通过 4 个架构（业务、应用功能、信息数据和技术）转化成应用软件程序和系统。在此基础上，开发以下软件功能微服务：

a）工业互联：支持和现场设备的物联网连接。

b）移动互联：支持移动设备的应用连接。

c）流程服务：支持 BPMN 流程建模和流程运行引擎。

d）大数据分析：支持大数据的在线和离线智能分析。

e）门户：支持 Html5 和移动设备。

C.2.4 企业层

C.2.4.1 概述

离散型制造企业建设了以企业资源计划管理系统（ERP）系统为核心的信息化系统。实现了从模块商资源网，多渠道接单及订单管理（OMS），工厂生产能力建模分析及订单分配（OES），工厂主生产计划安排（APS），生产过程的质量信息和成本跟踪和过程管控（MES），产品生命周期管理（PLM）及虚拟仿真，供应链智能物料配送和仓储管理系统（WMS）等。

C.2.4.2 MM 模块

MM 模块涉及物料管理的全过程，与财务、生产、销售、成本等模块均有密切的关系。

C.2.4.3 SD 模块

SD 模块处理有关销售、装运、单据开具的任务。它提供的销售支持有：对有关销售线索和竞争者活动的信息进行管理的工具，销售信息系统还能提出关于市场趋势的早期警告。

C.2.4.4 PP 模块

PP 模块在离散型制造企业业务中的任务主要分为两部分：一部分是通过 DCMS 销售预测，而后 T-30 评审平台对预测、销售订单、新品试制等这种前端的需求进行评审及分析，指导供应链更好地做 S&OP，提高供需匹配，降低库存，减少成本。第二部分是 ERP 系统中的生产计划（生成的生产订单包含了材料、工艺、数量和时间等一系列信息）、订单执行、订单成本等一系列和生产有关的环节管理。

C.2.4.5 FI/CO

FI 主要包括总账，应收账款，应付账款，银行会计，固定资产，特殊目的分类账，基金管理，差旅管理。

CO 是为了满足企业对管理的需要，企业的业务信息比如 MM，SD，PP 等流入企业，然后经过 FI，进入 CO 的深入加工汇总企业的整体流程的财务管理信息，并在此基础上进行广泛的分析决策，CO 出具企业内部管理所需的报表。

C.2.5 协同层

C.2.5.1 协同设计平台

设计通过开放创新中心和供应商资源网将设计资源及供应商资源与研发并联起来。通过协同平台，支持项目协同、设计协同、管理协同，实现基于价值链的协同设计研发生态圈。

研发人员在 HID 迭代研发平台中定义产品的设计需求，通过协同开发平台与模块商资源网及创新交互平台录入的供应商资源、设计资源进行协同设计。基于 web2.0 技术，满足与迭代研发及相关平台的高效集成、可扩展及动态优化的要求。协同开发平台包含 3 个主要部分：

a）基于 PDM 系统进行 3D 设计，文档管理、基础数据管理及变更管理等，并使用可视化工具进行在线评审，虚拟装配。

b）使用项目管理进行协同计划的管控，包括协同的任务及报表，达到计划可追溯，进度可控。

c）协同平台中配置协同相关的流程管理。

C.2.5.2 协同采购平台

基于互联网+的模块商协同系统，针对模块商资源与用户零距离交互的需求，搭建全球供应商资源服务平台和聚合平台：以前企业与供应商只是采购关系，现在要成为生态圈，供应商进入平台创造用户资源，创造订单。随后，供应商就可以设计、模块化供货，否则就没有订单。采购的改变主要包括：

a）由零件商转变为模块商，由按图纸提供零件转变为交互用户，提供模块化方案。

b）采购组织由隔热墙转变为开放平台，由封闭的零件采购转型为开放的模块商并联交互体验的平台，由内部评价转变为用户评价。

c）双方的关系由博弈转变为共赢，由单纯的买卖关系转变为共同面对用户共创共赢的生态圈。

C.3 离散型制造业涉及的智能功能维度相关技术

C.3.1 资源要素

离散型制造业资源要素包括：智能产品管理、智能设备的互联互通、基于大数据分析的决策与支持、生产过程得到管理与控制、可视化展现、智能立体库及物料配送系统等。

C.3.2 系统集成

通过以 iMES 为核心的五大系统集成，实现物联网、互联网和务联网三网融合，以及人机互联、机物互联、机机互联、人人互联，最终让整个工厂变成一个类似人脑一样的智能系统，自动响应用户个性化订单。具体来说，离散型制造企业数字化架构的核心就是智能制造执行 iMES 系统，系统上通过 iMES 驱动 ERP、iWMS、PLM（包含 CAD/CAPP/设计仿真、制造仿真）、Scada（设备监视、控制）五大系统集成；业务上通过数字化互联，实现制造、研发、物流等全流程紧密的互联互通。通过智能制造执行系统和现场智能化硬件的连接，构建了一个高度灵活的个性化和数字化制造模式，实现管理、研发、生产、物流的数字化管理，提升企业的智能化水平。例如，某互联工厂，基于以 iMES 为核心的五大系统集成互联，支持用户订单直达工厂，用户个性化订单驱动生产；通过人、机、物、单等互联互通、相互协作，快速响应用户需求，交付用户个性产品，并通过用户对体验的评价实现信息全流程的闭环。

C.3.3 互联互通

C.3.3.1 设备互联互通

通过统一的接口框架实现与各类硬件设备和装置的有效数据交互。工业物联网平台的底层部分为弹性的接口框架，可以开发插件式驱动程序，以适配不同的接口协议和数据格式，从而与不同类型的设备进行数据交互。交互内容可能并不限于以下类别：设备自身信息；生产统计类信息；生产工艺参数实际值；质量类信息；生产设备状态；报警类信息；维保、能耗信息；工单、工艺；设备专用数据等。

C.3.3.2 软件互联互通

通过统一的数据服务中间件为各类应用软件提供数据接口和服务。工业物联网平台优先采用统一的 OPC UA 接口为各类应用软件提供数据接口，克服传统 OPC 数据孤岛问题，实现原始数据和预处理的信息从制造层级到生产计划或 ERP 层级的传输。

C.3.4 信息融合

C.3.4.1 总体结构

离散型制造企业互联工厂的信息融合是通过互联工厂大数据平台解决的。互联工厂大数据解决方案的核心策略是在云端整合业务流程软件，搭建统一的大数据平台，按照实际需求部署不同的模块处理各自不同的业务，并实现互联互通。从用户交互到定制生产，直到产品使用，都有不同的模块收集、存储、分析、应用数据，形成完整的大数据应用体系。

大数据平台总体可分为 3 个数据流，5 个实施层，12 个业务模块。3 个数据流在生态系统、支持系统和分析系统中流动，通过 5 个实施层进行处理，并最终在 12 个业务模块中完成相应功能。

C.3.4.2 数据流

主要包括：

a）在互联工厂生态系统中，用户、资源、设备、系统、应用之间的互联交互中产生的数据落入到各专业业务系统中。

b）全流程业务支持系统的数据，包括结构化和非结构化两部分，通过 ETL 过程装载进大数据平台的数据源层。

c）数据在大数据平台中，经过建模、整合、分析，对上层数据产品提供数据服务。

C.3.4.3 实施层

a）数据源层：来源于企业内各业务系统及外部网站媒体信息，包括结构化和非结构化。

b）数据整合层：包括贴源存储部分 ODS，企业数据仓库 EDW，企业 ERP 部分 BW，以及外部非结构化数据存储平台。其中，结构化数据通过企业级 ETL 工具调度抓取；非结构化数据通过 MapReduce 采集。

c）模型层：统一整合数据建立以用户、条码、资源、员工为索引的全景视图。

d）数据分析平台：提供数据分析工具进行建模分析。

e）应用产品层：形成模块化的数据产品，可独立对外提供服务。

C.3.4.4 功能模块

功能模块按照流程功能、综合应用功能、辅助功能可分为三大部分。

流程功能部分主要有 4 个子段：

a）设计功能段，支持产品研发，包括云图识别模块，负责收集网络舆情信息，并反馈到产品研发端。

b）制造功能段，支持产品生产，包括智能制造分析模块、以及产品全流程追溯（条码大数据）模块。

c）物流功能段，支持物流和渠道功能，包括供应商全景视图模块、供应链 SCOR 模块、渠道全景视图模块。

d）终端用户服务支持端，包括用户多维透视模块、智慧生活平台模块等。

综合应用功能部分包括：

a）信息门户。

b）网格化精益管理模块。

辅助功能部分包括：

a）数据标准模块。

b）数据脱敏模块。

上述功能模块不是孤立运行的，各功能块提供的分析与决策支持全流程各业务活动的安排与优化。例如，供应链 SCOR 支持产品生产计划安排，智慧生活平台用户数据支持产品研发过程，云图识别模块对渠道和供应商管理有直接影响，大数据平台的构建通过信息与决策的同步共享，实现端到端的协同制造活动的整合。

C.3.5　新兴业态

C.3.5.1　个性化定制

离散型制造企业建造了行业首个用户交互定制平台。在这个平台上，用户参与设计与资源交互、用户在线定制下单，订单全流程可视化与后端互联工厂进行无缝对接。意味着一个用户个性化定制的新时代正式开启，就好比普通的铁路升级成了高速铁路，用户的体验实现了提速升级。用户交互定制平台有四种模式。首先是模块的定制，众创定制，专属定制，以及未来我们为了实现整个智慧家庭的全套的智慧方案的定制。目前我们的探索已经实现了模块定制和众创定制。

C.3.5.2　智慧生活服务平台

从硬件到网器到生态圈转型，构建多样场景商务模式，提供智慧生活一站式服务，实现生态圈利益方共创共赢。从单一产品引领到整体解决方案引领。每一个产品都要成为"网器"，每一个解决方案都要融合进一个统一平台。通过统一交互平台、智慧家庭互联平台、云服务平台和大数据分析平台，硬件资源、软件资源、内容服务资源和第三方大资源在这个平台上与用户零距离交互，为用户提供整体解决服务方案。

附录 D
（资料性附录）
系统架构应用案例二：流程型制造企业

D.1 流程型制造业涉及的生命周期维度相关技术

D.1.1 设计

流程型制造业的工艺设计是直接关系到生产装置能否顺利开车、能否达到预计的生产能力和合格的产品，最终关系到工厂能否获得最大的经济效益和社会效益。其往往委托具有设计资质的设计院、工程公司承担。

流程工业高效化和绿色化的关键是实现生产工艺优化和生产全流程整体优化。生产工艺优化包括工艺参数优化和生产流程优化，可以提高产品质量和附加值，可以提高安全运行性能，可以部分地降低物耗、能耗和污染物排放，为实现生产全流程高效化与绿色化奠定基础。

生产全流程整体优化是指在全球市场和原材料变化时，以企业全局和生产经营全过程的高效化与绿色化为目标，使原材料采购、经营决策、计划调度、工艺参数选择以及生产全流程控制实现无缝集成优化。生产工艺优化和生产全流程整体优化一直是世界范围内的难题。

D.1.2 生产

生产过程主要基于于连续生产过程，包含复杂的化学反应过程，产品加工是连续进行的，按照相对固定的工艺线路，通过一系列设备和生产装置进行加工，生产过程的刚性较强，物料流、能量流、信息流始终连续不间断地贯穿于整个生产过程。能量流在生产过程中交错使用，物料流需要循环、反复加工等生产特点使得生产装置间存在于十分严重的耦合作用，且生产过程一般在高温、高压、低温、真空、易燃、易爆、有毒等苛刻的环境下运行，生产过程经常受到原料供应量、原料组分的变化、成品市场需求变化等干扰因素的影响，需要改变生产负荷，甚至需要调整生产过程的结构。生产过程具有明显的经济效益倍增特性，不合格的产品以及超量的环境排放，或者由于控制系统失灵而引起的生产装置停车，都将产生相当严重的经济后果。

流程企业是指通过物理反应和化学反应使原材料增值的行业，采用面向库存的生产方式，主要依靠产品价格和质量开拓市场。流程企业与离散的制造业相比具有很多特殊性：

a) 生产过程具有连续性、产品品种稳定、生产量大等特性，其产品常常不是以新取胜，而是以质量和价格取胜。

b) 离散制造用树状层次型结构的 BOM 表达产品与原料的构成关系，这是一种形态固定型的结构。而过程行业的上下游产品关系不能用树状的层次型结构来描述，物料的加工走向和数量关系不完全固定，采用配方的方式管理。

c) 除了生产主产品以外，还附带生产副产品，如化肥厂除了生产尿素以外，同时生产硫黄、液氧、液氮、氨水等。而整个生产过程是一个动态的过程，产出量、物料特性，甚至物料加工路线受到原材料成分波动、操作、加工温度和压力、设备等波动的影响，并且不可预知。要准确确定各个联产品量，非常困难。

d）过程企业的产品比较固定，而且一生产就是十几年、几十年不变，流程工业企业的设备是一条固定的生产线，设备投资比较大，工艺流程固定。生产能力有一定的限制，设备维护特别重要，不能发生故障。否则损失严重。

e）一般加工过程都有燃烧过程和三废排放，必须进行环保处理。

f）企业自动化程度较高，绝大部分的物料只能用仪表进行测量或通过分析间接获得，过程控制系统有效地监控和控制生产过程，使生产过程处于最佳状态，可降低物耗能耗，提高产品收率和产品质量，提高设备的使用寿命。

g）生产车间计划管理的主要任务是确认和接收上级的生产计划、统计生产完成情况和主要经济技术指标以及对车间内部的人员管理、设备管理和物料管理等。企业的车间相对简单，主要根据计划进行领料、投料和控制生产过程，保证产品的高效产出。由于流程工业企业的自动化程度高，产最、主要经济技术指标、设备状况以及人员的出勤状况都可以通过计算机进行自动记录。

h）由于流程工业企业是大批量面向库存生产，因此，成本核算通常是采用分步结转法，费用的分摊范围随着企业自动化程度的提高，将越来越小，变为直接计入，与生产管理结合起来。

D.1.3 物流与仓储

物流管理是将产品运送到下游企业或用户中的过程，利用条形码、射频识别、传感器以及全球定位系统等先进的物联网技术，通过信息处理和网络通信技术平台实现运输过程的自动化运作、可视化监控和对车辆、路径的优化管理等，以提高运输效率、减少能源消耗。

D.1.4 销售

销售管理是以客户需求为核心，利用大数据、云计算等技术，对销售数据、行为进行分析和预测，带动生产计划、仓储、采购、供应商管理等业务的优化调整。从销售计划、销售订单、销售价格、分销计划、客户关系的信息化管理开始，到客户需求预测/客户实际需求拉动生产、采购和物流计划，最终实现通过更加准确的销售预测对企业客户管理、供应链管理与生产管理进行优化，以及个性化营销等。其关注点在于销售数据挖掘、销售预测及销售计划、销售业务与相关业务的集成以及销售的新模式。

D.1.5 服务

服务是通过对客户满意度调查和使用情况跟踪，对产品的使用情况统计分析，反馈给相关部门，维护客户关系，提升产品质量，达到从纵向挖掘客户对产品功能和性能的要求，进而从横向拓展客户群。

D.2 流程型制造业涉及的系统层级维度相关技术

D.2.1 设备层

流程工业企业的设备层涉及温度/压力/液位/流量/组分等测量仪表、有毒/可燃气体检测器、称重仪表、分析仪表、工业电视、电动/气动执行机构、电气变频器、机器人等设备，这些设备有的采用常规的 II、III 型信号，有的同时支持现场总线（HART/PRFOBUS 等），有的采用无线网络传输。

D.2.2 控制层

流程工业企业的控制层涉及过程控制系统（PCS,通常指 DCS/FCS）、安全仪表系统（SIS）、可燃气体和有毒气体检测报警系统（GDS）、压缩机控制系统（CCS）、转动设备状态监视系统（MMS）、设备包控制系统（EPCS）、分析数据采集系统（ADAS）、罐区数据采集系统（TDAS）、储运自动化系统（MAS）、仪表设备管理系统（AMS）、操作数据管理系统（ODS）、先进控制（APC）、操作培训仿真系统（OTS）等。

D.2.3 管理层

流程工业企业的控制层由控制车间/工厂进行生产的系统所构成，涉及制造执行系统（MES）、实时优化系统（RTO）等。

D.2.4 企业层

流程工业企业的控制层由企业的生产计划、采购管理、销售管理、人员管理、财务管理等信息化系统所构成，实现企业生产的整体管控，涉及企业资源计划（ERP）系统、供应链管理（SCM）系统和客户关系管理（CRM）系统等。

D.2.5 协同层

流程工业企业的协同层由产业链上不同企业/设备制造企业/人才培训机构等通过互联网共享信息实现配套生产、物流配送、生产设备维护远程服务等。

D.3 流程型制造业涉及的智能功能维度相关技术

D.3.1 资源要素

流程型制造业资源要素包括塔器/管道/机械/仪表/电气等设备、工艺图纸、工艺规程、物料等，同时还包括操作、技术、管理等人员。

D.3.2 系统集成

通过软件、网络等信息技术将生产管理、能源管理、设备管理、安全环保管理、质量管理等业务系统集成，建设生产、能源等调度管理指挥中心，实现从智能装备、智能检测、智能控制、智能操作、智能运营与智能决策等层级有效集成。

D.3.3 互联互通

互联互通是指采用局域网、互联网、无线网络等通信技术，实现各业务系统、基础自动化系统、业务系统与 ERP 系统等之间的连接。

D.3.4 信息融合

信息融合是指在系统集成和互联互通的基础上，利用云计算、大数据等新一代信息技术，在保障信息安全的前提下，建设私有云平台等，实现企业内部、企业间乃至更大范围的信息协同共享。

D.3.5 新兴业态

新兴业态包括个性化定制、工业云服务、电子商务等服务型制造模式。

附录 E
（资料性附录）
系统架构应用案例三：混合型制造企业

E.1 混合型制造业涉及的生命周期维度相关技术

在生命周期维度，以钢铁行业为代表的混合型制造业与离散制造业和流程制造业存在明显区别。混合型制造行业多涉及原材料或半成品生产，产品结构单一、简单，其生产过程与离散装配类企业也完全不同。前端部分是对化学反应过程、或压延过程等进行控制，后端涉及离散型制造。

现阶段混合型制造业普遍面临下列问题与挑战：

a）企业规模快速扩张，产品结构日趋复杂，导致产品信息处理的需求越来越大，这种信息需求不仅仅局限于企业内部，已经扩展到整条供应链上。

b）尽管生产规模在变大，产品复杂性在增加，产品生命周期却在不断缩短。面对竞争对手和客户，企业必须不断缩短产品开发周期和生产周期。

c）企业产品开发和制造日趋全球化，需要高效的机制实现跨越时间、空间的协同工作。

d）多工厂、多产线、原材料供应不一，以及不同装备的情况下确保产品质量一致性。

e）跨职能领域间实现信息的一致性和共享，减少或避免信息孤岛。

f）通过信息化的手段将经验转化为知识，不断积累和优化，以支撑产品生命周期各个阶段，同时实现知识的传承。

g）出于产品安全和环境保护要求，政府对企业提出更严格的合规要求。产品设计、制造、交付，甚至使用过程都必须具备可追溯性。

为提高企业效率，加快新产品推出速度，提高产品质量，提高企业信息化程度，需要建立一个一体化的产品生命周期管理平台，帮助企业构建详细、直观和可行的数字化产品信息，从客户需求端开始，到生产制造，再到产品交付、售后技术支持，整合各个环节的信息，及早发现、解决各种关键问题，并实现自动化处理（见图 E.1）。

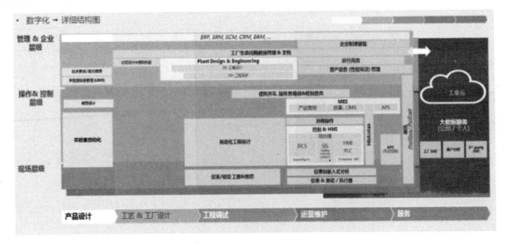

图 E.1　流程工业数字化工厂信息系统架构

混合型行业在生命周期维度始于产品设计，在产品设计基本成型后是工厂（或者工艺）设计，紧接着工艺设计的是工程安装和现场调试，完成安装调试后会进入生产运营阶段，进入正式生产运营之后会有后期的不断维护升级，亦即服务阶段。

E.2 混合型制造业涉及的系统层级维度相关技术

E.2.1 设备层

设备是企业从事生产活动的物质技术基础。现代企业的生产能否正常进行并取得高生产率，在很大程度上取决于生产设备的性能与完好程度。加强设备管理，提高智能化设备普及率是提高钢铁行业智能化水平的一个重要支撑。

混合型制造业生产系统装备的设备，具有大型化、连续化、高速化、自动化等特点。由于采用了许多高新技术，设备性能好、效率高，为大幅度提高生产效率和经济效益提供了有利条件。但同时，设备的复杂程度高，也会给生产带来一定的问题：如果设备发生故障，将会打乱整个企业的生产计划，造成巨大的经济损失；一旦设备精度发生劣化，将直接影响产品质量，产生大量废次品；维修工作难度大，稍有不当或出现失误，将增加资源浪费和设备维修费用，从而增大产品的成本。因此，现代化的智能设备应具有可靠性高、简单易用、维护方便和自诊断报警等功能。

目前，混合型制造业的大型成套生产设备多为自动控制设备，自动化和智能化的水平比较高。在应用过程中经常接触到的智能设备多为各种智能检测仪表。

钢铁厂的工艺流程复杂，冶炼加工工序繁多，各种热工量检测仪表、成分分析仪表、机械量检测仪表等广泛应用于炼铁、炼钢、轧钢及其公附设施的检测与控制系统中。

温度检测仪表：温度检测仪表包括热电阻、热电偶、红外测温仪和双金属温度计等，主要应用于高炉炉身温度检测，转炉烟气温度检测，各种介质和冷却水温度检测，炉窑温度检测，棒材、线材、板带表面温度检测等。

压力检测仪表：压力检测仪表包括绝对压力、真空、表压和差压检测仪表。主要应用于各种气体介质和液体介质的压力检测，广泛应用于炼铁、炼钢、精炼、连铸、锅炉、工业炉窑、制氧和水处理设施的压力测量系统，是用量最大最广泛的仪表。

流量检测仪表：流量检测仪表的种类繁多，有电磁流量计、涡街流量计、V锥流量计、超声波流量计以及各种节流装置和差压变送器组合的差压法测量系统等。主要应用领域为炼铁、炼钢、精炼、连铸、制氧、工业炉窑和水处理设施等的气体介质和冷却水的流量检测。

物位仪表：包括超声波、雷达料位计、静压式液位计、电容式物位计、磁翻板式物位计以及各种料位开关，主要应用于原料场、炼铁、炼钢、精炼等系统的料仓料位检测，以及汽包水位和水处理系统的水位检测。

成分分析仪表：主要应用于制氧厂的气体成分分析，炼铁系统有炉顶烟气成分分析、焦炭含水量检测、炼钢厂烟气成分分析、可燃有毒气体监测等，主要分析的组分为 CO、CO_2、O_2、H_2、N_2、甲烷、乙炔等。

称量仪表：应用较多的是料斗秤、皮带秤、钢包秤和吊车秤。

机械量仪表：包括厚度仪、宽度仪、辊缝仪、板形仪等主要应用于冷轧和热轧等系统。

E.2.2 控制层

生产控制系统 PCS 包括了能源中心控制系统、计量数据采集系统、检化验数据采集系统、预处理控制系统、热轧控制系统、冷轧控制系统、精整作业系统、镀涂控制系统等。它们接受从 MES 传来的作业指令，执行这些指令，执行的结果变成生产实绩，回馈给 MES。

E.2.3 车间层

结合混合型制造业的特点，我们把 MES 功能表述为，企业制造执行系统根据订货合同，在生产过程层面进行质量设计，能力平衡和物料平衡，进行实时的优化调度，安排生产作业计划，向生产控制系统 PCS 发出作业指令。

生产执行中的产线管理（MES）是以生产综合指标为目标的生产过程优化、操作优化和管理优化。它位于生产层与管理层的结合部，是管理流程信息向制造流程渗透的咽喉。它同时处理生产与管理信息，实施生产过程的优化与管理的优化，实现物流、能量流、质量流、资金流、信息流的集成。

混合型制造业 MES 系统在实施 ERP 系统的过程中有两种形式：一是以完善的厂级 MES 系统为依托，与 ERP 系统做数据接口为 ERP 系统提供基础数据；二是以 ERP 系统的数据需求为核心开发的计质量系统和改善 MES 系统。ERP 系统能否运行、运行好坏，关键看统计质量和 MES 系统提供的数据支持。如果大量基础数据的来源不能实现自动采集，而采用大量的人工录入、转录等低效的运行模式，信息化建设的最大优势实时、快速、透明、共享就无法发挥。MES 系统的任务是实时获取和维护生产过程中的所有重要信息，包括物料、生产订单、生产工序、工艺指令、作业计划、库存、质量信息。同时，MES 系统必须与一、二级控制系统集成，如检化验系统和计量系统、PLC 系统和吊车系统（如有需要）做到信息互联互通。

钢铁企业 MES 的功能如下：

a）制造标准的管理。管理铁水预处理、转炉、炉外精炼到连铸以及电炉各个工序的工艺制造标准和作业标准，执行这些标准的输入和维护。对轧制计划种类产制规程产制计划的衔接条件等标准进行输入和维护。

b）作业计划编制。根据 ERP 系统下达的日计划及当时的生产实绩，编制各机组的作业计划，包括铁水需求计划、炼钢炉次计划、连铸浇铸计划、连铸板坯清理计划、热轧轧制计划、热轧精整计划、涂镀计划等。根据实际物料的库存情况对计划进行优化，确定计划的顺序及物料的浇铸和轧制顺序。动态编制清理后的板坯的送坯计划。

c）生产指令生成及下达。根据确定的计划及质量设计结果自动生成指令及 PDI 数据，将生产合同的要求自动转化成各个机组及设备的操作指令，进一步转化成各种基础自动化设备的控制参数，下达给相应机组的过程控制系统 PCS。

d）生产实绩收集。各机组根据制造指令执行生产，产品产出后将生产过程中的具体设定的参数及各种生产实绩，包括主原料和副原料的投用、各种测量设备测试的结果，上传给 MES 系统。MES 根据生产实绩对计划和物料进行相应的处理，设置计划执行状态和物料状态，分品种分规格地对生产结果进行实时统计。

e）物料跟踪管理。MES 系统对存货信息与物料状态进行管理，根据生产实绩对计划和物料作相应的处理，设置计划执行状态和物料状态，并对物料生产进行生产履历跟踪，同时接收来自各个仓库管理系统上传的物料搬运实绩，对物料进行库区和库位的管理，为计划编制优化提供条件。

f）质量设计判定跟踪。MES 接收到 ERP 下达的生产合同后，选择最佳的生产路径，并根据选择好的工艺路径自动进行质量设计，形成各个机组及设备的操作指令和控制参数。同时下达各种物料的质量判定标准，MES 可以根据生产实绩中包含的质量实绩数据，例如规格尺寸、湿度、板型及各种测量值，把它们与判定标准自动进行对比，对不合格的产品设置状态标志。MES 系统可以进行合同转接等柔性处理。

g）工序成本的实时监视。MES 系统可以按设定的成本控制点收集各工序的成本数据，同时收集生产过程中的能源消耗数据，完成对生产成本的动态核算。成本控制点围绕工序设置，成本分为生产成本和辅助成本，以标准成本值作为依据。在物料的产出与管理过程中，伴随物料的每次异动情况，MES系统会向ERP的财务系统提供一批数据，包括实际的产出量、对应的主副原料的投入量以及与该物料相关的履历数据等。系统根据规定的逻辑，对每种物料的成本账进行实时的计算处理，并可以根据需要随时输出结果，分析产生成本差异的原因。

    h) 生产设备运行状况监视。系统提供铁水包、钢水包、吊车等设备的管理功能，为生产计划的动态编制提供实时依据，同时在线跟踪炼钢、精炼、连铸等设备运转状况和生产进程，确保作业计划得以进行实时动态调整。

制造执行系统MES包括了能源中心的监控，铁前生产监控，炼钢、连铸轧制及涂镀等工艺构成的制造过程，重点在炼钢之后。它的功能是，按照用户订单，编排、协调由炼钢连铸轧制涂镀组成的工艺路线，并根据质量判定的结果，调整中间产品，使之均衡而经济的生产，最终把订单转化成作业指令。这中间还要采集工序成本数据和能源消耗的数据，提供给上一级的财务管理。MES要管理炼钢、连铸、加热、轧制、精整、涂镀等工序的规程和作业标准；对用户订单做出质量设计，计算新需要的材料并提出申请；基于此，确定铁水需求量和必要的铁水预处理计划；编制冶炼计划、浇铸计划在制计划、精整计划、涂镀计划，据这些计划，发出相应的制造命令和取样检化验命令。MES还要收集各工序的生产实绩，收集精整库、板坯库、精整库等中间产品库及成品库的库存实际状况。完成炼钢及精炼的成分判定，浇注年制和涂镀质量判定。根据生产实绩和质量判定以及ERP发来的直接指令，对作业计划做出动态调整。为了保证制造的正常运行，还需要对在线运转的工艺设备，为铁水包、钢水包、吊车、转炉、电炉产机、涂层设备、镀层设备状态进行监控。MES向PCS收集生产实绩和检验化验结果，它接受从扩展的ERP来的用户订单，并向它反馈用户订单执行状态。

E.2.4 企业层

ERP（企业资源计划）是一种企业管理的思想，强调对企业的内部甚至外部的资源进行优化配置、提高利用效率。从本质上看，ERP仍然是以MRPⅡ为核心，但在功能和技术上却超越了传统的MRPⅡ，它是以顾客驱动的、基于时间的、面向整个供应链管理的企业资源计划。

ERP系统的管理思想主要体现在以下3个方面：

    a) 体现对整个供应链资源进行管理的思想。在知识经济时代仅靠企业自身的资源不可能有效地参与市场竞争，还必须把经营过程中的有关各方如供应商、制造工厂、分销网络、客户等纳入一个紧密的供应链中，才能有效地安排企业的产、供、销活动，满足企业利用全社会一切市场资源快速高效地进行生产经营的需求。ERP系统实现了对整个企业供应链的管理，适应了企业在知识经济时代市场竞争的需要。

    b) 体现精益生产、同步工程和敏捷制造的思想。系统支持对混合型生产方式的管理，其管理思想表现在两个方面：其一是"精益生产"的思想，即企业按大批量生产方式组织生产时，把客户、销售代理商、供应商、协作单位纳入生产体系，企业同其销售代理、客户和供应商的关系，已不再简单地是业务往来关系，而是利益共享的合作伙伴关系，这种合作伙伴关系组成了一个企业的供应链，这即是精益生产的核心思想。其二是敏捷制造的思想。当企业遇到特定的市场和产品需求时，企业的基本合作伙伴不一定能满足新产品开发生产的要求，这时，企业会组织一个由特定的供应商和销售渠道组成的短期或一次性供应链，形成"虚拟工厂"，把供应和协作单位看成是企业的一个组成部分组织生产，用最短的时间将新产品打入市场，时刻保持产品的高质量、多样化和灵活性，这即是"敏捷制造"的核心思想。

    c) 体现事先计划与事中控制的思想。ERP系统中的计划体系主要包括：主生产计划、物料需求计划、能力计划、采购计划、销售执行计划、利润计划、财务预算和人力资源计划等，而且这些计划功能与价值控制功能已完全集成到整个供应链系统中。

此外，计划、事务处理、控制与决策功能都在整个供应链的业务处理流程中实现，要求在每个流程业务处理过程中最大限度地发挥每个人的工作潜能与责任心，流程与流程之间则强调人与人之间的合作精神，实现企业管理从"高耸式"组织结构向"扁平式"组织机构的转变，提高企业对市场动态变化的响应速度。

总之，借助 IT 技术的飞速发展与应用，ERP 系统得以将很多先进的管理思想变成现实中可实施应用的计算机软件系统。

E.2.5　协同层

产品设计生命周期与产品销售制造生命周期重要的结合是生产环节，贯穿整个生命周期的质量管理是产品与服务的重要保障。PLM 所涵盖的生命周期，满足了对产品和服务进行创新的一体化的需求，也满足了以用户为中心的产品开发导向的需要，符合工业 4.0 端到端集成的整体要求。

目前的 PLM 已经从全生命周期产品数据、信息管理向知识管理纵深发展，PLM 集成协同工作、数据结构化、过程有效管理等特点对知识管理有着天然优势。PLM 中通过集成产品模型管理显性知识，利用统一的模式将存在于不同介质、分布在不同地点的知识，有效地集成在一起，能够很方便地得到重用。对于隐形知识，PLM 可以为用户提供详尽的语境，方便其将知识显性化。未来的业务场景是用户根据使用要求，按图索骥向导式地参与知识分享与重用，从而可以快速保质地满足客户的新需要。

PLM 可以帮助企业构建详细、直观和可行的数字化产品信息，从客户需求端开始，到生产制造，再到产品交付、售后技术支持，整合各个环节的信息，及早发现、解决各种关键问题，并实现自动化处理。通过 PLM 的实施，可以提高企业效率，加快新产品推出速度，提高产品质量，提高企业信息化程度。以流程行业为例，新常态下流程行业普遍面临下列问题与挑战：

a）企业规模快速扩张，产品结构日趋复杂，导致产品信息处理的需求越来越大，这种信息需求不仅仅局限于企业内部，已经扩展到整条供应链上。

b）尽管生产规模在变大，产品复杂性在增加，产品生命周期却在不断缩短。面对竞争对手和客户，企业必须不断缩短产品开发周期和生产周期。

c）企业产品开发和制造日趋全球化，需要高效的机制实现跨越时间、空间的协同工作。

d）多工厂、多产线、原材料供应不一，以及不同装备的情况下确保产品质量一致性。

e）跨职能领域间实现信息的一致性和共享，减少或避免信息孤岛。

f）通过信息化的手段将经验转化为知识，不断积累和优化，以支撑产品生命周期各个阶段，同时实现知识的传承。

g）出于产品安全和环境保护要求，政府对企业提出更严格的合规要求。产品设计、制造、交付、甚至使用过程都必须具备可追溯性。

E.3　混合型制造业涉及的智能功能维度相关技术

在实际项目执行过程中，在智能功能维度，钢铁行业正在探索一条数字化业务整体实施的路径图。其具体思路为通过分析公司业务战略和业务需求形成公司数字化企业蓝图规划，之后聚焦在具体的业务模块形成具体项目，通过项目的执行，总结形成可复制的项目经验进而形成可复制的新的业务模式，如图 E.2 所示。

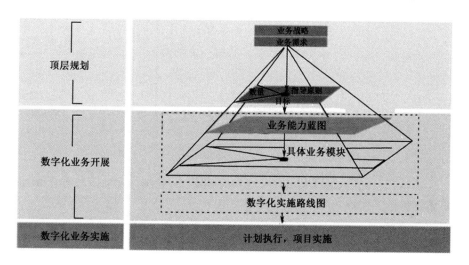

图 E.2　流程工业数字化工厂整体实施路径图

参 考 文 献

[1] 工业和信息化部,国家标准化管理委员会.关于印发国家智能制造标准体系建设指南（2015 年版）的通知（工信部联装〔2015〕485 号）

[2] 工业和信息化部,财政部.关于印发智能制造发展规划（2016—2020 年)的通知（工信部联规〔2016〕349 号）

成果二

智能工厂通用技术要求

引　言

标准解决的问题：

本标准规定了离散制造智能工厂的总则、智能设计、智能生产、智能服务、智能管理，以及系统集成等内容。

标准的适用对象：

本标准适用于实现离散制造智能工厂的设计、建设。

专项承担研究单位：

上海工业自动化仪表研究院有限公司。

专项参研联合单位：

中国航发上海商用航空发动机制造有限责任公司、南京优倍电气有限公司、武汉船用机械有限责任公司、上海宝信软件股份有限公司、沈机（上海）智能系统研发设计有限责任公司、机械工业仪器仪表综合技术经济研究所、中国电子技术标准化研究院、新特能源股份有限公司、江苏徐工信息技术股份有限公司、上海产业技术研究院、上海仪器仪表自控系统检验测试所有限公司、上海智能制造系统创新中心有限公司、西安高压电器研究院、特变电工股份有限公司。

专项参研人员：

王英、张艾森、董赢、董健、覃刚、项宏伟、涂煊、王嘉宁、马传荣、曹长皓、刘广杰、欧阳树生、郭栋、银波、李西良、许建全、柳晓菁、程雨航、丁志刚、郑树泉、陈廷炯、赵红武。

智能工厂通用技术要求

1 范围

本标准规定了离散制造智能工厂的总则、智能设计、智能生产、智能服务、智能管理，以及系统集成等内容。

本标准适用于实现离散制造智能工厂的设计、建设。

2 规范性引用文件

下列文件对于本标准的应用是必不可少的。凡是注日期的引用文件，仅所注日期的版本适用于本标准。凡是不注日期的引用文件，其最新版本（包括所有的修改单）适用于本标准。

GB/T 24734—2009（所有部分） 技术产品文件 数字化产品定义数据通则

GB/T 26101—2010 机械产品虚拟装配通用技术要求

GB/T 26335—2010 工业企业信息化集成系统规范

GB/Z 32235—2015 工业过程测量、控制和自动化生产设施表示用参考模型（数字工厂）

GB/T ×××× 智能工厂建设导则

GB/T ×××× 数字化车间通用技术要求

GB/T ×××× 智能工厂能效管理

3 术语和定义

下列术语和定义适用于本文件。

3.1

智能设计 smart design

以满足客户需求为目标，采用数字化设计、基于大数据/知识工程的设计、以及仿真优化，设计涵盖产品全生命周期，用模型和结构化文档描述和传递产品设计结果，保证产品的功能、性能、可制造性、可靠性，缩短新产品研制和制造周期，降低成本。

3.2

智能生产 smart production

以产品设计端为输入、以对服务端的输出为终点的产品生产过程，通过应用信息化、自动化、大数据仿真分析等技术手段，提高各数字化车间之间的协同制造能力。对产品质量、成本、能效、交期等进行闭环、持续的优化提升，并实现柔性化、网络化、智能化、可预测的协同生产模式。

3.3

智能管理　smart management

以智能设计、生产和服务端为基础、以对各数字化车间之间的协同制造为目的闭环管理过程。对产品实现全生命周期的综合智能化管理，需有管理、计算机、信息、数学、人因、工程等多学科的交叉融合应用，建立以数据及网络为基础、不断迭代优化的企业管理模型，以动态的方式为企业的设计、生产、服务、经营、决策提供支持。

3.4

智能服务　smart service

以用户为中心，借助云计算、大数据、工业物联网等先进信息技术，实现产品的售后服务、远程运维服务和产品全生命周期服务。

3.5

智能工厂　smart factory

通过系统集成、数据互通、人机交互、柔性制造、以及信息分析优化等手段，实现从产品设计到销售，从设备控制到企业资源管理所有环节的信息高效闭环交换、传递、存储、处理的离散制造工厂。

3.6

产品定义数据　product definition data

对被设计或制造产品的基本工程特征进行描述的数据，如：产品的物理形状、尺寸以及其他说明信息。

[GB/T 18725—2008，定义3.201]

3.7

产品全生命周期　product total cycle

包括市场需求调研阶段、产品开发阶段、产品设计阶段、销售阶段和售后服务阶段等的全部时间的总称。

[GB/T 18725—2008，定义3.206]

3.8

制造过程　manufacturing process

活动或操作的结构化组合，他完成了将原材料或半成品向半成品或成品的转化。

注：制造过程可被安排在过程规划、产品规划、单元规划或转配位置规划里。根据战略性应用和物资的分配，制造过程可被用于支持按库存生产，按订单生产，按订单装配。

[GB/T 20719.11—2010，定义3.1.15]

3.9

网络化制造　networked manufacturing

企业利用网络技术开展产品设计、制造、销售、采购和管理等一系列制造活动的总称。

[GB/T 25487—2010，定义2.15]

3.10

信息采集 information acquisition

企业管理和控制过程的起点,贯穿于企业信息管理的全过程。信息采集是根据企业管理和控制的需求,把企业内外各种形态的信息收集并汇总,信息化集成系统使用。

[GB/T 2633—2010,定义 3.6]

3.11

原始数据 raw data

是一个数据集,经授权,可以在检验和验收过程中作进一步处理。

[GB/T 16722.2—2008,定义 4.2]

3.12

智能装备 smart equipment

除基本功能外具有数字通信和配置、优化、诊断、维护等附加功能,具有感知、分析、推理、决策、控制能力的设备或装置。

3.13

详细生产排产 detailed production scheduling

组织和构造生产现场作业计划的集合,并对单个或多个产品的相关生产顺序进行排序。

3.14

校核、验证与确认 Verification Validation and Accreditation (VV&A)

仿真是基于模型试验的活动。但因模型仅是实际系统的近似演绎,所以建模与仿真始终存在的有效性、可信性和可接受性必须被证实,这一校核、验证与确认的全过程则称之为 VV&A。

3.15

设备管理 equipment management

是以设备为研究对象,追求设备综合效率,应用一系列理论、方法,通过一系列技术、经济、组织措施,对设备的物质运动和价值运动进行全过程管理。

3.16

物流调度 logistic scheduling

在稀缺资源分配过程中所涉及的物流调配。

3.17

制造执行系统 manufacturing execution system

生产活动管理系统,该系统能启动、感知、响应,并向生产管理人员报告在线、实时生产活动的情况。这个系统付诸执行制造订单的活动。

3.18

生产物流管理　production logistic management

生产物流系统的管理，指发出实时、具体的物流指令，调度物流资源、驱动物流设备、控制物流状态，按排产计划与调度要求为生产过程各个工位或区域供应生产作业所需物料，保障车间生产的任务有效完成。

4　缩略语

下列缩略语适用于本标准。

APP：应用软件（Application）

CAD：计算机辅助设计（Computer Aided Design）

CPS：信息物理系统（Cyber-Physical Systems）

CRM：客户关系管理（Customer Relationship Management）

ERP：企业资源计划（Enterprise Resource Planning）

ESB：企业服务总线（Enterprise Service Bus）

JIT：准时制（Just In Time）

MES：制造执行系统（Manufacturing Execution System）

OPC：用于过程控制的对象连接与嵌入（Object Linking and Embedding for Process Control）

OPC UA：OPC 统一架构（OPC Unified Architecture）

PLC：可编程逻辑控制器（Programmable Logic Controller）

PLM：产品生命周期管理（Product Lifecycle Management）

RMS：可重构制造系统（Reconfigurable Manufacturing System）

SCM：供应链管理（Supply Chain Management）

5　总则

5.1　总体框架

智能工厂应实现多个数字化车间的统一管理与协同生产，应将车间的各类生产数据进行采集、分析与决策，并将优化信息再次传送到数字化车间，实现车间的精准、柔性、高效、节能的生产模式。其中数字化车间要求不在本标准范围，具体要求见 GB/T ××××《数字化车间通用技术要求》，智能工厂的建设要求见 GB/T ××××《智能工厂建设导则》。

本标准主要涵盖了智能设计、智能生产、智能管理、智能服务、系统集成等可实现智能工厂的关键技术，其总体框架图如图 1 所示。

数据在智能工厂的智能设计、生产、管理和服务过程中，应承载工厂内各个层次之间，以及同一层次的各个功能模块和系统之间的信息。数据的交互应通过连接各个功能模块的通信网络完成，其内容应服从于智能工厂系统集成建设和运营的需要。数据的格式和内容定义遵从通信网络和执行层、资源层的各应用功能模块的协议。数据的一致性和连贯性应将工厂的建设规划、产品的智能设计、生产管理、物流、服务等环节组织成有机整体。智能工厂关键技术之和数据流示意图如图 2 所示。

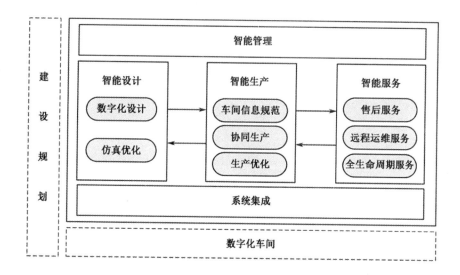

图1 智能工厂总体框架图

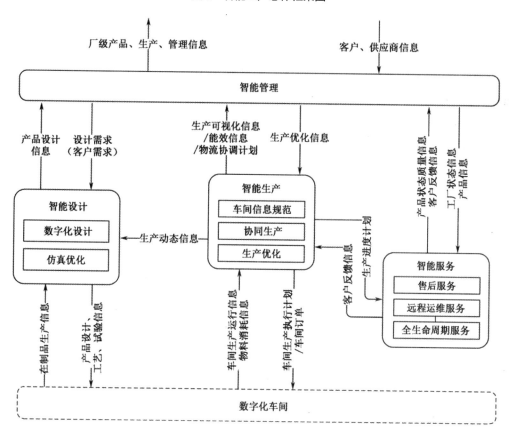

图2 智能工厂关键技术和数据流示意图

5.2 基本要求

智能工厂的基本要求如下。

5.2.1 数字化要求

数字化是智能工厂的基础。应对工厂所有资产进行标准的数字化描述和数字化模型的建立，使所有资产都可在整个生命周期中被平台识别、交互、实施、验证和维护，同时能够实现数字化的虚拟产品开发和自动测试，以适应工厂内外部的不确定性（部门协调、客户需求、供应链变化等）。

5.2.2 互联互通要求

在数字化的基础上，智能工厂应建有连续的且相互连接的计算机网络、数控设备网络、生产物联/物流网络和工厂网络，从而实现所有资产数据在整个生命周期上价值流的自由流动，打通物理世界与网络世界的连接，实现基于网络的互联互通。

5.2.3 智能化要求

智能工厂应具有能够感知和存储外部信息的能力，即整个制造系统在各种辅助设备的帮助下可以自动地监控生产流程，并能够及时捕捉到产品在整个生命周期中的各种状态信息，对信息进行分析、计算、比较、判断与联想，实现感知、执行与控制决策的闭环。

5.2.4 能效要求

智能工厂应能够实现车间协同，上下游协同，从而达到精准生产或调度现有资源、减少多余成本与浪费；同时具备能效管理功能，缩短生产节拍，提升产能，降低成本，创建具有适应性、资源效率的工厂。

6 智能设计

6.1 关键要素

智能设计包括产品的性能定义、结构设计、制造工艺设计、检验检测工艺设计、试验测试工艺设计、维修维护工艺设计。智能设计的关键要素如下。

　　a）数字化设计：应从设计源头采用数字化设计，保证产品生命周期的数字化信息交互，定义各项活动信息类型和属性，实现信息的高效利用，满足各阶段对信息的不同需求。

　　b）仿真优化：在产品设计、工艺设计、试验设计等设计各阶段，以及在产品生命周期各阶段反馈的信息，针对不同目标开展仿真优化，保证和提升产品对设计需求的符合性，产品的可靠性、可制造性、经济性。

　　c）面向生命周期的设计：在设计阶段，应充分考虑产品制造、使用、服务、维修、退役等后续各阶段需求，实现产品设计的最优化。

　　d）大数据/知识工程：采集产品生命周期各阶段的数据，建立产品大数据，形成和丰富知识工程，在大数据和工程知识支撑下，实现对需求的快速智能设计和仿真优化，在功能、性能、质量、可靠性与成本方面能提供最优产品。

智能设计示意图如图3所示。

6.2 技术要求

6.2.1 基本设计要求

6.2.1.1 数字化设计

按 GB/T 24734—2009 开展产品数字化设计，建立产品数字化样机，利用数字化模型完整表达产品信息，并将其作为产品制造过程中的唯一依据，实现结构设计、工艺设计、制造、检验检测、试验测试等的高度集成和数据源的唯一。

6.2.1.2 仿真优化

产品仿真优化按 GB/T 26101—2010 执行，采用基于模型的系统工程方法，根据产品设计各个阶段、各个目标开展仿真。

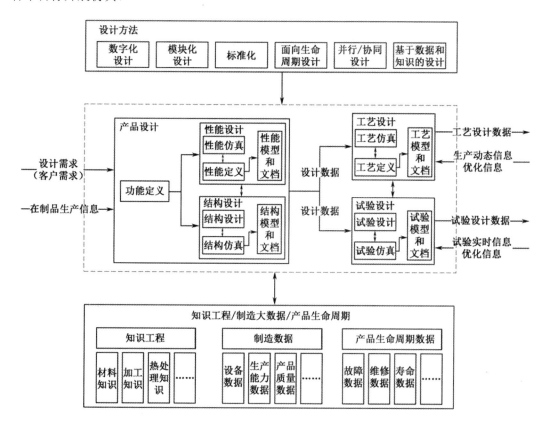

图 3　智能设计示意图

6.2.1.3　模块化设计

采用模块化设计，保持模块在功能及结构方面具有一定的独立性和完整性，考虑模块系列未来的扩展和向专用、变型产品的辐射，以满足不同需求和产品的升级。

6.2.1.4　自上而下的设计

性能定义由总体性能、部件性能到零件性能自上而下逐层分解，首先确定总体性能参数，再分解到部件、组件性能参数，直到分解到零件的性能参数。

结构设计由总体布局、总体结构、部件结构到部件零件的自上而下、逐步细化，首先确定整体基本参数，然后是整体总布置、部件总布置，最后是零件设计和绘图。

工艺设计由总体装配、部件装配、组件装配到零件制造逐层分解，确定工艺分界面，逐级传递。

6.2.1.5　面向制造和装配的设计

在产品设计中，充分考虑现有制造和装配能力，保证产品具有良好的可制造性和可装配性，使产品以最低的成本、最短的时间、最高的质量制造出来。

以特征技术为手段，建立面向制造和装配的结构模型，在特征模型基础上建立设计流程，实现特征知识及工艺推理的集成，支持设计中的信息表达和智能决策。

6.2.1.6　设计标准化

对设计流程、方法、产品定义、数据和知识的标准化、规范化，实现设计标准化和 CAD 属性信息传递的定义，通过设计标准化、规范化，实现产品生命周期内信息准确传递，设计效率的提升。

6.2.2 高级设计要求

6.2.2.1 面向产品全生命周期的并行/协同设计

在产品设计阶段就考虑到产品全生命周期/全寿命历程的所有环节，将所有相关因素在产品设计分阶段得到综合规划和优化，产品设计以客户需求为输入，设计产品的功能、性能和结构，以及设计产品的规划、设计、零件制造、装配、销售、运行、使用、维修保养、回收再用处置的全生命周期过程。

多学科数据和知识统一管理，实现边设计、边分析，设计、仿真、制造、试验的闭环。

考虑全生命周期的并行设计，考虑产品设计约束的同时引入后续相关过程约束，产品设计与其后续相关过程在同一时间框架内并行处理，对产品设计及其后续相关过程进行统一协调和管理。

基于知识的、统一模型的分布式异步、同步协同设计，有效控制设计界面和接口，缩短产品设计周期，降低产品开发成本，提高个性化产品开发能力。

6.2.2.2 基于大数据/知识工程的设计与优化

建立产品全生命周期的、全流程的、系列化的大数据和知识工程，包括材料、设计、仿真、制造、装配、检验检测、试验验证、使用维护、退役等数据和知识工程，以支持基于知识工程的智能设计。

以特征技术为手段，建立产品数字化模型，在特征模型基础上建立设计流程，实现特征知识及推理的集成，支持设计中的信息表达和智能决策。

利用制造与装配的数据和知识、产品全生命周期的数据和知识，开展产品仿真优化和再设计，持续提升产品设计、可靠性、安全性、可制造性、可检测性，持续提升工艺设计、检验检测设计的成熟度，提升质量稳定性，降低成本。

6.2.2.3 动态优化设计

根据客户需求的动态变化信息、产线制造、产品全生命周期反馈的实时动态数据，基于知识工程和可利用的技术能力，开展产品仿真优化和再设计，持续优化产品设计、工艺设计、试验设计，提升产品功能、性能、可靠性、制造性，降低成本。

6.2.3 智能设计平台功能

平台应支持数字化定义、虚拟仿真、并行/协同设计、大数据/知识工程，并与其他系统集成，具备数据互联互通、共享，保证产品全生命周期信息的准确传递和反馈，同时保证知识的产生、收集、分类、存储，并在设计过程中保证知识的精准搜索和应用，满足数字化定义的产品设计的持续优化、改进。

7 智能生产

7.1 关键要素

智能生产的关键要素如下。

a）信息资源互通：在实现数字化车间信息化基础上，完成以数字化车间为基础单元的信息接口标准化，从而实现整个工厂的信息集成，使各工厂与车间、车间与车间之间的数据资源可被有效共享。

b）建立服务总线：通过建立服务总线，连接上层资源及生产管理层（如厂级 ERP、厂级 PLM、厂级 MES），并与下层的数字化车间相贯通。

c）协同制造体系：应用仿真优化、大数据等先进技术，对全厂的物料、生产、质量、成本、交期等进行预测、优化，提高各数字化车间之间的协同制造能力，实现全厂智能、柔性、集成的生产协同。

智能生产示意图如图4所示。

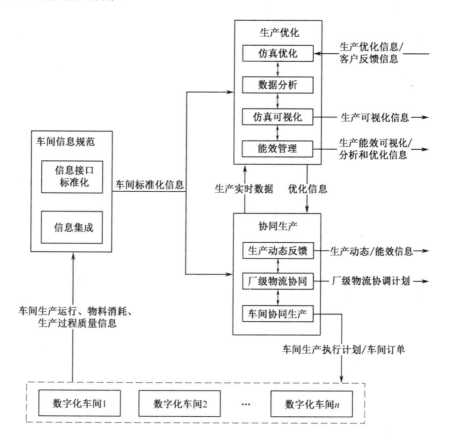

图4 智能生产示意图

7.2 技术要求

7.2.1 车间信息规范

7.2.1.1 车间信息接口标准化

智能工厂的各数字化车间所使用的设备通信接口必须使用标准化协议，以达成从获取、输出到保存的统一、兼用的数据格式，同时应确保所使用的各系统软件的数据接口标准化，并相互开放和可互操作。

7.2.1.2 车间信息集成

在自动化设备、系统软件接口信息标准化的基础上，利用企业服务总线（推荐使用 OPC UA 技术）搭建统一的数字化平台和数据库，最终使装备、软件的数据、信息之间形成高度映射统一体。

7.2.2 生产优化

7.2.2.1 仿真优化

在车间信息标准化和信息集成的基础上，累积、训练、不断完善生产随机概率模型，构建以工厂、车间为仿真对象，组建生产过程仿真系统。通过采集和调整车间仿真要素（如人员、机器、控制器等）

的行为和交互数据，归纳和提炼工厂整体运行和策略演化机制，并结合厂级 MES 生产执行系统，达到优化厂内资源配置、动态生产作业调度、改进生产管理策略、辅助规划车间和工厂布局优化等。数字化车间内部的物流仿真见 GB/T××××《数字化车间通用技术要求》。

7.2.2.2　数据分析

应用生产过程仿真系统，应用智能算法及机器学习等技术或方法，针对车间和工厂的历史生产、产品、资源、管理等数据复现历史生产行为，并分析数据间关联关系及目标优化主要影响因素，挖掘问题本质，同时辅助提升质量管理、突破工艺瓶颈、优化生产流程、减少库存及提高运输能效等。其分析过程应还需与实时生产数据结合，根据数据关联影响，预测车间生产异常，为实现实时预警和工厂整体作业调度提供数据依据。

7.2.2.3　仿真可视化

通过车间实时传输的数据，实现生产过程仿真与实际生产同步，以多维度的方式实时展现车间和工厂的综合系统性能，表现形式可有单点、线状、条状、饼图、柱状图、漏斗图、多视角雷达图、玫瑰图、立体三维图等。并可借助视窗，实时查看车间生产场景、物流状态和工厂整体生产进度，同时依据产品基础信息，实现生产操作异常和预测异常的可视化报警/提醒，最终实现以实时数据为驱动的仿真及监控管理模式。

7.2.2.4　能效管理

以物联网为基础，通过采集 MES 生产执行系统对工厂的水、电、气、热等生产用能源所产生的自动化检测实时数据，进行统计分析，同时依据工厂能效管理规则形成优化调配的计划，促进生产和运输能效。具体要求参照 GB/T ××××《智能工厂能效管理》。

7.2.3　协同生产

7.2.3.1　工厂生产动态反馈

生产车间需通过企业服务总线，以实时、动态的方式向工厂信息中心提供计划达成率、生产进度、工艺及质量、能耗、物料消耗、设备故障（预）诊断、设备利用率、人力资源等足够体量的数据，提供给 7.2.2 的生产过程仿真优化系统进行全工厂生产过程及状态的分析优化。

7.2.3.2　厂级物流协同

工厂内各个车间之间的工艺流程应具有关联性与交互性的特征，需建立智能化物料调配体系：企业资源计划平台采购来的原材料，配件，外购零部件等物料在工厂的各级仓库（工厂大库房、车间的原材料库、半成品、成品库等）登记、检验、退货、入库、备料、发料、JIT 实时叫料、完工退库、销账、移库、包装、发货等。并建立智能工厂工作物流协同中心，同样结合 7.2.2 的优化分析结果，遵从生产需求拉动的原则，并以精益化、零库存为目标，实现工厂-仓库-车间三者之间智能化的物流调配。车间内的数字化物流装备、生产物流管理、物流设备管理要求见 GB/T ××××《数字化车间通用技术要求》。

7.2.3.3　车间协同生产

根据产品设计平台所提供的原材料、配件、外购零部件等物料数据，零部件，半成品，成品等产品数据，以及成品目标、工艺特性等技术数据，结合企业资源计划平台提供的客户订单，经过 ERP 的 MRP 运算产生的工厂生产工单。结合 7.2.2 的优化分析结果，以实现柔性化的生产流程为目的，向各车间自动分配生产任务及执行计划，并监控、管理、调整各个车间的生产进度，同时对各类生产资源进行实时、动态的调配。从产品设计到工艺分配,从客户订单到生产工单,从生产排产到生产执行,从分析反馈到设计改进,形成一个工厂级的闭环的优化流程。

8 智能服务

8.1 关键要素

智能服务是智能工厂服务化的重要功能。智能服务是在对产品全价值链的分析和智能工厂全系统集成的基础上提供的服务,其关键要素如下。

a)售后服务:能提供基于资源的服务和基于能力的服务。能通过创新服务模式提供资源、能力的增值服务。

b)远程运维服务:利用信息化手段,对产品实现在不同地域之间的运维服务。

c)全生命周期服务:智能工厂应将研发设计、生产制造、物流、销售、运行维护等流程向外延展为服务,为客户交付服务解决方案。

智能服务示意图如图5所示。

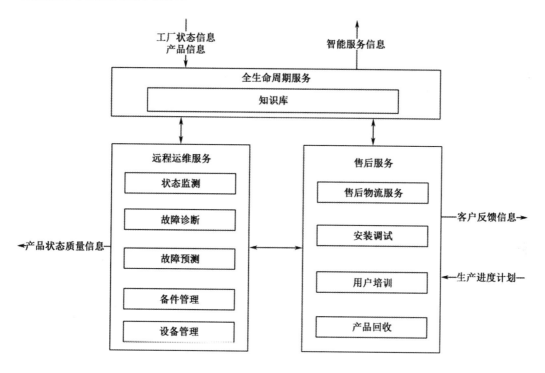

图5 智能服务示意图

8.2 技术要求

8.2.1 售后服务

8.2.1.1 售后物流服务

售后物流服务主要实现从产品发货到交付过程中的物流管理,应综合产品、路线、运输工具、交付计划、操作人员、客户要求等信息提供物流服务。可建立售后物流管理信息系统,系统应根据客户物流需求、交付时间等信息,结合工厂生产进度计划,提供物流决策,相关结果应以可视化的文档、多媒体等方式向客户展现。在整个物流服务过程中,物流服务信息应具有完整且统一的数据存储、数据交换、数据输出规范。

8.2.1.2 安装调试

安装调试实施阶段需严格按照工艺规定的质量要求和安装调试程序进行设备的安装调试工作，解决安装调试中出现的技术问题，确保设备启动成功，达到规定的技术要求。安装调试完成后，应将用户的意见和建议作为新的需求信息反馈给智能设计和智能生产。

8.2.1.3 用户培训

用户培训服务应能够实现线上与线下相结合的培训模式，提供产品使用、产品升级、技术培训等服务。用户培训服务可采用在培训完成后对培训效果进行评估并将培训结果自动反馈给客户。

8.2.1.4 产品回收

应通过信息技术手段，对产品出厂后的使用状况数据进行记录，产品的使用状况可包括产品使用年限、产品使用环境、产品状态等信息，根据上述信息进行产品残值评估，确定产品回收方式，制定产品回收计划。可提供产品回收及再制造、再利用等绿色环保服务。

8.2.2 远程运维

8.2.2.1 状态监测

状态监测服务应实现对在役产品的运行参数（如转速、功率、加速度、振动、温度等）进行采集、处理和分析。状态监测应能够为产品的实时故障预警提供数据、信息支持，同时通过网络能够为用户提供在远端的实时查看服务。

8.2.2.2 故障诊断

故障诊断服务能够为用户提供设备故障来源的快速、准确定位，基于对8.2.2.1的设备状态的不间断监测与记录，识别传感器发出的正常信号与异常信号，在故障发生时准确获知异常信号的来源，及时将设备置于保护状态并向用户发出告警通知信息。

8.2.2.3 故障预测

故障预测能够为用户在故障发生之前预判可能发生故障的部件。可采用大数据、物联网等技术，以8.2.2.1的状态监测数据和8.2.2.2的故障诊断为基础，通过状态预测、维修决策等手段，预测设备变化发展，提出防范措施，防止和控制可能的故障出现。

8.2.2.4 备件管理

应按照分类和分级管理要求进行备件管理，应涵盖备件的分类和编码管理、备件储备、备件计划、审批、采购、验收、出入库、盘点等内容。

8.2.2.5 设备管理

应能够对设备的使用周期、使用情况、维护保养情况、部件更换维修情况等信息进行统计和分析。应利用大数据分析、专家和人工智能分析来进行设备的运行和维护的优化管理。

8.2.3 全生命周期服务

8.2.3.1 知识库

知识库储备了研发设计、生产制造、运维等过程的指导文件、经验总结等内容，知识库建设过程中需确保整个智能工厂内的知识是可用的、可共享的。知识库系统应具备知识的添加、更新和查询功能，能对知识的生命周期进行管理。知识库可提供对用户的检索、查询、培训等服务。

8.2.3.2 服务新模式

智能工厂感知和获取市场需求信息，根据市场需求动态重组自身业务，支持个性化定制、柔性化生产、绿色制造等新的服务模式。结合众创、众包、众扶、众筹等新的服务方式，实现跨领域、跨地域的协同服务。

9 智能管理

9.1 关键要素

智能管理是在智能设计、智能生产、智能服务的基础上，结合供应商信息、客户需求/反馈信息、企业/集团信息等，实现厂内、厂外数据的融合、计算，并将分析优化结果反馈给设计、生产与服务环节，以达到优化信息闭环操作，实现工厂的智能化。智能管理关键要素如下。

  a）设计优化管理：根据产品工艺及生产流程设计，以及在各个车间生产功能而分配生产计划及任务，再基于智能生产结果和分析的反馈，优化产品在智能工厂里的最佳生产能效，从而不断优化调整产品工艺及生产流程、布局的设计方案。

  b）生产物流管理：根据全厂物流（原材料到成品）在工厂-车间的物流（运输设备和仓储管理）以及对外的发货运输体系，再基于智能生产结果及分析反馈，形成不断优化的工厂内、外的物流路径及配给模型，以达到智能化、柔性化的物流体系。

  c）服务质量管理：根据工厂信息系统（CRM、SCM）所提供的客户质量、满意度反馈的适量数据，具有产品远程运维体系还需结合远程采集的质量数据，运用质量分析引擎智能分析、判断产品质量问题，并将结果及时反馈给设计、生产环节，以不断循环优化产品设计及生产模式。

智能管理示意图如图6所示。

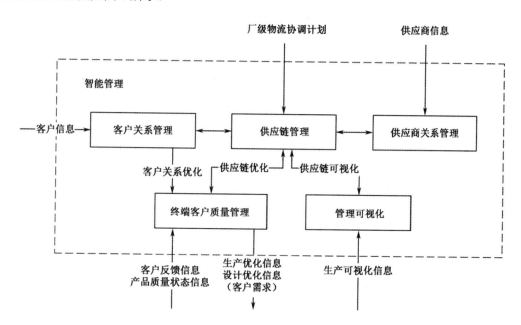

图6 智能管理示意图

9.2 技术要求

9.2.1 客户管理

企业信息中心应用先进的信息（CRM、APP等）以及互联网技术，全方位管理企业内部销售体系及面向市场的商业机会，需涉及人员、订单、服务，以及客户跟踪、维护与反馈等信息，从而实现信息化的管理模式，并需建立创新的与客户互动的信息平台，所采集的交期达成、产品质量、售前（后）服务等数据需及时反馈给工厂资源管理信息中心。

9.2.2 供应商管理

以数字化车间集成信息及采购运营数据为支撑，分析不同时期影响各个产品采购的主要因素，动态指导供应商管理，提升供应商水平。结合客户订单及生产制造基础信息，自动计算采购清单和采购订单分配方案，降低采购风险，提高供应商对采购决策的信服度，增强供应商战略合作的稳定性。

9.2.3 供应链管理

在对工厂运营和车间集成信息等进行关联细分的基础上，实现工厂与车间、车间与车间之间供应链各环节成员能力与特征的标签化，结合客户管理和供应商管理，以实现工厂柔性生产为目标，根据成员标签动态调整供应链各环节资源配置和信息流向，增强供应链稳定性和抗风险能力，实现供应链整体能力的提升。

9.2.4 终端客户质量管理

根据工厂信息系统（CRM、SCM）结合物联网 CPS 技术搜集客户质量反馈和产品使用状况反馈数据，并用实时的、满足大数据体量的数据汇集到大数据平台，运用分析引擎智能分析质量问题模式及产生原因，排查影响质量的因素，智能化地提供改善建议。

9.2.5 管理可视化

通过信息技术手段搜集智能工厂生产经营中产生的数据、状态、进度、指标、异常等数据，采用数字仿真模型、大数据分析等手段提供关键指标（如绩效）、管理预警、优化建议等决策依据和解决方案的仿真。并通过图形化和三维技术展示，形成真实工厂的数字映像。可使用电子看板、移动设备等显示载体。

10 系统集成

10.1 关键要素

智能工厂的系统集成主要是实现车间与工厂、工厂与集团之间不同层次、不同类型的设备与系统间的网络连接，并且实现数据在不同层次、不同设备、不同系统间的传输，最终达到各类管理信息、产品信息、生产信息、优化信息等的互联互通，从而实现智能工厂信息集成的闭环。车间层以下的系统集成不在本标准范围内，具体要求见 GB/T ××××《数字化车间通用技术要求》。

系统集成关键要素如下。

a）网络互联：实现连续的、相互连接的计算机网络、数控设备网络、生产物联/物流网络以及工厂网络。

b）信息互通：在网络互联的基础上，实现从车间层到工厂层、集团层双边的数据交换与信息通信。

c）集成优化与闭环操作：实现信息空间与物理空间之间基于数据自动流动的信息感知、实时分析、科学决策、优化执行的闭环体系。

10.2　技术要求

10.2.1　网络互联

10.2.1.1　网络架构

车间层到工厂层/集团层的网络架构可采用多种方式，如星形、环形、总线型、网状、OPU UA 统一架构等多种方式。智能工厂网络架构示意图如图 7 所示。

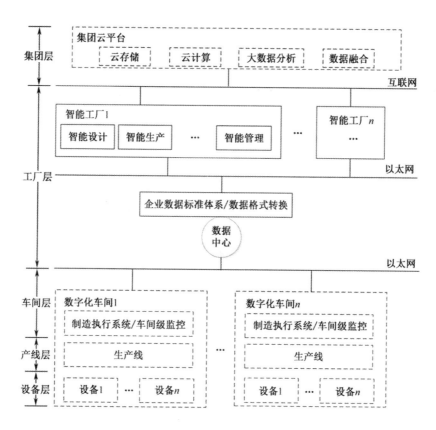

图 7　智能工厂网络架构示意图

10.2.1.2　异构网络连接

不同类型的网络可通过网关进行互联。可根据实际的网络类型设计不同的网关，实现工厂中不同层级之间的协议转换，并提供必要的安全隔离，从而实现整个工厂异构网络的无缝连接。

10.2.2　信息互通

10.2.2.1　工厂资产的数字化

智能工厂按照标准 GB/Z 32235-2015，把每个自动化资产用 5 种基本元素表示。

a）结构（C）：反映机械信息（如尺寸、外壳）或结构特性（如连接器类型）。

b）功能（F）：反映自动化资产支持的功能方面（如应用功能、运行功能、任务）。

c）性能（P）：反映功能方面的特征（如额定值、循环时间或启动时间、阈值、能耗）。

    d）位置（L）：指出工厂内自动化资产的地点（如相对位置、绝对位置、全球定位坐标、特定域的位置标识）。

    e）商务（B）：反映自动化资产的商业方面属性（如价格、交货时间或以包装为单位的数量）。

按照这种原则可以从底层把所有工厂的对象实现数字表示的标准化。

10.2.2.2　数据字典

数据字典应实现对工厂所有数据的定义和描述，从而促进任意工作流中的两台计算机系统之间的数据交换，数据分析并且优化工作流程。

10.2.2.3　数据采集和传输

车间与工厂数据传输的主干网可采用光纤，现场设备的连接可采用屏蔽双绞线，对于重要的网段也可采用冗余网络技术，以此提高网络的抗干扰能力和可靠性。车间与工厂间的网络互联主要是实现数据的采集和控制功能的执行等。车间与工厂的数据集成也可通过 OPC UA 等技术实现。OPC UA 可实现数字化车间的监控系统、制造执行系统等产生的原始数据传输至工厂层。OPC UA 统一架构示意图如图 8 所示。

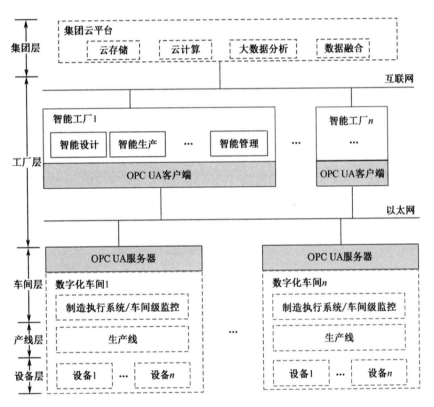

图 8　OPC UA 统一架构示意图

工厂与集团间的数据传输主要通过互联网方式，其主要实现将工厂数据传输到集团云，并进行存储、处理与发布等。

其他数据集成方法可使用基于中间数据表、基于可视化配置的中间件方式、基于 ESB 等。

10.2.2.4　数据中心

实时与历史数据库是智能工厂的数据中心。

实时数据库应能够实现各车间的、不同系统、层级之间的实时数据的采集、存储和监视，可在线存储每个工艺过程点的多种数据,提供车间当前的生产工况,也可以通过数据分析做出实施决策。

历史数据库应是经过归档的数据,它应存储与流程相关的数据与历史数据。

10.2.2.5 工厂级数据格式与转换

工厂级数据格式企业可自行定义,应考虑数据加密的形式,确保信息安全;也可通过自建企业数据标准体系等方式。同时宜统一数据语义,减少数据交互过程的歧义。

10.2.3 集成优化与闭环操作

智能工厂的集成优化应能够将集团层、工厂层形成的各类决策优化信息向下传递并实现操作。集成优化应形成信息的闭环,并实现最终产品从研发设计、生产制造、经营管理、运维服务等环节的数字化、网络化、智能化,最终实现智能工厂各个环节的高度柔性与高度集成。

数字化车间 术语和定义

引　言

标准解决的问题：

本标准规定了数字化车间的术语和定义。

标准的适用对象：

本标准适用于我国离散制造业数字化车间的各应用领域。

专项承担研究单位：

机械工业仪器仪表综合技术经济研究所。

专项参研联合单位：

中国科学院所沈阳自动化研究所、吴忠仪表有限责任公司、国机集团中央研究院、南京大学、秦川机床工具集团股份公司、中国船舶重工集团公司第七一六研究所、西门子（中国）有限公司、罗克韦尔自动化有限公司、无锡职业技术学院、菲尼克斯电气中国公司、中国信息通信研究院西部分院、盟讯电子科技有限公司、中冶赛迪电气技术有限公司、三菱电机自动化（中国）有限公司、三菱电机、南京优倍电气有限公司、上海自动化仪表有限公司、江苏徐工信息技术股份有限公司、西安高压电器研究院有限公司、上海电器科学研究院、施耐德电气（中国）有限公司、北京航天智造科技发展有限公司、广东汇兴精工智造股份有限公司。

专项参研人员：

丁露、王成城、宋宏、李歆、刘曙、陶铮、李琥、廖良闯、玄甲辉、戴霁明、杨印华、周晓毅、华镕、潘学龙、戴勇、钱晓忠、刘志刚、王骏、郭琼、高向文、孙强、戎罡、宋华振、李翌辉、赵洪武、董健、任洪强、陈菁、何茂松、薛晓娜、张庆军、王震、许建全、胡敏、倪建军、全新路、何军红、刘亚俊、王英、王嘉宁。

数字化车间 术语和定义

1 范围

本标准规定了数字化车间的通用术语、基础设施类术语、功能类术语和系统集成类术语。

本标准适用于我国离散制造业数字化车间的各应用领域。

2 规范性引用文件

下列文件对于本文件的应用是必不可少的。凡是注日期的引用文件，仅所注日期的版本适用于本文件。凡是不注日期的引用文件，其最新版本（包括所有的修改单）适用于本文件。

GB/T 3358.2—2010 统计学词汇及符号 第2部分：应用统计

GB/T 16656.1—2008 工业自动化系统与集成 产品数据表达与交换 第1部分：概述与基本原理

GB/T 18354—2006 物流术语

GB/T 19000—2015 质量管理体系 基础和术语

GB/T 25486—2010 网络化制造技术术语

GB/T 30996.1—2014 信息技术 实时定位系统 第1部分：应用程序接口

PMS/T 1—2013 设备管理体系——要求

3 通用术语

3.1

体系结构 architecture

体系的各组成单元及其有序组合的相互关系。

3.2

协同能力 cooperating ability

分布的组织/组织单元在计算机支持的协同工作环境下共同工作的能力，如并行工作、协调、冲突解决、信息互换等。

[GB/T 25486—2010]

3.3

计算机辅助设计 computer aided design

使用信息处理系统完成诸如设计或改进零部件/产品的功能，包括绘图和标注的所有设计活动。

[GB/T 25486—2010]

3.4

计算机辅助制造　computer aided manufacturing

利用计算机将产品的设计信息自动地转换成制造信息，以控制产品的加工、装配、检验、试验和包装等全过程，并对与这些过程有关的全部物流系统进行控制。

[GB/T 25486—2010]

3.5

计算机辅助工艺规划　computer aided process planning

利用计算机生成零件工艺规程的过程。

[GB/T 25486—2010]

3.6

现代集成制造　contemporary integrated manufacturing

从实现企业内部的信息集成和功能集成，发展到实现产品开发过程的集成，进而实现全球企业间集成的敏捷化生产。

[GB/T 25486—2010]

3.7

数据　data

一种形式化的信息表达，它适合于人或计算机进行通信、解释和处理。

[GB/T 16656.1—2008]

3.8

数据资产　data asset

由数据组成的任何实体。例如，数据库就是由数据记录组成的一个数据资产。

3.9

数字化　digitalization

以数字形式表示（或表现）本来不是离散数据的信息。具体的说，也就是将图像或声音转化为数字码，以便这些信息能由计算机系统处理与保存。在信息化时代，数字化已经变成代表信息化程度的一个重要指标。

[GB/T 25486—2010]

3.10

数字化制造　digitized manufacturing

一种利用数字化定量表述、存储、处理和控制的方法，支持产品生命周期和企业全局优化的制造技术。它是在计算机网络技术与制造技术的不断融合、发展和广泛应用的基础上产生的全新技术。其内涵包括：以 CAD、CAM、CAE 为主体的技术；以 MRPII、MIS、PDM 为主体的制造信息支持系统；数字控制制造系统等。

[GB/T 25486—2010]

3.11

离散制造 discrete manufacturing

将原材料加工成零件，经过部件组装和总体组装成为产品，完全是按照装配方式加工的过程。离散制造按生产工艺流程分为间歇制造和重复制造。

3.12

数字化车间 digital workshop

数字化车间以生产对象所要求的工艺和设备为基础，以信息技术、自动化、测控技术等为手段，用数据连接车间不同单元，对生产运行过程进行规划、管理、诊断和优化。

注：本标准中，数字化车间仅包括生产规划、生产工艺、生产执行阶段，不包括产品设计、服务和支持等阶段。

3.13

企业应用集成 enterprise application integration

为分布的、异构的开放系统环境提供一个交互式通信框架，开发一个集成结构使得制造数据可以准确、兼容、安全地在虚拟企业中通信，以支持最优的制造过程。

3.14

企业数据模型 enterprise data model

所有企业数据（包括管理数据、生产数据、产品数据等）的集合。企业数据模型大多由关系型数据库系统所支持。

3.15

企业对象 enterprise object

企业域中的信息，描述了一个或普遍、或真实、或抽象的实体，该实体能够作为一个整体被概念化。

3.16

柔性 flexibility

系统柔性是指一个系统所具有的快速而经济地适应环境变化或由环境引起的不确定性的内在能力。

3.17

智能制造系统 intelligent manufacturing system

采用人工智能、智能制造设备、测控技术和分布自治技术等各学科的先进技术和方法，实现从产品设计到销售整个生产过程的自律化。

[GB/T 25486—2010]

3.18

制造执行系统 manufacturing execution system

生产活动管理系统，该系统能启动、指导、响应并向生产管理人员报告实时生产活动的情况，并辅助执行制造订单的活动。

[GB/T 25486—2010]

3.19

管理信息系统 management information system

用于执行管理功能的信息系统。

[GB/T 25486—2010]

3.20

制造模式 manufacturing mode

制造模式，是指制造系统的体制、经营、管理、生产组织和技术系统的形态以及运作的方式。如精益生产、敏捷制造等。先进制造技术的应用必须在与之相适应的制造模式下才能收到实效。

3.21

制造软件 manufacturing software

一种自动化系统中的软件资源，对制造应用（例如 CAD、PDM）的价值在于使得控制流和信息流能够在制造过程自动化系统组件之间流动，或在这些组件和其他企业资源间流动、在企业间的供应链或需求链上流动。

[GB/T 25486—2010]

3.22

制造系统 manufacturing system

由一个特定的信息模型所指定的系统，它支持制造过程的执行和控制，制造厂的制造过程中包括信息流、物流和能源流。

[GB/T 25486—2010]

3.23

网络化制造 networked manufacturing

企业利用网络技术开展产品设计、制造、销售、采购、管理等一系列制造活动的总称。

[GB/T 25486—2010]

3.24

平台 platform

一个公共的基础，在此基础上可以开发不同产品。平台是产品线开发的基础，为衍生一个产品提供可共用和可重用的特性、设计元素（组件、代码功能），以及相关流程和工具。有不同抽象级别的平台（例如特性、设计、测试），有为不同类型应用的平台（例如用户界面、中间件、业务逻辑）。

3.25

产品生命周期管理 product lifecycle management

产品生命周期管理是一个业务流程，引导一个产品或方案从概念到生命结束的整个过程。产品的整个生命周期可被作为一个整体来看待，也可被作为一个可统一的、可监控的、可自动化的和可改善的流程来看待。

[GB/T 25486—2010]

3.26

生产过程 productive process

生产过程包括劳动过程和自然过程。劳动过程是利用劳动手段作用于劳动对象，使之成为产品的全部过程。自然过程是借助于自然力，改变加工对象的物理和化学性能的过程，如化工产品的化合作用、制造厂铸件的自然冷却等。

3.27

服务 service

可以给服务消费者提供所要求资源的网络、应用操作。

[GB/T 25486—2010]

3.28

系统 system

硬件、软件的集合，被分配到一个或多个物理位置，所包含的所有成分都需要适当的操作，没有任何单一成分能够独立运作。

3.29

车间作业管理 shop task management

利用来自车间的数据及其他数据处理文件，维护和传送生产订单及工作中心各种状态信息的系统。车间作业管理的子功能有：安排各项生产订单的先后顺序；维护在制品的数量信息；传递生产订单状态信息；为能力控制提供实际投入和产出数据；为库存和财务核算提供按地点及生产订单分类的在制品数量信息；衡量劳动力和机器设备的有效性、利用率和生产率。

4 基础设施类术语

4.1

数控装置 numerical control device

数控装置是数控机床的核心，它接受输入装置送来的脉冲信号，经过数控装置的系统软件或逻辑电路进行编译、运算和逻辑处理后，输出各种信号和指令控制机床的各个部分，进行规定的、有序的动作。

4.2

工序 operation

一个或一组工人在同一工作地对同一个或同时对几个工件所连续完成的那一部分工艺过程被称为工序。

4.3

生产线 production line

专用于生产特定数量产品或产品系列的一系列设备。

4.4

生产单元　production unit

一组生产设备。它用于一种或多种原料的转换、分离或反应，生产出中间或最终产品。

4.5

虚拟件　phantom

为了业务管理或简化产品结构，在物料清单中会产生一种实物并不存在的零部件，它在图纸与加工过程都不出现。

4.6

计划期　planning horizon

计划展望期，即计划延伸到未来时间量。在主计划中，通常涵盖了最小累积提前期加上底层组件批量设置时间及主要工作中心或主要供应商能力变化时间。对长期计划，计划期必须足够长以允许任何能力状况的发生。

4.7

工艺路线　routing

产品及零部件的加工方法及加工次序的信息。包括要进行的加工及其顺序、涉及的工作中心，以及准备和加工所需的工时定额。某些情况下，工艺路线还包括工具、操作工技术水平、检验及测试的需求等。

4.8

时段　time bucket

时区内的时间单位。常用的时间单位有天、周、旬、月等，也可以用小时、分钟，视计划的要求而定。

4.9

时界　time fence

时区与时区的分界。进入准备时区，表示计划通过能力平衡，已经确认。进入执行时区，表示任务已经下达或已投产。

4.10

时区　time zone

MRP 软件提供把计划期划分为若干个时区的功能。通常把计划期分为执行期、准备期和展望期三个时区。

4.11

工作中心　work center

由一个或多个相同能力的工人和/或机器组成的，可被看作是一个单元以实现能力需求计划和详细排程目标的特定生产区域。

4.12

作业工位 work station

数字化车间里生产过程最基本的生产单元。

5 功能类术语

5.1 车间计划与调度

5.1.1

详细生产排产 detailed production scheduling

组织和构造生产现场作业计划的集合，并对单个或多个产品的相关生产顺序进行排序。

5.1.2

详细调度 detailed scheduling

详细调度，常常与机械控制中心结合使用，是详细规划和执行生产工单的工具。制约因素，如技术序列以及优化设置时间和生产数量要纳入考虑。详细调度优化机械的利用，一旦发生变动，应提供基于计算机的重新调度（优先级或快速工单），并清楚地显示过程的执行。因此，它能确保及时和优化生产运行。详细调度工具主要用于单件生产，但也用于非互联设备的批量生产。

5.1.3

紧急插单 emergency order

在 MTO 模式下，客户订单要求的交货期早于正常生产运行需要的提前期，使得产品不能按照常规业务流程进行生产，而采取的特殊措施。生产过程中发生产品品质问题，返工返修、补废等导致不能按期交货，也会引起紧急插单。

5.1.4

作业计划 job plan

根据企业季度、月度、日生产计划的具体规定，为各个工段、班组、个人或每个工作地制订的以周、日、班以至小时计，制造同一产品的计划。

5.1.5

提前期 lead time

以交货日期为基准倒排计划，推算出工作的开始日期或者订单下达日期，这期间的时间跨度称为提前期。

5.1.6

加工提前期 manufacturing lead time

生产物料所需要的全部时间，不包括底层采购提前期。对于按订单生产的产品，是指从向生产过程发放订单到把货物送到最终客户手中所经过的时间。对于按库存生产的产品，是指从生产过程发放订单到产品到达仓库的时间。包括订单准备时间，排队时间、换模时间、运行时间、移动时间、检验时间及入库时间。

5.1.7

生产的产能　production capacity

在企业内完成生产的各种资源的能力。生产的产能包括这些资源的产能，并代表：

a）人员、设备、物料，以及过程段能力的汇集。

b）目前承担的、可利用的，以及生产设施难以达到的产能的总和。

c）对给定的产品混合、原材料、工人工作量、工厂和设备，系统可达到的最高可持续保持的产出率。

5.1.8

生产控制　production control

在一个工场或区域内管理所有生产的功能的汇总。

5.1.9

生产规则　production rules

用来规范制造过程中如何生产某种产品的信息。

5.1.10

产品段　product segments

某一特定产品的资源清单和生产规则间共享的信息。

注：它是完成生产步骤所需要的人力资源、设备资源，以及物料技术规范的一种逻辑分组。

5.1.11

作业任务　task

根据动态的现场情况，为作业计划分派人员、设备等资源后，下发给作业人员或设备的可执行的单一产品的生产制造工作。

5.2　工艺执行与管理

5.2.1

物料清单　bill of material

所有组装件、零件和/或生产一种产品所用物料的清单，包括制造一种产品所需要的每种物料的数量。

5.2.2

资源清单　bill of resources

所有资源以及在生产一种产品的生产过程中所需要的资源的列表。

注：它也是制造一种产品所需要的关键资源清单，组织形式与生产段相同，并经常用来预测主生产计划中活动改变对资源供应的影响。

5.2.3

子件/母件 component/parent item

物料和由物料组成的"单层结构"是产品结构的基本单元。任何一个产品都是由若干个"单层结构"组成的，单层结构中的上层物料称为"母件"，下层物料称为"子件"。如果对应设计图纸，母件指的是组装图上的装配件，子件是零件明细表上的众多零件和部件。

5.2.4

工艺数字化管理 digital process management

按照适当的数字化模型将复杂的工艺信息转变成计算机可读取、可存储、可处理的数字或数据，并借助计算机网络、计算机软件对这些工艺数字、数据进行管理。

5.2.5

低层码 low-level code

用以标识物料在物料清单中出现的最低层次的代码。只有当所有毛需求的计算都达到该层次时，给定零件的净需求才得以计算。低层码通常由计算机软件直接自动计算并保存。

5.2.6

看板 KANBAN

在特定时间按所需数量向所需零部件发出生产指令的信息媒介。

5.2.7

看板管理 KANBAN management

一种基于卡片、标签或计算机显示屏的生产调度及物流管理信息系统。

5.2.8

机器数据采集 machine data acquisition

机器数据采集收集相关的参数、生产指标、状态和机器运行时间的信息。此信息用于规划和控制生产工单。

5.2.9

生产数据采集 production data acquisition

收集当前运行过程中的状态信息和数据（如工单状态、生产指标，以及数量、体积、重量、质量数据等）。

5.2.10

生产求助 production help

是指作业工位上作业人员对发生的各种异常情况发出求助信息，提示相关人员及时处理。

5.2.11

生产监视与控制　production monitoring and control

生产监控包括了多个实时系统，收集和处理生产相关的全部数据，如数量、工艺参数、工厂及机械状态。一旦出现不可接受的偏差或差异，可能会自动执行纠正措施，包括 PPS 输入。根据自动化程度，数据可以直接传送到从属系统或导出相应的指令（如给定值的变化、拒绝、关机）给工作人员。

5.2.12

工艺网络化执行　process network implementation

借助计算机网络与工艺软件模块将数字化工艺实现自动分发、下载；实时采集工艺执行过程中的工艺信息，并自动上传到工艺软件模块进行管理。

5.2.13

实时定位系统　real time locating system

RTLS 是一个系统，通过启动装有应答器的物体（如汽车），经过多个接近测量或多个三角测量提供实时位置。RTLS 的优点是，汽车或其他物体的位置可以在任何时间确定。这可以优化修补运行或物流过程。另一个应用是通过改锥和车辆的自动识别，自动给车辆准确无误地分配螺丝。

[GB/T 30996.1—2014]

5.2.14

返修管理　rework management

返修管理是质量管理的一部分，涉及产品每个部分的完成部门。返修管理需要最终产品、办公区、备品备件、员工和质量检验的统一规划。

5.2.15

排序　sequencing

排序确定产品生产的位置（机器分配）、产品或批处理的顺序（次序规划）和生产的时间（时间规划）。万一发生故障，次序规划应以改变处理顺序的影响最小为优先原则。

5.2.16

可视化工艺流程管理　visual process management

将制造过程各工序间流转关系及条件用计算机工艺软件进行管理，并以工艺流程图的方式进行显示。

5.3　生产过程质量管理

5.3.1

分析证书　certificate of analysis

产品或物料符合质量标准或技术规范的证明。

注：它可包括分析结果和过程信息的一张表或证明书。它也往往需要物料的保管移交。

5.3.2

控制图　control chart

为检测过程、控制和减少过程变异，将样本统计量值序列以特定顺序描点绘出的图。
[GB/T 3358.2—2010]

5.3.3

质量　quality

a）产品或服务所有属性的量以及它们的特点，这些特点能满足事先确定的功能需求和质量需求。
b）产品或服务的所有属性、特点满足要求的程度。
c）满足对产品或服务期望的完整性。

5.3.4

质量控制　quality control

质量管理的一部分，致力于满足质量要求。
[GB/T 19000—2015]

5.3.5

质量管理体系/质量保证　quality management system / quality assurance

质量管理体系的目的是对产品和工艺进行改进。质量管理体系定义了规程，以达到规定的产品质量。质量保证（QA）确保符合质量管理体系（QMS）定义的规程。对于特定区域有特定规程，可能还有法律要求的强制执行。

5.3.6

监控与数据采集　supervisory control and data acquisition

用于监测和控制工艺过程的软件系统。它们可视化过程的执行、记录过程数据，并允许操作员控制设备和过程。该过程界面需要适当的控制和通信基础设施。

5.3.7

供应链管理　supply chain management

供应链管理控制和协调物流网络中的信息和组织。该物流网络覆盖了从供应商、制造和生产，到最终客户的整个价值链。供应链管理的目的是提高整个供应链的效率，并协调供应商、制造商、客户和物流服务供应商之间的业务流程。

5.3.8

统计过程控制　statistical process control

着重于用统计方法减少过程变异、增进对过程的认识，使过程以期望的方式运行的活动。包括过程控制和过程改进两部分。
[GB/T 3358.2—2010]

5.3.9

统计质量控制　statistical quality control

SQC 监视对时常采样结果质量标准的符合性。在 SQC 中实施的统计算法，动态确定采样数量和频率。

5.3.10

跟踪和追溯　tracking and tracing

跟踪和追溯是一个通用术语，用于产品的识别和跟踪，涉及生产、质量保证和物流运输等环节。在生产中，重点是确定产品的生产状况，可能包括它的物理位置。为了保证质量，强调的是符合生产要求，特别是有关健康和安全方面的因素。跟踪和追溯以跟踪部件（召回行动）和批次（食品、饮料、以及医药等行业）为基本前提。

5.4　生产物流管理

5.4.1

齐套管理　complete kit

指在车间制造执行及外协采购执行之后，按照订单交付时间，启动基于订单制造的产品装配件的备齐工作。高效、准确、灵活的齐套管理水平对于复杂产品装配执行过程起着重要的作用。

5.4.2

销售物流　distribution logistics

企业销售物流是企业为满足社会需要，以保证企业自身经营效益和再生产，通过销售活动将产品所有权转给用户的物流活动，也是一种介于企业内部生产物流与企业外部社会物流之间的物流。

5.4.3

物流模数　logistics modulus

是指物流设施与设备的尺寸基准。物流模数是为了物流的合理化和标准化，以数值关系表示物流系统各种因素的标准尺度。它是由物流系统中的各种因素构成的，这些因素包括：货物的成组、成组货物的装卸机械、搬运机械和设备以及运输设施、用于货物保管的机械和设备等。

5.4.4

物流调度　logistic scheduling

调度，是将组织中的稀缺资源分配给需要在一定时间内完成的不同任务。

物流调度，就是在稀缺资源分配过程中所涉及的物流的调配。具体就是调配为生产某种产品或提供某类服务时所需的原材料、设备、设施等，其目标是在满足客户订单需求的约束条件下最大化设备的能力利用率和人员劳动生产率，最小化延迟和闲置时间以及原材料、在制品、成品的库存。

5.4.5

物料　material

物料并非特指毛坯类的加工物料，而是涵盖了车间所有用以周转的实物，包括齐套物料、工件毛坯、刀具、夹具、量具、辅具、工艺文件、生产图纸、生产记录卡等。

5.4.6

工序物流　process logistics

工序间物流是生产物流的主要形式。工序间物流主要与储存和移动有关。

5.4.7

生产物流　production logistics

企业生产过程发生的涉及原材料、在制品、半成品、产成品等所进行的物流活动。

[GB/T 18354—2006]

5.4.8

生产物流管理　production logistic management

生产物流系统的管理，指发出实时、具体的物流指令，调度物流资源、驱动物流设备、控制物流状态，按排产计划与调度要求为生产过程各个工位或区域，供应生产作业所需物料，保障车间生产的任务有效完成。

5.4.9

供应物流　supply logistics

企业供应物流是企业为保证生产过程正常运行而进行的物流活动，是一种介于企业内部生产物流与企业外部的社会物流之间的物流，主要包括原材料、零部件、燃料、辅助材料的外部采购，以及企业仓库到生产工艺过程始端的内部供应。

5.4.10

仓库管理系统　warehouse management system

为提高仓储作业和仓储管理活动的效率，对仓库实施全面系统化管理的计算机信息系统。

[GB/T 18354—2006]

5.5　车间设备管理

5.5.1

视情维护　condition-based maintenance

基于故障机理的分析，根据不解体测试的结果，当维修对象出现"潜在故障"时就进行调整、维修或更换，从而避免"功能故障"的发生。

5.5.2

点检　checking

利用人体的感官（视、听、触、嗅、味）或借助工具、检测设备、仪器等，按照标准（定点、定标、定期、定法、定人，"五定"）对设备进行检查或监测，发现设备劣化信息、故障隐患，分析原因并采取改善对策，进行预防性维修，将设备隐患消灭在萌芽状态的一种管理方法。

[PMS/T 1—2013]

5.5.3

设备　equipment

设备是固定资产的主要组成部分，它是工业企业中可供长期使用，并在使用过程中基本保持原有实物形态的物质资料的总称。

[PMS/T 1—2013]

5.5.4

设备类别　equipment class

为调度和计划的目的而描述一组有类似特性的设备的方法。

5.5.5

设备管理　equipment management

设备管理是以设备为研究对象，追求设备综合效率，应用一系列理论、方法，通过一系列技术、经济、组织措施，对设备的物质运动和价值运动进行全过程管理。设备管理分为前期管理与后期管理两个阶段。

[PMS/T 1—2013]

注 1：前期管理，规划、设计、选型、购置、安装、验收。

注 2：后期管理，使用、点检、维护、润滑、维修、改造、更新直至报废等过程。

5.5.6

整体设备效率　overall equipment effectiveness

OEE 是一种性能测量，指示技术装备整体有效利用率。OEE 用百分比表示，并用实际测量的设备利用率与理论上可能的最大利用率进行比较。 制造 OEE 使用可用性产品的时间、设备性能和达到质量标准生产量来计算。OEE 的参考值可以用最大可用的生产时间除以生产调度。另一个使用业务 OEE 的因素是设备计划的非利用时间。这个值是基于每年的总小时数（8760 小时）。

5.5.7

维修　repair

指设备技术状态劣化或发生故障后，为恢复其功能而进行的技术活动。

[PMS/T 1—2013]

5.5.8

维护　servicing

为使设备保持规定状态（性能）所采取的措施。

[PMS/T 1—2013]

6　系统集成类术语

6.1

详细生产调度　detailed production schedule

组织和构造生产工作命令的集合以及与生产单个或多个产品相关的先后顺序。

6.2

企业资源计划　enterprise resource planning

ERP 系统是一个包括财务和生产相关业务过程的综合管理企业 IT 系统。用于监测和控制过程等不同的战略规划、生产、分销、工单处理和库存管理。

6.3

有限产能调度　finite capacity scheduling

按生产设备调度工作的调度方法，通过这种方法，生产设备的产能要求不会超出可用的生产设备产能。

6.4

关键绩效指标　key performance indicator

关键绩效指标是性能和经济测量，指示战略和运营目标实现的程度。

6.5

材料管理　material management

材料管理包括在生产过程中材料流及相关信息流的规划和控制。通常，该材料数据从 ERP / WMS 系统导入，并用于制造中的管理和库存处理。重要的功能组件管理识别、分类、处置、规划、采购、质量控制、包装、贮存要求等。

6.6

工单管理　order management

工单管理确保及时和准确的资源采购，保证准时生产和交货。

6.7

人力资源管理　personnel resource management

PRM 系统管理可用的人力资源，并基于任务要求、时间约束和技术能力，优化工作分配。

6.8

工厂资产管理系统　plant asset management system

工厂资产管理系统是一种软件系统，用于对生产相关设备的管理和在线监测。具体包括机械、现场设备，以及相关的硬件和软件。使用实时监视，PAMS 也根据当前条件促进所有资产的优化检查和维护。工厂资产管理的基本概念适用于过程以及制造等行业。

6.9

生产分派清单（派工单）　production dispatch list

特定生产工作命令的集合，这些命令按给定的地点、时间、活动开始或结束的事件来处理特定资源集合。

注1：可以以机器指令设置、连续流程运行状况、物料移动指示或者批系统批次启动的形式。

注2：分派清单适用于其他运行管理领域，比如维护分派清单、质量测试分派清单，以及库存分派清单。

6.10

生产计划与调度　production planning and scheduling

生产计划与调度基于计算机系统，用于在生产制造设施中进行生产的运营规划和控制。

6.11

生产工作命令　production work order

可能分派给某个工作中心的调度工作单元，由低层元素组合而成。

6.12

资源　resource

企业实体，它提供执行企业活动和/或业务过程所需的一些或所有的能力（在本标准的内容中，是人员、设备和/或物料的集合）。

6.13

系统集成技术　system integration technology

把来自各方的各类部件、子系统、分系统，按照最佳性能的要求，通过科学方法与技术进行综合集成，组成有机、高效、统一、优化的系统。系统集成包括信息集成、功能集成、过程集成及企业集成。

6.14

追溯　tracing

提供资源和产品使用的组织记录的活动，利用跟踪信息从任何节点向前或向后追踪。

6.15

工段　work segment

一些不相似的机器组合在一起以生产一系列有相似制造要求的零件。

数字化车间　通用技术要求

引　言

标准解决的问题：

本标准规定了数字化车间的体系结构、基本要求、基础层数字化要求、工艺设计数字化要求、车间信息交互、制造运行管理数字化要求等内容。

标准的适用对象：

本标准适用于指导离散制造领域数字化车间的规划、建设（新建或改建）、验收和运营。

专项承担研究单位：

机械工业仪器仪表综合技术经济研究所。

专项参研联合单位：

中国科学院沈阳自动化研究所、吴忠仪表有限责任公司、秦川机床工具集团股份公司、北京和利时系统工程有限公司、中国船舶重工集团公司第七一六研究所。

专项参加起草单位：

中国科学院沈阳自动化研究所、国机智能科技有限公司、吴忠仪表有限责任公司、西安高压电器研究院有限公司、无锡职业技术学院、中国船舶重工集团公司第七一六研究所、秦川机床工具集团股份公司、北京和利时系统工程有限公司、中国信息通信研究院西部分院、中冶赛迪信息技术有限公司、青岛海尔工业智能研究院有限公司、江苏徐工信息技术股份有限公司、南京大学、华南理工大学、西北工业大学、西门子（中国）有限公司、罗克韦尔自动化（中国）有限公司、三菱电机自动化（中国）有限公司、菲尼克斯（中国）投资有限公司、贝加莱工业自动化（中国）有限公司、施耐德电气（中国）有限公司、重庆盟讯电子科技有限公司、南京优倍自动化系统有限公司、上海自动化仪表有限公司、陕西高端装备与智能制造产业研究院有限公司、上海电器科学研究院、上海工业自动化仪表研究院有限公司、北京航天智造科技发展有限公司、广东汇兴精工智造股份有限公司、毕恩吉商务信息系统工程（上海）有限公司。

专项参研人员：

丁露、王成城、王春喜、宋宏、李歆、刘曙、陶铮、戴勇、钱晓忠、刘志刚、王骏、郭琼、吴慧媛、华镕、戴霁明、杨应华、周晓毅、戎罡、孙强、潘学龙、倪建军、廖良闯、玄甲辉、任洪强、全新路、张维杰、任涛林、李翌辉、赵洪武、陈长胜、张云华、范雨晓、黄振林、刘俊杰、陈菁、刘亚俊、何茂松、董健、薛晓娜、宋华振、张庆军、王震、柴熠、王英、王嘉宁、许建全、于文涛、阎新华、何军红、许光辉。

数字化车间　通用技术要求

1　范围

本标准规定了数字化车间的体系结构、基本要求、基础层数字化要求、工艺设计数字化要求、车间信息交互、制造运行管理数字化要求等内容。

本标准适用于指导离散制造领域数字化车间的规划、建设（新建或改建）、验收和运营。

2　规范性引用文件

下列文件对于本文件的应用是必不可少的。凡是注日期的引用文件，仅注日期的版本适用于本文件。凡是不注日期的引用文件，其最新版本（包括所有的修改单）适用于本文件。

GB/T 3358.2—2010　统计学词汇及符号　第2部分：应用统计

GB/T 19000—2015　质量管理体系　基础和术语

GB/T 20720.3—2010　企业控制系统集成　第3部分：制造运行管理的活动模型

GB/T 25486—2010　网络化制造技术术语

GB/T 29308—2012　核电厂安全重要仪表和控制系统　老化管理

PMS/T 1—2013　设备管理体系——要求

3　术语和定义

下列术语和定义适用于本标准。

3.1

控制图　control chart

用于分析和判断工序是否处于稳定状态所使用的带有控制界限的图，对过程质量加以测定、记录从而进行控制管理。

[GB/T 3358.2—2010，定义2.3.1]

3.2

详细生产排产　detailed production scheduling

组织和构造生产现场作业计划的集合，并对单个或多个产品的相关生产顺序进行排序。

3.3

数字化车间　digital workshop（digital shop floor）

数字化车间是以生产对象所要求的工艺和设备为基础，以信息技术、自动化、测控技术等为手段，用数据连接车间不同单元，对生产运行过程进行规划、管理、诊断和优化。

注：在本标准中，数字化车间仅包括生产规划、生产工艺、生产执行阶段，不包括产品设计、服务和支持等阶段。

3.4

紧急插单 emergency order

在按订单生产模式下，客户订单要求的交货期早于正常生产运行需要的提前期，使得产品不能按照常规业务流程进行生产，而采取的特殊措施。生产过程中发生产品品质问题，返工返修、补废等导致不能按期交货，也会引起紧急插单。

3.5

设备管理 equipment management

是以设备为研究对象，追求设备综合效率，应用一系列理论、方法，通过一系列技术、经济、组织措施，对设备的物质运动和价值运动进行全过程管理。设备管理分为前期管理与后期管理两个阶段。

注1：前期管理，包括规划、设计、选型、购置、安装、验收。

注2：后期管理，包括使用、维护、维修等过程。

[PMS/T 1—2013，定义 3.2]

3.6

作业计划 job plan

根据企业季度、月度、日生产计划的具体规定，为各个工段、班组、个人、或每个工作地制定的以周、日、班或小时计制造同一产品的计划。

3.7

物流调度 logistic scheduling

在稀缺资源分配过程中所涉及的物流的调配。具体就是调配为生产某种产品或提供某类服务时所需的原材料、设备、设施等，其目标是在满足客户订单需求的约束条件下，最大化设备能力利用率和人员劳动生产率，最小化延迟和闲置时间以及原材料、在制品和产成品的库存。

3.8

制造设备 manufacturing equipment

通过设备自身功能以及同其他辅助设备协同来执行车间具体生产工艺的设备，包括加工设备、物流设备、质量检测设备以及维护设备等。

3.9

制造执行系统 manufacturing execution system

生产活动管理系统，该系统能启动、指导、响应并向生产管理人员报告在线、实时生产活动的情况。这个系统辅助执行制造订单的活动。

[GB/T 25486—2010，定义 2.162]

3.10

人机交互 man-machine interaction

人与机器互相配合共同完成一项任务的过程。它包括机器通过输出或显示设备给人提供有关信息及提示请求；人通过交互式输入设备给机器输入有关信息和问题回答等。

3.11

预测性维护 predictive maintenance

根据观察到的状况而决定的连续或间断进行的预防性维修，以监测、诊断或预测构筑物、系统或部件的条件指标。这类维修的结果应表明当前和未来的功能能力或计划维修的性质和时间表。

注：也称为基于状态的维修。

[GB/T 29308—2012，定义3.13]

3.12

生产求助 production help

是指作业工位上作业人员对发生的各种异常情况发出求助信息，提示相关人员及时处理。

3.13

生产物流管理 production logistic management

生产物流系统的管理，指发出实时、具体的物流指令，调度物流资源、驱动物流设备、控制物流状态，按排产计划与调度要求为生产过程各个工位或区域，供应生产作业所需物料，保障车间生产任务的有效完成。

3.14

生产现场可视化管理系统 production site visualization management system

面向生产现场，采用电子看板、广播等技术手段，实现产品、设备、物流、生产状态、能源监管等信息公开化、可视化，以提升现场管理水平、优化现场工作环境的管理系统。

3.15

生产资源 productive resources

生产所需的除制造设备以外的制造资源，包括人员、元器件、成品、半成品、辅助工具等。

3.16

质量控制 quality control

质量管理的一部分，致力于满足质量要求。

[GB/T 19000—2015，定义3.3.7]

3.17

维修 repair

指设备技术状态劣化或发生故障后，为恢复其功能而进行的技术活动。

注：设备维修，包括各类计划维修和计划外的故障维修及事故修理。

[PMS/T 1—2013，定义3.10]

3.18

统计过程控制 **statistical process control**

借助数理统计方法的过程控制工具。它对生产过程进行分析评价，根据反馈信息及时发现系统性因素出现的征兆，并采取措施消除其影响，使过程维持在仅受随机性因素影响的受控状态，以达到控制质量的目的。

3.19

作业任务 **task**

根据动态的现场情况，为作业计划分派人员、设备等资源后，下发给作业人员或设备的可执行的单一产品的生产制造工作。

3.20

可视化工艺流程管理 **visual process management**

将制造过程各工序间流转关系及条件用计算机工艺软件进行管理，并以工艺流程图的方式进行显示。

3.21

作业工位 **work station**

数字化车间里生产过程最基本的生产单元。

4 缩略语

下列缩略语适用于本标准。
BOM：物料清单（Bill of Material）
DCA：文件控制与归档（Document Control and Archiving）
ERP：企业资源规划（Enterprise Resource Planning）
HMI：人机接口（Human Machine Interface）
MES：制造执行系统（Manufacturing Execution System）
MTBF：平均故障间隔时间（Mean Time Between Failure）
NC：数字控制（Numerical Control）
OEE：整体设备效率（Overall Equipment Effectiveness）
PDA：生产数据采集（Production Data Acquisition）
PLC：可编程逻辑控制器（Programmable Logic Controller）
PLM：产品生命周期管理（Product Lifecycle Management）
SCADA：监控与数据采集（Supervisory Control And Data Acquisition）
SPC：统计过程控制（Statistical Process Control）

5 体系结构

数字化车间重点涵盖产品生产制造过程，其体系结构如图 1 所示，分为基础层和执行层。在数字化车间之外，还有企业的管理层（不在本标准范围内）。数字化车间应用案例可参考附录 A，生产线设计可参考附录 B。

　　数字化车间的基础层包括数字化车间生产制造必需的各种制造设备及生产资源，其中制造设备承担生产、检验、物料运送等任务，大量采用数字化设备，可自动进行信息的采集或指令执行；生产资源是生产用到的物料、托盘、工装辅具、人、传感器等，本身不具备数字化通信能力，但可借助条码、RFID 等技术进行标识，参与生产过程并通过其数字化标识与系统进行自动或半自动交互。

　　数字化车间的执行层主要包括车间计划与调度、生产物流管理、工艺执行与管理、生产过程质量管理、车间设备管理五个功能模块，对生产过程中的各类业务、活动或相关资产进行管理，实现车间制造过程的数字化、精益化及透明化。由于数字化工艺是生产执行的重要源头，对于部分中小企业没有独立的产品设计和工艺管理情况，可在数字化车间中建设工艺设计系统，为制造运行管理提供数字化工艺信息。

　　本标准仅包含最基础的功能模块，可根据实际情况增加其他模块，如能效管控系统、生产安全管理系统等，详见附录 C 和附录 D。数字化车间信息处理方式可参考附录 E。

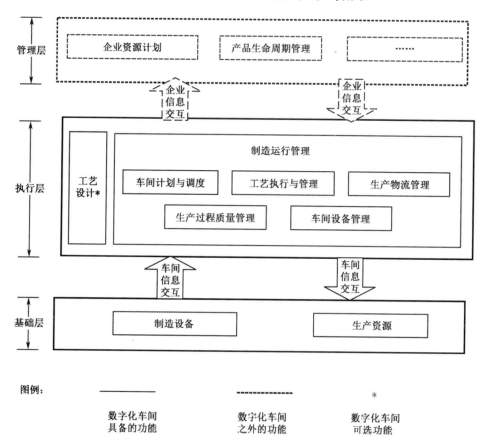

图 1　数字化车间体系结构图

数字化车间各功能模块之间主要数据流如下（见图 2）：

——系统从企业资源计划承接分配到车间的生产订单，在车间计划与调度模块依据工艺路线分解为工序作业计划，排产后下发到现场。

——工艺执行与管理模块指导现场作业人员或者设备按照数字化工艺要求进行生产，并采集执行反馈给车间计划与调度。若生产过程出现异常情况，不能按计划完成，需敏捷协调各方资源，通过系统进行调度以满足订单需求。

——工艺执行过程中若需进行检验控制，由生产过程质量管理模块将检验要求发送给检验员或检验设备执行检验，并采集检验结果，进行质量监控和追溯。

——生产现场需要的物料，根据详细计划排产与调度结果，发送相应物料需求给生产物流管理模块，由仓库及时出库并配送到指定位置；生产完成将成品入库，实现生产物料的管理、追踪及防错。

——生产执行过程的工艺执行、质量控制等结果反馈到车间计划与调度，进行实时监控及生产调度，并形成完工报告反馈到更高一层企业资源计划。

——数字化车间中大量的设备运维，通过车间设备管理模块统一维护，提醒和指导设备人员定期保养，记录维修保养结果。设备维保计划与工序作业计划需相互协调，以保证生产正常进行。

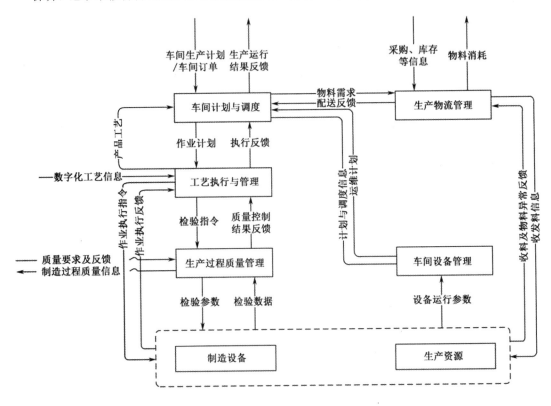

图2　数字化车间数据流示意图

6　基本要求

6.1　数字化要求

数字化车间的资产和制造过程信息应数字化。

数字化要求主要包括如下方面：

——制造设备数字化：数字化车间的制造设备数字化应符合本标准7.1的要求，数字化设备的比率不低于70%。各行业可根据各自特点规定相应行业数字化车间制造设备的数字化率。

——生产信息的采集：90%的数据可通过数字化车间信息系统进行自动采集。

——生产资源的识别：应能对数字化车间制造过程所需要的生产资源的信息进行识别。

——生产现场可视化：可通过车间级通信与监测系统，实现车间生产与管理的可视化。

——工艺设计数字化：数字化车间的工艺设计宜采用数字化设计方法，符合第8章要求。

6.2　网络要求

数字化车间应建有互联互通的网络，可实现设备、生产资源与系统之间的信息交互。

6.3　系统要求

数字化车间应建有制造执行系统或其他的信息化生产管理系统，支撑制造运行管理的功能。

6.4　集成要求

数字化车间应实现执行层与基础层、执行层与管理层系统间的信息集成。

6.5　安全要求

数字化车间应开展危险分析和风险评估，提出车间安全控制和数字化管理方案，并实施数字化生产安全管控。

7　基础层数字化要求

7.1　制造设备的数字化要求

制造设备的数字化要求包括：
——制造设备应具备完善的档案信息，包括编号、描述、模型及参数的数字化描述。
——制造设备应具备通信接口，能够与其他设备、装置以及执行层实现信息互通。
——制造设备应能接收执行层下达的活动定义信息，包括为了满足各项制造运行活动的参数定义和操作指令等。
——制造设备应能向执行层提供制造的活动反馈信息，包括产品的加工信息、设备的状态信息及故障信息等。
——制造设备应具备一定的可视化能力和人机交互能力，能在车间现场显示设备的实时信息及满足操作的授权和处理相关的人机交互。
数字化制造设备的典型配置与功能要求参见附录C。

7.2　生产资源的数字化要求

生产资源的数字化要求包括：
——生产资源在条码及电子标签等编码技术的基础上满足生产资源的可识别性。包括生产资源的编号、参数及使用对象等的属性定义。
——生产资源的上述信息应采用自动或者半自动方式进行读取，并自动上传到相应设备或者执行层，便于生产过程的控制与信息追溯。
——生产资源的识别信息可具备一定的可扩展性，如利用RFID进行设备及执行层的数据写入。

8　工艺设计数字化要求

根据生产过程需求，数字化车间的工艺设计宜采用数字化设计方法，并满足以下要求：
——宜采用辅助工艺设计，如三维工艺设计。
——能进行工艺路线和工艺布局仿真。
——能进行加工过程仿真和/或装配过程仿真。
——建立工艺知识库，包括工艺相关规范，成功的工艺设计案例，专家知识库等。
——提供电子化的工艺文件，并可下达到生产现场指导生产。
——向制造执行系统输出工艺BOM。

9 车间信息交互

9.1 通信网络

为执行数字化车间基础层的工作任务处理，实现控制设备与现场设备之间的通信，可采用如下通信方式。

——现场总线：PROFIBUS、CC-LINK、MODBUS、CAN 等协议。

——工业以太网通信：PROFINET 、Ethernet/IP、EtherCAT、POWERLINK 等协议。

——无线通信：工业无线（WIA-FA、WIA-PA）、WiFi、蓝牙、3G/4G/5G 等协议。

9.2 数据采集与存储

数字化车间应在企业数据字典定义的数据采集内容基础上，结合数据的实时性要求，利用合理的网络通信方式与数据存储方式进行数据的采集与存储，并与企业级数据中心实现对接。

——应能对车间所需数据进行采集、存储和管理，并支持异构数据之间的格式转换，实现数据互通。

——宜采用实时数据库与历史数据库相结合的存储方式。

① 实时数据库：采集和储存生产现场实时性较高的数据，支持执行层的各项应用，如 OEE 统计等。

② 历史数据库：宜采用关系数据库，采集和储存工艺设计和制造过程所需的相关主数据及过程数据。

——应具备信息安全策略，并支持更新和升级，如访问与权限管理、入侵防范、数据容灾备份与恢复等。

9.3 数据字典

数字化车间应建立数据字典，具体要求如下：

——应包括车间制造过程中需要交互的全部信息，如设备状态信息、生产过程信息、物流与仓储信息、检验与质量信息、生产计划调度信息等。

——应描述各类数据基本信息，如数据名称、来源、语义、结构以及数据类型等。

——应支持定制化，各行业可根据各自特点制定本行业的数据字典。

10 制造运行管理数字化要求

10.1 基本要求

数字化车间制造运行管理各功能模块应满足以下基本要求：

——应能与数据中心进行信息的双向交换。

——应具有信息集成模型，通过对所有相关信息进行集成，实现自决策。

——模块间应能进行数据直接调用。

——模块应能与企业其他管理系统（如 ERP、PDM 等）实现信息双向交互。

10.2 车间计划与调度

10.2.1 信息集成模型

车间计划与调度信息集成模型如图 3 所示，其中，虚框中为生产计划与调度的功能，包括详细排产、生产调度、生产跟踪，其主要业务流程如下：

——数字化车间从企业生产部门获取车间生产计划(或通过接口自动接收 ERP 系统的生产订单),根据生产工艺形成工序作业计划,根据生产计划要求和车间可用资源进行详细排产、派工。

——将作业计划下发到现场,通过工艺执行管理模块指导生产人员/或控制设备按计划和工艺进行加工。

——生产执行过程中,实时获取生产相关数据、跟踪生产进度,并根据现场执行情况的反馈实时进行调度。

——根据生产进度偏差对未执行的计划重新优化排产,并将生产进度和绩效相关信息反馈到企业生产部门或 ERP 系统,完成车间计划与调度的闭环管理。

车间计划与调度应支持可视化信息管理,即通过车间生产流程监测、控制系统反馈的信息,以可视化看板的形式展现生产计划执行的节拍、工艺调整、指挥调度、物流(车间级)、产成品等信息,以辅助人员在线实时地监控、参与、调整生产计划。

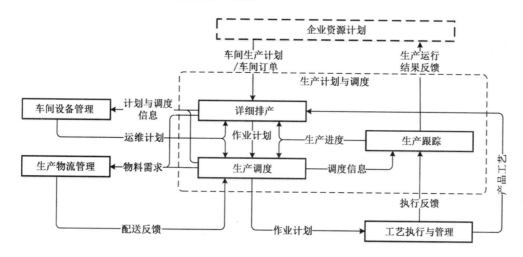

图 3 车间计划与调度信息集成模型

10.2.2 功能要求

10.2.2.1 详细排产

详细排产是为满足车间生产计划要求,根据产品工艺路线和可用资源,制定工序作业计划的过程。排产时,综合考虑当前计划完成情况、车间设备等资源可用性、实际产能及节省能源等因素,生成基于精益化生产理念的、以柔性制造为目标的生产排产计划。详细排产的具体功能要求见 GB/T 20720.3—2010 第 6.6 节。

详细排产应根据产品生产工艺制定工序计划,考虑车间设备管理、生产物流管理中设备、人员、物料等资源的可用性进行计划排产,形成作业计划发送给生产调度。另外,排产生成的作业计划也会反馈影响生产设备、人员、物料等生产要素的管理,比如,与设备维护保养计划相互影响。

对于多品种小批量生产模式,由于从一批产品转到另一批产品生产要花费时间调整设备、更换模具等,传统车间以减少换产次数的方式安排生产。随着多功能加工中心、柔性生产线等智能装备的提升,以及准时配送、成套配送等新物流方式的支持,数字化车间中多品种小批量生产的详细排产应实现均衡化生产,包括:

——生产总量的均衡:将连续两个时间段之间的总生产量的波动控制到最小,减少生产量波动造成的设备、人员、库存及其他生产要素的高配置浪费。

——产品品种数量的均衡:在生产期之间,合理安排不同产品的投产顺序和数量,消除不同品种产品流动的波动,减小对前序工序和库存的影响。对于柔性生产线,应能实现均衡化混线生产。

多品种小批量的均衡化车间计划，需与其他车间生产要素的管理相配合，最终应能达到如下效果：

——能够快速地适应每月中每天的市场需求的变化，为准时化的实施提供强有力的支撑。

——成品库存数量保持较低水平，并且可以及时满足客户的需求。

——可以使工序间的在制品数量减少到最低，并可以进一步实现"零库存"。

对于单件生产模式，产品品种多而每一品种生产数量很少，产品生产重复性差，生产技术准备时间长，设备利用率较低。数字化车间中单件生产的详细排产应基于瓶颈理论（TOC），确定某时间段内的瓶颈资源，并根据瓶颈资源排产，提高资源利用率及有效产出。

10.2.2.2　生产调度

生产调度是为了实现作业计划的要求，分派设备或人员进行生产，并对生产过程出现的异常情况进行管理。详细功能要求见 GB/T 20720.3—2010 第6.7 节。

数字化车间的生产调度应能实时获取生产进度、各生产要素运行状态，以及生产现场各种异常信息，具备快速反应能力，可及时处理详细排产中无法预知的各种情况，敏捷地协调人员、设备、物料等生产资源，保证生产作业有序、按计划完成。获取生产现场状况的方式包括设备实时数据，通过数字化工位、可视化管理系统获取的各种生产过程信息。

生产调度处理的异常情况主要包括：

——市场需求波动引起的紧急订单，下达到车间成为紧急插单，影响已安排的其他正常生产计划，需采取相应措施满足计划要求。

——生产计划已安排或投产后，发生客户临时变更订单要求，需采取相应措施满足要求。

——生产过程中进行质量检验发现不合格情况，导致返工返修需进行生产调度。

——设备故障、人员等发生异常情况，采取相应措施保证生产继续进行。

若异常事件导致无法通过调度满足计划要求，则需通过详细排产重新进行优化排产。

10.2.2.3　生产跟踪

生产跟踪是为企业资源计划作生产响应准备的一系列活动。包括总结和汇报关于产品生产中人员和设备的实际使用、物料消耗、物料生产，以及其他需要的有关生产数据信息（如成本和效益分析）。生产跟踪还向详细生产排产及更高层的企业生产计划提供反馈信息，以使各层计划能根据当前情况进行更新。

数字化车间的生产跟踪应能自动获取生产相关数据，统计产品生产中各种资源消耗，并反馈给相关功能/系统或部门。生产相关数据的获取来源，包括从数字化接口（数字化设备或工位）直接采集到的，或者经过其他功能模块加工过的信息。

10.3　工艺执行与管理

10.3.1　信息集成模型

工艺执行与管理信息集成模型如图4所示，其中，虚框中为工艺执行与管理的信息集成，主要包括工艺执行与工艺管理两部分，工艺执行由车间子计划/物料清单生成、派工单生成、作业文件下发等构成，工艺管理由工艺权限管理、工艺变更管理、可视化工艺流程管理等构成。工艺执行贯穿于计划、质量、物流、设备等全生产过程中；工艺管理功能可以在 PDM、ERP、MES 等相关系统中实现，工艺文件以计算机系统可识别的数据结构呈现。

10.3.2　功能要求

10.3.2.1　工艺执行

通过工艺的数字化与车间系统的网络化，实现作业文件、作业程序的自动下发和标准工艺精准执行；通过生产和质检数据、现场求助信息采集，反馈工艺执行实时状态和现场求助信息，实现产品生产工艺的可追溯与现场求助的快速响应。具体功能如下。

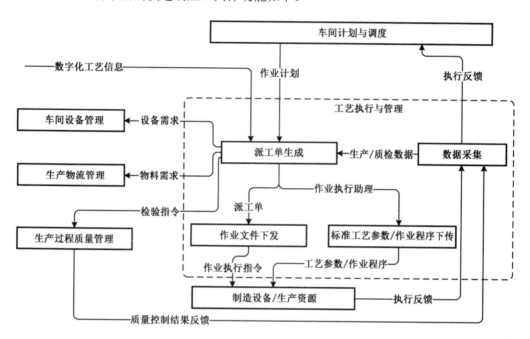

图4　工艺执行与管理信息集成模型

a）物料清单生成

根据产品 BOM 与作业计划，自动分解生成物料清单，实现生产计划细分、物料提前备料、工序流转自动采集、工位物料智能化配送等。

b）派工单生成

根据生产工艺过程，将车间子计划分解为各工序的派工单。各工序根据产品 BOM、生产工艺过程、日派工单实现生产前物料备料，车间根据产品 BOM、生产工艺过程、标准工时等实现各派工单智能化调度。

c）作业文件下发

将各种工艺卡、工艺图纸、作业指导书等作业文件自动下载到各作业工位终端，现场作业人员可通过工艺编码或生产计划号、工单号实时查询标准工艺参数、标准质检工艺、作业指导等工艺信息。

d）标准工艺参数、作业程序下传

通过以太网或总线方式将标准工艺参数自动下发到对应机台，防止由于人为因素导致现场机台工艺参数设置错误。

作业程序可以自动下传到现场数字化装备实现自动加工或装配等作业。

e）数据采集

进行工艺信息在线交互式浏览、物料校验及开工条件检查。

实时记录和上传生产现场出现的工艺技术问题和处理方法。

实时采集生产过程中的工艺参数，向质量控制系统提供生产、质检数据，实现生产过程质量预警，并通过与生产现场可视化管理系统等进行集成，实现预警信息及时发布。

求助终端实时采集生产求助信息，向生产现场可视化管理系统提供现场求助信息，以便现场作业工位获得快速响应。

及时将作业指令状态信息与作业工位状态信息向系统反馈。

10.3.2.2 工艺管理

数字化车间应实现以工艺信息数字化为基础，借助一体化网络与车间作业工位终端实现无纸化的工艺信息化管理；并以可视化工作流技术实现制造流程再造、工序流转和调度的数字化管控，以及工艺纪律管理。具体功能如下。

a）工艺权限管理

工艺执行权限主要实现组织结构管理、人员管理、访问规则管理等。一般情况下，组织结构由 Group（组别）、Role（角色）、User（用户）和 Person（人员）构成。通过访问规则的定义，来实现对用户操作权限的控制，控制用户、角色、工作组对数据仓库或具体文档的操作权限。

根据岗位职责要求进行相应权限分配，对应授权人员可进行相关工艺的上传、下载、查询、修改等。

b）工艺变更管理

主要实现工艺变更、工艺优化数据版本管理等。工艺变更应符合标准变更工作流程以及控制、跟踪机制，结合产品数据的状态管理，可以在规范管理更改过程、保证更改的可追溯性的同时，提供准确、及时的更改传递机制，保证更改结果的正确性和一致性。

c）可视化工艺流程管理

通过可视化工艺流程实现工序间流转管理，并对工艺流程中各工序点进行属性设置，快速实现数字化车间生产流程再造，实现数字化车间生产工艺流程快速切换。

d）作业文件管理

作业文件包括生产流程工艺、工艺卡、工艺图纸、质检工艺标准卡、标准工艺参数卡等，并以版本号区别。

e）作业程序管理

作业程序通过工艺编码或生产计划号、工单号与数字化装备关联，并以版本号区别。

f）工艺优化管理

对采集的机台工艺参数的实际值或质检数据，进行统计、分析、预警，实现工艺优化。

g）生产求助管理

工位上作业人员针对工位发生的各种问题发出求助呼叫信息，上传生产现场可视化管理系统，可触发声光报警、显示终端、广播等，提示相关人员注意，以便及时处理问题。

10.4 生产过程质量管理

10.4.1 信息集成模型

生产过程质量管理各功能之间，以及与外部功能子系统之间的信息集成关系描述如图5所示。

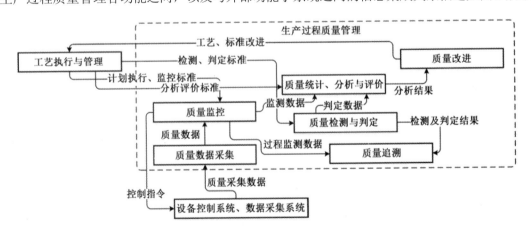

图5 生产过程质量管理信息集成模型

10.4.2 功能要求

10.4.2.1 质量数据采集

质量数据主要包括生产设备工艺控制参数、质量检测设备检测结果、人工质量检测结果等生产过程数据，覆盖原材料、零部件、半成品和成品。数字化车间应提供质量数据的全面采集，对质量控制所需的关键数据应能够自动在线采集，以保证产品质量档案的详细与完整；同时尽可能提高数据采集的实时性，为质量数据的实时分析创造条件。

10.4.2.2 质量监控

a）指标监控

应对过程质量数据趋势进行监控，并对综合指标进行统计监控。

过程质量数据趋势监控：主要用于独立质量指标的原始数据监控，具有采集频率高、实时性强的特点，通过设定指标参数的报警界限，对超出界限的数据及时报警。通常由生产组态软件开发实现，以趋势图为主要展现形式。

综合指标统计监控：主要用于基于原始数据的综合质量指标的统计监控，可以融合多种监控标准和统计算法对指标进行综合运算，并定时刷新，使监控更宏观，更有针对性。通常由 MES 或独立质量系统开发实现，以 SPC 控制图、预控图、仪表盘等为主要展现形式。

b）质量监控预报警

应基于实时采集海量质量数据所呈现出的总体趋势，利用以预防为主的质量预测和控制方法对潜在质量问题发出警告，以避免质量问题的发生。以采用 SPC 工具进行监控为例，其具有八种标准的判异规则，可以基于判异规则对质量数据进行监视，对发现的异常情况应及时预报警与处理。

10.4.2.3 质量追溯

以产品标识（生产批号或唯一编码）作为追溯条件，以条码及电子标签为载体，基于产品质量档案，以文字、图片和视频等富媒体方式，追溯产品生产过程中的所有关键信息：如用料批次、供应商、作业人员、作业地点（车间、生产线、工位等）、加工工艺、加工设备信息、作业时间、质量检测及判定、不良处理过程、最终产品等。

10.4.2.4 质量改进

针对生产过程中发现的质量缺陷，应基于 PDCA 循环原则构建质量持续改进机制，固化质量改进流程，提供质量异常原因分析工具，并不断积累形成完备的质量改进经验库。

10.5 生产物流管理

10.5.1 信息集成模型

数字化车间中的所有物料、刀具、量具、车辆、容器/托盘等都应进行唯一编码。应能自动感知和识别物流关键数据，并通过通信网络传输、保存和利用。生产物流管理信息集成模型如图 6 所示。

10.5.2 功能要求

10.5.2.1 物流规划

物流规划的依据是车间计划与调度指令要求，并应遵守下列约束条件：

——时间：基于物流规划中规定的时间条件，以及制造执行计划中的批次、路线及起始-到达的区位要求，设置合理、可行的物流起始时间、运行路线和到达时间。

——装载：基于车间环境与实施条件和工艺执行计划要求，确定各次物流运转所应装载的物料或在制品。

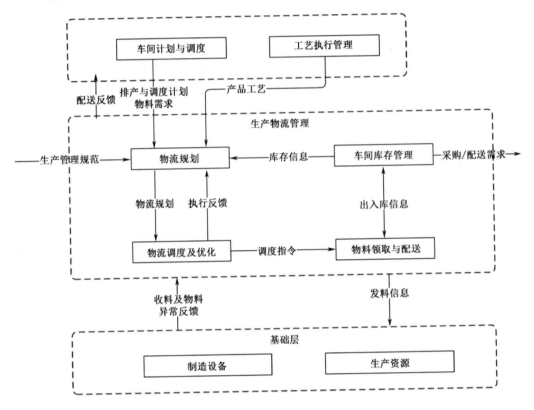

图6　生产物流管理信息集成模型

凡进入物流计划的物料均应编码，并在物料本体上附加数字化标识，标识的编码结构应符合企业产品生命周期管理信息结构要求。

物流规划应输出相应的信息文件，内容包括：物流运行的物件数量、批次组合、物流路线、物料需求时间和送达时间等基本信息。物流方案应使物流批量与工艺指令相匹配，合理安排转序时间间隔，用准确的物料流量来满足工艺执行岗位操作需要。

10.5.2.2　物流调度及优化

物流调度主要包括如下内容：

——事前调度，针对供应链采购进厂物流进度及其产品信息和质量状况，按照事先设计的处理流程应对物流计划内容的插入变更。

——事中调度，针对较大批次生产任务对物流计划的影响，基于生产进度执行原则和精益库存管理原则，合理调配物流时间和运输批次，保持物流与各工艺执行工位的进度同步。

——事后调度，在发生外来扰动（如插单、换单等）时，快速启动物流响应，以减轻外来扰动对生产进度的影响，满足客户需求。

调度优化主要包括如下内容：

——验证：充分利用物联感知技术，获取物流调度作业执行过程中的现场实时数据，以验证当前调度执行的流程是否合理、节约和高效。

——基于规定的车间时钟时间，预先制订可多时间段分散并行的物流作业方案，以应对外来扰动所引发的制造执行指令变更，并避免时间和物理资源的浪费。

——积累生产过程运行管理知识，逐步形成基于制造执行系统指令的最佳物流方案。

——数字化基础条件好的企业，应引入虚拟化技术以提高生产物流的可视化程度，为工艺过程的仿真试验、验证分析和节拍预测/调整提供决策支持。

10.5.2.3 物料领取与配送

物料领取与配送是指在车间运输与库存系统的基础上，为了配合车间物流调度而进行的实物形态的运输、存储等活动，包括在仓库内外的运输活动（包括调库、移库等），如图7所示。

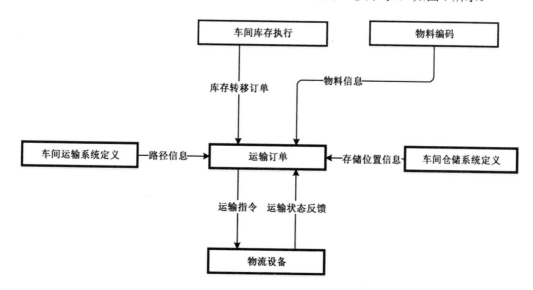

图7 物料领取与配送接口示意图

在具体物流调度的需求下，车间物料请求（包括具体的物料、数量以及配送地点等）通过设备、现场执行层或者制造执行系统提交给车间物流管理系统。借助于自动化物流设备和车间物流布局，车间物流管理系统产生相应的物流配送作业，并将指令发送给对应的车间物流设备，指导该设备完成物流作业任务并反馈给车间物流管理系统。

必要时应有一定的防错措施，用文字、语言、标识和必要的物理装置来警示、限制或隔离人的行动及其功能作用，防止人对材料、物体和设备实施错误或不当的触摸、尝试、操纵、移动或变更。

10.5.2.4 车间库存管理

数字化车间的库存管理应是基于不同库存活动对车间物料形态、数量、状态等属性变化进行记录、追溯与分析等活动。可借助于信息化手段与自动化技术，使其变得更加精确和透明。主要包括库存数据采集与追溯、库存分析。

库存数据采集是指对于库存运营和物料操作信息的汇集和报告的一系列活动。

库存追溯是建立在库存历史数据基础上以满足第三方系统和企业内的查询、验证等活动。车间库存与企业资源计划应交互库存移动、状态等信息。在企业资源计划中建立库存管理体系。在企业层对库存管理进行企业级别库位定义、库存移动规则定义等（包括库位间不同库存类型和状态，以及库位与库位之间）。库存移动信息一般包括：

——从仓库到生产线的原材料准备。

——生产订单状态更新，包括生产订单的执行、更改和取消等。

——车间发生的非符合型成本，比如由于人为、设备和技术原因导致的原材料报废和不良品报废等。

——其他库存转移，包括：

- 退仓：由于生产计划的变更，多余原材料退回仓库。
- 退还给供应商：将车间有问题的物料转移到收货环节进行供应商退货处理。

库存分析是指为了库存操作的持续改善而对于库存效率以及资源利用率进行分析的一系列活动，如在收货环节通过提供的收货数量差异与交付时间来进行原材料供应商评估。

10.6 车间设备管理

10.6.1 信息集成模型

车间设备管理主要功能包括设备状态采集、基于事件的设备状态异常预警、预测性维修维护和设备指标分析等。各功能之间及与外部功能子系统之间的信息集成模型如图8所示。

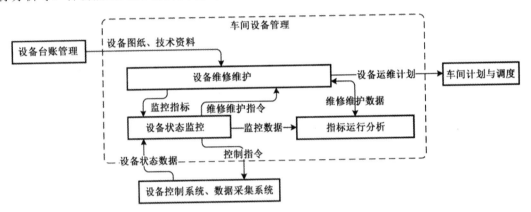

图8 车间设备管理信息集成模型

10.6.2 功能要求

10.6.2.1 设备状态监控

10.6.2.1.1 设备运行数据采集

通常由设备控制与数据采集系统实现，应能自动在线采集反映设备状态所需的关键数据。对于不同类型的设备，数据采集方式也不同，如对于具有以太网等标准通信接口的设备，可以直接按相应接口协议采集；对于没有通信接口的设备，可以通过增加专用采集终端进行采集。

数据采集信息一般应包括：
——设备状态信息。
——设备状态起始时间信息。
——设备运行及空闲时间。
——设备故障信息。
——设备报警信息。
——设备加工及运行参数信息。

10.6.2.1.2 设备状态可视化

设备状态信息应采用图形化展示方式。

对于具有建模需要的关键设备，应按照设备图纸构建数字化模型，结合采集数据准确模拟设备的实时运行状态，并能够按照设备结构实现部件级的分解查询。从而增强设备监控的可视化效果。

10.6.2.1.3　基于事件的设备状态异常预警

依据设备运行标准和要求，应对指标参数的监控结果进行分析和判定，对有异常变化趋势的情况进行预警，对发生异常或故障的情况进行报警。

预警和报警信息应按照异常等级与类型及时通知到相应的监控人员，并采用多种形式相结合的通知方式，如现场监控屏幕显示、报警灯声光报警、系统级消息通知、短信通知等。

10.6.2.2　设备维修维护

10.6.2.2.1　概述

应建立以设备维修维护计划制定、工单分配、下发、执行、反馈为流程的标准化维修维护体系，以计划工单为主要管理形式，利用智能移动终端（如手持 PDA、平板电脑）完成维修维护的执行和反馈。针对典型故障，提供维护维修的经验库，能够基于采集的设备状态进行自诊断；对于维修过程，提供图文、视频等标准作业指导，确保设备安全稳定运行。

10.6.2.2.2　周期性维护

根据设备类型制定相应的周期性维护计划，基于配置信息自动生成维护工单，并通知和下发给相应岗位人员，通过执行工单的反馈信息跟踪执行状态。

10.6.2.2.3　预测性维护

基于对设备运行数据，特别是设备运行日志文件数据的分析，对设备的运行状态进行有效评估，进而动态、及时地发现设备运行的潜在异常情况，并生成具有针对性的维护方案。

针对设备关键零部件，能够结合其理论使用寿命和实际运行参数状态，对零部件的更换时间做出及时提醒，对超期使用的零部件进行报警。

10.6.2.2.4　设备故障管理

——故障分类管理：依据管理要求，可以对故障类型按不同角度进行配置，形成类型编码与名称的对应存储关系。如按故障发生的部位可划分为机械故障和电气故障，按故障来源可划分为人为故障和非人为故障等。

——故障树管理：依据车间设备实际情况，建立设备、故障类型、故障部位、故障名称的故障树存储结构，形成可配置的故障信息维护体系。

——故障分析与经验库：利用可视化分析工具，对故障现象进行原因分析，为分析人员提供故障诊断方案。基于日常故障处理经验，建立并维护故障案例库和处理经验库，为故障处理人员提供故障解决方案。

——故障处理：按照故障分析结果，以电子工单的方式对故障的处理流程进行管理，保存故障处理的过程记录。

10.6.2.3　设备运行分析

基于设备实时状态采集和维护维修过程中搜集的过程数据，自动统计分析与设备相关的指标，主要包括设备完好率、设备利用率、设备故障率、停机（或停产）时间、停机（或停产）次数、设备平均故障间隔时间（MTBF）等。

注：不同类型设备的统计指标及计算方法不尽相同，应按实际管理需求进行选择。

附录 A
（资料性附录）
典型电气产品数字化车间应用案例

A.1 概述

数字化车间是数字化、网络化技术在生产车间的综合应用，它将制造设备与工艺设计系统、生产组织系统和其他管理系统的信息进行集成，形成综合信息流的集成制造系统。从整体上改善生产的组织与管理，提高制造系统的柔性，提高数字化设备的效率。

本附录通过一个典型的数字化电气产品生产车间实例，展示数字化车间的实现方案及关键节点。在车间建设中，数字化制造起着非常重要的作用，提供从产品设计、工艺编制、车间计划到产品的整个加工过程的生产活动的信息化管理。它采用当前的、精确的数据，对生产活动进行初始化，及时引导、响应和报告车间的活动，对随时可能发生变化的生产状态和条件做出快速反应，重点削减不产生附加值的活动，从而有效地推动车间运行。数字化制造改善运行设备的回报，并改善及时交货、库存周转、毛坯和现金流通性能。通过双向通信，提供整个企业的生产活动以及供应链中以任务作为关键因素的信息。

A.2 实现方案

A.2.1 体系架构

本案例数字化车间体系架构如图 A.1 所示。

A.2.2 功能和要求

实现功能：本数字化车间订单管理模块从企业资源计划承接分配到车间的生产订单，由排产模块根据工艺路线分解为工序作业计划，排产后下发至生产现场，工艺管理模块指导现场作业人员或设备按照数字化工艺要求进行生产，工艺执行过程中，若需进行检验控制，由质量管理模块负责质量的监控和追溯，生产需要的物料由物流管理模块负责分配，生产过程中的大量设备，通过设备管理模块进行统一管理。生产过程中的工艺执行、质量控制等结果将会反馈到排产模块，进行实时的监控与调度，并形成报告反馈至更高一层的企业资源计划系统。

数字化要求：数字化车间的资产和制造过程信息应能够转变为被计算机识别的信息，主要包括设备的数字化、生产资源的可识别、数据信息的可采集以及生产现场的可视化。

网络要求：数字化车间的网络通信，实现设备、生产资源与系统间的互联互通。

集成要求：数字化车间应能实现执行层与基础层、执行层与管理层系统间的信息传输与集成。

安全要求：数字化车间应提出车间的安全控制和数字化管理方案，并实施数字化生产安全管控。

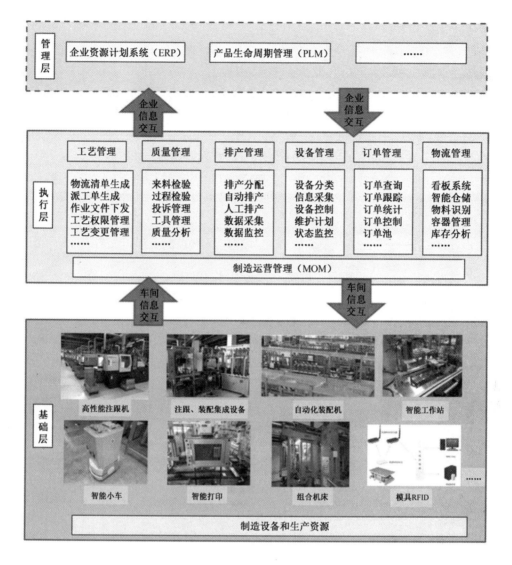

图 A.1　数字化车间体系架构

A.3　基础层数字化

A.3.1　制造设备的数字化

A.3.1.1　数字化功能

制造设备的数字化功能主要分为数据采集和操作功能两部分。

a）数据采集

对制造设备进行数据采集和分析，对制造进度、现场操作、质量检验、设备状态等生产现场信息进行采集和跟踪，并对这些信息进行分析。

数据采集的接入主要采用如下方法：条形码阅读器采集工件码标，经可编程控制器转换为可识别数据，并通过 Profinet/Profibus-DP，上传到车间 MES 系统 SQL 数据库；材料托盘全部带有 RFID 标签，由读出/写入设备与 PLC 相连，再连接到 MES 系统；AGV 小车，下料、切割、注塑、装配设备全部采用 PLC 为控制核心的自动化设备，通过光电（光电开关、编码器）、磁感应、霍尔效应、热阻、图像识别、语音等方式采集数据，并将工件、设备、人员、物料等信息上传给 MES 系统，车间设备的电压、电流、相位、功率因素等能效参数也通过 PLC 采集上传给 MES 系统。

b）操作功能

MES 系统负责制造设备的执行管理如订单信息、排程管理、生产信息统计、资源信息以及 HMI 信息；设备及生产信息、报警信息、作业及维修指导等信息。

A.3.1.2 网络构成与接口

PROFINET 的 RI（实时）通道和 IRT（等时同步 RT）通道可以实现毫秒级到微秒级的响应速度，已被工业自动化业界广泛采用。本系统采用开放实时以太网的一网到底结构，从底层 I/O 现场层到设备之间连接的控制层，再到管理层 MES、ERP 等全部采用 PROFINET 实时工业以太网，包括线缆、光纤传输的 PROFINET 技术、无线 WLAN 传输的 PROFINET 技术。整体网络架构如图 A.2 所示。

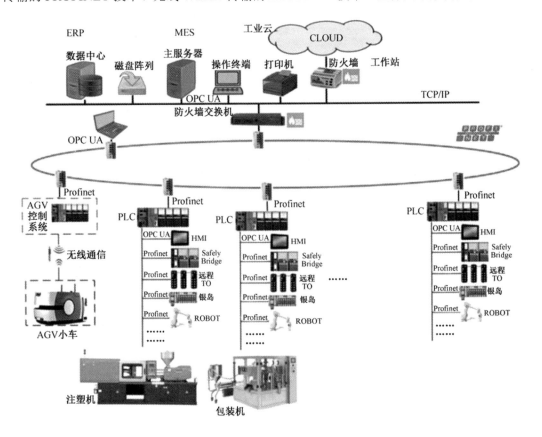

图 A.2　整体网络架构

PROFINET 兼容 TCP/IP 协议的实时以太网，能满足过程控制、工厂自动化和运动控制实时通信要求，已有的系统不需修改就能集成到 PROFINET 中，系统具有高度开放性和兼容性，为系统拓展提供了接口，如 CNC 设备、机器人、RFID、视觉系统、视频监控等。

本案例车间已经建成了以工业交换机和工业无线 AP 为接入设备，并与公司办公网络有机集成的工业以太网。通过有线的、无线的连接，车间中的生产设备能够与网络相连，并将相关的数据传输到 MES 系统中。

A.3.1.3 集成要求

对数字化智能制造设备的系统构成以及内在逻辑关系进行自上而下的梳理和分析，如图 A.3 所示。

该架构主要包括业务层、运作层、功能系统、功能单元、支撑技术 5 个层次。各个层次相辅相成，紧密联系，其中系统以需求订单为输入，以信息系统为核心，集成自动化上下料等多个子功能系统，以基本功能单元及支撑技术为依托，推动智能制造生产线的正常运作，实现大批量产品的生产或小批量个性化产品的定制服务，满足客户和市场的需求。

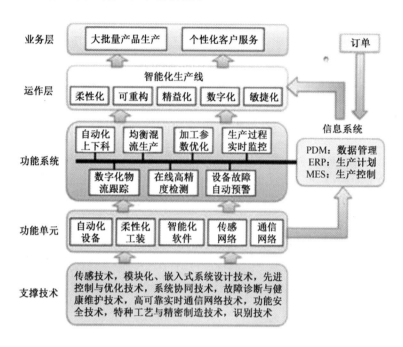

图 A.3 制造设备的系统集成

A.3.1.4 功能安全

设备的安全性能由机械安全防护和电气安全控制两方面组成。除了机械安全防护外，从电气安全控制的角度，一套安全控制系统由三部分组成：①安全输入设备，如紧急停止按钮、安全门锁、安全激光扫描仪、双手按钮、安全地毯等；②安全控制模块，如安全继电器、安全桥、安全 PLC、安全网络；③被控输出元件，如主接触器、阀等。

本数字化车间根据车间各设备区域安全系统的规模大小来选择相应的方案，具体如下。

对于简单的单功能安全应用，如急停按钮，采用单功能的安全继电器。

对于 2～3 个安全功能的应用，如一个急停按钮、一个安全门锁和一个安全光幕，可选择多功能的安全继电器，既简化接线、减少安装空间，又节约成本。

对于 4～70 个安全功能的应用，可采用可编程安全模块，使用方便，性价比高，还可以通过网关，将故障信号传到 PLC 或上位机，有利于故障诊断。

占地面积大或长距离的自动化生产线通常采用现场总线或工业以太网，实现分布式 IO 系统，其安全控制系统可采用安全 PLC+安全 IO 的方案。对低成本要求较高的，采用安全桥方案。安全桥技术自带安全逻辑处理单元，不需安全 PLC，显著降低整体方案成本。

智能型安全驱动设备，如变频器、伺服控制器，采用自带安全力矩断开（STO）功能的型号。

从提高生产效率方面考虑，将安全区域划分成几个不同的区域，分别进行安全控制。另外，对生产线核心的区段，采用安全速度监视继电器控制，可在满足安全要求的同时，将安全对生产效率的影响降到最低。

安全防护系统的实施，遵照相关安全标准，如 IEC-61508、ISO-12100、IEC-62061、ISO-13849、IEC-60204 等。采用包括风险评估在内的全生命周期的安全管理体系。

A.3.1.5 信息安全

车间信息系统可能遇到的不安全威胁有病毒、黑客和内部人员的非授权网络操作或误操作。为了消除以上不安全因素，整个车间网络系统采用三层纵深防御策略。

第一层为物理策略层，建立车间网络操作管理规范，计算机设置相应的不同层级密码。

第二层为网络安全层，对车间网络按功能区域分段，段与段之间及控制层与管理层之间设置 mGuard 工业级硬件防火墙，其过滤器根据源发地址和目标地址对数据包进行过滤，阻止来自"外部"的不需要的数据流。远程访问全部经过 VPN 和 mGuard 防火墙过滤。

第三层为系统完整性层面，采用 CIFS（Common Internet File System）完整性检测技术可定期扫描网络中的病毒，并可以调用第三方病毒服务器对病毒实施有效查杀。

A.3.2　生产资源的数字化

通过应用 RFID 技术，可编码原料、原料处理设备、模具等，并将收集的信息传送给生产设备控制系统。即将产品从原料到成品整个流程的所有信息记录并连接起来。

A.4　工艺设计数字化

工艺设计数字化是产品设计数字化与企业管理数字化的桥梁。本数字化车间采用工艺设计、执行与管理系统进行数字化的产品工艺设计。现场生产工程师可以通过流程框图的形式对现场的工艺进行设计和规划。

A.5　车间信息交互

数字化车间的整体布局分为基础层、执行层，在数字化车间之外，还有企业的管理层，系统将收集到的客户信息与管理层的 SAP 和 PLM 进行信息交互，SAP 与执行层的制造执行系统 MES 之间进行信息交互，PLM 将数字产品信息传递到执行层的工艺设计、执行与管理系统，同时 MES 与工艺设计、执行与管理系统也存在信息交互，MES 将生产订单等信息传递给基础层生产资源、制造设备、模具、检测工具等，工艺设计、执行与管理系统将生产工艺、物流信息等传递给制造设备、AGV 等，同时基础层又会将收集到的信息反馈到 MES 与工艺设计、执行与管理系统中。

A.6　制造运行管理数字化

A.6.1　车间计划与调度

数字化车间通过车间计划排产模块实现车间计划与调度。

根据预先定义的生产约束条件，规则矩阵，预设指标，排产产能策略等条件，实现全自动排产、半自动排产或人工排产。结合甘特图方式，综合显示设备实时状态信息、已排产订单工序、关联关系、工具资源分配情况，便于计划员检查现场排产情况和执行状态，实现了生产过程透明化的需求。

除了生产订单排产，还可以针对设备预修、维修任务、模具换针任务等，创建 MES 中的工作计划工单，调动车间生产、ToolShop、设备维护等团队完成指定任务。

A.6.2　工艺执行与管理

数字化车间通过车间订单管理模块完成工艺执行与管理。

ERP 系统生产订单数据、相应 BOM、routing 等主数据，准实时传入 MES 系统，经排产后下达车间现场。实现了无纸化信息流传递，提高了计划与车间执行层面的联动性。

在 HMI 终端上显示设备实时运行状态，支持状态转换，自动记录设备作业周期、产量，合格品/不合格品数量。查看本工位上待生产订单，登录或退出订单工序，订单工序完成情况，订单产品 BOM，工序配套、工具资源和准备状态等信息。

在 HMI 终端上还可以即时打开本工序订单相关的操作文档手册，方便车间现场员工使用。

车间执行过程和结果信息，最终汇入 MES 订单管理模块，通过订单相关报表，方便获取订单完成的各种时间状态组成，便于分析订单执行周期内的瓶颈，通过订单与质量相关报表，可以分析订单与班组、设备、工具之间的关联关系，便于分析、定位质量问题。

A.6.3　生产过程质量管理

质量管理包括来料检验、过程检验、投诉管理、工具管理以及质量分析模块。它通过检验计划与生产计划紧密的结合，实现了生产的闭环管理。它通过各测量工具等方法采集现场的相关数据。

a）质量数据采集与监控

MES 对接收到 PLC 发送的不合格品信号进行记录和统计，定时刷新系统质量监控页面，通过 SPC 控制图方式展示每个设备每个时段的不合格品数量，并根据不合格品的发展趋势进行预警。

b）质量追溯与改进

质量追溯系统是数字化车间在引入质量追溯软件框架的基础上，车间自主开发的生产软件。系统贯穿整个生产过程，其主要的功能包含追溯产品中使用的原材料状况及记录通过每道生产工序的时间及结果。实施全面产品质量过程管控，并实现收集数据用于内部分析改进。追溯系统的构建如图 A.4 所示。

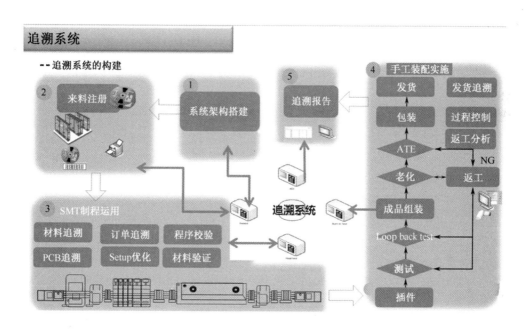

图 A.4　追溯系统的构建示意图

A.6.4　生产物流管理

a）内部生产物流

包括收货和发货环节。其中，收货环节包括 ASN 的创建、货物的清点、货物的上架，发货环节包括订单发货、生产发料看板及生产发货。

b）成品物流

成品仓库物流系统主要功能部件采用模块化、标准化设计，并应用条码技术、变频调速、高速数据采集、人机界面、工业现场总线、以太网及 PLC 控制等先进控制技术，在 WMS 系统的管理调度下，完成物品的包装输送及出库业务。

通过核心 ERP 系统下达业务指令，实现业务信息流的自动传递，减少仓库对人员的需求和依赖。

A.6.5　车间设备管理

a）设备状态监控

数字化车间采用 MES 制造执行系统中的设备管理模块，对设备的状态进行监控。

b）设备维修维护

设备信息管理模块-设备维护日历可实现以下功能：

——操作工及设备维修人员可在设备终端上查看设备维护内容及周期。

——系统自动计算维护周期，并通过图示在终端给出提示信号。

c）设备运行分析

智能生产线的数据采集与控制系统对设备实时状态和维护维修过程中搜集的数据进行采集，自动统计并分析与设备相关的指标。

附录 B
（资料性附录）
数字化车间合理化生产线设计案例

B.1 目的和概要

由于人工成本上升、人才成本提高、品质确保困难等问题的出现，机器代替人的自动化解决方案得到广泛应用。其中一种是全自动化生产线的方式（见图 B.1），但存在以下缺点：

——难以对应多品种小批量的生产方式。

——难以跟上生产规模的变动。

——设备成本较高。

——需要较大的安装空间。

——维护成本较高。

——生产类型更换的准备时间长，由于设备故障造成的临时停机多发，难以保持高开工率。

——需要高水平的操作人员。

按照适当的规模，将生产线分割为多个工作单元可有效解决以上问题，如图 B.2 所示。工作单元之间的部件搬送由人来完成。本附录给出了人和设备（机器人）的协作生产解决案例。

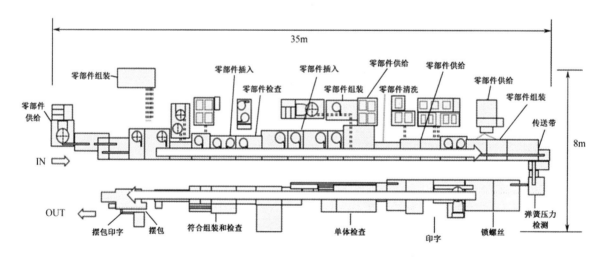

图 B.1 全自动化生产线的整体示意图

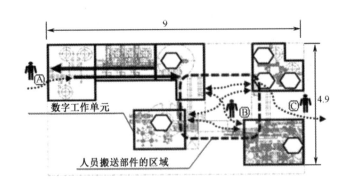

图 B.2　单元式生产线的整体示意图

B.2　实现方法

B.2.1　应对多品种小批量生产

a）自动换产

在头道工序打印 QR 码，在之后的各工序中通过读取该 QR 码，使设备执行符合该产品的生产方式，实现自动换产。

b）人工供给零部件

因产品型号不同所需的不同零部件，将设备中这些零部件的自动供料改为人工供料。在数字化车间中，操作人员会因为多品种小批量的生产方式需要而频繁地变更操作工序。为了减轻操作人员的负荷并消除人为的错误，建议导入作业辅助解决方案。即需要操作人员供给的零部件（见图 B.2Ⓐ）、在数字化工作单元间的部件搬送（见图 B.2Ⓑ）、成品取出和堆放（见图 B.2Ⓒ）等操作方法都会在显示器上给出恰当的操作提示，并提供明确的操作顺序指导，防止人为失误，以提升生产效率和产品品质。同时作业辅助解决方案还可以和 MES/ERP/BI（Business Intelligence）等上位系统协同，通过 PDCA 的持续循环改善方法，降低操作失误、提高生产效率、提高品质和节约能源等，从而削减综合成本。

c）引进小型的单元式生产线

把生产性高（周期时间短）的全自动生产线更换为周期时间较长的小型单元式生产线，使整体生产可应对多品种小批量生产的柔性要求。

示例：

——全自动生产线：周期＝5s；面积＝35m×8m；生产线数＝1 条。

——单元式生产线：周期＝15s；面积＝9m×4.9m；生产线数＝3 条。

B.2.2　节省设备的占地面积

比较大的零部件如需自动供料（排列供给）则需要大型的供料设备，因此通过人工上料大型零部件方式可减少设备的占地面积。另外，集中操作人员的活动路线，可减少操作人数（见图 B.2Ⓑ）。

B.2.3　实现设备高运转率

a）减少临时停机

——通过削减工序数量，减少停机概率。在图 B.1 所示的全自动生产线上排列着 50 道工序，只要其中一道工序发生临时停机，就会造成整条生产线停止。图 B.2 所示的单元式生产线把工序数减少到 23 道，降低了整体生产线的停机概率。

——通过减少零部件的搬运，排除了停机的主要原因。通过把供料设备的搬送工序最小化，排除了零部件搬送时因部件堵塞所造成的停机。在震动盘的出口处安装视觉传感器确认零部件的位置，机器人在此位置抓取零部件。

b）削减换产时间

如 B.2.1 中的 1）、2）点所述，实现换产时间最小化。

B.2.4 使用工业物联网进行运行管理/品质管理

a）自动采集设备的运行状况、停止次数、停止时间、停止原因等数据，实现运行管理。

b）自动采集产品的测试结果、使用的零部件属性、操作人员属性、组装属性（具备力觉传感器的电动螺丝刀采集锁螺丝的力矩值）等数据，实现品质管理。

c）自动采集设备使用的能耗信息和生产状况的数据，实现能源监控。

d）通过作业辅助解决方案，可将生产实绩数据、操作实绩数据（具备力觉传感器的电动螺丝刀采集锁螺丝的力矩值）实时上传到 IT 系统。

e）可将采集的数据生成以下可视化图表：

——锁螺丝不合格推移表。

——组装台数图表。

——组装节拍时间图表。

——锁螺丝不合格数图表。

——作业项目不合格数图表。

f）使用可视化数据分析操作人员的人为失误原因，并将分析结果用于操作人员的教育和工序的调整改善，并迅速地反馈到生产现场，从而实现实时的 PDCA 循环，如图 B.3 所示。

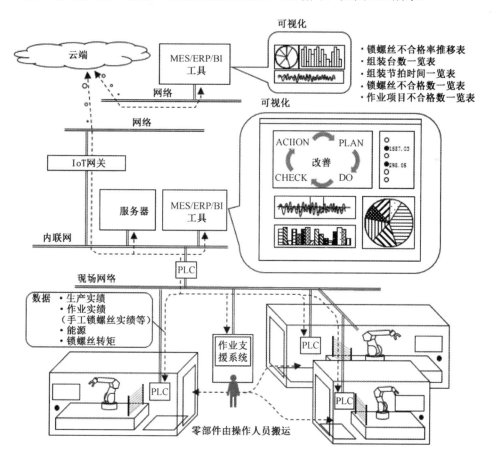

图 B.3 Industrial IoT 自动采集数据示例

附录 C
（资料性附录）
数字化制造设备典型配置与功能

C.1 概述

为了满足某一特定的车间工艺过程，在具体工艺定义输入的基础上，通过数字化制造设备自身功能以及同其他辅助设备协同来执行车间具体的生产工艺。通过车间网络向执行层反馈作业执行的状态和用户自定义的数据采集属性值。

交互的数据主要包括：

——生产运行数据。

——质量运行数据。

——维护运行数据。

——物流运行数据。

数字化制造设备应构建在工业通信网络基础之上实现与其他数字化设备及上层运作系统进行数据交互的功能，包括：

——现场设备与邻近设备联网实现协调动作、信息交换与互锁。

——现场设备与辅助设备联网实现协调动作、信息交换与互锁。

——工厂信息网络与上位管理信息系统实现联网与数据交互。

数字化车间设备功能模型如图 C.1 所示。

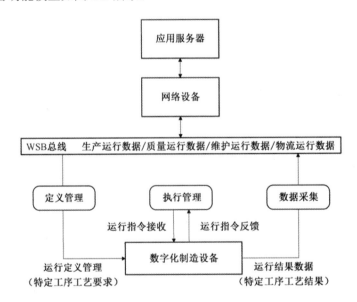

图 C.1 数字化车间设备功能模型

C.2　数字化加工设备

C.2.1　基本要求

C.2.1.1　自动化加工

加工装备具备在无人操作的情况下按照既定的逻辑（NC 代码或 PLC 程序）实现自动加工生产。

——工作模式可选，如手动、自动等。

——根据指令自动运行和停止。

——加工节拍根据工艺要求自动调节。

——工件自动夹紧与松开。

——与辅助设备配合完成自动上下料。

——自动测量、定位与保护功能。

——互锁功能。

——自动报警。

——安全防护功能。

C.2.1.2　网络功能

装备可作为一个网络节点接入到工厂中现场总线网络或工厂信息网络，并且在保证安全传输的前提下，与网络中其他设备实现数据交换。

网络是实现数字化工厂的前提条件，是加工装备与其他设备数据传输的基础。加工装备主要涉及两种网络：现场总线（如 PROFIBUS）和工厂信息网络。

通常加工设备与现场设备间具有逻辑互锁的信息交换多采用现场总线，而加工设备与工厂管理系统间信息交换则采用工厂信息网络。两种网络在传输的实时性、数据量、传输方式等要求上有较大的差别，通常不可混用。

——现场网络与邻近设备联网实现协调动作、信息交换与互锁。

——现场网络与辅助设备联网实现协调动作、信息交换与互锁。

——工厂信息网络与上位管理信息系统实现联网与数据交互。

C.2.1.3　柔性加工

指装备在不停机的情况下，满足多品种的加工。

——丰富的人机界面，支持开放式工具对用户界面自定义。

——根据指令自动选择不同的加工程序。

——根据指令自动选择工艺参数。

——根据指令自动选择工装、夹具或托盘。

——根据指令自动更换加工刀具。

——刀具参数根据指令自动调整。

——自动测量、定位与保护功能。

C.2.1.4　安全性

关于安全性，从单个的加工设备角度考虑，涉及人员安全性与设备安全性两个方面。

人员安全性针对具有一定危险性的加工工艺现场，为了保证作业人员等设备周围人员的安全，加工设备应具有以下功能：

——针对加工工艺中的危险环节具有警告功能。例如，利用蜂鸣器，指示灯等对危险性做出警告。

——针对加工设备周围环境的安全性具有感知功能。例如，利用互锁，安全光幕等对进入危险领域的行为具有感知功能。

——针对危险行为具有迅速采取安全措施的功能。例如，感知到危险行为后，迅速自动断电，运动机构自动紧急停止等。

设备安全性包括加工设备中需要使用用来加工的刀具，模具等消耗部件以及定期补充部件。此类部件如不及时更换和补充，会影响到设备的安全性，进而发展为故障或者事故。

作为数字化加工设备，对以上消耗部件的状态以及定期补充部件的交换记录，应具有数字化管理的功能。并且通过灵活运用以上管理数据，起到事先对消耗部件以及定期补充部件维护的作用。

——消耗部件。例如，刀具，冲压模具，砂轮。

——定期补充部件。例如，油类（冷却油、润滑油），电池，密封圈。

C.2.1.5 远程监视

数字化加工设备需对设备的运行状态，消耗品寿命有远程监视（故障预告）功能。

以往传统设备中必须在车间现场才能完成的各种监视，数字化设备需能在监视室计算机上显示出与车间 HMI 同样画面，并且通过移动终端支持的远程监视功能，在不同地点在任何时间实施监视。

——监视生产状况。例如，针对生产计划的进展情况。

——监视设备状态。例如，正常运行中、缺料（等待）、异常。

——监视消耗部件的损伤状况。例如，刀具的使用次数。

——把握报警原因。例如，缺料、安全报警（人员进入）、消耗部件损伤。

C.2.2 数字化功能

在数字化工厂中，加工装备不再作为独立设备运行，而是作为工厂的一个组成部分与其他设备共同协作运行，接受工厂管理系统的统一调度管理。频繁及大量的数据交换使得加工装备必须要具备完善的功能和接口。实现数字化功能可分为如下两大方面。

C.2.2.1 数据采集

数字化加工装备需要具备为工厂管理系统提供用于统计、分析、监控等所需的基础数据。这些数据根据其数据用途主要分为：

——加工信息。用于描述该加工装备在进行某一生产过程相关的信息，如工件名称、工艺参数、加工时间、工件计数等。

——设备状态信息。用于描述加工装备的运行状态、工作状态、组件状态等相关信息，如开机状态、设备总运行时间、操作模式等。

——故障报警及信息。用于描述加工装备异常时产生的故障和报警相关信息，如报警代码、报警内容、持续时间、频次等。

——刀具管理信息。用于描述加工装备所使用到加工刀具相关的信息，如刀具参数、刀具使用寿命等。

——能耗数据。用于描述加工装备在运行过程中消耗的能源相关信息，如电压、电流、功率等。

——其他信息。用于描述各种加工装备特有的数据信息。

C.2.2.2 操作功能

数字化装备需要具备相应的接口，以接收工厂管理系统的操作指令，并能够按照指令执行相应的功能，在执行结束后，将执行的结果反馈给工厂管理系统。加工装备主要的功能包括：

——文件访问。支持工厂管理系统对加工装备文件类数据进行（读写、修改、删除、复制、移动等）操作，例如将 NC 程序下载至数控机床，或者从检测设备中将测量结果文件上载至服务器等。

——诊断和调试。支持远程对加工装备进行故障诊断及操作调试，以便于快速维修。

——操作权限。加工装备应具备权限管理功能，可以区分操作人员、维护人员、编程人员等操作权限，避免由于误操作对设备或生产造成损失。

——数据缓存。支持加工装备保存一定时间的历史数据，以确保意外离线时仍然能够保持数据的连续性完整性。

——操作追溯。支持记录加工装备的操作历史，便于装备发生故障时进行追溯。

——时钟同步。确保设备与整个工厂网络内其他设备保持同一时钟，以免发生记录混乱。

——归档。支持工厂管理系统定期对加工装备中的重要数据如调试数据、加工程序、配置信息等进行归档保存及管理，以便于加工装备更换、维修后，快速恢复生产。

——其他。用于实现各种加工装备特有的操作功能。

C.2.3 网络接口

C.2.3.1 现场网络（种类、安全）

现场网络用于实现加工设备与其他加工设备或辅助设备之间协同工作时的通信与数据交换，必须满足实时性及安全性。

——支持国标所列的现场网络标准。

——具备标准统一的、开放的刀具数据采集接口。

——可通过 MES 订单选择加工程序。

——可通过 MES 订单自动启动加工。

——与辅助设备（如测量仪、机器人等）无缝集成。

C.2.3.2 工厂网络

——实现数控加工程序同XAM或MEΣ的开放式、专用的交互接口。

——实现ΣXAΔA或MEΣ对加工设备的数据采集、数据传输和管理。

——通信协议应支持标准统一的、开放的数据采集协议。

——用户可以自己选择采集数据的类型，可以实现高速的数据采集与传输，支持文件夹、Ftp 等方式。

——支持远程访问与诊断。

——支持数据备份与恢复。

C.2.4 辅助设备

辅助设备是数字化加工设备不可或缺的部分，不直接参与加工，但对加工有重要作用的相关设备，根据其辅助作用分类如下。

C.2.4.1 上料下料设备

用于向加工设备提供物料以及从加工设备获取成品，包括：

——机器人。

——机械手（非标准设备）。

C.2.4.2 测量设备

用于监视、检测加工设备中使用的消耗部件等，包括：

——力学传感系统。

——刀具测量设备。

C.2.4.3　识别设备

用于识别、检测物料和成品，包括：

——RFID。

——CCD。

——视觉设备。

——称重设备。

C.3　数字化物流设备

数字化物流装备，是基于可编程序控制器（PLC）的运动控制系统或基于工业机器人搬运工作站的自动化物料输送设备，包括：悬挂式输送线、自动化立体仓库等生产物流系统，以及具有过程感知能力的集装化托盘等容器。

数字化物流装备构成的数字化车间生产过程运行环境，应具有自动感知能力和网络化集成管控效用，能够提升企业制造系统的适用性和先进性。

C.3.1　物料输送设备

物料输送、搬运是数字化车间执行工艺过程的重要组成部分，是生产中不可缺少的保障系统。物料输送设备，应起到物料的暂存和缓冲功能，以保障物料运输各环节之间的衔接或转移。

物料输送设备的机械结构可采用悬挂式、辊式、链式和带式等。

C.3.1.1　悬挂输送机

悬挂输送机系统的技术要求如下：

——应具有数字化变频调速功能，以便适合相关工艺作业节拍的要求。

——按照工件种类和外形特征选择合适的挂具。挂具应适合人的操作，使悬挂输送机在输送或行走进程中，能够由人工或机械的形式实施安全的操作。

——悬挂输送机的架空轨道安装在厂房的屋架或其他构件上，组成有直线和转向站的空间线路，故须配置完整的安全保障装置和管理措施。

C.3.1.2　辊子输送机

辊子输送机主要用来输送具有一定规则形状、底部平直的成件物品。为保证物料在辊子上移动的稳定性，基于输送机机械组成结构，要求每个物料支撑面至少应有 4 个辊子支撑，辊子的间距应小于物料/箱体支撑面长度的 1/4。

C.3.1.3　搬运机器人

适合于工艺现场的搬运机器人，有桁架机器人（简称桁架，用于搬运体积大、质量重的工件）、机械臂、检测机器人等。

引入搬运机器人，应先对搬运工艺现场进行合理化和规范化。包括：

——规划设计物流的空间轨迹、作业条件、作业顺序等技术规格和性能指标。

——根据工序作业的要求，设计、制作并安装不同类型的末端执行器，以完成不同形态和状态的工件搬运作业。

——根据工件的特点选用或设计、制作适合工件物理特征的传送装置，以服务于搬运机器人的功能效用。

C.3.2 自动搬运小车

自动搬运小车是在生产过程中执行物料搬运作业的重要工具，分为有轨自动小车（RGV）和自动导引（AGV）小车两类。

对 AGV 的控制要求如下：

——AGV 系统应是基于计算机的现场控制系统，能够在车间内部按照规定的方向（通常为顺时针方向）在规定的轨道上移动，并能够通过位置感知实现在规定站点的定位、启动、转向或停止。

——AGV 系统应通过自带传感器，用于检测 AGV 何时到达规定的站点，或越过某站点继续移动；AGV 系统应与车间主信息系统保持时钟同步。

——基于 AGV 的物流系统，应含有"运行监管"和"动态显示"功能。其中，运行监管系统负责接收外来的物流指令并实时获取车辆当前动态信息并发送至动态显示。

——需要多台 AGV 的数字化车间，应规划、设计出基于优化控制策略的 AGV 系统运行监管模式，确保多个 AGV 设备能够在移动指令得到层次化的控制。

——简单的 AGV 系统，其应用软件应得到分布式异步通信技术的支持；复杂的多个 AGV 系统应具有一定的并发实时性。

C.3.3 自动化立体仓库

自动化立体仓库，是自动存取、自动输送、自动识别等功能集成的自动化仓库，是通过计算机技术和 PLC 控制的多技术集成的有机整体。

自动化立体仓库的功能要求如下：

——具有基于计算机管理、自动控制的物料搬运设备和货物存取作业功能；能够始终准确无误地对各种信息进行存储和管理。

——具有信息识别功能，包括对自动化仓库中货物识别、跟踪，堆垛机自动认址、货物位置检测和堆垛机准停等内容。

——与车间或企业的信息系统互联互通，支持加工工艺执行的需求、整机装配的齐套管理需求和库存控制要求。

——采用高层货架存储货物，存储区充分利用仓库地面和空间、节省库存占地面积，提高空间利用率；具有自动分拣、理货功能，可自动地执行物料识别、接收和分类储存管理；可自动提取和半自动配送。

——可通过调节运输过程中不同运输工具间的运量差异，优化运输的匹配方案，化解不同运输设备间能力差异。

——自动化立体仓库的管理软件，应具有出入库管理、盘库管理、查询、打印及显示、仓库经济技术指标计算分析等功能。

C.4 数字化检测设备

C.4.1 基本要求

数字化检测设备采用基于数字化的测量方式，具有在线或离线检测、记录、显示、上传、分析、故障诊断和校准等功能，还应具有数字化接口，以支持检测设备与加工设备、检测设备与生产管理系统、检测设备与质量管理系统之间检测数据的传输。

通过网络互联各类检测设备，构建数字化检测系统，实现对检测数据的采集、分析与处理，从而有效提高生产过程的质量控制水平。

C.4.2　功能要求

C.4.2.1　数字化检测设备数据通信要求

数字化检测设备数据通信包括检测程序的下达和检测结果的采集，通过设备接口实现。主要的通信形式包括基于 RS232 串口的数据通信、基于 GPIB(General Purpose Interface Bus)、VXI(VMEbus eXtensions for Instrumentation)、PXI(PCI eXtensions for Instrumentation)、LXI(LAN eXtensions for Instrumentation)和 AXIe 等总线标准的数据通信。

不同类型的检测数据需按照统一的数据结构进行格式转换，以满足上层系统对数据的分析和监控的要求。典型的检测数据协议标准有用于尺寸测量的 ANSI/DMIS 标准、用于质量数据表达和通信的 Q-DAS 标准等。

C.4.2.2　数字化检测系统应用要求

通过检测设备的联网构建数字化检测系统，采用数字化检测方法，将零部件真实测量状态反映到数字化模型上，以形成设计—制造—检测—控制—管理的闭环控制，监控关键工序的加工或装配质量，有效降低测试成本、提高检测效率与质量管控水平。

a）数字化检测技术应用规范

针对机加零件、钣金零件、复材零件、部件及大部件装配检测等工程应用环境，编制数字化检测工艺规程编制规范、数字化检测方法选用技术规范、检测数据分析与处理技术规范和数字化检测作业流程规范等。

b）基于模型的检测工艺规划

一般应包括基于零部件典型结构特征的检测任务快速定义、识别与提取；基于模型环境的检测工艺规程编制（检测设备选择、测点规划与布局及对检测路径的优化与仿真等）；检测坐标系构建；检测方案选用；检测模型轻量化等过程。

c）数字化快速检测

一般包括快速选择与零件检测特征模型匹配的检测方法；开发辅助自动化测试装置，构建自动化检测系统；通过监测设备数据接口，实现检测数据的自动采集与上传等。

d）检测数据的处理与分析

依据检测数据分析与处理技术规范，基于统一的编码，对测试数据进行规范化处理，对测试数据文件进行转换，并统一存放在测试数据库中。通过 MBD 技术，在三维模型上实现检验工艺规程、产品测量数据和检测结果的统一标注，生成基于轻量化模型的三维可视化检验报告，对检测数据进行分类统计，利用散点图、柱状图、分布图或趋势图等显示不同分析结果，为产品全生命周期质量追溯提供依据。

C.4.3　数字化设备布置要求

数字化检测设备安装位置一般采用在机安装或现场安装。

——在机安装：将检测设备直接安装在加工设备上，在工序加工过程中和加工结束时对工件精度进行实时自动检测，并自动输出检测数据。

——现场安装：按照加工工艺路线，在生产线现场安装检测设备，在加工结束时对工件进行自动检测，并自动输出检测数据。

注：在机安装检测，可有效减少检测运输时间，提高检测精度和效率，并可对工件进行实时自动检测，保证了加工质量，但对加工设备及检测仪器要求较高。现场安装检测可快速换型适用于多品种的检测，柔性高，但增加了检测运输及重新定位装加时间。

C.5　数字化辅助设备

数字化辅助设备主要包括移动终端和工作站。移动终端包括但不限于 PDA、平板电脑、车载电脑等移动终端。工作站包括但不限于落地式、悬挂式、嵌入式等形式的信息终端，以及拉绳式、按钮式等形式的求助终端。对数字化辅助设备的基本要求如下：

——具备良好的现场网络布置环境条件。

——按数字化工艺流程合理布局。

——具有权限管理功能，能进行作业人员身份验证管理。

——具备生产数据录入功能。

——可查询、下载作业所需的生产指导文件。

——具有呼叫请求、求助信息提示、响应确认等信息交互功能。

附录 D
（资料性附录）
数字化车间的安全管理示例

D.1　目的和概要

为了确保数字化车间中的设备和人可以在安全的状态下共存，必须要考虑各种安全保障措施，以紧急应对突发事故，并确保信息安全等。因此，需要采取以下措施：

——自动采集并显示与人和物的安全状态相关的重要数据。

——在实时采集安全状态相关数据的基础上，提供安全监视和风险报警。

——实现安全的数字化管理。危险信息、风险信息、保护措施信息、安全有关的过程/设备/人员信息、管理规则信息、分析辅助信息、知识类信息等，对这些信息以计算机可以识别的形式进行采集、保存、供应、处理、展开。

——提高安全管理的可视化。通过安全监测和分析管理系统，全方位地观测和追踪重要的危险源，实时监测风险等级并预警，安全且全面地展开监视，同时要具备针对紧急情况的应对策略等，以不断提高安全管理和可视化的等级。

本资料提供数字化车间在多品种小批量生产方式下，频繁发生工序变更带来的安全控制，以及因连接外部网络需要进行的信息安全处理的事例。

D.2　实现方法

D.2.1　架构

数字化车间的生产安全管理功能模型如图 D.1 所示。

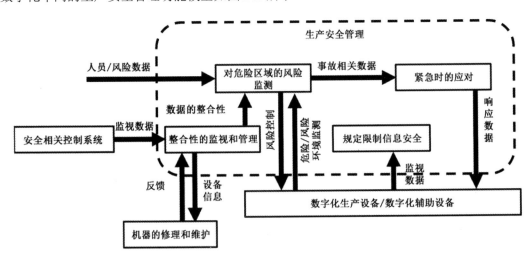

图 D.1　数字化车间的生产安全管理功能模型

D.2.2　功能

在数字化车间开展生产安全管理，应将被数字化的各类危险源监视数据、人员状态数据、侵入危险区域的监视数据、机器的状态数据等，与生产管理系统协同，开展实时生产安全管理。

生产安全管理具备以下功能。

D.2.2.1　危险区域的风险监测

a）危险源的监测

根据危险源的分类，对机械的危险、电气的危险、热的危险、噪声产生的危险、放射线产生的危险、材料和物资所引起的危险等进行实时监测，对于机械的伤害范围、噪声、粉尘浓度等预先设定基准值，超过时报警，根据反馈信息及时调整，以避免危险情况发生。

b）人员的行动和状态监测

通过识别身份、追踪位置、行为判断等对人员的行动进行监测，可以实现以下功能：

——判别人员活动信息，评价进入危险区域的风险状况。

——通过声光，对侵入危险区域、异常行为、异常状态等发出报警。

——必要的情况下，对人员的状态（呼吸、心跳、血压等）进行实时监视，异常时报警。

c）风险管理和早期预警

实时收集风险参数信息，对评价计算模型进行准确的设定/分析，当有可能导致风险上升或者超过基准值时，实时报警并提示减少和避免风险的应对措施。

——自动分析导致风险上升或超过基准值的原因，提示减少和回避风险的应对措施。

——协同生产系统，自动判别风险要素的变化（由于生产计划的改变，导致安全区域发生变化，威胁人员安全），维持安全的环境。

D.2.2.2　安全程度的监视和管理

安全功能必需符合安全等级标准（ISO13849-1 PL、IEC61508 SIL 等）所规定的相关规格。例如类别4PL（Performance Level）e 规定的单一故障，在安全功能实行时或者实行前的功能诊断，所检测出的每小时危险侧故障的平均概率 PFH 在 $10^{-8} \leqslant \mathrm{PFH} < 10^{-7}$ 范围内。这就是 SIL 3 的时间单位的平均危险侧故障率。

——针对响应时间、设备状态、诊断和反馈、故障率及对策等的相关信息进行数据采集。

——将实际动作中的安全性进行可视化，监视整个动作过程中的安全水平。

——常态化评价风险的变化状况，对实际动作条件下的风险等级进行更新。

——对于有损安全性的零部件，早期发出预警，使用备用零部件进行维护。

D.2.2.3　信息安全监视

通过信息安全监视系统对企业的资源（即各构成部分）实施有效管理。主要功能是资源管理、账户管理、综合日志管理、安全管理服务、反应设置、访问控制等。

D.2.2.4　事故和紧急应对

当危险发生时，有时会因为操作人员的训练不足而产生操作错误，导致事态进一步恶化。事故发生时的紧急应对系统应可以向操作者提示事故的紧急应对措施，从而避免操作人员的失误。

D.3　参考事例

数字化车间的安全管理事例如图 D.2 所示。

a）本征安全设计：消除作业现场内机器设备的尖锐部分，可放心地接触机器设备，并确保足够的安全作业空间。

b）保护防护、追加的安全对策：人和机械的作业空间用护栏隔离，当护栏打开时，通过互锁装置不允许机器运转。

c）导入符合 ISO13849-1 的 4PLe、IEC61508 的 SIL3 安全规格的可编程控制器，与紧急停止按钮、光栅等安全设备连接，并控制安全输出。

d）导入符合安全规格的工业机器人，机器人除具备自动运行模式外，还应支持安全限速功能、与安全门联动的门开关功能、自动避让功能等。

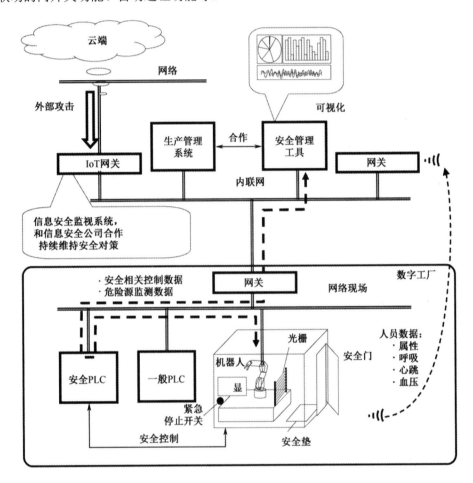

图 D.2　数字化车间的安全管理事例

e）使用安全管理工具，对被数字化的操作人员的属性信息、位置信息、呼吸、心跳、血压等监视并可视化。当作业人员进入危险区域时发出警告，对作业人员进行安全管理。其中，安全管理工具是指在多品种小批量生产方式下发生生产工序变更时，可以通过与生产管理系统的协同，监视和分析与生产工序相对应的危险原因，设定各工序的最佳评价计算模型，使各机器设备状态实现可视化，展开常态的实时安全管理的辅助工具。

f）信息安全管理重点包括以下内容：

——机密性：只有对数据、机器设备等有权限的人员可以访问和阅读。

——完整性：维护和保护数据等资产的正确性和完整性。

——可用性：被允许的人员在需要时可确保访问。

——对于控制设备和嵌入式设备的安全性：应考虑如何维持正常状态，以及异常时的处理动作。

g）关于针对工厂整体的威胁、侵入路径、损害大小、对策方法等，应与专业的信息安全公司协作，制定安全方针/核查一览表等，并持续性地改善对策。

附录E
（资料性附录）
数字化车间信息处理案例

E.1 目的与概述

数字化车间通过从现场各生产单元采集数据上传至上层系统，以实现生产的规划、管理、诊断和优化。本附录针对数据与现场关联性、实时反馈及数据机密性，提供了数字化车间信息处理解决方案的实现案例。

通常采用云技术将生产现场收集的各类信息上传至上层系统。但是在实际的制造业生产现场中，云技术存在如下问题：

——要灵活应用储存在云端上的大数据，必须具备制造业生产现场的诸多专业知识。

——数据信息必须要实时的反馈至生产现场。

——制造业现场中的核心信息具有极高的机密性。

为解决以上问题，本案例采用介于生产现场与IT系统之间的中间层信息处理技术。

E.2 实现方案

E.2.1 架构

数字化车间的信息系统架构大致可分为3个部分，即生产现场层、IT系统层，以及连接两者的中间层（见图E.1）。

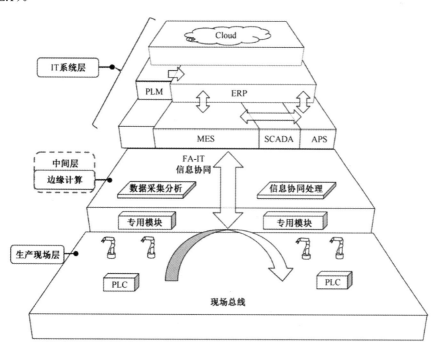

图E.1 数字化车间的信息系统架构

在生产现场层中，对车间产生的各种数据进行实时收集。在中间层中，为了对原始数据赋予其因果关系并转换成有用的信息，需对收集的数据进行一次处理，又称"边缘计算"。在此得到的分析、解析的结果将被反馈至生产现场。另外，也会与 IT 系统进行无缝连接。中间层不仅有助于无缝连接，也可优化整个系统。

E.2.2 功能

中间层的"边缘计算"具有以下功能。

a）生产现场数据的一次处理

制造现场采集的数据十分庞大，若将全部数据送到云端上作处理，常会发生通信负荷和响应性能恶化的问题。因此在数据分析时，有必要对重要数据进行过滤，进而能改善负荷集中的问题。另外，对数据做关联性处理、对控制数据做时间排序等，使数据的分析更容易。

b）生产现场数据的分析和改善

对制造现场进行数据分析时，需要各种专业技术。能够在生产现场快速分析所采集的数据，将有助于实现生产现场的改善。

c）专有技术的保护

利用云技术将制造现场的数据上传到云端，无法确保专业技术的保密性。通过边缘计算，对数据进行一次处理，可降低生产现场的专业技术流出的可能性。

E.2.3 实施

中间层的边缘计算方案实施及系统构成如图 E.2 所示。在系统中增加用于边缘计算的关键部件FA-IT 信息协同处理模块即可实现。

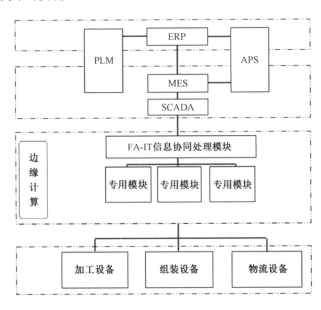

图 E.2　中间层的边缘计算方案实施及系统构成示意图

E.2.4 要求

为了实现以上的实施方案，对整个系统有以下基本要求：

通信上需要采用满足高速、大容量通信的开放式现场总线。采用可实现多种硬件、软件与网络、阶层、设备的无缝连接的通信协议。另外，为了满足中间层的信息处理要求，需采用编写便捷、可实现传输及数据收集功能的信息协同处理模块。

E.3 案例

E.3.1 产品生产状态监测与反馈

以贴片机运行管理系统为例（见图 E.3），通过运用相关信息协同处理模块，实时收集贴片机的生产、运行、品质信息，并结合传感器收集的基板数量，赋予其产品关联性，写入信息系统数据库。通过边缘计算分析贴片机运行数据、零部件层面的不良数据等，最终将贴片不良问题反馈至产品设计阶段，进而降低不良率，优化产品生产。

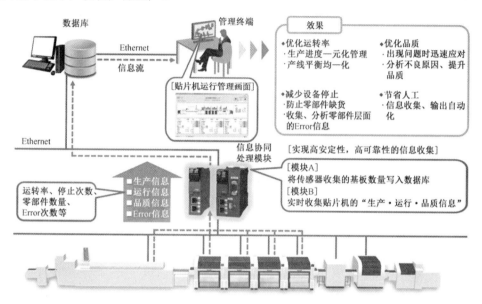

图 E.3　贴片机运行管理系统示例

E.3.2 设备状态监测与反馈

以伺服电机机械诊断功能的运用为例（见图 E.4），通过收集与伺服电机相连的机械部件的振动、摩擦等相关数据，实现设备状态监视。进一步通过对数据的实时分析诊断，当出现异常波形时，早期停机检修，减少因设备故障停机带来的损失。

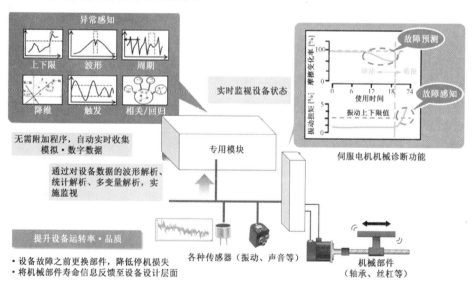

图 E.4　伺服电机机械诊断功能运用示例

127

成果五

基于 OPC UA 的数字化车间互联网络架构

引　言

标准解决的问题：

本标准规定了数字化车间互联网络的层次结构、信息流，以及基于 OPC UA 的互联网络架构。

标准的适用对象：

本标准适用于数字化车间设备层、控制层和车间层互联网络的架构设计与系统集成。

专项承担研究单位：

机械工业仪器仪表综合技术经济研究所。

专项参研联合单位：

中国科学院沈阳自动化研究所、北京和利时系统工程有限公司、上海自动化仪表有限公司、北京东土科技股份有限公司、上海工业自动化仪表研究院、中电科技集团重庆声光电有限公司、北汽福田汽车股份有限公司、工业和信息化部电信研究院。

专项参加起草单位：

三菱电机（中国）有限公司、西门子（中国）有限公司、贝加莱工业自动化（中国）有限公司、施耐德电气（中国）有限公司、毕孚自动化设备贸易（上海）有限公司。

专项参研人员：

刘丹、赵艳领、谢素芬、张思超、虞日跃、赵勇、薛百华、徐青、张茂成、张雯、段世惠。

基于 OPC UA 的数字化车间互联网络架构

1 范围

本标准规定了数字化车间互联网络的层次结构、信息流，以及基于 OPC UA 的互联网络架构。本标准适用于数字化车间设备层、控制层和车间层互联网络的架构设计与系统集成。

2 规范性引用文件

下列文件对于本文件的应用是必不可少的。凡是注日期的引用文件，仅所注日期的版本适用于本文件。凡是不注日期的引用文件，其最新版本（包括所有的修改单）适用于本文件。

GB/T 33863 OPC 统一架构（IEC 62541）

3 术语、定义和缩略语

3.1 术语和定义

下列术语和定义适用于本文件。

3.1.1

数据　data

一种形式化的可重复解释的信息表达，用于通信、解释和处理。

[IEC 61499-1:2012，定义 3.23]

3.1.2

数字化车间　digital workshop

以物理车间为基础，以信息技术等为方法，用数据连接生产运营过程不同单元，对生产进行规划、协同、管理、诊断和优化，实现产品制造的高效率、低成本、高质量。

注：智能制造系统层次的设备层、控制层和车间层属于数字化车间范围。

3.1.3

信息　information

通过对数据进行约定而赋予数据的特殊含义。

[IEC 61499-1:2012，定义 3.53]

3.1.4

互联　interconnectability

如果两个或多个设备使用相同的通信协议、通信接口和数据访问，则它们是可互联的。

[IEC TR 62390:2005，6.2.2.4]

3.1.5

互通　interwork-ability

如果两个或多个设备之间能够传输参数，即除了通信协议、通信接口和数据访问外，参数类型是相同的，则它们是可互通的。

[IEC TR 62390:2005，6.2.2.5]

3.1.6

互操作　interoperability

如果两个或多个设备能够共同工作以执行一个或多个分布式应用程序中的特定角色，则它们是可互操作的。这些设备的参数及其应用相关功能在语法上和语义上都是一致的。

[IEC TR 62390:2005，6.2.2.6]

3.1.7

客户端　client

向符合 IEC 62541 系列标准规定的 OPC UA 服务器发送消息的软件应用。

[GB/T 33863.1—2017，定义 3.2.5]

注：本标准中的客户端都指 OPC UA 客户端。

3.1.8

服务器　server

执行 IEC 62541 系列标准规定的服务的软件应用。

[GB/T 33863.1—2017，定义 3.2.28]

注：本标准中的服务器都指 OPC UA 服务器。

3.1.9

生产线　production line

一组生产设备，专用于生产特定数量的产品或产品系列。

[IEC 62264-1—2013，3.1.28]

3.1.10

生产单元　production unit

一组生产设备，用于转换、分离或作用于一种或多种原料以生产出中间产品或最终产品。

[IEC 62264-1—2013，3.1.35]

3.1.11

系统集成 system integration

将各组成部分子系统集合为一个整体并确保这些子系统能够按照项目技术规范运行。

3.2 缩略语

AGV：自动导引车（Automatic Guided Vehicle）

DCS：分布式控制系统（Distributed Control System）

EMS：能源管理系统（Energy Management System）

ERP：企业资源计划（Enterprise Resource Planning）

HMI：人机接口（Human Machine Interface）

IPC：工业计算机（Industrial Personal Computer）

LIMS：实验室信息管理系统（Laboratory Information Management System）

MES：制造执行系统（Manufacturing Execution System）

OPC UA：OPC 统一架构（OPC Unified Architecture）

PLC：可编程逻辑控制器（Programmable Logic Controller）

PLM：产品生命周期管理（Product Lifecycle Management）

QMS：质量管理系统（Quality Management System）

RFID：无线射频识别（Radio Frequency Identification）

RTU：远程终端设备（Remote Terminal Unit）

SCADA：数据采集与监视控制系统（Supervisory Control And Data Acquisition）

SCM：供应链管理（Supply Chain Management）

WMS：仓储管理系统（Warehouse Management System）

4 数字化车间互联网络层次结构

数字化车间互联网络的层次结构如图 1 所示。

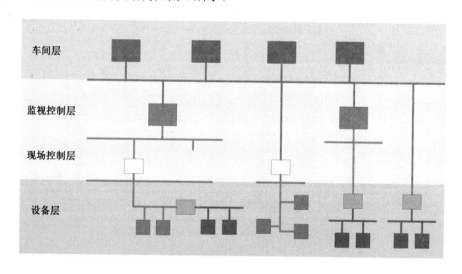

图 1 数字化车间互联网络的层次结构

各层次功能和各种系统、设备在不同层次上的分配如下所述。

a）设备层

实现制造过程的传感和执行，定义参与感知和执行生产制造过程的活动。时间分辨粒度可为秒、毫秒、微秒。各种传感器、变送器、执行器、RTU、条码/二维码扫描器、RFID，以及数控机床、工业机器人、AGV、自动化仓储设备等智能制造装备在此层运行。这些设备统称为现场设备。

b）控制层

实现制造过程的监视和控制，定义对生产制造过程进行监视和控制的活动。时间分辨粒度可为小时、分、秒、毫秒。按照不同功能，该层次可进一步细分为：

1）监视控制层：以操作监视为主要任务，兼有高级控制策略、故障诊断等部分管理功能。可视化的 SCADA、HMI、操作员站、实时数据库服务器等在此层运行。

2）现场控制层：对生产过程进行测量和控制，采集过程数据，进行数据转换与处理，输出控制信号，实现逻辑控制、连续控制和批次控制功能。各种可编程控制设备，如 PLC、DCS 控制器、IPC、其他专用控制器等在此层运行。

c）车间层

实现车间的生产管理，定义生产预期产品的工作流/配方控制活动，包括：维护记录、详细排产、可靠性保障等。时间分辨粒度可为日、班次、小时、分、秒。MES、WMS、QMS、EMS、LIMS 等在此层运行。

企业可根据实际生产制造需求和规模可选地实现全部或部分层次。

5 数字化车间互联网络信息流

5.1 互联网络连接方式

图 2 展示了数字化车间中典型的与生产相关的软硬件组成及其之间可能的连接与信息流（箭头表示）。

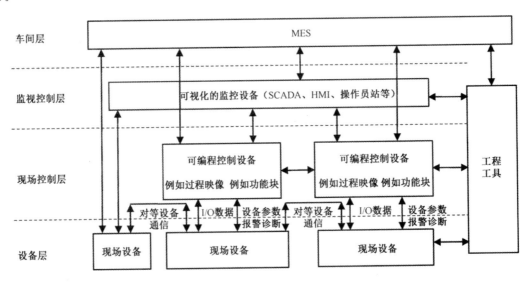

图 2 软硬件组成及其之间可能的连接与信息流

这些软硬件分布在数字化车间的不同层次且通过通信系统互联，共同实现整个车间自动化生产和信息化管理功能。典型的网络连接包括：

a）现场设备与可编程控制设备（PLC、DCS 控制器或 IPC）通过现场总线、工业以太网或工业无线连接。

b）可编程控制设备与 HMI、SCADA 或 MES 通过现场总线、工业以太网、工业无线或 LAN 连接。

c）工程工具（包括各种编程工具、组态工具、调试工具等）可访问现场设备和可编程控制设备，一般通过以太网、串口或其他专用接口与设备连接，并且仅在组态或调试期间存在。

d）现场设备的多个分组（有或没有控制器）也可通过 LAN 相互连接，或者连接到更高层（HMI、SCADA 等）系统。

e）现场设备之间还可通过现场总线、工业以太网、工业无线网或控制器（PLC）直接通信。

f）MES 系统可直接访问现场设备，或通过可编程控制设备间接访问现场设备。

5.2　互联网络信息流

数字化车间不同层次或同一层次上的设备和系统通过网络连接在一起，相互之间实现数据传输，更进一步，这些设备和系统能够一致地解析所传输信息/数据，甚至了解其含义。

数字化车间各组成部分之间可能交互的信息流包括：

a）MES 与可编程控制设备之间：

1）MES 向可编程控制设备发送作业指令、参数配置、配方数据、工艺数据、程序代码等。

2）可编程控制设备向 MES 发送与生产运行相关的信息，如生产实绩信息、质量信息、库存信息、设备状态、能耗信息等。

3）可编程控制设备向 MES 发送诊断信息和报警信息。

b）MES 与监控设备之间：

1）监控设备向 MES 发送与生产运行相关的信息，生产实绩信息、质量信息、库存信息、设备状态、能耗信息等。

2）监控设备向 MES 发送诊断信息和报警信息。

c）MES 与现场设备之间：

1）MES 向现场设备发送作业指令、参数配置、配方数据、工艺数据、程序代码等。

2）现场设备向 MES 发送与生产运行相关的信息，生产实绩信息、质量信息、库存信息、设备状态、能耗信息等。

3）现场设备向 MES 发送诊断信息和报警信息。

d）监控设备与可编程控制设备之间：

1）监控设备向可编程控制设备发送控制和操作指令、参数设置等信息。

2）监控设备从可编程控制设备获取可视化所需要的现场数据。

3）可编程控制设备向监控设备发送诊断信息和报警信息。

e）监控设备与现场设备之间：

1）监控设备向现场设备发送控制和操作指令、参数设置等信息。

2）监控设备从现场设备获取可视化所需要的现场数据。

3）现场设备向监控设备发送诊断信息和报警信息。

f）可编程控制设备与现场设备之间：

1）可编程控制设备与现场设备之间交换输入、输出数据，例如可编程控制设备向现场设备传送输出数据（如参数设定值、作业指令等），以及现场设备向可编程控制设备传送输入数据（如测量值、作业完成情况、质量信息、库存信息、设备状态信息、能耗信息等）。

2）可编程控制设备配置或获取现场设备的参数。

3）现场设备向可编程控制设备发送诊断信息和报警信息。

g）现场设备与现场设备之间：现场设备与现场设备之间交换测量值、互锁信号、作业指示、作业完成情况、设备状态等。

h）工程工具与监控设备、可编程控制设备、现场设备之间：

1）编程工具、组态工具向可编程控制设备或现场设备发送程序代码或组态信息。

2）调试工具向可编程控制设备或现场设备发送读写参数请求，可编程控制设备或现场设备向调试工具返回读写参数响应。

6 基于 OPC UA 的数字化车间互联网络架构

6.1 OPC UA 实现形式

OPC UA 的主要实现方式包括：

a）OPC UA 客户端是基于 PC 的独立可执行程序或可执行程序的一部分，如 ERP、MES、SCADA 都可以是客户端应用程序。

b）网络上单独存在的 OPC UA 协议网关，向上层网络提供 OPC UA 服务器，向下层网络采集现场数据。

c）同时作为 OPC UA 服务器和客户端，如 SCAD 既作为客户端获取现场数据，又作为服务器向 MES 提供数据。

d）OPC UA 服务器嵌入到 PLC、DCS 控制器等可编程控制设备，或者嵌入到数控机床、工业机器人、自动化仓储设备、RFID 读写器等现场设备。

当 OPC UA 服务器嵌入到可编程控制设备或现场设备时，处于监视控制层或车间层的 OPC UA 客户端应用程序（如 SCADA 或 MES）可直接连接嵌入式 UA 服务器获取现场数据，且无任何数据格式变化，避免了由于协议转换而带来的延迟。

附录 A 概述了 OPC UA 协议规范和技术概要。附录 B 介绍 OPC UA 的主要开发方法，并以数控机床和 MODBUS 数据采集模块为例，介绍 OPC UA 服务器地址空间如何建立。

6.2 OPC UA 作用位置

数字化车间互联网络中可使用 OPC UA 实现不同层次系统、设备之间集成与信息交换，其作用位置如图 3 所示（用椭圆框表示）。

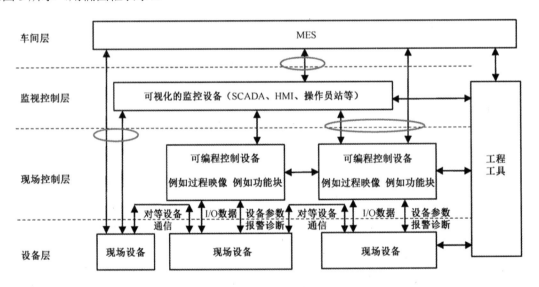

图 3 OPC UA 的作用位置

OPC UA 作用位置包括：

a）MES 与监控设备之间。

b）MES 与可编程控制设备之间。

c）MES 与现场设备之间。

d）监控设备与可编程控制设备之间。

e）监控设备与现场设备之间。

注： 现场设备与现场设备之间、现场设备与可编程控制设备之间、可编程控制设备与可编程控制设备之间、工程
工具与 ERP/MES 之间、ERP 与 MES 之间的集成与信息交换也可通过 OPC UA 实现，但这些不在本标准范
围内。

6.3 OPC UA 网络分布

在数字化车间互联网络架构中，OPC UA 服务器和客户端的网络分布如图 4 所示，以实现企业内
部信息的获取。

OPC UA 具有信息建模能力，可提供不同层次的数据语义，包括：

a）制造过程语义：UA 服务器定义与生产运作管理或生产工艺相关的信息模型。

b）生产单元语义：UA 服务器定义生产单元、生产线的信息模型。

c）现场设备语义：UA 服务器定义现场设备的信息模型。

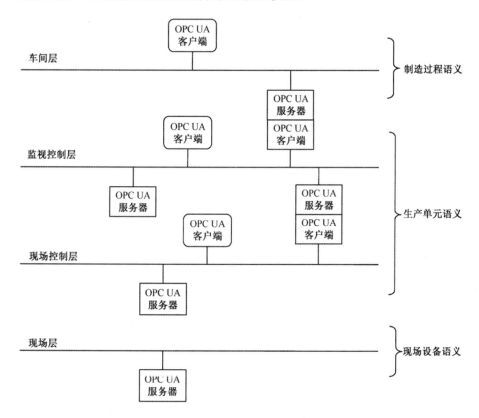

图 4 OPC UA 服务器和客户端的网络分布

6.4 基于 OPC UA 的互联网络架构

6.4.1 MES 与监控设备之间

MES 与监控设备（SCADA、HMI 等）之间基于 OPC UA 的集成如图 5 所示。此种情况下，MES
应作为 OPC UA 客户端，SCADA 或 HMI 应作为 OPC UA 服务器。

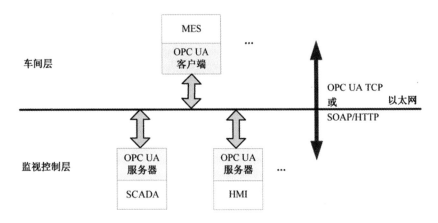

注：图中仅是示意，并不意味着 SCADA 和 HMI 位于同一网络。

图 5　MES 与监控设备之间基于 OPC UA 的集成

6.4.2　MES 与可编程控制设备之间

MES 与可编程控制设备（PLC、DCS 控制器、IPC 等）之间基于 OPC UA 的集成如图 6 所示。在此情况下，MES 应作为 OPC UA 客户端，PLC、DCS 控制器或 IPC 应作为 OPC UA 服务器。

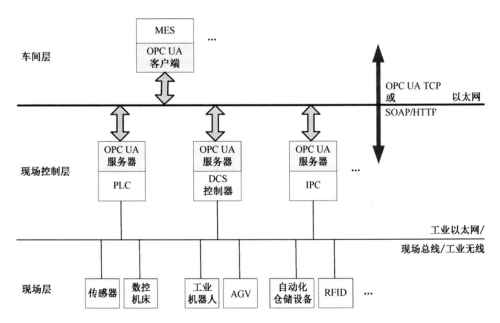

注：图中仅是示意，并不意味着 PLC、DCS 控制器和 IPC 位于同一网络，或者所有现场设备位于同一网络。

图 6　MES 与可编程控制设备之间基于 OPC UA 的集成

6.4.3　MES 与现场设备之间

MES 与现场设备之间基于 OPC UA 的集成如图 7 所示。现场设备可包括各种传感器、数控机床、工业机器人、AGV、自动化仓储设备、RFID 读写器等制造装备。在此情况下，MES 应作为 OPC UA 客户端，现场设备应作为 OPC UA 服务器。

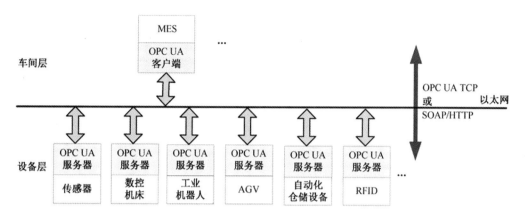

注：图中仅是示意，并不意味着 RTU、CNC、RC、AGV、自动化仓储设备等制造装备位于同一网络。

图 7　MES 与现场设备之间基于 OPC UA 的集成

6.4.4　监控设备与可编程控制设备之间

监控设备（SCADA、HMI）与可编程控制设备（PLC、DCS 控制器、IPC 等）之间基于 OPC UA 的集成如图 8 所示。在此情况下，SCADA 或 HMI 应作为 OPC UA 客户端，PLC、DCS 控制器或 IPC 应作为 OPC UA 服务器。

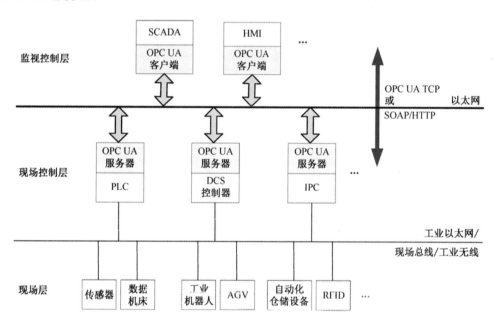

注：图中仅是示意，并不意味着 PLC、DCS 控制器和 IPC 位于同一网络，或者所有现场设备位于同一网络。

图 8　监控设备与可编程控制设备之间基于 OPC UA 的集成

6.4.5　监控设备与现场设备之间

监控设备（SCADA、HMI）与现场设备之间基于 OPC UA 的集成如图 9 所示。现场设备可包括各种传感器、数控机床、工业机器人、AGV、智能仓储、RFID 读写器等制造装备。在此情况下，SCADA 或 HMI 应作为 OPC UA 客户端，现场设备应作为 OPC UA 服务器。

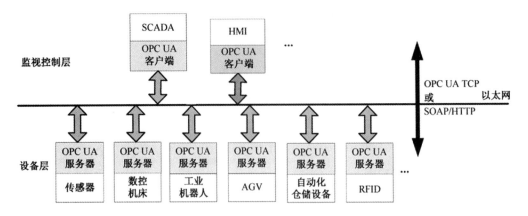

注：图中仅是示意，并不意味着 RTU、CNC、RC、AGV、自动化仓储设备等制造装备位于同一网络。

图 9　监控设备与现场设备之间基于 OPC UA 的集成

6.4.6　聚合服务器

聚合服务器是一种特殊情况，即一个应用程序既作为 OPC UA 客户端获取数据，又作为 OPC UA 服务器提供数据。图 10 所示示例中，SCADA 和 HMI 同时是 OPC UA 服务器和 OPC UA 客户端，MES 通过 OPC UA 从 SCADA 或 HMI（作为 OPC UA 服务器）获取数据，而 SCADA 或 HMI（作为 OPC UA 客户端）又通过 OPC UA 从控制设备或现场设备获取数据。

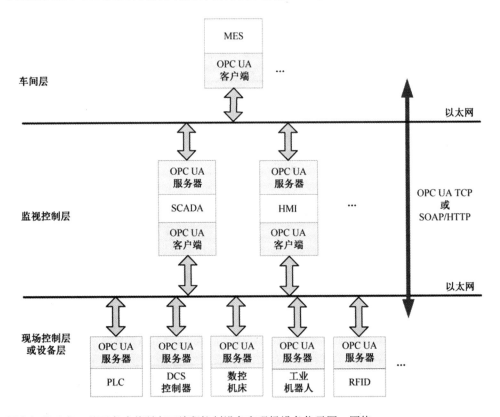

注：图中仅是示意，并不意味着所有可编程控制设备和现场设备位于同一网络。

图 10　基于聚合 OPC UA 服务器的集成

6.4.7　嵌入式 OPC UA 服务器网关

当可编程控制设备、现场设备未实现 OPC UA 服务器时，可采用嵌入式 OPC UA 服务器网关，实现特定工业通信协议与 OPC UA 协议的转换，如图 11 所示。

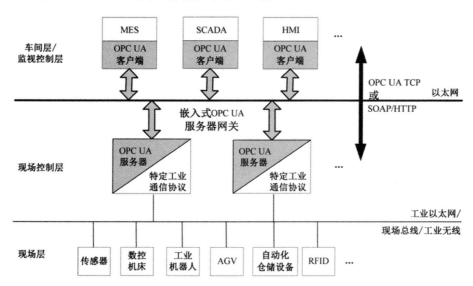

注：图中仅是示意，并不意味着 PLC、DCS 控制器和 IPC 位于同一网络，或者所有现场设备位于同一网络。

图 11　基于嵌入式 OPC UA 服务器网关的集成

附录 A
（资料性附录）
OPC UA 协议规范与技术概述

A.1 OPC UA 协议规范框架

IEC 62541 系列标准规定了 OPC UA 协议规范，各部分名称如图 A.1 所示。

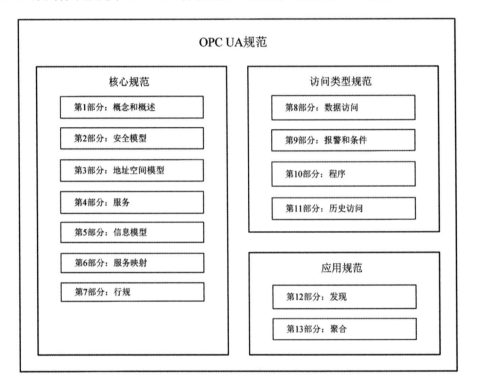

图 A.1 OPC UA 规范框架

IEC 62541 系列标准核心规范如下：

a）IEC/TR 62541-1《OPC 统一架构 第 1 部分：概念和概述》：给出 OPC UA 的概念和概述。

b）IEC 62541-2《OPC 统一架构 第 2 部分：安全模型》：描述 OPC UA 客户端和 OPC UA 服务器之间的安全交互模型。

c）IEC 62541-3《OPC 统一架构 第 3 部分：地址空间模型》：描述服务器地址空间的内容和结构。

d）IEC 62541-4《OPC 统一架构 第 4 部分：服务》：规定 OPC UA 服务器提供的服务。

e）IEC 62541-5《OPC 统一架构 第 5 部分：信息模型》：规定 OPC UA 服务器的类型及其关系。

f）IEC 62541-6《OPC 统一架构 第 6 部分：映射》：规定 OPC UA 支持的传输映射和数据编码。

g）IEC 62541-7《OPC 统一架构 第 7 部分：行规》：规定 OPC 客户端和服务器可用的行规，这些行规提供可用于一致性认证的服务组或功能组，服务器和客户端将根据行规进行测试。

IEC 62541 系列标准访问类型规范如下：

a）IEC 62541-8《OPC 统一架构 第 8 部分：数据访问》：规定使用 OPC UA 如何进行数据访问。

b）IEC 62541-9 《OPC 统一架构 第 9 部分：报警和条件》：规定使用 OPC UA 如何进行报警和

条件访问。

c）IEC 62541-10《OPC 统一架构 第 10 部分：程序》：规定使用 OPC UA 如何进行程序访问。

d）IEC 62541-11《OPC 统一架构 第 11 部分：历史访问》：规定使用 OPC UA 如何进行历史访问，包括历史数据和历史事件。

IEC 62541 系列标准应用规范如下：

a）IEC 62541-12《OPC 统一架构 第 12 部分：发现》：规定发现服务器在不同情况下如何工作，以及描述了 UA 客户端和服务器应如何进行交互，还定义如何使用通用目录服务协议（如 UDDI 和 LDAP）来访问 UA 相关信息。

b）IEC 62541-13《OPC 统一架构 第 13 部分：聚合》：规定如何计算和返回聚合，如最小值、最大值和平均值等，可与基本（实时）数据和历史数据（HDA）一同使用。

全国工业过程测量控制和自动化标准化技术委员会（SCA/TC124）已经完成了 IEC 62541 系列标准的前 8 部分标准转化，现已成为推荐性国家标准 GB/T 33863.1～8—2017，其余部分国家标准转化工作正在进行中。

A.2 OPC UA 技术概述

A.2.1 概述

OPC UA 定义了以下基本功能：

a）传输：用于 OPC UA 应用程序之间的数据交换机制。

b）元模型：提供 OPC UA 信息模型的建模规则和基础构件。

c）服务：建立一个在 OPC UA 服务器和客户端之间的接口，使用传输机制实现客户端和服务器间的数据交换。

OPC UA 基础规范定义了通用模型（如报警或自动化数据），在基础规范之上定义以下更高级功能的模型：

a）数据访问（DA）：定义实时数据模型描述，即描述底层工业或业务处理（设备层、控制层）的当前状态和行为，包括模拟量和数字量定义、工程和代码等。数据源为传感器、控制器、编码器等。

b）报警和状态（AC）：定义处理报警管理和状态监视的高级模型。状态的改变可以触发一个事件，客户端可以注册该事件，并选择想要获取的变量信息（如消息文本、行为确认等）。

c）历史访问（HA）：定义访问历史数据和历史事件的机制。数据可以位于数据库、文档或另一存储系统中。

d）程序（Prog）：定义启动、操作和监视程序执行的机制。一个"程序"代表一个复杂的任务，如操作和批处理。每个程序包含一个状态机，并把触发消息传递给客户端。

此外，OPC UA 支持其他组织或供应商为特定领域和用例定义的增强功能的专用信息模型。其他组织可在 OPC UA 基础或 OPC 信息模型基础上构造其专用信息模型，供应商可通过直接使用 OPC UA 基础、OPC 信息模型，或其他基于 OPC UA 的信息模型来定义。

图 A.2 给出 OPC UA 的层模型。

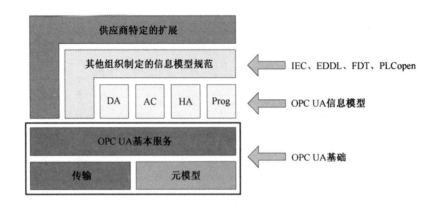

图 A.2　OPC UA 层模型

A.2.2　OPC UA 基本架构模式

A.2.2.1　客户端-服务器

UPC UA 使用类似经典 OPC 的客户端-服务器概念。为其他应用提供自己信息的应用程序被称为 OPC UA 服务器，使用其他应用程序信息的应用程序被称为 OPA UA 客户端。OPC UA 客户端和 OPC UA 服务器为交互伙伴。通过分布于网络上的客户端和服务器之间的消息发送，来实现各种类型系统和设备之间的通信。OPC UA 服务器向 OPC UA 客户端提供对当前数据和历史数据的访问，以及通知客户端有重要变化的报警和事件。OPC UA 客户端向 OPC UA 服务器请求数据并将数据提供给其他应用程序。

一个系统可以包含多个客户端和服务器。每个客户端可以同时与一个或多个服务器交互，每个服务器可以与一个或多个客户端交互，如图 A.3 所示。

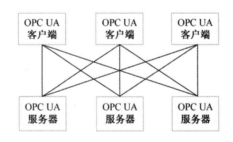

图 A.3　OPC UA 客户端与服务器的交互关系

A.2.2.2　聚合服务器

一个应用程序中可以同时包含客户端和服务器，以允许与其他服务器和客户端进行交互，如图 A.4 所示。

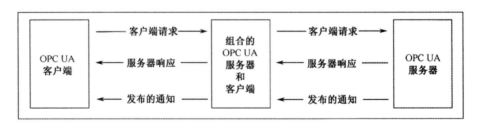

图 A.4　组合的 OPC UA 服务器和客户端概念

A.2.3 OPC UA 数据编码与传输协议

目前，OPC UA 有两种传输协议可供选择，支持两种编码格式：

a）基于 TCP 协议：采用优化的二进制流模式，适用于高性能（高速度和吞吐量）应用的企业内部网络通信。

b）基于 HTTP/HTTPS Web 服务：采用二进制或 XML 编码的应用，适用于防火墙友好的互联网通信。

OPC UA 的传输规范如图 A.5 所示。

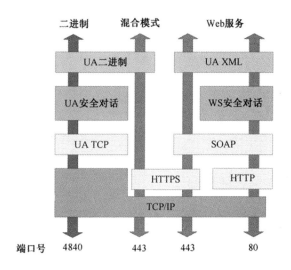

图 A.5 UPC UA 的传输规范

A.2.4 OPC UA 服务

OPC UA 以地址空间来限定服务需求，以读写变量或订阅方式来更新数据。OPC UA 通过逻辑组合来组织服务（即服务集），通过客户端和服务器间的服务请求和响应来完成信息交换。OPC UA 提供 9 个基本服务集。

a）安全通道（SECURECHANNEL）服务集：包含确定一台服务器安全配置的服务，并建立通信通道，在这个通道内保证交换信息的保密性和完整性。这些服务不在 OPC UA 应用程序中实现，而在 OPC UA 通信栈中实现。

b）通信（SESSION）服务集：定义与特定用户在应用层建立连接（会话）的服务。

c）节点管理（NODEMANAGEMENT）服务集：为服务器配置提供一个接口，允许客户端能够添加、修改和删除地址空间中的节点。

d）视图（VIEW）服务集：定义允许客户端能够通过浏览方式发现节点的服务，浏览方式使得客户端能够向上或向下定位各节点，或者定位两个节点间的对象，这样，客户端就能够定位结构体的地址空间。

e）属性（ATTRIBUTE）服务集：定义对象属性读写的服务，属性则是有 OPC UA 定义的原始节点。

f）方法（METHOD）服务集：定义调用函数的方式，提供的功能函数可被对象调用，调用完成后返回结果。

g）监控项（MONITORDITEM）服务集：用来定义地址空间内的哪些项可以被客户端使用，以便通过客户端进行修改，或者哪些事件是客户端感兴趣的。

h）订阅（SUBSCRIPTION）服务集：用于生成、修改或删除监控项信息。

i）查询（QUERY）服务集：客户端能够使用这些服务并采用特定过滤方式从标准地址空间中获取指定节点。

A.2.5 OPC UA 地址空间与信息模型

A.2.5.1 概述

OPC UA 的对象模型允许将数据、报警、事件和历史数据都集成到一个 OPC UA 服务器的地址空间。这样，例如能够将一个温度测量设备视为一个具有温度值、报警参数和想要报警极限值的对象。

OPC UA 信息模型和地址空间采用分层设计，以促进客户端和服务器的互操作性。每个高阶类型都基于特定的基本规则，这样，仅知道和实施这一基本规则的客户端也可以处理复杂的信息模型，即使客户端不了解更深层次关系，也可以通过地址空间导航来读写数据变量。

A.2.5.2 地址空间

OPC UA 服务器通过 OPC UA 服务（接口和方法）提供给客户端使用的对象集和相关信息被称为地址空间。地址空间中的节点表示实际对象、对象定义和对象间的引用。服务器可在所选择的地址空间内自由地组织其节点。地址空间中的所有节点都可以通过层次结构到达。节点间的引用允许服务器按层次结构、全网状结构或任何可能的混合结构来组织地址空间，从而地址空间形成一个紧密连接的节点网络。

A.2.5.3 信息模型

OPC UA 允许服务器向客户端提供从地址空间访问的对象类型定义，也允许使用信息模型来描述地址空间内容。从地址空间的角度看，信息模型描述了服务器地址空间的标准化节点。这些节点为标准化类型，并且用于诊断的标准化实例或作为服务器特定节点的入口点。因此，信息模型定义了空的 OPC UA 服务器的地址空间。

OPC UA 地址空间支持信息模型。该支持通过以下几点提供：

a）允许地址空间中对象建立彼此联系的节点引用。

b）为实际对象（类型定义）提供语义信息的对象类型节点。

c）支持类型定义的子类的对象类型节点。

d）允许使用工业特定数据类型的地址空间中可见的数据类型定义。

e）允许工业团体定义如何在 OPC UA 地址空间中表示其特定信息模型的 OPC UA 兼容标准。

基本的 OPC UA 规范仅提供信息模型的基础设施，由供应商实现信息模型的建模。

附录 B
（资料性附录）
OPC UA 开发实现

B.1 概述

OPC UA 具有平台无关性，可以在任何操作系统上运行，甚至不需操作系统，开发者可以使用任何编程语言与开发环境，如 ANSI C/C++、Java 和.NET 等语言。

B.2 OPC UA 应用架构

为了实现组件或构件重用，OPC UA 应用的开发应按照功能层次进行划分，图 B.1 给出 OPC UA 客户端与服务器之间相交互的软件功能层次模型。

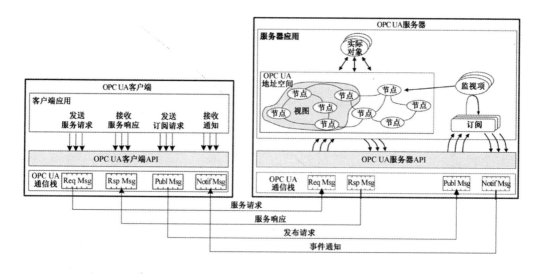

图 B.1 OPC UA 应用程序开发架构

其中：

a）OPC UA 客户端/服务器应用：实现作为 UA 客户端/服务器的设备或业务功能的程序或代码；客户端应用使用 OPC UA 客户端 API 向 OPC UA 服务器发送和接收 OPC UA 服务请求和响应；服务器应用使用 OPC UA 服务器 API 发送和接收来自 OPC UA 客户端的 OPC UA 消息。

b）OPC UA 客户端/服务器 API：用于分离 OPC UA 客户端/服务器应用代码与 OPC UA 通信栈的内部接口，实现如管理连接（会话）和处理服务报文等功能。

c）OPC UA 通信栈：实现 OPC UA 通信通道，包括消息编码、安全机制和报文传输。

d）实际对象：OPC UA 服务器应用可访问的，或 OPC UA 服务器内部维护的物理或软件对象，例如物理设备和诊断计数器。

e）OPC UA 地址空间：客户端使用 OPC UA 服务（接口和方法）可以访问的服务器内节点集；节点用于表示实际对象、对象定义和对象间的引用。

B.3 基于 SDK 的 OPC UA 开发实现

B.3.1 概述

推荐 OPC UA 服务器和客户端的开发推荐采用基于软件开发包 SDK 的开发方式。SDK 实现了 OPC UA 规范定义的概念和服务，向开发者隐藏了 OPC UA 通信和服务的细节，并为之提供相应的 API。

常见的 OPC UA SDK 供应商包括 MatrikonOPC、Softing、Prosys、Unified Automation 等公司。这些公司的 SDK 一般以库的形式提供，但可能限定编译机器和运行机器的个数。有些 SDK 还可以源码的形式提供，但使用要求受限。例如，OPC UA 基金会会员可以免费获取有限的 OPC UA 开源代码，但客户必须在其基础上进一步开发。

B.3.2 OPC UA SDK 功能

OPC UA 服务器 SDK 提供的功能主要包括以下内容：

a）提供包括基于 UA TCP 和 SOAP/HTTP 的 OPC UA 通信，如作为服务器进行客户端报文的接收。

b）提供安全模型功能，如签名校验、解密等。

c）提供读写属性、浏览结构等相关的服务，如作为服务器对客户端的读、写、订阅进行响应。

d）提供创建地址空间相关的各类接口，如创建结构节点、创建数据节点（一般数据点、模拟量、离散量、多态等）。

e）提供这些节点相关的支持以形成节点之间的关系。

OPC UA 客户端 SDK 提供的功能主要包括以下内容：

a）提供包括基于 UA TCP 和 SOAP/HTTP 的 OPC UA 通信，如作为客户端进行连接操作。

b）提供安全模型功能，如签名、加密等。

c）提供浏览地址空间，读、写节点属性，订阅数据改变和属性等相关服务的接口。

B.3.3 业务相关功能的开发

业务相关功能的开发是指开发 OPC UA 服务器和客户端特定功能。

对于基于 SDK 的服务器开发，业务功能开发主要包括：

a）构建用户的地址空间模型。

b）对用户地址空间节点数据进行管理和维护，如地址空间一个模拟量数据节点的值如何更新。

c）通信相关驱动的开发（主要针对嵌入到设备的 OPC UA 服务器）。

d）其他必要的工作。

对于基于 SDK 的客户端开发，业务功能开发主要包括：

a）一般的用户接口，用户可以进行输入和输出。

b）配置管理，用户可以选择访问服务器的哪些数据以及访问方式，如轮询、订阅等不同方式。

c）其他必要的功能。

对于基于 SDK 的 OPC UA 服务器开发，大部分工作量在于地址空间的建立、管理与维护。OPC UA 提供了标准地址空间结构，如图 B.2 所示，但是服务器开发者应根据不同系统或设备功能需求，构建自己的地址空间或信息模型，例如数控机床信息模型与 PLC 模型不同。对于基于 SDK 的 OPC UA 客户端开发，大部分工作量在于实现可配置的访问地址空间功能。

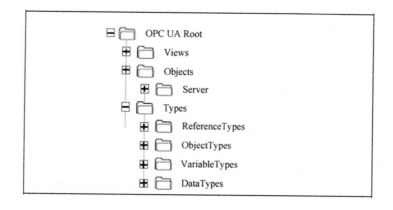

图 B.2　OPC UA 标准地址空间结构

B.4　OPC UA 开发和应用考虑

B.4.1　资源受限考虑

对于嵌入式 OPC UA 服务器,设备开发商应考虑由于使用 OPC UA 技术或通信栈带来的诸如内存、CPU 等的资源受限问题,例如在单片机等低资源硬件平台上开发应先进行资源评估。

B.4.2　实时性考虑

当现场设备与 SCADA、MES 等系统通过 OPC UA 直接集成时,应考虑这些系统对现场设备操作的合理性,如不宜过度频繁操作以影响现场设备的实时性。

B.4.3　安全性考虑

OPC UA 提供安全模型,支持用户认证鉴别、报文加密、安全会话等功能,但安全性对系统资源有一定要求,也会影响实时性,因此,对于实时性要求不高的应用例如 500ms 量级,从管理层如 MES 系统对现场设备进行 OPC UA 操作可以考虑使用安全机制。

B.5　面向机械加工行业的 OPC UA 架构应用导则

机械加工行业典型的智能制造装备包括数控机床、工业机器人、仓储物流系统、PLC 和其他测量控制设备等。图 B.3 给出面向机械加工行业的基于 OPC UA 的数字化车间互联网络典型架构。

详细说明如下。

a) 数控机床、工业机器人等大型智能装备,本身包括控制系统/器(如 CNC 数控系统、机器人控制器等),这类装备本身可支持 OPC UA 接口。例如,西门子 840D 数控系统内嵌 OPC UA 服务器,采用 840D 的数控机床就可提供 OPC UA 接口,由数控机床制造商负责提供设备的信息模型(即建立数控机床 OPC UA 服务器的地址空间)。MES 系统只需支持 OPC UA 客户端功能即可。对于不支持 OPC UA 接口的大型智能装备,系统集成商需开发 OPC UA 中间件来构造设备的信息模型,前提是这些设备具有开放的通信接口和参数/属性说明。

b) 其他现场设备(如采集现场数据的传感器等),可能支持特定的现场总线协议(如 Modbus、PROFIBUS、PROFINET 等),因此,应根据设备支持的通信协议和设备参数/属性开发 OPC UA 中间件,以集成到 SCADA 或 MES 系统。

c) 仓储物流系统一般通过单独的 WMS 系统实现统一管理,因此,可在 WMS 内嵌入 OPC UA 服务器,或开发 OPC UA 中间件,以集成到 SCADA 或 MES 系统。

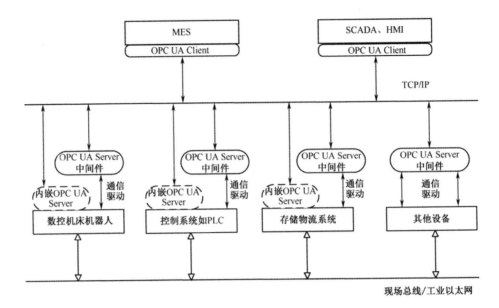

图 B.3 面向机械加工行业的典型架构

> d）PLC 作为控制设备可以接受 MES、SCADA 下发的指令，MES、SCADA 也可以获取 PLC 的数据，这可通过 OPC UA 实现。PLC 可直接内嵌一个 OPC UA 服务器，或开发 OPC UA 中间件实现集成。

B.6 OPC UA 开发实现示例

B.6.1 概述

为了实现机械加工、检测、物流等设备与 MES、SCADA 等系统的互联互通，需要实现统一架构的相关内容，主要包括两类：

　　a）内嵌 OPC UA 的实现。

　　b）基于中间件（软件或硬件）的实现。

B.6.2 数控机床内嵌 OPC UA 服务器的实现示例

B.6.2.1 实现内容

以数控机床为例，说明设备内嵌 OPC UA 服务器的开发过程，开发过程包括如下部分：

　　a）构建数控机床信息模型。

　　b）生成地址空间。

　　c）地址空间的管理。

实现目标是数控机床的数控系统（CNC 控制器）内嵌 OPC UA 服务器，提供包括状态、轴转速等信息。

B.6.2.2 信息模型构建

数控机床的信息模型如图 B.4 所示。

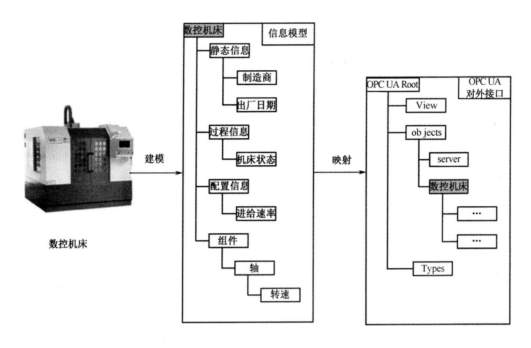

图 B.4　数控机床的信息模型

数控机床的信息模型包含如下元素（仅示意，数控机床的信息模型元素不限于此）：

a）静态信息：包含了制造商和出厂日期。

b）过程信息：包含了机床状态信息。

c）配置信息：包含了进给速率。

d）组件：机床的组件包含了轴，轴包含转速元素。

B.6.2.3　地址空间映射

由设备信息模型和相关元素确定向 OPC UA 地址空间映射的规则，主要工作是利用 OPC UA 的元模型来构造数控机床的信息模型，如表 B.1 所示。

表 B.1　数控机床信息模型映射过程

序号	信息模型元素点	OPC UA 元模型类型	引用关系	备注
1	数控机床	Folder 对象类型	在根节点下组织引用	
2	静态属性	Folder 对象类型	在数控机床节点下组织引用	
3	制造商	DataItemType 类型	在静态属性节点下有属性引用	
4	出厂日期	DataItemType 类型	在静态属性节点下有属性引用	
5	过程属性	Folder 对象类型	在数控机床节点下组织引用	
6	机床状态	MultiState DiscreteType 类型	在过程属性节点下有属性引用	这个可以使用多个状态类型来表示如 0 正常 1 报警 2 故障等等
7	配置属性	Folder 对象类型	在数控机床节点下组织引用	
8	进给速度	AnalogItemType 类型	在配置属性节点下有属性引用	由于这个值是可写的因此可以按照模拟量输出来进行相应的处理
9	组件	Folder 对象类型	在数控机床节点下组织引用	
10	轴	Folder 对象类型	在组件节点下组织引用	
11	转速	AnalogItemType 类型	在配置属性节点下有属性引用	由于这个值是只读的因此可以按照模拟量输入来进行相应的处理

B.6.2.4 地址空间管理

对于内嵌 OPC UA 服务器的开发而言,数据采集的驱动已经完成,这些数据点已经在系统内存中,因此地址空间管理主要是根据建立的映射表来进行相应的读、写、订阅操作,如图 B.5 所示。数据流向包括:

a) 内存数据点改变时更新到 OPC UA 地址空间中。

b) 当 OPC UA 客户端读取节点数据时,直接从 OPC UA 地址空间返回相应节点的数据。

c) 当 OPC UA 客户端订阅节点时,系统应提供一套机制来维护内存点信息值与 OPC UA 地址空间节点值的变化对应。

d) 当 OPC UA 客户端写数据时,系统应提供一套机制保证当内存点的更新与实际的设备 IO 进行关联。

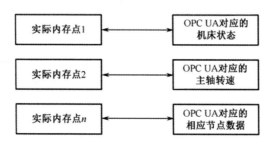

图 B.5 地址空间管理

B.6.3 Modbus 设备采集模块实现

B.6.3.1 目标和流程

以 Modbus 设备采集模块为例,说明基于中间件(软件或硬件)的实现过程,开发过程如下:

a) 驱动相关开发。

b) 构建信息模型。

c) 生成地址空间。

d) 地址空间的管理。

开发目标是实现 Modbus RTU 设备(一个温湿度传感器)管控并以 OPC UA 的接口对外提供,标准的 OPC UA 客户端可以进行读、写、订阅等操作,Modbus 采集模块如图 B.6 所示。

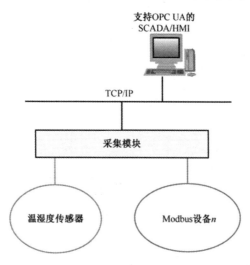

图 B.6 Modbus 采集模块

B.6.3.2 驱动开发

如果制造商不提供相关通信接口和参数/属性说明,中间件开发无从谈起,因此第一步必须要了解该类设备采用的通信协议/接口，以及设备能够提供的数据、数据相关的属性、该类数据更新频率等属性。驱动开发分为两类：

　　a）标准协议接口。如本示例采用的是 Modbus RTU 协议，该协议是公开的，只要知道通信波特率和设备参数/属性说明，就可以按照 Modbus 协议通过读写寄存器完成，本示例需要开发 Modbus 主站功能。

　　b）非标准协议接口。如设备使用的是企业私有协议，则还需要知悉设备使用的通信协议，以及如何获取数据。

B.6.3.3　构建信息模型

　　由设备信息模型和相关元素确定向 OPC UA 地址空间映射的规则，主要工作是利用 OPC UA 的元模型来构建温湿度传感器的信息模型，如图 B.7 所示。

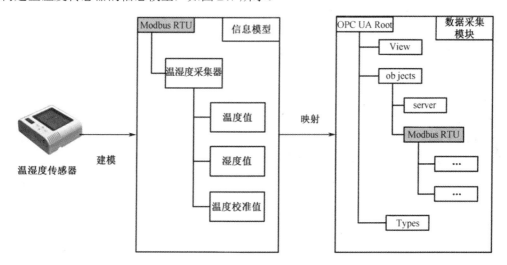

图 B.7　构建信息模型

　　温湿度传感器包括两个采集值（温度值和湿度值）以及一个配置参数温度校准值，同时温湿度传感器作为 Modbus 模块具有设备地址、通信波特率等参数。

B.6.3.4　地址空间映射

　　温湿度传感器信息模型到 OPC UA 地址空间映射过程如表 B.2 所示。

表 B.2　温湿度传感器信息模型映射过程

序号	信息模型元素点	OPC UA 元模型类型	引用关系	备注
1	Modbus RTU	Folder 对象类型	在根节点下组织引用	
2	温湿度传感器	Folder 对象类型	在 Modbus RTU 节点下组织引用	
3	温度值	AnalogItemType 类型	在温湿度传感器节点下有属性引用	由于这个值是只读的因此可以按照模拟量输入来进行相应的处理
4	湿度值	AnalogItemType 类型	在温湿度传感器节点下有属性引用	由于这个值是只读的因此可以按照模拟量输入来进行相应的处理
5	温度校准值	AnalogItemType 类型	在温湿度传感器节点下组织引用	由于这个值是可写的因此可以按照模拟量输出来进行相应的处理

B.6.3.5　地址空间管理

　　地址空间的管理与设备内置 OPC UA 的机制基本是一致的。

附录 C
（资料性附录）
OPC UA 的兼容性

C.1 概述

本标准推荐使用 OPC UA 作为数字化车间统一互联的技术，但是目前 OPC UA 还属于比较新的技术，在实际的工厂中相关应用比较少，支持经典 OPC、Modbus 等协议的设备众多，因此在使用 OPC UA 技术的同时如何保护用户的资产和投入变得非常重要。

对于这种情况可以使用标准协议转换软件/设备以解决兼容性问题，协议互转如图 C.1 所示，这些软件可以支持如下功能：

a）OPC/OPC UA 转换软件，一般运行在 PC 环境下。

b）Modbus RTU、Modbus TCP/OPC UA 转换模块，一般需要硬件平台支持，为嵌入式设备。

c）Profibus/OPC UA、Profinet/OPC UA 转换模块，一般需要硬件平台支持，为嵌入式设备。

d）其他类似协议。

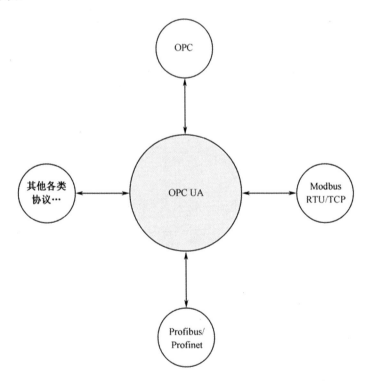

图 C.1　协议转换示意

C.2　OPC/OPC UA 兼容性解决示例

很多国外公司已经开发出 OPC/OPC UA 兼容性中间件，用户无需特殊的配置即可实现无缝集成，包含两类产品：UA Proxy 和 UA Wrapper。

C.2.1　UA Proxy

UA Proxy 使得经典 OPC 客户端应用（SCADA、MES、ERP 等）可以无缝访问 OPC UA 服务器设备（这些设备既可以运行在 PC 平台也可以运行在嵌入式平台），如图 C.2 所示。

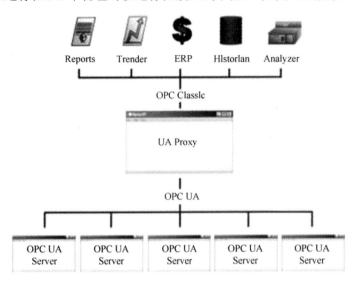

图 C.2　UA Proxy 示意图

UA Proxy 一般具有如下特性：

a）向导式建立配置。

b）非常容易使用，不需了解太多的 OPC UA 知识。

c）不会破坏现在的 OPC 体系结构。

d）提供 UA 安全。

e）剔除 DCOM 技术或者防火墙问题。

f）提供实时数据。

C.2.2　UA Wrapper

UA Wrapper 使得 OPC UA 客户端应用可以无缝访问 OPC 经典服务器系统，如图 C.3 所示。

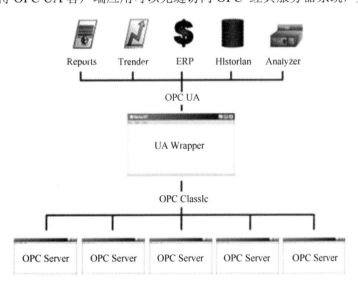

图 C.3　UA Wrapper 示意图

UA Wrapper 一般具有如下特性：

a）向导式建立配置。

b）非常容易使用，不需了解太多的 OPC UA 知识。

c）不会破坏现在的 OPC 体系结构。

d）提供 UA 安全。

e）提供实时数据。

C.3 兼容性声明

表 C.1 是 OPC UA 实现应提供的兼容性信息。

表 C.1　OPC UA 兼容性声明（必备）

UA 接口	□服务器 Server
	□客户端 Client
	□网关 Gateway
	□发现 Discovery
UA 数据类型	请尽可能多地列举
支持的服务	□FindServers
	□ModifySubscription
	□SetPublishingMode
	□Publish
	□Republish
	□TransferSubscriptions
	□DeleteSubscriptions
	□CloseSession
	□Cancel
	□QueryFirst
	□QueryNext
	□CreateMonitoredItems
	□ModifyMonitoredItems
	□SetMonitoringMode
	□SetTriggering
	□CreatSubscription
	□UnregisterNodes
	□RegisterNodes
	□GetEndpoints
	□RegisterServer
	□AddNodes
	□AddReferences
	□DeleteNodes
	□DeleteReferences
	□Read
	□HistoryRead
	□Write
	□HistoryUpdate
	□Call
	□Browse

	□BrowseNext
	□TranslateBrowsePathsToNodeIds
	□DeleteMonitoredItems
传输	□UA-TCP UA-SC Binary Profile
	□SOAP-HTTP WS-SC UA Binary Profile
	□SOAP-HTTP WS-SC UA Xml Profile
	□SOAP-HTTP WS-SC XML-UA Binary Profile
UA 信息安全	□SecurityPolicy-None
	□SecurityPolicy-Basic128Rsa15
	□SecurityPolicy-Basic256
期望的 UACTT 版本号	
服务器最大连接数	
客户端最大连接数	无限制请填 0
最多可创建订阅数	无限制请填 0
最多可创建节点数	无限制请填 0
UA 行规	请尽可能多地列举

表 C.2 是 OPC UA 实现可选提供的兼容性信息。

表 C.2　OPC UA 兼容性声明（可选）

开发所用的编程语言	□ ANSI C
	□C++
	□.NET
	□Java
	□JavaScript
	□Python
	□Perl
	□Pascal
	□其他
SDK	基于哪个厂家的 SDK\协议栈软件做的开发
SDK 版本号	请提供完整版本号，例如 v1.0.01-x64-beta

参 考 文 献

[1] 德国联邦教育部. 实施"工业 4.0"攻略的建议. 2013

[2] 工业和信息化部，国家标准化管理委员会. 国家智能制造标准体系建设指南（2015 年版）. 2015

[3] GB/T 20720　企业控制系统集成（IEC 62264）

[4] GB/Z 32235　工业过程测量、控制和自动化　生产设施表示用参考模型（数字工厂）（IEC/TR 62794）

[5] GB/T 33863.1～8—2017　OPC 统一架构（IEC 62541-1～IEC 62541-8）

[6] IEC 61499-1：2012　功能块　第 1 部分：框架

[7] IEC 62264-1：2013　企业控制系统集成（Enterprise-control system integration – Part 1：Models and terminology）

[8] IEC 62390：2005　通用自动化设备行规导则（Common automation device – Profile guideline）

成果六

工业控制网络通用技术要求
有线网络

引　言

标准解决的问题：

本标准规定了智能制造过程中有线工业控制网络及设备在工业现场环境下，通信质量保障性基本要求、工业控制网络性能要求、工业控制网络功能要求。

标准的适用对象：

本标准适用于有线工业控制网络以及网络设备的制造商、系统集成商和用户。

专项承担研究单位：

机械工业仪器仪表综合技术经济研究所。

专项参研联合单位：

中国科学院沈阳自动化研究所、浙江中控技术股份有限公司、上海自动化仪表股份有限公司、北京和利时系统工程有限公司、北京东土科技股份有限公司、上海工业自动化仪表研究院、北汽福田汽车股份有限公司、工业和信息化部电信研究院、中电科技集团重庆声光电有限公司。

专项参加起草单位：

三菱电机（中国）有限公司、西门子（中国）有限公司、贝加莱工业自动化（中国）有限公司、施耐德电气（中国）有限公司、毕孚自动化设备贸易（上海）有限公司。

专项参研人员：

谢素芬、刘丹、赵艳领、张思超、虞日跃、薛百华、徐青、张茂成、张雯、段世惠。

工业控制网络通用技术要求　有线网络

1　范围

本标准规定了智能制造过程中有线工业控制网络及设备在工业现场环境下，关于通信质量、工业控制网络性能以及工业控制网络功能等方面的通用要求，规定以下内容：

a）通信质量保障性基本要求。

b）工业控制网络性能要求。

c）工业控制网络功能要求。

本标准适用于有线工业控制网络以及网络设备的制造商、系统集成商和用户。

2　规范性引用文件

下列文件对于本文件的应用是必不可少的。凡是注日期的引用文件，仅所注日期的版本适用于本文件。凡是不注日期的引用文件，其最新版本（包括所有的修改单）适用于本文件。

GB 4824—2013　工业、科学和医疗（ISM）射频设备骚扰特性限值和测量方法

GB 9254—2008　信息技术设备的无线电骚扰限值和测量方法

GB/T 15969.2—2008　可编程序控制器　第 2 部分：设备要求和测试

GB/T 17626.2—2006　电磁兼容　试验和测量技术　静电放电抗扰度试验

GB/T 17626.3—2016　电磁兼容　试验和测量技术　射频电磁场辐射抗扰度试验

GB/T 17626.4—2008　电磁兼容　试验和测量技术　电快速瞬变脉冲群抗扰度试验

GB/T 17626.5—2008　电磁兼容　试验和测量技术　浪涌（冲击）抗扰度试验

GB/T 17626.8—2006　电磁兼容　试验和测量技术　工频磁场抗扰度试验

GB/T 17626.11—2008　电磁兼容　试验和测量技术　电压暂降、短时中断和电压变化的抗扰度试验

GB/T 17626.12—2013　电磁兼容　试验和测量技术　振铃波抗扰度试验

GB/T 20438.4—2006　电气/电子/可编程电子安全相关系统的功能安全　第 4 部分：定义和缩略语

GB/T 20830—2015　基于 PROFIBUS DP 和 PROFINET IO 的功能安全通信行规——PROFIsafe

GB/T 22033—2008　信息技术嵌入式系统术语

IEC 61158（所有部分）　工业通信网络　现场总线规范

IEC 61784-1　工业通信网络　行规　第 1 部分：现场总线行规

IEC 61784-2　工业通信网络　行规　第 2 部分：基于 ISO/IEC 8802-3 的实时网络的附加现场总线行规

IEC 61784-5　工业通信网络　行规　现场总线安装（系列标准）

IEC TR 62390　通用自动化设备行规导则

IEC 62443-2-1　工业通信网络　网络与系统信息安全　第 2-1 部分：建立工业自动化和控制系统信息安全程序

IEC/PAS 62443-3　工业过程测量和控制信息安全　第 3 部分：网络与系统信息安全

3 术语、定义和缩略语

3.1 术语和定义

下列术语和定义适用于本标准。

3.1.1

工业控制网络　Industrial Control Network

连接工业控制系统设备的网络。不同的工业控制网络可以在一个车间中共存，也可以与车间外的远程设备和资源相连。

[IEC-PAS 62443-3，定义 3.1.27]

3.1.2

现场总线　Fieldbus

基于串行数据传输并用在工业自动化或过程控制应用中的通信系统。

[GB/T 20830—2015，定义 3.1.17]

3.1.3

实时以太网　Real-Time Ethernet（RTE）

基于 ISO/IEC 8802-3 或 IEEE 802.3 的包含实时通信的网络。

[IEC 61784-2，定义 3.1.21]

3.1.4

嵌入式系统　Embedded system

置入应用对象内部起信息处理和控制作用的专用计算（机）系统。嵌入式系统以应用为中心，以计算技术为基础，软件硬件可剪裁，其硬件至少包含一个微控制器、微处理器或数字信号处理器单元。该系统能够满足应用系统对功能、可靠性、成本、体积、功耗等严格综合性的要求。

[GB/T 22033—2008，定义 2.1]

3.1.5

一致性　Conformance

指标准与实现之间的关系，即标准中为真（true）的条款在实现中也应为真（true）。

[IEC 62443-2-1，定义 3.1.10]

3.1.6

信息安全　Security

a）保护系统所采取的措施。

b）由建立和维护保护系统的措施而产生的系统状态。

c）能够免于非授权访问和非授权或意外的变更、破坏或者损失系统资源的状态。

d）基于计算机系统的能力，能够提供充分的把握使非授权人员和系统既无法修改软件及其数据也无法访问系统功能，却保证授权人员和系统不被阻止。

e）防止对工业自动化和控制系统的非法或有害的入侵，或者干扰其正确和计划内的操作。

注：措施可以是与物理信息安全（控制物理访问计算机的资产）或者逻辑信息安全（登录给定系统和应用的能力）相关的控制手段。

[GB/T 30976.1，定义 3.1.14]

3.1.7

功能安全 functional safety

与 EUC 和 EUC 控制系统有关的整体安全的组成部分，它取决于 E/E/PE（电气/电子/可编程电子）安全相关系统，以及其他技术安全相关系统和外部风险降低设施功能的正确行使。

[GB/T 20438.4，定义 3.1.9]

3.1.8

工业控制系统 Industrial Control System（ICS）

由计算与工业控制主机、设备和装置组成的系统，计算与工业控制主机、设备和装置集成到一起以控制工业生产、传输或分布式过程。

注：在本文中，术语 ICS 表示一般意义上的自动化系统，包括监视控制和数据采集（SCADA）。

[IEC/PAS 62443-3，定义 3.1.28]

3.2 缩略语

下列缩略语适用于本标准。

APDU：应用协议数据单元（Application Protocol Data Unit）

EMC：电磁兼容性（Electro Magnetic Compatibility）

EMI：电磁干扰（Electro Magnetic Interference）

EMS：电磁敏感性（Electro Magnetic Susceptibility）

4 概要

工业生产现场环境中，由于工频干扰及设备自身的电磁辐射，电磁环境比较复杂。为保证工业控制网络设备稳定可靠地工作，应对设备电磁抗干扰能力与电磁干扰特性进行约定。工业控制网络设备实现了某种通信协议，应对通信协议的符合性进行检测认证。还有，工业控制网络设备的安装对于通信质量也是关键影响因素，比如屏蔽、接地、等电势连接等对通信的稳定性影响较大。这三方面是保障通信质量的基本要求。

工业控制网络连接智能制造系统中的设备层与控制层，是智能制造系统中的基础通信网络。因此，除了在第 5 章规定工业控制网络设备通信质量保障性要求外，在第 6 章和第 7 章分别还对工业控制网络通信性能以及工业控制网络功能提出要求，以规范工业控制网络的实施与应用，为制造商、用户及集成商提供工业通信协议应用的通用导则。

5 工业控制网络设备通信质量保障性要求

5.1 EMC 要求

根据应用需求和设备类型，工业控制设备应根据以下 EMI 和 EMS 各项性能要求（可选且不限于）对 EMC 性能进行评估，性能等级应符合附录 B 中的规定，并提供符合要求的合格证明。

EMS 性能要求项如下：
——静电放电抗扰度。
——射频电磁场（调幅）抗扰度。
——电快速瞬变脉冲群抗扰度。
——抗高能量浪涌。
——射频场感应的传导抗扰度。
——工频磁场抗扰度。
——电压暂降、短时中断和电压变化。

EMI 性能要求项如下：
——辐射发射。
——传导发射。

注：工业网络设备在受到电磁干扰后，不需人为干预应能恢复正常通信。

5.2 通信协议一致性要求

按照特定工业通信协议开发的工业控制网络设备应符合工业通信协议的规定。根据不同工业通信协议要求，对于控制网络中设备的物理层、数据链路层、应用层协议实现等有协议一致性要求。因此，对于应用在工业控制网络中的设备，应通过官方授权的检测认证实验室的测试，并提供符合性证明。

5.3 网络安装要求

有线网络的安装应符合 GB/T 26336—2010（IEC 61918：2007）工业通信网络 工业环境中的通信网络安装及 IEC 61784-5 工业通信网络 行规 现场总线安装,IEC 61784-5 为系列标准,需根据应用的通信协议种类选择使用。

6 工业控制网络通信性能要求

针对不同应用，用户对工业控制网络的要求也不相同。为了满足应用要求以及明确通信能力评估指标，规定以下通信性能要求。这些性能要求用来规范网络能力，而网络能力依赖于网络终端设备及网络部件性能，因此，可作为制造商与用户共同参考的技术指标。

本标准中不规定通用的性能指标边界值，但是，如果制造商声称其产品符合某种工业通信协议，应规定其产品的相应边界值。

6.1 端节点数

对于工业以太网，端节点数指的是一个通信行规（CP）应支持的 RTE 端节点的最大数量，交换机类的网络设备不计入端节点数。

对于现场总线，指的是一个网络中所允许的符合相关通信协议的最大节点个数。

在网络规划中，应对端节点的个数加以限制，目的是优化网络性能，确保在控制器的处理能力范围内，达到应用所需的响应及时性、延时、网络负载等指标。

6.2 基本网络拓扑

包括星型、树型、线型（菊花链）以及用于冗余的环形网络。

星型网络适用于在物理上受空间限制的区域，几个通信节点连接到同一个交换机则自动形成星型拓扑。这种拓扑结构中，单一网络节点失败或移除，不影响其他节点的工作。如果中央的交换机失败，所有连接的节点通信都将中断。

将几个星型拓扑连接起来即可形成树型拓扑。树型拓扑中星型交汇点的交换机作为信号分路器，该交换机基于地址路由报文。

线型拓扑中设备串接成菊花链，用于物理区域较大的自动化车间，比如，传送带，也可用于小型机器应用。线型拓扑中断时（例如，设备断电），位于该设备后面的所有设备都无法正常通信。

环形拓扑可以解决线型拓扑中的上述缺陷，环网中的所有设备连接成环，其中的一个设备为冗余管理器，逻辑上不形成闭环。当其中有节点断开时，冗余管理器重新组织通信路径，从而恢复正常通信。

6.3 网络组件数

端节点间网络组件个数。网络组件对信号的传输会带来延时，因此，应根据应用要求限制网络组件的使用数量。

注：网络组件指交换机、中继器、路由器、集线器等。

6.4 通信速率

通信链路上单位时间内传输的数据量，通常以比特/秒（bps）表示。工业通信协议的物理层决定了可支持的通信速率，每种通信速率仅可达有限的通信距离，通信速率与通信距离间的要求见具体的协议规范。

6.5 非实时带宽

一个链路上用于非实时通信的带宽百分比。工业通信数据由时间关键的数据（即实时数据，比如，过程数据、报警等）以及非时间关键数据（非实时数据，比如，参数、状态信息等）组成，因此，应为非实时通信预留带宽。实时以太网带宽与非实时以太网带宽彼此关联。

6.6 响应时间

从一个节点（请求方）向另一个节点（响应方）发出请求至请求方收到来自响应方的响应所需的时间。影响响应时间的因素包括但不限于传输距离、通信拓扑、网络组件数量、经历的节点数量、响应方收到请求后的处理时间。响应时间包括传输时间、网络延时以及请求处理时间，该通信性能取决于通信协议本身及具体应用。

6.7 时间同步精度

任意两个节点时钟之间的最大偏差，根据应用不同，时间同步精度可为 ms 级、μs 级，甚至是 ns 级。集成了时间同步协议的工业通信协议才能用于时间同步应用中，通信协议可实现的时间同步精度与协议特性相关。

6.8 非基于时间的同步精度

任意两个节点之间的周期性行为的最大抖动。周期性行为通过网络上的周期性事件触发，该特性用于评估事件触发的数据或者动作的一致性。

6.9 冗余恢复时间

发生单一永久失效时，从失效到再次完全正常工作的最大时间。冗余形式包括多种形式，例如，介质冗余、关键装置冗余、控制系统冗余。冗余恢复时间与采用的冗余协议以及相关设备的性能有关。

7 工业控制网络功能要求

7.1 运行维护要求

7.1.1 标识

7.1.1.1 一般要求

标识功能提供一组可读/写的定义良好的数据，用以标识网络设备。该组数据要求永久存储，既可以掉电保存，同时还可以提供该组数据的版本信息；数据中应包含制造商信息、硬件版本、软件（固件）版本、产品序列号，建议包含订货号、安装日期、位置、签名（SIGNATURE，用于信息安全）；不应该包含与用户应用无关的信息，比如制造商加密相关信息等。推荐设备提供的标识信息见表1。

表 1　推荐设备提供的标识信息

标识信息内容	解　释	属　性
Manufacturer name	制造商名称	R
Device ID	设备 ID	R
Hardware Revision	硬件版本	R
Firmware Revision	固件版本	R
Serial Number	产品序列号	R
Order Number	订货号	R
Installation Date	安装日期	RW
Installation Location	安装位置	RW
TAG	标签	RW
SIGNATURE	签名	RW

另外，工业控制网络应支持物理标识、网络地址标识和应用属性标识，应具有统一的标识编码规则。

7.1.1.2 标识配置

工业控制网络应根据标识信息的不同，支持对与用户现场应用相关标识信息的配置功能，可通过有线网络接口读取、修改设备各类标识。

7.1.1.3 标识识别

工业控制网络应支持标识识别功能，通过有线网络接口识别所连接的网络中各节点的身份标识和应用属性标识，解析其应用属性，将所解析出来的信息提供给组态、参数化、调试、诊断、维护、维修、固件升级、资产管理、审计跟踪等设备全生命周期各阶段使用。

7.1.2 诊断和报警

工业控制网络设备宜支持诊断和报警功能。当现场设备/模块的状态或操作、控制器等出现异常情况，或者现场设备出现故障时，应向操作站发出诊断或报警的事件报告。

工业控制网络宜检测整个网络的通信状态，检测网络是否发生异常或存在无法通信的节点，按照严重程度提供诊断或报警。

设备制造商按照事件的紧急或严重程度，区分一般诊断和报警信息：

a）一般诊断信息仅是报告有某个事件发生但不至于影响控制网络系统运行，例如某个生产装备环境温度较高或者寿命将近等。

b）报警是指发生了比较严重的异常和故障，要求控制器或操作员现场解决或报警确认。

7.1.3　日志

工业控制网络设备应支持日志功能，应包含配置管理、固件升级、诊断报警等历史记录。

工业控制网络应支持网络管理的日志功能，应包含组网设备状态、网络拓扑变化、网络状态变化、诊断报警等历史记录。

7.1.4　档案资料维护

网络拓扑图、网络维护记录、运行日志（历史记录）应纳入档案资料管理。

网络设备的说明书、相关设备物理位置图、网络规划图、备件情况、电缆等配件的相关资料宜单独保存，作为系统维护资料的一部分。

7.1.5　状态报告

工业控制网络宜支持获得实时的设备工作状态信息，设备工作状态信息包括但不限于设备标识、系统资源使用、固件版本、接口状态、工作环境等。

工业控制网络宜支持网络状态监视功能。网络状态监视功能应包含整体网络连接状态、网络所有节点状态、网络负荷等状态监视功能，供网络管理人员或智能网络管理软件分析统计。

7.2　管理要求

7.2.1　配置

a）工业控制网络宜支持设备配置管理功能，通过有线网络接口进行设备配置管理。设备网络配置管理功能应包含但不限于：设备基本信息管理、诊断范围和报警域限管理、设备固件升级等。

b）工业控制网络宜根据身份对管理进行权限控制。

7.2.2　可扩展

工业控制网络应具备可扩展性，新接入的节点应能即插即用。

7.2.3　拓扑管理

工业控制网络宜提供以下拓扑管理功能：

a）工业控制网络应支持网络拓扑图生成、显示、布局功能。

b）工业控制网络宜支持设备自动发现功能。

c）工业控制网络宜支持网络拓扑管理功能，当网络结构发生变化时，可自动更新。

7.3　服务保障要求

7.3.1　冗余

工业控制网络宜具有一定的冗余措施，在部分网络出现故障时，剩余网络维持系统正常运转。工业控制网络宜包括以下冗余功能：

a）网络冗余：两个或两个以上的冗余通信网络，当其中一个网络故障时，另一个网络能够正常通信，不影响正常数据通信。或者，构建环形冗余通信网络，当环网其中一个方向网络故障时，通信数据可以通过另一个方向正常通信。

b）节点冗余：互为热备或冷备的冗余节点，当其中一个节点故障时，另一热备或冷备节点能够接替故障节点工作，不影响正常数据通信。

7.3.2 故障隔离

工业控制网络应支持网络故障隔离，减小故障影响。故障类型包括区域故障和单点故障，应进行包括但不局限于以下措施：

a）工业控制网络宜进行横向分区，纵向分层设计，某区域发生故障（如网络风暴）时，故障宜被隔离，不应扩散至其他区域。

b）工业控制网络宜配置合适策略，网络某点发送故障时，故障被隔离至有限范围内；故障恢复时，隔离措施不影响正常通信。

7.4 安全要求

7.4.1 功能安全

根据工业控制网络的应用领域，网络中如果有功能安全关键系统（Safety-critical system），可能有相应的法律法规要求必须利用风险评估过程为工业控制系统设计目标安全完整性等级。

IEC 61508（GB/T 20438）电气/电子/可编程电子设备安全相关系统的功能安全以及 IEC 61511（GB/T 21109）过程工业领域安全仪表系统的功能安全是功能安全基础标准，特定行业（如核工业、铁路、机械等）具有以此标准为基础的行业特定功能安全标准。因此，对于工业控制系统或者部件的功能安全评估，如果具有行业特定功能安全标准，可参照行业标准，否则，参照 IEC 61508 标准。

有些通信协议提供了安全行规（如 PROFIsafe、CC-LINK Safety），制造商可通过在通信协议之上实现此安全行规作为安全层，以保证通信数据的正确性。这样的产品需对安全层进行检测认证，以及对产品研制过程是否符合 IEC 61508 标准进行认证（即安全认证）。

需要明确强调，各部件/设备的安全完整性等级即使都与系统预期设计的安全完整性等级相同或者更高，也不代表由这些部件组成的系统能达到系统要求的功能安全等级。单个设备的安全完整性等级可通过在设备中实现功能安全规范，经过对设备软/硬件开发全过程的安全评估，实现预期的安全等级。系统的功能安全涉及整个生命周期，包括分析、设计、安装、确认、操作、维护、停用，需要根据功能安全标准和系统目标功能安全等级，对系统进行风险分析，确定可接受的风险，实施风险降低措施。

对于功能安全有要求的工业控制系统，应由专业功能安全评估机构根据功能安全标准，通过风险分析方法，评估整个系统的功能安全等级以确定是否符合功能安全要求。

7.4.2 信息安全

工业控制网络应提供信息安全功能，为实现信息安全可采取的措施包括管理措施和技术措施。工业控制网络的信息安全要求可见《数字化车间信息安全要求》。

需注意的是，工业通信协议本身如果提供了信息安全技术细节，设备制造商可通过实现信息安全协议内容为设备提供部分信息安全功能。对于整个控制系统，则需要对系统进行风险分析，根据目标信息安全等级，由系统集成商/用户采取管理以及技术方面等措施来实现信息安全功能。信息安全实施及评估的国家标准或国际标准参见附录 C。

附录 A
（资料性附录）
常用工业控制网络

IEC 61158 按照类型（Type）来区分不同的场总线和工业以太网。表 A.1 列出了工业控制网络常用通信协议。

表 A.1　工业控制网络常用通信协议

	IEC 61158 类型	现场总线/工业以太网类型	国家标准
1	类型 2	ControlNet/Ethernet/IP	GB/Z 26157—2010
2	类型 3	PROFIBUS	GB/T 20540—2006
3	类型 10	PROFINET	GB/T 25105—2014
4	类型 12	EtherCAT	GB/T 31230—2014
5	类型 13	Ethernet POWERLINK	GB/T 27960—2011
6	类型 16	SERCOSS III	
7	类型 18	CC-Link	GB/T 19760—2008
8	类型 20	HART	GB/T 29910—2013
9	类型 1	Fieldbus Foundation	
10	类型 15	Modbus/TCP	GB/T 19582
11	类型 23	CC-Link IE	GB/T 33537

附录 B
（规范性附录）
工业控制设备常用 EMC 检测项要求及相关标准

B.1 EMC 常用检测要求

根据应用需求和设备类型，工业控制设备常用 EMC 检测项和等级要求见表 B.1（可选且不限于）。

表 B.1　工业控制设备常用 EMC 检测项和等级要求

EMS 性能检测项	检测内容	等级
静电放电抗扰度	接触 4KV，空气 8KV	B
射频电磁场（调幅）抗扰度	80MHz～1GHz,10V/m	A
	3V/m(1.4GHz～2GHz)	A
	1V/m(2.0GHz～2.7GHz)	A
电快速瞬变脉冲群抗扰度	交流电源口 2KV（5ns～50ns，5kHz）	B
	信号口 1KV（5ns～50ns，5kHz）	B
抗高能量浪涌	交流电源口，线对地 2kV，线对线 1kV	B
	信号口，线对地 1kV(仅适用线缆长度超过 10m)	B
射频场感应的传导抗扰度	150kHz～80MHz，交流电源口 10V，信号口 10V　80%AM（1kHz）	A
工频磁场抗扰度	30A/m（仅适用于对磁场敏感的设备）	A
电压暂降、短时中断和电压变化	交流电源口　0%　0.5 周期	A
	0%　1 周期	B
	40%　10 周期	B
	70%　25 周期	B
	0%　250 周期	C
EMI 性能检测项	检测内容	等级
辐射发射	30MHz～1GHz	A 类限值
传导发射	150kHz～30MHz 交流电源口和网口	A 类限值

B.2 常用 EMC 标准

工业控制常用 EMC 标准见表 B.2。

表 B.2　工业控制常用 EMC 标准

GB/T（GB）17625 系列标准	电磁兼容限值
GB/T 17626 系列标准	电磁兼容试验和测量技术
GB/T（GB）17799 系列标准	电磁兼容通用标准
GB/T 18039 系列标准	电磁兼容环境
GB/T 15969.2	可编程序控制器　第 2 部分：设备要求和测试
GB 9254	信息技术设备的无线电骚扰限值和测量方法
GB 4824	工业、科学和医疗(ISM)射频设备骚扰特性限值和测量方法

附录 C
（资料性附录）
工业控制信息安全常用标准

常用信息安全标准如下：

GB/T 30976.1—2014　工业控制系统信息安全　第 1 部分：评估规范

GB/T 30976.2—2014　工业控制系统信息安全　第 2 部分：验收规范

GB/T 33009.1—2016　工业自动化和控制系统网络安全　集散控制系统（DCS）　第 1 部分：防护要求

GB/T 33009.2—2016　工业自动化和控制系统网络安全　集散控制系统（DCS）　第 2 部分：管理要求

GB/T 33009.3—2016　工业自动化和控制系统网络安全　集散控制系统（DCS）　第 3 部分：评估指南

GB/T 33009.4—2016　工业自动化和控制系统网络安全　集散控制系统（DCS）　第 4 部分：风险与脆弱性检测要求

GB/T 33008.1—2016　工业自动化和控制系统网络安全　可编程序控制器（PLC）　第 1 部分：系统要求

GB/T 33007—2016　工业通信网络网络和系统安全　建立工业自动化和控制系统安全程序

IEC/TS 62443 -1 -1　工业通信网络网络和系统安全　第 1-1 部分：术语、概念和模型

IEC 62443 -3 -1　工业通信网络网络和系统安全　第 3-1 部分：工业自动化与控制系统的信息安全技术

IEC 62443 -3 -3　工业通信网络网络和系统安全　第 3-3 部分：系统安全要求和信息安全等级

附录 D
（资料性附录）
PROFINET 网络性能设计示例

D.1 概述

根据环境条件和自动化任务的要求，选择 CC-B 设备。

按照物理区域、控制对象、数据量，将控制设备划分为两个控制域，构成两个控制子网，如图 D.1 所示。

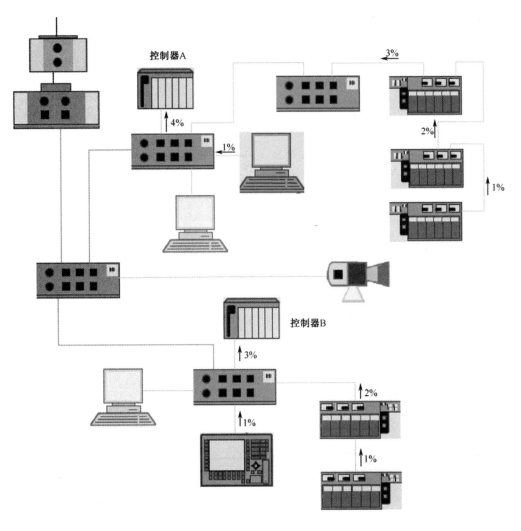

图 D.1 网络规划图

下面针对影响 PROFINET 网络关键性能的因素进行分析设计。

D.2 拓扑选择

整个控制系统根据应用需求采用混合拓扑，现场 IO 设备通过线型拓扑连接，再连接至交换机，与控制器、操作面板及监视器构成星型拓扑。

现场 IO 设备距离交换机较远，线型拓扑连接可以节省线缆。

D.3 update time 确定

update time 指一个设备在其应用中形成一个变量，通过线缆传送给另一个设备并供此设备使用，这一过程所耗费的时间。同一车间中 PROFINET 设备的 update time 可能不同，传输周期由其中 update time 最慢的设备确定，在一个传输周期中，所有的 PROFINET 设备至少接收或发送数据一次。

一个传输周期被划分为几个阶段，每个阶段的时间为 31.25μs 的整数倍，该倍数即 SendClockFactor（来自设备的 GSD 文件），用公式表示如下：

$$T_p= SendClockFactor \times 31.25μs$$

update time 的值 T_a 不一定是传输时钟，其值可通过如下公式获得：

$$T_a= ReductionRatio \times SendClockFactor \times 31.25μs$$

上述公式中的 ReductionRatio 来自设备的 GSD 文件，一般有多个可选值。

注： 传输时钟（transmission clock）是数据包发送的最小时钟，在 IO 控制器中设置。通常，控制器中设置的传输时钟对应于设备的最小 update time。

推荐使用较小的传输时钟，目的是分散网络负载，降低集中度。因此，如果要更改设备的 update time，优先考虑修改 ReductionRatio，而不是控制器的传输时钟。

如果使用较小的 update time 值，则数据更新间隔更短，因此能以更快的速度提供数据用以处理。但是，一定时间内网络中传输的数据量即网络负载就会增加。

以常见 PROFINET 包的大小 108 字节（60 字节有效负载数据）为例，网络负载与 update time 以及网络节点数的函数关系如图 D.2 所示。

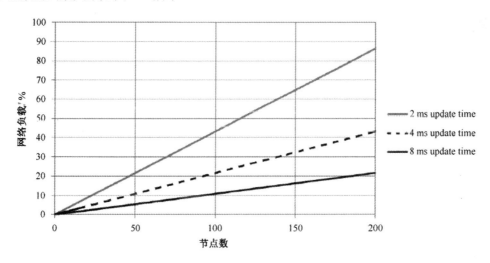

图 D.2 网络负载与 update time 以及网络节点数的函数关系

当周期实时通信网络负载增加时，其他通信可用带宽下降。

update time 越小，周期实时通信占用带宽越大；update time 越大，响应时间越长。因此，建议在符合应用对响应时间的要求下，尽量选择较大的 update time。

D.4 网络负载

网络负载是指使用的带宽与可用最大带宽的比值。假设每个设备在设备至控制器方向产生 1%的网络负载，最大负载发生在交换机与控制器之间。

通信同时在发送和接收方向进行，仅分析负载较高的一个方向即可。

网络规划要求确定最高网络负载的点，对该点进行负载限值的核算，推荐的网络负载限值见表 D.1。

表 D.1　推荐的网络负载限值

网络负载	推荐的措施
<20%	无需动作
20%～50%	检查网络负载规划
>50%	采取适当措施降低网络负载

为了识别出负载最高的位置，需要知道每个 PN 设备产生的循环网络负载，这取决于 update time 和数据量，设备的网络负载计算可采用专用工具计算。

另外，需检查非实时网络负载。例如，在网络规划图中，针对摄录机这样大量数据的设备，应采用单独的链路，避免通过控制链路传输数据。

D.5 检查 line depth

line depth 指 IO 设备至控制器之间的交换机数量，由于交换机会引入延时，因此在规划拓扑时应考虑 line depth 值的影响。大的 line depth 影响响应时间。"存储与转发交换机"以及"直通"交换机带来的延时不同，下面分别给出特定 update time 时，两种交换机分别对应的最大允许 line depth 见表 D.2 和表 D.3。

表 D.2　"存储并转发"交换机最大允许 line depth

update time	1ms	2ms	4ms	8ms
line depth	7	14	28	58

表 D.3　"直通"交换机最大允许 line depth

update time	1ms	2ms	4ms	8ms
line depth	64	100	100	100

如果 IO 设备与控制器间混合使用了两种交换机，则都按"存储并转发"型交换机计算 line depth。

成果七

智能制造测控装备分类和编码

引　言

标准解决的问题：

本标准规定了工业过程测量设备和控制设备的分类和编码方案，涉及设备类别、分类结构和编码；还规定了测量设备和控制设备的分类层级结构，以及相应的类别和标识。

标准的适用对象：

本标准适用于智能制造过程中测量设备和控制设备的分类和编码。

专项承担研究单位：

机械工业仪器仪表综合技术经济研究所。

专项参研联合单位：

中国仪器仪表学会、重庆川仪自动化股份有限公司、上海工业自动化仪表研究院、北京机械工业自动化研究所、上海自动化仪表有限公司、中国航空工业集团、西南电力设计院、西南大学、天津大学、重庆邮电大学、深圳万讯自控股份有限公司、北京研华兴业电子科技有限公司、罗克韦尔自动化（中国）有限公司、西门子公司。

专项参研人员：

王春喜、赵华、汪烁、卢铁林、于美梅、陈鹏、王英、王嘉宁、李百煌、张庆军、程爽、张晋宾、刘枫、董峰、黄庆卿、成继勋、刘学东。

智能制造测控装备分类和编码

1　范围

本标准规定了工业过程测量设备和控制设备的分类和编码方案，涉及设备类别、分类结构和编码，不涉及设备属性。

本标准规定了测量设备和控制设备的分类层级结构，以及相应的类别和标识。

本标准适用于智能制造过程中测量设备和控制设备的分类和编码。

2　规范性引用文件

下列文件对于本文件的应用是必不可少的。凡是注日期的引用文件，仅所注日期的版本适用于本文件。凡是不注日期的引用文件，其最新版本（包括所有的修改单）适用于本文件。

GB/T 17564.1—2011　电气项目的标准数据元素类型和相关分类模式　第 1 部分：定义　原则和方法

GB/T 20818.1—2015　工业过程测量和控制　过程设备目录中的数据结构和元素　第 1 部分：带模拟量和数字量输出的测量设备

GB/T ×××××—××××　智能制造测量装备　语义化描述和数据字典　通用要求

GB/T ×××××—××××　智能制造控制装备　语义化描述和数据字典　通用要求

IEC 61987-11：2012　工业过程测量和控制　过程设备目录中的数据结构和元素　第 11 部分：测量设备电子数据交换用属性列表（LOP）通用结构

IEC 61987-21：2015　工业过程测量和控制　过程设备目录中的数据结构和元素　第 21 部分：电子数据交换用自控阀的属性列表（LOP）通用结构

3　术语和定义

《智能制造测量装备　语义化描述和数据字典　通用要求》和《智能制造控制装备　语义化描述和数据字典　通用要求》两个标准中给出的术语和定义适用于本标准。

4　分类基本原则

4.1　科学性原则

测量设备和控制设备的分类应坚持科学性原则，把科学性作为分类的基本依据。

4.2　系统性原则

测量设备和控制设备的分类应坚持系统性原则，以数据属性一致性为基本内容，简化分类体系，减少信息冗余，优化分类结构。

4.3 可扩展性原则

考虑到测量设备和控制设备不断发展的客观情况，分类方案应能在符合其分类规则的基础上，对其进行扩展和延续。

4.4 综合实用性原则

测量设备和控制设备的分类应符合实用性原则，满足智能制造对于设备信息的需求。

5 测控装备的分类方法

5.1 测量设备的分类

根据在生产过程中的用途不同，将测量设备（包括视觉指示器、测量仪表、变送器、开关、测量仪表组件）进行分类。视觉指示器依据指示方式的不同进行详细分类，测量仪表依据测量变量的不同进行详细分类，变送器依据信号转换的不同进行详细分类，开关依据测量过程特性的二进制输出进行详细分类。图 1 用略图的方式说明了类别是如何建立的，测量设备的分类详细情况见附录 A 中的表 A.1。

在为设备创建属性列表时，测量组件可能是视觉指示器、测量仪表、变送器或者开关的一部分，视觉指示器、测量仪表、变送器或开关可能是复合设备的一部分。为清晰起见，以上这些未在图 1 中画出。

在通用数据字典中，测量设备归属于"自动化"领域。

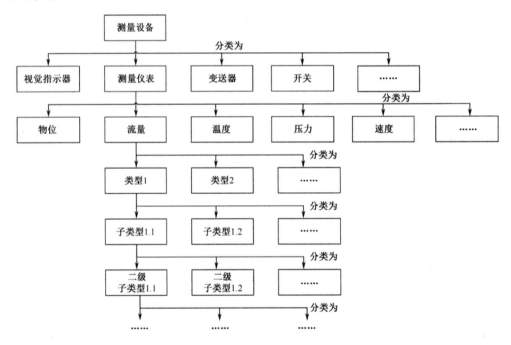

图 1 测量设备的分类

5.2 控制设备的分类

控制设备的分类根据控制对象不同分为控制器/控制系统和最终控制元件两大类，其中最终控制元件的分类依据 IEC 61987-21 标准中描述的基于被测量的工业过程最终控制元件的分类方案，控制器/控制系统的分类根据控制方式的区别进行分类。本标准所涉及的控制设备包括：控制器/控制系统、最终控制元件。

5.2.1　控制器/控制系统的分类

控制器/控制系统分类包括动态控制、数字控制（NC）、可编程逻辑控制器（PLC）、人机交互（HMI）等内容，如图 2 所示。

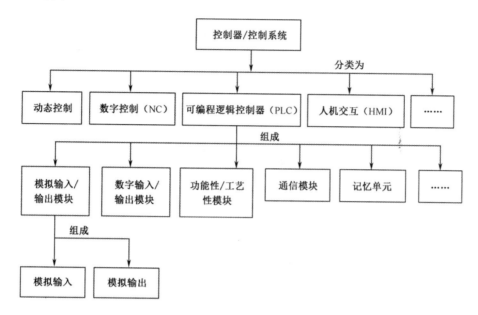

图 2　控制器/控制系统的类别

5.2.2　最终控制元件的分类

最终控制元件包括两个子类：控制阀或自动开/关阀和过程调节器（见图 3）。术语"阀"一般用于描述阀的整体，即阀体、执行机构和附件（例如定位器和反馈单元）。控制阀或自动开关阀的首层分类根据其组成分成阀体、执行机构、阀/执行机构附件、流体修正附件四类；在下一个子层级，阀体、执行机构、阀/执行机构附件、流体修正附件再根据作用方式对阀进行分类。图 3 中的"执行机构"又可按图 4 所示进行分类。

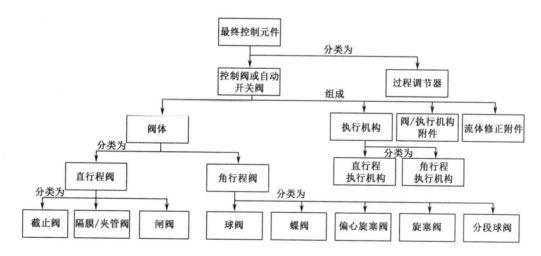

图 3　最终控制元件的类别

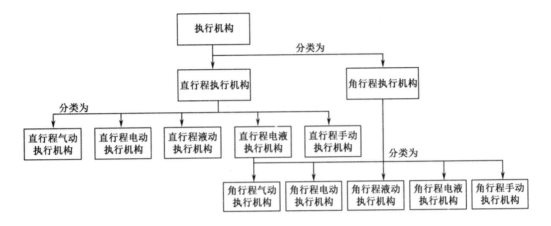

图 4　执行机构的类别

控制设备的分类详细情况见附录 A 中的表 A.2。

6　测控装备分类编码

6.1　基本原则

6.1.1　唯一性原则

在每一套编码体系中，一个代码只唯一表示一个编码对象。

6.1.2　可扩展性原则

代码应留有适当的后备容量，以便适应不断扩充和发展的需要。

6.1.3　合理性原则

代码结构应与分类体系相适应。

6.1.4　简明性原则

代码结构应尽量简单，长度尽量短。

6.2　编码方案

测控装备分类代码长度为十四位，它反映该设备在数据集中的位置。规则如下：
——第一、二位，代表所属范围。
——第三、四位，代表所属部类。
——第五、六位，代表所属部类下的大类。
——第七、八位，代表某大类下的中类。
——第九、十位，代表某中类下的小类。
——第十一、十二位，代表某小类下的细类。
——第十三、十四位，代表组。
设备分类代码结构如图 5 所示。

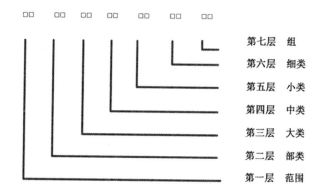

图5 设备分类代码结构图

第一层、第二层、第三层、第四层、第五层、第六层、第七层分别用 2 位数字表示，代码为 01~99，采用顺序码。

每一个层级的"其他"类代码均为"99"。

对分类终止于中间某一层级的代码，既代码有效位数不足 14 位时，计算机在进行信息处理时，采用自动向后补"0"至总代码长度的方法，以保证代码总长度不变。

6.3 GB/T17564 的编码

本标准中的设备存在于国际公共数据字典标准中的，继承国际标准中规定的对象代码，与国际标准保持一致。

GB/T17564.1—2011 标准的编码方案适用于本标准。该标准中对于工业过程测量和控制设备类型字典的编码原则如下：

a）分类中每个设备都被分配唯一的标识符，这个标识符在公共数据字典中是一个对象的代码。

b）为了唯一标识公共数据字典中的单个设备，也为了电子信息交换，采用与字符组合无关的语言。

c）设备的标识符由 6 个字符的设备代码、连字符、3 位设备版本号组成。

d）设备代码中，前三个字符应为字母且大写，后三个为数字（AAANNN）。字符"X"不应用作第一个字符。代码与设备的意义无任何关系。

e）设备代码仅可使用大写字母 A~Z（为避免误解，不使用字符 O 和 I），以及数字 0~9。

设备标识符举例：AAA000-001，其中 AAA000 是装备的代码，001 是版本号。

对于拥有国际标准标识符的设备类型，依据新增设备类型编码规则将取得一个新的代码，本标准在资料性附录中示范性地给出了最终控制元件的代码对照表。

智能制造测控装备的整体类别和编码情况见附录 A。

附录 A
（规范性附录）
智能制造测控装备的分类代码表

表 A.1 显示了形成标准基础的测量设备的分类和代码，每个设备都被分配了标识符，这个标识符在数据字典中是一个对象的代码，并且是唯一的。

表 A.1　测量设备的分类代码表

类　别					GB/T ××××—××××中的定义	标识符
测量仪表					一种自动化装置，检测材料的某个方面特性的产品，用于记录、转换、显示该特性或这些功能的组合	IEC-ABA001
	表（计）				一种测量仪器，直接测量和指示一个测量值，而不需辅助电源的表（计）	IEC-ABA643
		流量计			一种表（计），用于测量和指示流量	IEC-ABA644
			容积式流量计		一种流量计，将流体分成固定且可计量的体积进行流量测量的流量计 注：工业水表和气表是容积式流量计的特例	IEC-ABA645
				椭圆齿轮式流量计	一种容积式流量变送器，使用椭圆齿轮划分和测量流量	IEC-ABA646
				螺旋式流量计	一种容积式流量计，使用螺旋转子划分和测量流量	IEC-ABD338
				活塞式流量计	一种容积式流量计，使用活塞划分和测量流量	IEC-ABD339
				旋转式流量计	一种容积式流量计，使用离心悬挂鼓划分和测量流量	IEC-ABD389
			涡轮式流量计		一种流量计，使用旋转的转子作为介质，带动转子旋转以测量流量	IEC-ABA647
			可变面积流量计		一种流量计，将浮子与一个垂直的锥形玻璃流量管结合起来，以测量和指示流量	IEC-ABA648
		物位计			一种表（计），用于测量和指示物位	IEC-ABA649
			磁力式物位计		一种物位计，使用旁路管或使用带磁性内核的浮子与测量舱，通过与磁力组件相互作用产生颜色的变化来指示物位	IEC-ABA650
			机械式罐物位计		一种物位计，安装在罐的侧面或顶部，使用机械的方法将它与浮子连接起来，以测量和指示液位	IEC-ABA651
		压力计			一种表（计），用于测量和指示压力	IEC-ABA652
			绝对压力计		一种计量仪，用于测量和指示绝对压力	IEC-ABA653
			无液气压计		一种压力计，用一个真空膜盒和机械连接来测量和指示压力	IEC-ABA654
			差动压力计		一种计量仪，用于测量和指示两个分接点之间的压力差	IEC-ABA655
				波纹管差动压力计	一种差动压力计，利用波纹管敏感元件的压缩值来测量和指示压力差	IEC-ABA656
				弹簧管差动压力计	一种差动压力计，利用弹簧管敏感元件的偏转来测量和指示压力差	IEC-ABA657
				膜片式差动压力计	一种差动压力计，用隔膜的运动来测量和指示压力差	IEC-ABA658
				活塞式差动压力计	一种差动压力计，用钻孔中的浮动式活塞/磁体的运动来测量和指示压力差	IEC-ABA659
				膜片密封差动压力计	一种差动压力计，用膜片密封的形式将测量仪器与过程介质分开，但是将压力效果传送给敏感元件	IEC-ABA660

类 别				GB/T ××××—××××中的定义	标识符
			气流式压力计	一种压力计,专门用于指示和测量烟道系统和通风系统等系统中的微小压力变化	IEC-ABA661
			表压计	一种压力计,用于测量和显示与大气压相关的压力	IEC-ABA662
			波纹管压力计	一种表压计,利用波纹管敏感元件的压缩值来测量和指示表压	IEC-ABA663
			弹簧管压力计	一种表压计,利用弹簧管敏感元件的偏转来测量和指示表压	IEC-ABA664
			膜盒压力计	一种表压计,用每一面都带有膜片的焊接膜盒的压缩值来测量和指示表压	IEC-ABA665
			膜片式压力计	一种表压计,用膜片的移动来测量和指示表压	IEC-ABA666
			膜片密封压力计	一种表压计,用膜片密封的形式将测量仪器与过程介质分开,但是将压力效果传送给敏感元件	IEC-ABA667
			液压计	一种压力计,通常使用玻璃管内的液体体积来测量和指示表压	IEC-ABA668
			倾斜管液压计	一种液压计,含有一个倾斜于垂直方向的支脚,以便扩展量程获取更加微小的读数	IEC-ABA669
			U 型管液压计	一种 U 型液压计,在管中部分添水使 U 型管两边的液面高度不一致来测量和显示压力	IEC-ABA670
			井式液压计	测量和指示压力的双脚式液压计,一个支脚用作容器,另一个支脚具有相对较小的直径	IEC-ABA671
			温度计	一种计量仪,用于测量和指示温度	IEC-ABA672
			双金属温度计	一种温度计,用双金属片的偏转来测量和指示温度	IEC-ABA673
			系统填充式温度计	一种温度计,通过流体的热动力扩张,在敏感元件上产生压力,以便测量和指示温度	IEC-ABA674
			玻璃热力温度计	用一种温度计,使用流体的热力学扩张直接测量和指示温度	IEC-ABA675
			速度计	一种液压计,测量和指示速度的大小	IEC-ABA676
			转速计	一种速度计,测量和指示转动速度	IEC-ABA677
			体积计量仪	一种计量仪,测量和指示体积大小	IEC-ABA678
			正位移累加器	一种体积计量仪,通过将液体分成固定的可测量的单位体积并计数的方法,以测量和指示流过液体的总体积	IEC-ABA679
			涡轮累加器	一种体积计量仪,当介质通过转子叶片时带动转子旋转并计数,以便测量流速和指示已流过流体的总体积	IEC-ABA680
			重量计	一种计量仪,测量和指示重量	IEC-ABA681
			机械式称重大平	一种重量计,将物体放在天平的一边,另一边放置对应重量,以达到平衡来测量对象的重量	IEC-ABA682
			应变式重量计	一种重量计,用弹性材料的应变力来测量重量	IEC-ABA683
			测量装配件	一种测量仪器,它包含了一些必要的或是可选的部件,整体上执行计量仪、变送器或开关等功能	IEC-ABA684
			流量测量装配件	用于测量流量的测量装置 注:通常包括一个压力或水平变送器和一个主要元件	IEC-ABA685
			压力测量装配件	用于测量压力的测量装置 注:通常包含一个压力变送器和过程标记	IEC-ABA686
			温度测量装配件	用于测量温度的测量装置 注:通常包括一个热电偶、敏感元件、连接头、头戴式变送器以及可选的扩展器件	IEC-ABA687
			多点温度测量装配件	多环境用途的温度测量装置 注:传感器件是电阻式温度检测器或者热电偶	IEC-ABA688
			视觉指示器	提供视觉检查流程制度的测量设备	IEC-ABA689

智能制造基础共性标准研究成果（一）

类　　别				GB/T ××××—××××中的定义	标识符
			流量视觉指示器	用于呈现一个流体的流态	IEC-ABA690
			窥镜流量指示器	由一个带有窥镜的测量室和一个视觉指示器构成的用于显示流体的方向和流态的流体视觉指示器	IEC-ABA691
			液体视觉指示器	显示水平的流态的流体视觉指示器	IEC-ABA692
			旁路液体指示器	用透明的旁路试管或测量室来显示液体的水平的视觉指示器	IEC-ABA693
			压力视觉指示器	显示压力存在状态的视觉指示器	IEC-ABA694
			膜片式差动压力视觉指示器	用压力感应膜片的运动定性的显示压力差别的视觉指示器	IEC-ABA695
			活塞式差动压力视觉指示器	用压力感应活塞或磁铁定性的显示压力差别的视觉指示器	IEC-ABA696
			开关	提供一个反应过程特征的离散输出信号的测量设备	IEC-ABA697
			流量开关	提供一个反应流体特征的离散输出信号的开关	IEC-ABA698
			机械流量开关	运用机械方式检测流体特征的流量开关	IEC-ABA699
			划桨式开关	用划桨的旋转来检测流体特征的机械流量开关	IEC-ABA700
			热流量开关	用流体的热传递来检测流体特征的流体开关	IEC-ABA701
			变面积流量开关	用一个浮动在垂直的锥形玻璃流量管内的物体来检测流体特征的流量开关	IEC-ABA702
			物位开关	输出一个反应液位变化过程特征的离散信号开关	IEC-ABA703
			置换式物位开关	用水下移动元件的浮力来检测液体特征的液位开关	IEC-ABA704
			电气式物位开关	用电气性能的流程材料来检测流体特征液位开关	IEC-ABA705
			电容式物位开关	用介电性能的材料检测流体特征的电气式液位开关	IEC-ABA706
			电导式物位开关	用介电性能材料的电导性质检测流体特征的电气式液位开关	IEC-ABA707
			浮球式液位开关	用浮球和其随动件检测流体特征的液位开关	IEC-ABA708
			磁力浮球式液位开关	用磁力式随动件检测流体特征的液位开关	IEC-ABA709
			倾斜式液位开关	用一个浮动的倾斜的沉浮来检测流体特征的液位开关	IEC-ABA710
			液压液位开关	在流体的一端施加压力检测流体特征的液位开关	IEC-ABA711
			机械式物位开关	运用机械原理检测流体特征的液位开关	IEC-ABA712
			回旋式物位开关	用划桨的旋转来检测流体特征的液位开关	IEC-ABA713
			核原理物位开关	运用采用过程中材料对伽马辐射的吸收原理制成的液位开关	IEC-ABA714
			电阻带开关	运用电阻带的过程抵抗性来检测电平的特征	IEC-ABA715
			热物位开关	运用过程电导率的变化检测电平特性	IEC-ABA716
			振动物位开关	过程振动频率和振动幅度检测电平特性	IEC-ABA717
			振动叉物位开关	具有两部分振动的振动电平开关	IEC-ABA718
			振动棒物位开关	使用振动棒式传感器件的振动电平开关	IEC-ABA719
			波动式物位开关	通过测量波的传播时间或阻尼波的传播现象检测电平特性	IEC-ABA720
			无线雷达物位开关	通过测量无线雷达的传播时间检测电平特性	IEC-ABA721
			导波式物位开关	通过发射在杆、电缆或绳子等材料中传播的反射波检测电平特性	IEC-ABA722
			光学物位开关	运用光学器件检测电平特性	IEC-ABA723
			反射型物位开关	运用反射原理检测电平特性	IEC-ABA724
			折射型物位开关	运用折射原理检测电平特性	IEC-ABA725
			微波式物位开关	运用对微波的吸收原理检测电平特性	IEC-ABA726
			超声式物位开关	运用超声波的传输速度或对超声波的吸收特性检测电平特性	IEC-ABA727
			行程开关	输出反应位置特性的离散信号开关	IEC-ABA728
			机电开关	运用机电工作原理的行程开关	IEC-ABA729
			光电开关	运用光电工作原理的行程开关	IEC-ABA730

类　别			GB/T ××××—××××中的定义	标识符
		引发开关	在没有机械地连接检测物体的移动的行程开关	IEC-ABA731
	压力开关		输出反应压力特性的离散信号开关	IEC-ABA732
		表压开关	输出反应计压力特性的离散信号的压力开关	IEC-ABA733
		绝对压力开关	输出反应绝对压力特性的离散信号的压力开关	IEC-ABA734
		差压开关	输出反应差压特性的离散信号的压力开关	IEC-ABA735
	转速开关		输出反应旋转特性的离散信号的开关	IEC-ABA736
	温度开关		输出反应温度特性的离散信号的开关	IEC-ABA737
		双金属温度开关	运用双金属片的挠度检测温度特性的温度开关	IEC-ABA738
		全系统温度开关	运用流体的热胀冷缩原理生成的压力使传感器件检测温度特性的温度开关	IEC-ABA739
		热电阻温度开关	用热电阻设备作为传感器元件检测温度特性的温度开关	IEC-ABA740
		热电偶温度开关	用热电偶设备作为传感器元件检测温度特性的温度开关	IEC-ABA741
	温差开关		输出反应温差特性的离散信号的开关	IEC-ABA742
		双金属温差开关		IEC-ABA743
		全系统式温差开关	运用流体的热胀冷缩产生的压力差所对应的温度差来检测温度差	IEC-ABA744
		热电阻温差开关	用热电阻设备作为传感器元件检测温度差特性的温差开关	IEC-ABA745
		热电偶温差开关	用热电偶设备作为传感器元件检测温度差特性的温差开关	IEC-ABA746
	扭矩开关		输出反应扭矩特性的离散信号的开关	IEC-ABA747
	振动开关		输出反应振动特性的离散信号的开关	IEC-ABA748
	重量开关		输出反应重量特性的离散信号的开关	IEC-ABA749
		应变计重量开关	运用在弹性材料的压力检测重量特性的重量开关	IEC-ABA750
变送器			测量物理量并输出一个反应过程变量的输出信号的测量设备	IEC-ABA751
	加速度计		输出反应加速度特性的信号的变送器	IEC-ABA752
	电流变送器		输出反应电流特性的信号的变送器	IEC-ABA753
	密度变送器		输出反应密度特性的信号的变送器	IEC-ABA754
		浮力密度变送器	用预先设定好形状的物块不同部分淹没在液体中所受浮力大小对应测量密度特性	IEC-ABA755
		折射率式密度变送器	通过测定液体的折射率而输出反应密度特性的密度传递器	IEC-ABA756
		振荡式密度变送器	通过测定充满液体的管的振荡频率而输出反应密度特性的密度传递器	IEC-ABA757
		辐射式密度变送器	通过测定媒介的伽马吸收核辐射特定性而输出反应密度特性的密度传递器	IEC-ABA758
		振动式密度变送器	通过测定媒介中的振动叉或振动棒的振动频率而输出反应密度特性的密度传递器	IEC-ABA759
		超声波式密度变送器	通过测定超声波在媒介中的传播速度而输出反应密度特性的密度传递器	IEC-ABA760
	流量变送器		输出反应流体特性信号的传送仪	IEC-ABA761
		质量流量变送器	直接输出反应总流量特性信号的流量计	IEC-ABA762
		科氏质量流量变送器	用科里奥利准则测定而输出反应总流量特性的信号的流量计	IEC-ABA763
		音速喷管质量流量变送器	通过测量进口压力和终端喷管的温度而输出反应总流量特性的流量计	IEC-ABC566
		热式质量流量变送器	通过测定流体运动过程中热量传导而输出反应总流量特性的流量计	IEC-ABA764
		多相流量变送器	输出反应多个相数中每个相的流量大小的信号流量计	IEC-ABA765
		压力式流量变送器	通过测定流体外露压力而计算流体速率的流量计	IEC-ABA766
		差压流量变送器	通过测定一个基础元件的压差来确定流体特性	IEC-ABA767

续表

类　别					GB/T ××××—××××中的定义	标识符
				椭圆式差压流量变送器	运用一个近似锥形收缩作为基础元件的压差流量计	IEC-ABC567
				皮托管流量变送器	将皮托管作为基础元件的差压流量计	IEC-ABA768
				节段楔形流量变送器	将节段楔形物作为基础元件的差压流量计	IEC-ABA769
				V锥流量变送器	将V锥形物作为基础元件的差压流量计	IEC-ABA770
				变面积差压流量变送器	通过收缩阀门使得面积发生变化而使压差不变来测定流体的流速	IEC-ABA771
				转子流量变送器	用浮动在一个倾斜的流体管内的浮物来测定流体的特性	IEC-ABA772
				文丘里流量变送器	将文丘里管作为基础元件的差压流量计	IEC-ABA773
				平衡力式流量变送器	通过测定流体流露出的力的大小而计算流体的速率	IEC-ABA774
				碰撞时流量变送器	通过测定在金属板上流体的冲击力而输出反应流体特性的信号	IEC-ABA775
				靶式流量变送器	将靶作为基础元件的平衡力式流量计	IEC-ABA776
				叶片式流量变送器	在测量室中用一个或多个叶片来测量流体的平衡力式流量计	IEC-ABA777
				头式流量传感器	通过测定起始处在阻塞或限制的作用下的不同而输出反应流体特性的信号的压力式流量传感器	IEC-ABA778
				开通道式流量变送器	在开通道处设置阻塞或限制作用而输出反应流体特性信号的头式流量传感器	IEC-ABA779
				水槽流量变送器	用一个水槽在起始处产生差异的开通道式流量计	IEC-ABA780
				堰式流量变送器	用一个水堰状物块在起始处产生差异的开通道式流量计	IEC-ABA781
				体积式流量变送器	直接输出反应流体流量体积的流量计	IEC-ABA782
				容积式流量变送器	将流体分流成固定大小容积以致测定流体容积的流速	IEC-ABA783
				齿轮式流量变送器	用齿轮将流体分作不同可测量的流体的容积式流量计	IEC-ABA784
				椭圆状齿轮式流量变送器	用椭圆状齿轮的齿轮式流量计	IEC-ABA785
				螺旋式流量变送器	用螺旋转子分流的容积式流量计	IEC-ABA786
				下垂盘式流量变送器	用下垂盘分流的容积式流量计	IEC-ABA787
				活塞式流量变送器	用活塞分流的容积式流量计	IEC-ABA788
				旋转式流量变送器	通过反复地从鼓面上流过的方式分流的容积式流量计	IEC-ABA789
				流速流量变送器	通过测量流速最终达到测定流体速率的流量计	IEC-ABA790
				多普勒流量变送器	运用多普勒效应测定流体特性的流速流量计	IEC-ABA791
				电磁式流速流量变送器	运用电磁场原理测定流体特性的流速流量计	IEC-ABA792
				嵌入电磁式流速流量变送器	运用电磁场原理测定指定点的流体特性的流速流量计	IEC-ABA793
				旋转式流速流量变送器	用物块的旋转来测定流体特性的流速流量计	IEC-ABA794
				划桨式流速流量变送器	用划桨的旋转来测定流体特性的流速流量计	IEC-ABA795
				嵌入划桨式流速流量变送器	用划桨的旋转来测定指定位置的流体特性的流速流量计	IEC-ABA796
				螺旋桨式流速流量变送器	用螺旋桨的旋转来测定流体特性的流速流量计	IEC-ABA797

类　　别					GB/T ××××—××××中的定义	标识符
				叶片旋转式流速流量变送器	用叶片的旋转来测定流体特性的流速流量计	IEC-ABA798
				涡轮式流速流量变送器	用涡轮的旋转来测定流体特性的流速流量计	IEC-ABA799
			漩涡式流速流量变送器		用固定螺旋叶片产生漩涡的形式测量流体特性的流量计	IEC-ABA800
			超声波式流速流量变送器		运用超声波在介质流体中的传播测定流体特性的流速流量计	IEC-ABA801
			涡流式流速流量变送器		用涡流从高处流出的形式测定流体特性的流速流量计	IEC-ABA802
		物位变送器			输出反应液位特性的信号	IEC-ABA803
		平衡浮子式物位变送器			用排水量的大小反应浮力大小的液位变送器	IEC-ABA804
		电气式物位变送器			用流体过程材料的电气性能测量流体特性的液位变送器	IEC-ABA805
			电容式物位变送器		用流体过程材料的电介质属性测量流体特性的液位变送器	IEC-ABA806
			导纳式物位变送器		用流体过程材料的无线电射频导纳测量流体特性的液位变送器	IEC-ABA807
			电导式物位变送器		用流体过程材料的电导测量流体特性的液位变送器	IEC-ABA808
		浮物式物位变送器			用浮物和其随动件测量流体特性	IEC-ABA809
			电磁收缩式变送器		用电磁收缩原理决定浮物位置的浮物式液位变送器	IEC-ABA810
			磁体式变送器		用磁体和电阻器决定浮物位置的浮物式液位变送器	IEC-ABA811
		静压力式液位器			用起始位置流体的压力测量流体特性的液位器	IEC-ABA812
			差压式物位变送器		用不同压力测量流体特性的静压力式液位器	IEC-ABA813
			压强式物位变送器		用压强计测量流体特性的静压力液位器	IEC-ABA814
				浸入式物位变送器	将传感器件浸入在待测流体中的压强式液位器	IEC-ABA815
		机械式物位变送器			用机械原理测定待测流体特性的液位器	IEC-ABA816
			铅垂式物位变送器		用物体上的线或胶带作为敏感元件的机械式液位器	IEC-ABA817
			伺服式物位变送器		用伺服电机驱动浮物的方式测量流体特性的液位器	IEC-ABA818
		原子能式物位变送器			用流体过程材料对伽马射线的吸收测量流体特性	IEC-ABA819
		光学式物位变送器			用流体过程材料对光的反射和折射原理测量流体特性	IEC-ABA820
			折射式物位变送器		用流体和传感物质的折射率的不同测量流体特性的光学液位器	IEC-ABA821
		电阻式物位变送器			用探针电阻的变化测量流体特性的液位器	IEC-ABA822
		波动原理式物位变送器			用波的传播时间或波传播的阻尼现象测量流体特性	IEC-ABA823
		自由雷达物位变送器			用雷达射束的传播时间测量流体特性	IEC-ABA824
			连续波式雷达物位变送器		用连续波测量流体特性的自由雷达液位器	IEC-ABA825
			脉冲波式雷达物位变送器		用脉冲波测量流体特性的自由雷达液位器	IEC-ABA826
		导波雷达物位变送器			发射一个被电缆、棒或绳子传输的波到媒介表面从而根据波经反射回到起始位置的时间测量流体特性	IEC-ABA827
		激光式物位变送器			用激光束的传播测量流体特性	IEC-ABA828
		超声波式物位变送器			用超声波束的传播测量流体特性	IEC-ABA829
		功率变送器			输出反应电能特征信号的变送器	IEC-ABA830
		压力变送器			输出反应压力特征信号的变送器	IEC-ABA831
		绝对压力变送器			测量传送到压力传感器的相对于真空的压力特性	IEC-ABA832
		差压变送器			测量一件传感器件两边的差压特性	IEC-ABA833
		表压变送器			测量传送到压力传感器的相对于大气压强的压力特性	IEC-ABA834
		温度变送器			输出反应温度特性信号的变送器	IEC-ABA835
			辐射式温度变送器		通过测定媒介发射出的指定波长的红外线从而测量温度特性	IEC-ABA836

类　　别			GB/T ××××—××××中的定义	标识符
		热电阻式温度变送器	用热电阻作为温度敏感元件的温度变送器	IEC-ABA837
		热电偶式温度变送器	用热电偶作为温度敏感元件的温度变送器	IEC-ABA838
		速度传感器	输出反应速度特性信号的传感器	IEC-ABA839
		风速计	测量气体速度特性特别是测量风速特性	IEC-ABA840
		电压变送器	输出反应电势特性信号的传感器	IEC-ABA841
		重力变送器	输出反应重力特性信号的传感器	IEC-ABA842
		应变式重力变送器	运用弹性材料的弹性应变测量重力的重力传感器	IEC-ABA843
		固态质量流量变送器	为了给定疏松媒介的质量流的重力传感器	IEC-ABA844
	测量仪表组件		组件可能是测量仪表的一部分，也可能单一构成测量仪器	IEC-ABA845
		模拟信号开关	在模拟量的输入和输出间提供连续信号的器件	IEC-ABA846
		连接头	机械地连接敏感元件并使能另外的器件,组成如接线盒般起连接作用的器件	IEC-ABA847
		温度传感器连接头	温度传感器的连接头	IEC-ABA848
		转换器	一种仪表组件，能量从一种形式转换成另一种形式	IEC-ABA849
		电力水能转换器	一种转换器，将电能转换成水能	IEC-ABA850
		电力气能转换器	一种转换器，将电能转换成气动能	IEC-ABA851
		数模转换器	一种转换器，将数字信号转换成模拟信号	IEC-ABA852
		频率模拟转换器	一种转换器，将频率信息转换为模拟信息	IEC-ABA853
		压电转换器	一种转换器，将压强信息转换成电力信息	IEC-ABA854
		模数转换器	一种转换器，将模拟信号转换成数字信号	IEC-ABA855
		适配器	用于校对方向、比较大小、分支、连接或定位的元件	IEC-ABA856
		延伸管	可以在传感器件和变送器间收缩变换距离的管状器件	IEC-ABA857
		量槽	具有测量液位功能的环境空间	IEC-ABA858
		防护管	具有保护传感器件作用的套管	IEC-ABA859
		温度计保护管	保护温度计不受外在媒介的干扰的密封式容器	IEC-ABA860
		温度计保护管外延	一种测量仪表，不需辅助能源供电直接测量和指示物理量	IEC-ABE664
		密封件	压力表、转换器或开关的组件，密封和隔离测量仪表以免在其被媒介掩盖时不能进行测量	IEC-ABA861
		胶囊式密封	在工作过程中将其密封成胶囊状	IEC-ABA862
		膜片密封	在工作过程中包含合适的膜片进行密封	IEC-ABA863
		内联密封	内置一个管道进行密封的密封方式	IEC-ABA864
		远程密封	用流体管连接主测量器件的密封方式	IEC-ABA865
		继电器	当状态发生改变时将回路切换至其他回路的设备或组件	IEC-ABA866
		电气继电器	当电路发生改变时将电路切换至其他电路的继电器	IEC-ABA867
		气动继电器	当启动地发生改变时将气动回路切换至其他气动的继电器	IEC-ABA868
		升压继电器	提高气动信号的放大器	IEC-ABA869
		敏感元件	测量器件是测量过程中的基础而传感器件是将不可标物理量转化成一个可测物理量的过程	IEC-ABA870
		力敏感元件	将物理力转化成物理电学信号的器件	IEC-ABA871
		测压元件	将重物重量转化成模拟的电学信号的压力传感器	IEC-ABA872
		应变仪元件	将应变特性转化成电学信号的压力传感器	IEC-ABA873
		位移探针	用于检测位移的敏感元件	IEC-ABA874
		温度元件	用于检测温度的敏感元件	IEC-ABA875
		电阻式温度元件	运用电阻在温度变化时的线性来检测温度的敏感元件	IEC-ABA876
		热电阻式温度组元件	用热电阻作为敏感元件的电阻式温度组件	IEC-ABA877

续表

类　别				GB/T ××××—××××中的定义	标识符
			热敏电阻式温度元件	用热敏电阻作为敏感元件的电阻式温度组件	IEC-ABA878
			电压式温度组件	一种温度组件，使用温度对电压的依赖感应温度	IEC-ABE333
			热电偶	由一对不同材料导体组成，一端加在待测位置，另一端做参考端，将产生线性与温度相关的电动势的回路作为温度组件	IEC-ABA879
			红外探测器	一种温度组件，使用温度对辐射的依赖感应温度	IEC-ABE334
			光子探测器	一种红外探测器，使用光敏元件感应温度	IEC-ABE335
			热探测器	一种红外探测器，使用热敏元件感应温度	IEC-ABE336
	变送器			将工作过程中产生的变化的物理量转化成标准输出的器件组成	IEC-ABA880
		积分式变送器		将积分部分安置于敏感元件中的变送器	IEC-ABA881
		分离式流量变送器		将变送器分离同时用信号线连接共同作用的变送器	IEC-ABA882
		头式流量变送器		具有可连接接头的分离式变送器	IEC-ABA883
	基本元件			将变化中的待测能量转化成可测的测试量的器件组成	IEC-ABA884
		水槽		在流体起始处通过流体生成不同流体的基本元件	IEC-ABA885
		喷嘴		在导管开始处通过限制生成不同压强流体的基本元件	IEC-ABA886
		孔板		在导管开始处通过一定程度上阻碍生成不同压强流体的基本元件	IEC-ABA887
		皮托管		测量管道内指定点的静压力的基本元件	IEC-ABA888
		音速喷嘴		在导管开始处通过限制生成不同压强气流以使其达到音速的基本元件	IEC-ABC568
		拦截堰		在开流通道开始处通过一定程度上阻碍生成不同压强流体的基本元件	IEC-ABA889

表 A.2 显示了形成标准基础的控制设备的分类和代码，每个设备都被分配了标识符，这个标识符在数据字典中是一个对象的代码，并且是唯一的。

表A.2　控制设备的分类代码表

类　别			GB/T ××××—××××中的定义	标识符
控制设备			用于控制的设备	02
	控制器/控制系统		控制器/控制系统是指由控制主体、控制客体和控制媒体组成的具有自身目标和功能的管理系统	0201
		基于微机的控制	基于微型计算机如单片机的控制	020101
		软 PLC	软件 PLC 系统包括开发系统和运行系统两部分	02010101
		传感器接口	指传感器与微机的接口，一般包括模拟量接口方式、开关量接口方式、数字量接口方式	02010102
		定时器/计数器	用于定时的机械或电子装置	02010103
		放大器	能把输入讯号的电压或功率放大的装置，由电子管或晶体管、电源变压器和其他电器元件组成	02010104
		寄存器	指有限存贮容量的高速存贮部件，可用来暂存指令、数据和地址	02010105
		电源组件	指提供给用电设备电力供应的电源部分	02010106
		模块载体	指用于承载无线模块等功能模块的载体	02010107
		其他	其他	02010199
		数字控制（NC）	数字控制是一种借助数字、字符或者其他符号对某一工作过程进行编程控制的专门的计算机	020102
		基于微机的数控	基于微型计算机如单片机的数字控制	02010201
		基于控制器的数控	基于控制器如 PLC 的数字控制	02010202
		中央处理器 CPU	中央处理器是一块超大规模的集成电路，主要功能是解释计算机指令以及处理计算机软件中的数据	02010203

类　别			GB/T ××××—××××中的定义	标识符
		模拟外围设备	与数字控制单元通过模拟信号交换的外围设备	02010204
		数字外围设备	与数字控制单元通过数字信号交换的外围设备	02010205
		通信	实现与网络、其他外接设备通信的功能	02010206
		电源	指提供给用电设备电力供应的电源部分	02010207
		内部连接系统	数字控制单元的内部连接总线方式	02010208
		数控软件	实现数字控制的软件	02010209
		其他	其他	02010299
	可编程逻辑控制器（PLC）		用户根据所要完成的自动化系统要求而建立的由可编程序控制器及其相关外围设备组成的配置。其组成是一些由连接永久设施的电缆或插入部件，以及由连接便携式或可搬运外围设备的电缆或其他连接方式互联的单元（GB/T15969.1）	020103
		模拟输入输出模块	模拟输入输出模块是实现CPU和传感器或执行机构间二进制数字信号与模拟电压或电流信号转换的模块，又叫A/D转换输入、D/A转换输出模块	02010301
		模拟输入	把一种连续信号转换成供PLCs使用的离散量的一个多比特二进制数的模块（来自GB15969.2）	0201030101
		模拟输出	把来自PLCs的一个多比特二进制数转换成一种连续信号的模块（来自GB15969.2）	0201030102
		数字输入输出模块	数字输入输出模块是实现CPU和传感器或执行机构间二进制数字信号与开关信号转换的模块	02010302
		数字输入	用于监测开关元件信号的器件，它把一个两态信号转换成一个单比特二进制数（来自GB15969.2，有改动）	0201030201
		数字输出	用于监测开关元件信号的器件，它把来自PLCs的一个多比特二进制数转换成一种连续信号的模块（来自GB15969.2）	0201030202
		中央处理器CPU	中央处理器是一块超大规模的集成电路，主要功能是解释计算机指令以及处理计算机软件中的数据	02010303
		功能模块	指增强PLC的功能而开发的供用户选用的特殊功能模块，又称智能模块	02010304
		通信模块	指PLC中使用网络通信功能模块	02010305
		电源	指提供给用电设备电力供应的电源部分	02010306
		存储模块	用于存储信息的记忆单元	02010307
		编程模块	指用来生成用户程序，并能够编辑、检查、修改和监视用户程序的执行情况的模块	02010308
		系统程序	PLC的系统程序，属于软件部分	02010209
		其他	其他	02010399
	人机界面（HMI）		指人与计算机系统之间的通信媒体或手段，是人与计算机之间进行各种符号和动作的双向信息交换的平台	020104
		图形面板	指采用图形方式显示的计算机操作用户界面	02010401
		移动图形面板	可移动的图形面板	0201040101
		固定图形面板	不可移动的图形面板	0201040102
		文本面板	指采用命令行显示的计算机操作用户界面	02010402
		移动文本面板	可移动的文本面板	0201040201
		固定文本面板	不可移动的文本面板	0201040202
		按钮控制面板	指采用按钮控制的用户界面	02010403
		其他	其他	02010499
	控制软件		执行控制命令的软件	020105
		集成开发环境IDE	用于提供程序开发环境的应用程序	02010501

类　　别				GB/T ××××—××××中的定义	标识符
			功能模块	满足用户需求的特殊功能模块	02010502
			插件	是一种遵循一定规范的应用程序接口编写出来的程序	02010503
			其他	其他	02010599
		DCS		DCS 是分布式控制系统的英文缩写（Distributed Control System），又称之为集散控制系统。是相对于集中式控制系统而言的一种新型计算机控制系统，它是在集中式控制系统的基础上发展、演变而来的	020106
			模拟输入输出模块	模拟输入输出模块是实现 CPU 和传感器或执行机构间二进制数字信号与模拟电压或电流信号转换的模块，又叫 A/D 转换输入、D/A 转换输出模块	02010601
			模拟输入	把一种连续信号转换成供 PLCs 使用的离散量的一个多比特二进制数的模块（来自 GB15969.2）	0201060101
			模拟输出	把来自 PLCs 的一个多比特二进制数转换成一种连续信号的模块（来自 GB15969.2）	0201060102
			数字输入输出模块	数字输入输出模块是实现 CPU 和传感器或执行机构间二进制数字信号与开关信号转换的模块	02010602
			数字输入	用于监测开关元件信号的器件，它把一个两态信号转换成一个单比特二进制数（来自 GB15969.2，有改动）	0201060201
			数字输出	用于监测开关元件信号的器件，它把来自 PLCs 的一个多比特二进制数转换成一种连续信号的模块（来自 GB15969.2）	0201060202
			中央处理器 CPU	中央处理器是一块超大规模的集成电路，主要功能是解释计算机指令以及处理计算机软件中的数据	02010603
			储存模块	用于存储信息的记忆单元	02010604
			数字通信连接	指 DCS 中使用的网络通信功能模块	02010605
			其他	其他	02010699
		通信控制器		是指在数据通信系统中，处于数据电路和主机之间，用于控制数据传输的通信接口设备	020107
			工业以太网	工业以太网是基于 IEEE 802.3 (Ethernet)的区域和单元网络	02010701
			现场总线	在制造或过程区域用于连接多个设备的数据通道	02010702
			无线现场总线	使用无线方式、在制造或过程区域用于连接多个设备的数据通道	02010703
			其他	其他	02010799
		其他		其他	020199
	其他			其他	0299
	最终控制单元			定量响应控制信号并执行实际控制动作的装置	IEC-ABD340
		控制阀或自动开/关阀		按大小比例改变流体流速（控制阀），或者根据控制或安全仪表系统的信号状态切断或允许流量（自动截止阀）的最终控制元件。注 1：一个控制阀或自动开/关阀包括一个阀体总成、一个执行机构和所需要的其他阀配件。注 2：一个控制阀或自动开/关阀包括一个阀体总成、一个执行机构和所需要的其他阀配件	IEC-ABD341
			阀体装配件	控制阀或自动开/关的截止阀组成保压壳套的部分，包括改变流速的截流件	IEC-ABD342
			直行程阀	为调节流量，向着或者远离阀座直行程移动的带有闭合件的阀	IEC-ABD343
			球形阀	直行程阀，其截流件的移动方向垂直于阀座平面	IEC-ABD344
			隔膜/夹管阀	直行程阀，其穿过阀的流体流量由于柔性截流件的变形而改变	IEC-ABD346
			闸阀	直行程阀，是截流件在平行于阀座平面的方向上移动的扁平闸阀	IEC-ABD345
			角行程阀	为调节流量，截止件向着或者远离阀座做旋转移动的阀	IEC-ABD347

类 别					GB/T ××××—××××中的定义	标识符
				球阀	角行程阀，其截流件是具有内部通道的球体。 注：球体表面的中心与主轴的中心一致	IEC-ABD349
				蝶阀	角行程阀，具有环形阀体和做旋转运动的由阀杆支撑的圆盘形截止件。 注：阀杆和/或截流件可以同心或者偏心	IEC-ABD352
				偏心旋塞阀	角行程阀，截流件的形状可以是球形或圆锥体的一部分	IEC-ABD348
				旋塞阀	角行程阀，截流件为具有内部通道的圆柱或圆锥形	IEC-ABD351
				截型球阀	角行程阀，截流件的形状是球体的一部分。 注：球体表面的中心与主轴的轴向一致	IEC-ABD350
				执行机构	控制阀或自动开/关阀的一部分，该部分将信号转换为相应动作以控制内部调节机械装置（截流件）的位置。 注：信号或激励源可以是气动、电气、液压，或这几种的任意组合	IEC-ABD353
				直行程执行机构	沿阀座平面的垂直线移动的执行机构	IEC-ABD354
				气动直行程执行机构	使用气动信号控制移动的直行程执行机构	IEC-ABD356
				电气直行程执行机构	使用电气信号控制移动的直行程执行机构	IEC-ABD355
				液压直行程执行机构	使用液压信号控制移动的直行程执行机构	IEC-ABD357
				电气液压直行程执行机构	使用电气液压信号控制移动的直行程执行机构	IEC-ABD358
				手动直行程执行机构	使用手轮或类似机械方法控制移动的直行程执行机构	IEC-ABD359
				角行程执行机构	向着或远离阀座转动以调节流量的执行机构	IEC-ABD360
				气动角行程执行机构	使用气动信号控制移动的角行程执行机构	IEC-ABD365
				电气角行程执行机构	使用电气信号控制移动的角行程执行机构	IEC-ABD361
				液压角行程执行机构	使用液压信号控制移动的角行程执行机构	IEC-ABD363
				电气液压角行程执行机构	使用电气液压信号控制移动的角行程执行机构	IEC-ABD362
				手动角行程执行机构	使用手轮或类似机械方法控制移动的角行程执行机构	IEC-ABD364
				阀/执行机构 附件	控制阀或自动开/关阀的一部分，通常附属于执行机构，提供附加的控制功能。 注：例如定位器、继电器、电磁阀、空气过滤解压器、手轮和限位开关	IEC-ABD366
				定位器	执行机构/阀附件，机械连接于最终控制元件的移动部分或它的执行机构，自动调节其输出，以根据输入信号按比例维持截流件的预期位置	IEC-ABD367
				电-气转换器 （I/P 转换器）	执行机构/阀附件，由一个系统的电流信号驱动，向第二个系统发送气动信号	IEC-ABD370
				电磁阀	执行机构/阀附件，包含直线动作的阀，装配有电磁线圈以进行快速操作	IEC-ABD371
				限位开关	执行机构/阀附件，包含与阀杆相连的气动、液压或电气设备以检测单个预设的阀杆位置。 注：位置开关也被称为限位开关	IEC-ABD368
				空气操作阀	执行机构/阀附件，包含由气动信号触发的 2/2、3/2 或 5/2 继动器	IEC-ABD376
				过滤调节器	执行机构/阀附件，包含用于控制阀执行机构和其辅助设备的供气压力的调节器	IEC-ABD377
				锁定继电器	执行机构/阀附件，锁定在其激励位置的继电器	IEC-ABD378
				位置发送器	执行机构/阀附件，机械连接于阀杆或主轴，产生和发送代表阀位置的气动或电气信号。 注：位置反馈是 IEC 60534-7 中的术语	IEC-ABD369
				快速排气装置	执行机构/阀附件，是使用在单作用气动执行机构中的快速作用阀，用于快速释放压力	IEC-ABD380

类　别				GB/T ××××× —×××× 中的定义	标识符
				执行机构/阀附件，在超出设定限值时自动释放压力的安全阀，当压力降低到设定值以下时关闭。 注：作用于气体或蒸汽，完全释放压力的泄压阀	
			执行机构泄压阀		IEC-ABD373
			反相放大器	执行机构/阀附件，使用单作用气动或电-气定位器或位置开关来操作双作用气动执行机构	IEC-ABD379
			气体继动器	执行机构/阀附件，与定位器一起使用，以增加气动执行机构的定位速度	IEC-ABD372
			洗气罐	执行机构/阀附件，由一个在仪表液体供应流失的情况下提供备用的气罐构成	IEC-ABD322
			流量修正附件	执行机构或自动开/关阀附件，用于修正流体的流量特性。 注：通常由安装在阀体装配件的管道上游和/或下游的设备构成	IEC-ABD381
			扩散器	流量修正附件，由固定面积的多孔板、插管或类似的结构组成，安装在阀体装配件的下游。 注：它用于如降低阀产生的噪声等级或降低阀的压降等	IEC-ABD383
			限流孔板	流量修正附件，包含具有一个或多个孔的平板	IEC-ABD382
		过程调节器		最终控制元件，由自力式控制阀构成的执行器，适用于调节流量流速以保持预定的上游或下游的过程压力	IEC-ABD385
			减压调节器	过程调节器，反作用于弹簧压力以维持恒定的下游压力	IEC-ABD386
			背压/超压调节器	过程调节器，反作用于弹簧压力以维持恒定的上游压力	IEC-ABD387
			差压调节器	过程调节器，反作用于弹簧压力以维持恒定的差压	IEC-ABD374
			流量调节器	过程调节器，反作用于弹簧压力以维持恒定的流量值	IEC-ABD375
			温度调节器	过程调节器，用于调节流量流速以维持预定的下游过程温度	IEC-ABD388

附录 B
（资料性附录）
最终控制元件代码对照表

本标准中，存在于国际标准中并被赋予了对象代码的设备，优先采用国际编码，同时可依据本标准规定的编码规则赋予新的代码，附录 B 以最终控制元件为例，给出代码对照表（见表 B.1），以供参考。

表 B.1　最终控制元件代码对照表

设备类型	国际标准代码	新增代码
最终控制元件	IEC-ABD340	0202
控制阀或自动开/关阀	IEC-ABD341	020201
阀体装配件	IEC-ABD342	02020101
直行程阀	IEC-ABD343	0202010101
球形阀	IEC-ABD344	020201010101
隔膜/夹管阀	IEC-ABD346	020201010102
闸阀	IEC-ABD345	020201010103
角行程阀	IEC-ABD347	0202010102
球阀	IEC-ABD349	020201010201
蝶阀	IEC-ABD352	020201010202
偏心旋塞阀	IEC-ABD348	020201010203
旋塞阀	IEC-ABD351	020201010204
截型球阀	IEC-ABD350	020201010205
执行机构	IEC-ABD353	02020102
直行程执行机构	IEC-ABD354	0202010201
气动直行程执行机构	IEC-ABD356	020201020101
电气直行程执行机构	IEC-ABD355	020201020102
液压直行程执行机构	IEC-ABD357	020201020103
电气液压直行程执行机构	IEC-ABD358	020201020104
手动直行程执行机构	IEC-ABD359	020201020105
角行程执行机构	IEC-ABD360	0202010202
气动角行程执行机构	IEC-ABD365	20201020201
电气角行程执行机构	IEC-ABD361	20201020202
液压角行程执行机构	IEC-ABD363	020201020203
电气液压角行程执行机构	IEC-ABD362	020201020204
手动角行程执行机构	IEC-ABD364	020201020205
阀/执行机构 附件	IEC-ABD366	02020103
定位器	IEC-ABD367	0202010301
电-气转换器（I/P 转换器）	IEC-ABD370	0202010302
电磁阀	IEC-ABD371	0202010303

续表

设备类型	国际标准代码	新增代码
限位开关	IEC-ABD368	0202010304
空气操作阀	IEC-ABD376	0202010305
过滤调节器	IEC-ABD377	0202010306
锁定继电器	IEC-ABD378	0202010307
位置发送器	IEC-ABD369	0202010308
快速排气装置	IEC-ABD380	0202010309
执行机构泄压阀	IEC-ABD373	0202010310
反相放大器	IEC-ABD379	0202010311
气体继动器	IEC-ABD372	0202010312
洗气罐	IEC-ABD322	0202010313
流量修正附件	IEC-ABD381	02020104
扩散器	IEC-ABD383	0202010401
限流孔板	IEC-ABD382	0202010402
过程调节器	IEC-ABD385	020203
减压调节器	IEC-ABD386	02020301
背压/超压调节器	IEC-ABD387	02020302
差压调节器	IEC-ABD374	02020303
流量调节器	IEC-ABD375	02020304
温度调节器	IEC-ABD388	02020305

参 考 文 献

[1] GB/T 17645　工业自动化系统和集成　零件库
[2] GB/T 16656　工业自动化系统与集成　产品数据表达和交换
[3] GB/T 17564　电气元器件的标准数据元素类型和相关分类模式

成果八

智能制造测量装备
语义化描述和数据字典　通用要求

引　言

标准解决的问题：

本标准提供了测量装备及其操作环境和操作要求的标准化描述方法，规定了测量装备类型和使用的结构化属性列表，并在组建数据字典中设置属性关联，最终产生一个参考数据字典。该字典是基于属性列表建立的。

标准的适用对象：

本标准适用于智能制造过程中的测量装备。

专项承担研究单位：

机械工业仪器仪表综合技术经济研究所。

专项参研联合单位：

中国仪器仪表学会、重庆川仪自动化股份有限公司、上海工业自动化仪表研究院、北京机械工业自动化研究所、上海自动化仪表有限公司、中国航空工业集团、西南电力设计院、西南大学、天津大学、重庆邮电大学、深圳万讯自控股份有限公司、北京研华兴业电子科技有限公司。

专项参研人员：

王春喜、汪烁、赵华、卢铁林、于美梅、陈鹏、王英、王嘉宁、李百煌、张庆军、程爽、张晋宾、刘枫、董峰、黄庆卿、成继勋、刘学东。

智能制造测量装备　语义化描述和数据字典　通用要求

1　范围

本标准提供了测量装备，以及其操作环境和操作要求的标准化描述方法。

本标准规定了测量装备类型和使用的结构化属性列表，并在组建数据字典中设置属性关联，最终产生一个参考数据字典。该字典是基于属性列表建立的。

本标准适用于智能制造过程中的测量装备。

2　规范性引用文件

下列文件对于本文件的应用是必不可少的。凡是注日期的引用文件，仅注日期的版本适用于本文件。凡是不注日期的引用文件，其最新版本适用于本标准。

GB 3100　国际单位制及其应用

GB/T 5094.1—2002　工业系统、装置与设备以及工业产品结构原则与参照代号　第 1 部分：基本规则

GB/T 17564　电气元器件的标准数据元素类型和相关分类模式

GB/T 17645　工业自动化系统与集成零件库

GB/T 20438.6—2006　电气/电子/可编程电子安全相关系统的功能安全　第 6 部分：GB/T 20438.2 和 GB/T 20438.3 的应用指南

GB/T 20818　工业过程测量和控制过程设备目录中的数据结构和元素

IEC 62424　过程控制工程的表示　P&I 流程图中的要求和 P&ID 工具与 PCE-CAE 工具间的数据交换

3　术语、定义和缩略语

3.1　术语和定义

3.1.1

管理属性列表　administrative list of properties（ALOP）

描述启动、追踪和完成一项业务的有关方面的属性列表。

注 1：属性管理列表包括文件类型的信息（如查询、引用）和发行细节（如设计者联系方式），可放置在发行文件的头部。

注 2：一个管理属性列表可能应用到一个或多个设备类型的转换实例，很少会只与一个设备类型有关。

3.1.2

方面 aspect

选择信息的特定方式，或者描述一个系统或系统对象的特定方式。

示例： 如何描述对象（设备）的信息——描述方面；设备操作时的周围环境信息——操作方面。

3.1.3

特性 attribute

对象或实体的特征。

示例： 属性、块、属性块、测量单元等是实体。

3.1.4

属性块 block of properties

相关的设备类型属性集合，例如设备的输出、环境条件、操作条件、设备尺寸。

注 1： 一个属性块中可能还包含其他属性块。

注 2： 属性块是 GB/T 17564 和 ISO 13585 系列标准的一种特征分类。

3.1.5

基数 cardinality

在一个描述中，某个概念重复出现次数的模式界定。

注 1： 在 GB/T 17564.10 和后续的 GB/T 17564 系列标准中，基数用来表明属性块或者属性列表出现的次数。

注 2： 在结构化数据中基数定义块是否会重复，而在事务性数据中基数定义块重复的次数。

注 3： 基数可以是 0。

注 4： 基数允许一个属性块包含在一个属性列表里，并且为了表述一个特殊事务可以使用多次，比如在流程实例中，一个拥有多个输出的设备是基本要求。

3.1.6

特征 characteristic

一个对象或一组对象属性的抽象概念。

注 1： 这些特征用来描述概念。

注 2： 本标准使用属性来描述设备及其操作环境（环境条件）或其他方面。

3.1.7

类别 classification

表示该分类项是某个类的成员的非传递关系。

例 1： 关系指"伦敦"是类的成员，而"首都"被称为"分类"。

例 2： "泵"被分类为"装备类型"。

注： 当 A 与 B 相关、B 以同样的方式与 C 相关时，如果关系的子类型是传递的，则 A 必须以同样的方式与 C 相关，"特殊化"和"组成"是关系的传递性子类型的例子。然而，类别不是传递性的并不意味 A 不能以同样的方式与 C 相关，而只是说明不必要遵循"A 与 B 相关则 B 与 C 相关"。

3.1.8

商业属性列表 commercial list of properties（CLOP）

描述业务流程有关方面的属性列表。

注： 一个商业属性列表可包含价格、成本、交货期、运输信息、订单等。

3.1.9

复合设备 composite device

由不同设备组成的设备。

注： 这些设备可能被提供作为一个整体或部分的装配组成的复合装置，也可能单独提供。

例： 一个控制阀由阀本体、驱动器和定位器组成。

3.1.10

概念 concept

由一个独特的组合特征描述的知识单元。

例： GB/T 20818 包括属性块、块、属性、计量单位、值等概念。

3.1.11

概念标识符 concept identifier

字符序列，能够唯一标识出在指定的上下文中与它有联系的字符。

3.1.12

具有主组件的复合设备 composite device with main component

由不同组件组成的设备，其中一个被指定为主组件。

例： 控制阀包括阀（主组件）、执行器和定位器。

3.1.13

客户 customer

接收产品的组织或个人。

例： 消费者、客户、终端用户、零售商、受益人和购买者。

注： 客户可以是组织内部成员也可以是外部成员。

3.1.14

定义 definition

概念的描述，是用来区别与其相关的概念。

3.1.15

设备 device

用来实现需求功能的材料元素或这些元素的集合。

注1： 一个设备会成为一个更大的设备的一部分。

注 2： 对测量设备的标示就是测量原理，比如驱动器设计类型和工作原理。

注 3： 定义的属性列表为每个设备的类型，因此要定义数据结构。

3.1.16

设备属性列表　device list of properties（DLOP）

描述一台设备的属性列表。

注： 它可能包含与 CAE 系统相关的数据。

3.1.17

枚举值域　enumerated value domain

由所有允许值指定的值域。

3.1.18

测量仪表　gauge

直接测量并指示一个测量值，而无须辅助电源的测量设备。

注 1： 在过程工程，测量标准通常被称为一个指标。

注 2： 一个测量标准配以电气联系人发送一个或多个测量值的外部设备仍被认为在本标准的范围是一个测量标准。

3.1.19

仪表组件　instrument component

仪表内起特定作用，如果需要能够分开处理的实体。

例： 热电偶在温度组件，用于压力变送器远传密封。

3.1.20

变送器　transmitter

一种仪器，将被测变量转换成标准信号，它可以包括也可以不包括传感元件。

注 1： 变送器也可以配备显示测量值的方法。

注 2： 过程工程中的变送器通常被称为一个表，例如流量计。

注 3： 变送器也可能是一个复合的装置或测量装置的一个组成部分。

3.1.21

集成变送器　integral transmitter

装配为一个变送器的组成部分，包含传感器元件。

3.1.22

属性列表　list of properties（LOP）

应用在特殊设备类型、块和方式上的属性的集合。

注 1： 正如标准中定义的，一个属性列表由属性块组成。

注 2： 属性列表可以被编译为一个设备类型的各个方面，这个设备类型是由不同 LOP 类型描述的，比如，用户要求就是操作属性列表（LOP）的一部分，设备描述是设备属性列表的目的，商业信息包含在商业属性列表中。

3.1.23

属性列表类型 LOP type

属性列表是关于一个设备类型的描述

注 1：每一个设备的外观都由它自己的属性列表类型来描述。

注 2：一个 LOP 的类型会根据所给设备的类型来生成相应的属性列表施工层。

3.1.24

制造商 manufacturer

设备制造者（也可能是供应商、进口商或者代理商），它们的名称一般要在相应的地方证实，即初始注册地。

3.1.25

测量装置 measuring assembly

由几个要求的和/或可选的组件组成的测量仪表，其组合功能为测量仪器、变送器或开关。

注 1：组件可以单独选择，因此需要自身的设备属性列表。

注 2：测量组件也可以被称为一个复合装置。

3.1.26

操作属性列表 operating list of properties（OLOP）

用来描述相关设备操作情况和有关设备额外信息的属性列表。

3.1.27

允许值 permissible value

在特定的值域中值含义的表示。

3.1.28

多态性 polymorphism

在同一语境下允许用其他更具体的（专业的）概念替代单一概念的模式。

注 1：在同一语境下一个专门的多态性块可以替代更加通用的块。

注 2：多态的操作员（控制设备）可以在不同的应用领域选择。

3.1.29

PCE 标识符 PCE identifier / 标签名 tag name

由用户分配以唯一确定仪器或组件的标识符。

3.1.30

属性　property

一个对象类中所有成员公共的特征。

注：GB/T 20818.1 使用对象类表示设备类型、环境操作类型或其他方面。

3.1.31

引用属性　reference property

引用属性块的属性。

注1：引用属性是一个与 GB/T 17645.42 和 GB/T 17564.2 一致的数据类型（class_instance_type）的属性。

注2：尽管数据模型中的引用属性是强制性的，但并不对所有设备描述强制要求给出引用属性。有时它仅仅需要显示引用块的名称。

3.1.32

供应商　supplier

提供产品的组织或个人。

例：产品生产者、经销商、零售商或提供服务和形象的人或组织。

注1：供应商可以是组织内部的成员，也可以是组织外部的成员。

注2：在合同中，供应商通常被称为立契约者。

3.1.33

传感元件　sensing element

测量链中作为主要元件的仪表组件，可将输入变量转换为适合其他仪表使用的信号。

注：它可响应物理刺激并产生相应的信号。

3.1.34

分体式变送器 separate transmitter

传感部分和变送部分分离的变送器，二者通过信号线连接。

3.1.35

结构数据　structural data

定义属性列表结构的数据，即属性列表中的特定属性和属性块，以及它们的结构方式。

注：结构数据可以被描述成每个设备类型的工作表，可以提供 PDF 格式、XLS 工作表或 XML 结构文件。

3.1.36

事务数据　transaction data

包含设备属性、分配值和块结构的数据，以及按要求从一个系统转移到另一个系统的块结构。

注1：当传输事务数据时，实际上只有那些在结构数据中被分配了值的属性才能被转移。

注2：属性通常在事务数据中用 ID 代码、分配值和计量单位来描述。这些及其他细节取决于数据传输使用的模式。

3.1.37

值域　value domain

允许值的集合。

3.1.38

值列表　value list

枚举值域。

3.1.39

视图　view

设备类型属性列表的个性化子集。

注 1： 只有那些在视图中作为给定属性列表被选中的属性或属性块，才会被显示出来。

注 2： 事务数据由属性列表而不是视图决定。

3.2　缩略语

下面缩略语适应于该标准。

ALOP：管理属性列表（Administrative LOP）

BSU：基本语义单元（Basic Semantic Unit）

CAE：计算机辅助工程（Computer Aided Engineering）

CLOP：业务属性列表（Commercial LOP）

DLOP：设备属性列表（Device LOP）

ERP：企业资源规划（Enterprise Resource Planning）

IT：信息技术（Information Technology）

LOP：属性列表（List of Properties）

MLOP：维护属性列表（Maintenance LOP）

OLOP：操作属性列表（Operating LOP）

P&ID：管道和仪表图（Piping and Instrumentation Diagram）

SI：国际单位制（International System of Units）

UML：统一建模语言（Unified Modelling Language）

XML：可扩展标记语言（Extensible Markup Language）

4　属性列表的结构元素和结构概念

4.1　概述

属性列表是属性的汇编，这样的列表通常是结构化的或是线性的。

一个线性属性列表中的属性没有明确的内部关系。所有的属性都安排在一个层次上，具有同样的重要性，并可以按照任意需求的排序进行存储。

结构化的属性列表注重属性的内部联系。属性被编译成块来描述一个对象的特定功能。

这两种类型的属性列表都能够被机器所解析，但是当属性的数目比较大时，使用结构化属性列表具有几个比较重要的优点。一般认为，列表形式的结构化属性列表十分容易被读取和分析。用于描述对象的复杂特性的属性块和单个属性的处理机理是类似的。当创建一个块，它就可以在描述设备特征的属性列表中的不同位置被引用，这些特征是同一类型的，但并不完全相同。同一个块，能够在描述不同类型设备的属性列表中被引用。

4.2 结构元素

4.2.1 属性

4.2.1.1 属性的特征

属性是用来描述对象的特征。这些特征包括：要求和边界条件，设备在操作过程中是否受环境影响或在操作过程中应该考虑到的问题，以及有关设备的所有技术细节。

属性本身是根据它所具有的特征来定义的。其中代码、首选名称、定义、数据类型是必要特征，其他为非必要特征。这些特征在 GB/T 17564.2 和 GB/T 17645.42 中有详细的说明。例如：

- ——代码
- ——版本号
- ——修订号
- ——首选名称
- ——首选的字母符号
- ——定义
- ——源定义
- ——注释
- ——备注
- ——公式
- ——图
- ——数据类型
- ——属性类型分类代码
- ——测量单位
- ——值列表

4.2.1.2 工程单位

工程单位是属性的一个重要特征，代表了一个物理变量。对于许多国家来说，指定的 SI 单位是足够满足使用要求的。尽管已尽力实现 SI 单位国际标准化，但是对 SI 系统的使用在全世界还没有建立工程实践。为了提高本系列标准的被接受程度，并确保数据在世界范围内可交换，这些标准在 GB/T 17564.1 中指定一系列的 SI 和非 SI 单位集。SI 单位主要在 GB 3100 中定义。

在某些情况下，有必要让一个属性有一系列的单位。本标准规定了允许的工程单位，包含每一个"默认度量单位"属性清单。

4.2.1.3 属性分类类型

对于工程任务来说，比较代表同一物理量定量属性的值是很重要的。这是为了满足"属性的类型分类代码"（简称类型分类）特征的需要。其值是 3 个字符的编码，这与 GB/T 17564.1 和 GB/T 17645.42 的规定是一致的。只有具有相同的属性，属性类型分类才彼此相关（进行比较，判断价值增加或减少）。

4.2.1.4 值列表

从值列表中选择一个值并把它赋给选定的属性具有重要意义。尤其适用于性能的标准化，字母数字表达式也可能存在值。

注：本标准没有确定在数据交换中每个属性值的个数。

4.2.2　属性块

如果一个设备类型的所有属性都赋予同等的重要性，并处在同一层级，那么不断增加属性时，列表将变得不易理解。通过构建属性块可以使其更加清晰。

属性块由一个或多个用于描述设备抽象特征的属性组成，如图1所示。在底层只包含一个属性块。属性列表内的块结构也可用 UML 语言进行描述。

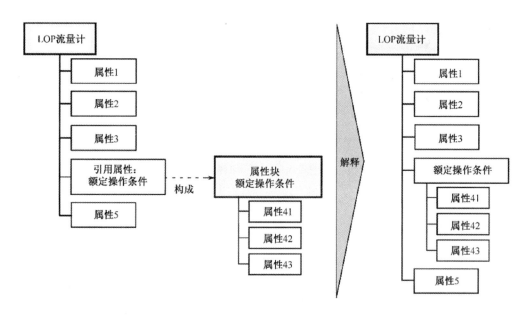

图1　属性块的解释

如果子块存在，引用属性将被包含在更高级别的块中，用来查询各自的子块并固定子块应该引入的位置。例如，引用属性"工作条件"指向具有相同名称的属性块。引用属性不会在电子规范表格中出现，它由相应的属性块所代替。

根据 GB/T 17564.2 和 GB/T 17645.42 的规定，每个块都有自己的名称和定义，但没有值。块的结构类似于属性的结构，具有一些特定特征，例如：

——代码

——版本号

——修订号

——首选名称

——定义

——注释

——备注

——绘图参考

——源定义

块结构使属性列表的创建变得简单。一旦一个块被定义，它将可以在同一属性列表下的不同点进行复制。例如，一个"电气连接"块可以同时用在模拟量输出块和开关量输出块中。

属性的意义是由它的定义、它和其他属性间的关系，以及赋予它的一系列值所决定的。是否有必要为一个属性分配不同的值列表是由属性所在块或者属性列表中的位置所决定，独立的属性是通过使用唯一的编码来创建的。

4.2.3 视图

在工作流程中使用为一个特定设备定义的所有属性是没有必要的。通常情况下，只需选择用于监测工作环境中的现场设备的数据，这是一个比较明智的选择，其操作效率更高。

视图定义了一系列用于购买、规划、维护的特别属性。任何使用属性列表的应用程序，都应该提供一个过滤器功能，从而允许在属性列表中为该视图选择相应的数据。一个视图可以为属性和属性块提供过滤器的设定及取消功能。

4.3 结构概念

4.3.1 基属性

除了将属性块作为结构化元素外，还需要很多结构的概念，这些概念主要是为了确保结构化数据的配置具有较高的灵活性，能够尽可能真实地去描述现场设备及其运行环境。

基允许一个属性块能够在属性列表内被实例化。基定义了所谓的基属性与引用属性之间的关系，基属性的值决定了一个块被实例化的次数。根据 GB/T 17564.2 和 GB/T 17645.42，基属性有自己的名称、定义和值。

在图 2 所示的例子中，"管线或设备喷嘴"块中包含了一个可重复的"管线/喷嘴"块，基属性是"管线/喷嘴数量"。在创建一个具体对象的描述时，"管线/喷嘴数量"属性的值被设定为"2"。其结果是"管线/喷嘴"的引用属性和与它相关的属性块在属性列表中出现两次。通过在第一个块中设置"管线/喷嘴作用"属性的值为"上游"，在第二个块中将其设置为"下游"，来对管线或喷嘴进行描述。

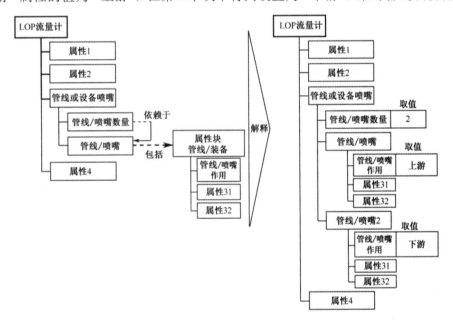

图 2 基属性示意图

一个基属性的值是一个正整数。如果此值输入的是零，那么块将不会在属性列表的数据交换文件中出现。

4.3.2 多态性

多态性允许从描述设备特定方面的变量的可用块中，选择一个特定的属性块，该块通过控制属性的值列表来选择。该控制属性是更通用的描述设备相同方面块的一部分。按照GB/T 17564.2 和GB/T 17645.42规定，除了有值列表外，控制属性还具有名称和定义。这种方法允许描述特定设备方面的属性块组合到一起。

多态性的解释示例如图3所示，该图示解释了"电流模拟量输出"被控制属性"输出类型"所选择。在图3所示的例子中，"输出"属性块描述了设备提供测量值的信号，这些信号最终被传送到显示器、控制系统或其他控制设备中。这个块包含了控制属性"输出类型"以及常用的输出变量块。在值列表中，包括了"电流模拟量输出"变量、"开关量输出"变量和"脉冲输出"变量。事实上，它包含了所有可能在工业过程测量设备上找到的常用输出类型。

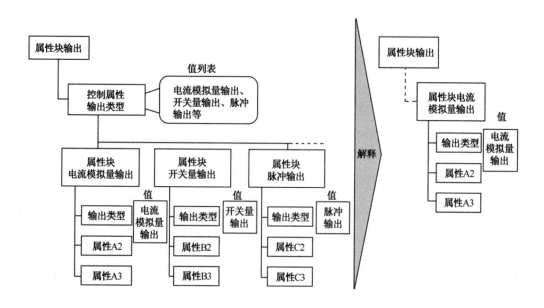

图3 多态性的解释示例

包含在"输出"中的属性都是从变量属性块中继承而来的。但变量属性块中包含了一些附加属性，这些属性用来描述有问题输出的特征。

当生成一个电子规范表时，特定类型的输出选择通过指定的"输出类型"块影响控件的属性值。然后，这个选定的块将会在属性列表中被实例化。这时块的属性将会被重新配置。控制属性不会出现在电子规范表中，而是由特定值的块的名称所取代。

块的级别由只存在于属性列表的结构化数据中的"输出"块进行描述。块级别不会在数据交换中使用。

多态性的一个先决条件是，块要描述更为具体的概念，至少应该描述属实的一般概念。在一般的"输出"块中使用的属性被继承到其他块中（如"电流模拟量输出""开关量输出""脉冲输出"），这些属性是"输出"块的特例。

注： 在图3中"输出类型"属性出现两次。事实上出现的是同一个属性，它是从"输出"块、"电流模拟量输出"块、"开关量输出"块和"脉冲输出"块中继承而来。

4.3.3 组合/聚合

组合/聚合描述了复合设备的结构。

组合/聚合把复合设备的属性列表连接在一起。组合/聚合是在属性列表的环境下，通过编译那些用来描述复合设备各个不同部分的属性列表来实现的。

例如： 一个控制阀组件包括驱动器、阀门定位器、热电偶温度仪表、插槽、扩展槽和插头。

图4是一个组合/聚合示例，从中可以看到，一个控制阀的属性列表是由阀门、驱动、液位调节器的属性列表组成，所有这些属性都是根据自身的特性存在于属性列表中。

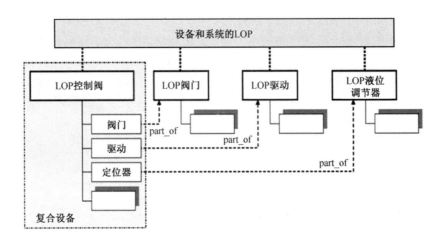

图 4　组合/聚合示例

5　属性列表的类型

5.1　综述

目前，大多数使用属性列表的分类系统仅专注于描述设备的技术特点。而此标准同时考虑到了装备的其他方面。

本标准使用不同类型的列表属性进行描述。装备的技术特点表现于设备属性列表（DLOP）和操作部分，例如操作环境由操作属性列表（OLOP）描述。管理属性列表（ALOP）和商业属性列表（CLOP）则作为其他类型的列表属性。这些属性列表及其主要内容将在下文进行解释说明。

设计属性列表时，需遵循如下规则：

——分配到一个给定设备的属性列表是一个或多个类型的汇集。

——属性列表的类型展示了设备类型的一个方面（参看附录 A）。

——属性列表的类型包括各块结构，块结构是属性列表的第二层次架构。

——块结构和属性出现于属性列表的第二层次或者更深层次。

给指定设备类型分配好属性列表后，每个用户使用属性列表都可以完成自己的操作（工程、维护、商业应用等）。而且任何类型的属性列表都可以用来优化以上操作。

不同类型属性列表在工程工作流程的使用在附录 C.1 中作具体介绍。

5.2　管理属性列表（ALOP）

管理属性列表应包含文件类型、发行的详细资料、用户的特性和组织、被用于处理查询的管理信息等。它也确定了装备在工厂中的位置。

在商业流程中，技术信息和商业信息的交流很常见。技术方面的内容在操作属性列表和设备属性列表中进行描述。商业领域的交流，可以使用附录 B.2 中涉及的管理属性列表。

5.3　操作属性列表（OLOP）

5.3.1　通用块结构

操作属性列表用于描述设备操作条件的相关方面，以及与应用的设计条件相关的附加信息。OLOP 不包含设备自身的信息（这些信息在 DLOP 中可以找到）。

OLOP 扮演的角色类似于用于描述测量设备操作的工厂环境的工程数据表。这包括过程中的信息、环境条件、设计安全条件和工厂基础设施等。所有这些数据都由 OLOP 描述。

OLOP 的通用块结构如表 1 所示。单个块的具体信息见 5.3.2 节至 5.3.6 节。

表 1　OLOP 的通用块结构

操作属性列表			
	基准条件		
	过程实例[c]		
		过程实例变量	
			所有流体
			相态[c][p]
		其他过程实例变量[c]	
	设备设计操作条件		
		安装设计条件	
			部署设计条件
		环境设计条件	
			正常环境设计条件
			极限环境设计条件
			外部就地清洁设计条件
		过程设计条件	
			正常过程设计条件
			内部就地清洁设计条件
		压力-温度设计条件	
			降额设计[c]
	过程装置		
		管线或管口[c]	
	物理位置[c]		
		可用动力源	
		过程临界类别	
		区域类别[c]	

注 1: [c]表示当块需要重复使用多次时，可以使用基数的型式，这意味着具有"次数<块名称>"的基属性可直接放在块的前面。（见 GB/T 20181.10）

注 2: [p]表示块包含一个多态的区域，该区域包含一个具有取值列表的多态性的控制属性，也包括与取值列表中的取值数目相等的多态（可选的）子块。（见 GB/T 20181.10）

5.3.2　基准条件

基准条件块应包含全文中使用过的参考变量的属性。计算变量给出的参考状态或参比条件，如计算密度或规范化流量。

例如，用来计算密度的压力和温度条件应分别进入"绝对基础压力"属性和"基础温度"属性当中。

注：在特定工业的应用中基准条件通常是标准化的。

5.3.3 过程实例

5.3.3.1 概述

从测量的观点看，过程实例块应包含描述过程介质的属性，它至少包含以下子块：

——过程实例变量。

——其他过程实例变量。

"过程实例次数"这一基属性允许该块按照要求的次数被复制多次以描述所有实例。需提供描述过程实例和相关流的属性。

注：过程实例包含测量装置安装位置的操作点的对应数据，它定义了与过程介质相关的数据，例如压力、温度、黏度、导电率等。

5.3.3.2 过程实例变量

5.3.3.2.1 概述

过程实例变量块应包含描述被测变量、相、操作状态条件、过程介质物理特性的属性。它包含以下块：

——所有流体。

——相。

5.3.3.2.2 所有流体

所有流体块应包含具有一个或多个流相的常见过程变量集的属性。

5.3.3.2.3 相态

相态块应包含描述物质的相的属性。

基属性"相态的次数"允许该块按照要求的次数被复制多次。多态控制属性"相态的类型"允许以下子块中的一个被引入到 OLOP 中以描述存在的相。

——水液相。

——非水液相。

——中间相。

——泡沫相。

——汽相。

——固体/颗粒相。

5.3.3.3 其他过程实例变量

其他过程实例变量块包含文本属性，该属性允许用户描述在过程实例变量中未预见到的变量。

基属性"其他过程实例变量的次数"允许该块按照要求的次数被复制多次以描述所有其他实例。

5.3.4 设备设计操作条件

5.3.4.1 概述

设备设计操作条件块应包含描述所有条件的属性。它包含以下四个子块：

——安装设计条件。

——环境设计条件。

——过程设计条件。

——安全设计条件。

注: 相应的 DLOP 块在 5.4.9 节中描述。

5.3.4.2 安装设计条件

5.3.4.2.1 概述

安装设计条件块应包含描述测量点安装条件的属性,它包含一个块:

——部署设计条件。

5.3.4.2.2 部署设计条件

部署设计条件块应包含描述测量点安装条件的属性。例如,设备安装方向或管道流量计对上游直管段长度的要求。

5.3.4.3 环境设计条件

5.3.4.3.1 概述

环境设计条件块应包含描述过程之外的测量装置工作的环境条件的属性,它包含三个块:

——正常环境设计条件。

——极限环境设计条件。

——外部就地清洁设计条件。

注: 一般而言测量的精确度限定在一个可预计的范围内,该范围基于温度、相对湿度、电气或电磁场等的最小值和最大值来预测。一组环境设计条件是需要记录在案的,这些条件拥有对应于各个过程实例变量的不同取值。在这些条件下,仪表能够在规定的范围内工作。

5.3.4.3.2 正常环境设计条件

正常环境设计条件块应包含用于描述所设计设备的操作条件范围的属性,包括环境温度、相对湿度和电磁兼容参数。

5.3.4.3.3 极限环境设计条件

极限环境设计条件块应包含描述影响测量装置的极限值的属性。例如,应包含机械冲击、环境温度变化的最大和最小变化率,存储大气压力或振动的最大值和最小值。

注: 测量装置能够承受这些极端值而不造成运行特性的永久性损伤。

5.3.4.3.4 外部就地清洁设计条件

外部就地清洁设计条件块应包含用于描述测量点之外的条件的属性,以及描述设备清洁中这些条件的持续性的属性。

5.3.4.4 过程设计条件

5.3.4.4.1 概述

过程设计条件块应包含该用于描述设备测量或耐受的过程变量的属性,它包含两个块:

——正常过程设计条件。

——内部就地清洁设计条件。

注 1： 过程设计和操作设计条件通常与管线或装置相关，并且该数据被传递到相关的仪表。因此，这些变量与管线和装置相关，与过程实例无关。

注 2： 用户也可以使用过程实例条件或正常过程设计条件去详细说明过程条件，但通常只采用一种。

5.3.4.4.2 正常过程设计条件

正常过程设计条件块应包含用于描述测量点的过程条件范围的属性。在测量点测量设备可在规定的性能指标区间内运行。例如，这些区间可用过程压力和温度的最大值和最小值来表示。

注： 过程设计条件变量是独立于过程操作变量的。反映了允许设备运行的最小和最大过程值。在此条件下测量装置能够安全可靠地运行。

5.3.4.4.3 内部就地清洁设计条件

内部就地清洁设计条件块应包含用于描述测量点内部的条件以及在现场设备的管道/容器被清洁时这些条件的持续性的属性。

5.3.4.5 压力-温度设计条件

压力-温度设计条件块应包含用于描述工厂运行中可能会发生的过程温度和过程压力的极端组合的属性。这个块应该包含以下子块：

——降额设计。

基属性"降额的次数"表示了降额设计块的重复次数，用以映射温度-压力降额曲线。

注： 管道规格中降额设计隐含于管道等级中，对容器而言由该块的使用来规定。

5.3.5 过程装置

5.3.5.1 概述

过程装置块应包含用于描述位于测量点的过程装置的属性。该块包含以下子块：

——管线或管口

根据过程变量和过程装置类型，它可包含其他子块。

5.3.5.2 管线或管口

管线或管口块应包含用于描述诸如容器、换热器等过程装置或管线的连接端的属性。

管线/管口和端部连接的属性被收录于单独的子块中，端部连接块与 OLOP 和 DLOP 一致。

基属性"端部连接次数"允许描述多个连接。

注： 管线或装置连接属性不能代表仪表的连接属性。管线或装置是基于管线规格与设计标准来确定尺寸和进行设计的，这些设计标准独立于仪表设计标准。通常在选定了仪表及其尺寸后，仪表连接尺寸才能确定。仪表尺寸通常小于管线尺寸，仪表通常不按照端部连接规格制造，也通常不使用适用于管线的结构材料来生产。

5.3.6 物理位置

5.3.6.1 概述

物理位置块应包含用于描述除了环境和过程外的仪器位置条件的属性。这个块包含以下子块：

——可用动力源。

——过程临界类别。

——区域类别。

"物理位置的数量"基属性描述所有测量设备部署的所有位置。

5.3.6.2　可用动力源

可用动力源应包含描述可用动力源的属性，它含有以下子块：

——电气管线电源。

——电气回路电源。

——气源供应。

基属性"电气管线电源"允许描述多个供源，对应于工厂中有多种可用能源的情况。

注： 测量装置使用气压或者电压作为能源以传递输出信号。一些大功率仪表设计使用直接管线对内部管线和输出信号提供能量。其他低功率设备使用回路电源对内部管线和输出信号提供能量。这种情况下，它们的内部供电通常独立于外部回路。

5.3.6.3　过程临界类别

过程临界类别块应包含用于描述临界类别以确保工厂安全的属性；不包括危险区域类别，例如安全完整性等级。

5.3.6.4　区域类别

容积区域类别块应包含用于描述设备内部、本地和远程的区域类别的属性，包括接线。

基属性"区域类别序号"允许描述更多的位置。"区域类型"属性描述位置。

5.4　设备属性列表（DLOP）

5.4.1　概述

5.4.1.1　通用块结构

表 2 显示了 DLOP 的通用块结构。设备可以不提供特殊功能，例如，数字通信，相应的块可以不填写。

每个块应包含通用属性集以及一些额外的适宜的子块。对于相似设备集或是某种特殊设备而言，子块可以是通用的。子块也可包含其他块。

以下各节描述了表 2 中的通用块。

表 2　DLOP 的通用块结构

设备属性列表			
	标识		
	应用		
	功能和系统设计		
		可信性[c]	
		安全性	
	输入		
		被测变量[c][p]	
			<过程变量>测量
		辅助输入[c][p]	
			<信号>输入

				分配的<过程变量>范围[p]
				输入信号处理
				<信号>输入参数
	输出[c][p]			
		<信号>输出		
			分配的<过程变量>范围[p]	
			输出信号处理	
			<信号>输出参数	
	通信			
		数字通信接口[c]		
		通信协议		
		无线通信		
		通信一致性		
	互操作			
	适应与优化			
		自动补偿		
		容错功能		
	可溯源性			
	性能			
		设备参比条件		
		性能变量[c][p]		
			性能变量参比条件	
			性能百分比	
				动态特性
				长期性能
			<性能变量>的绝对性能	
				动态特性
				长期性能
	额定工作条件			
		安装条件		
			部署条件	
			启动条件	
		环境设计等级		
			正常环境条件	
			极限环境条件	
			外部就地清洁条件	
		过程设计等级		
			正常过程条件	
			极限过程条件	
				极限<过程变量>条件
			内部就地清洁条件	
		压力-温度设计等级		
			降额设计[c]	
	机械和电气结构			
		外形尺寸和重量		

		结构设计
		防爆设计认证[c]
		法规和标准认可
	可操作性	
		基本配置
		参数化
		调节
		操作
		诊断
		人机交互
	电源	
	证书和许可	
	组件标识	

注 1：[c]表示需要使用基数时，该块能重复使用多次，这意味着以"<块>次数"命名的基属性可直接用在块的前面。（见 GB/T 20818.10）

注 2：[p]表示块包含一个多形态区域，该区域拥有一个针对形态映射的控制属性和相应的取值列表，该取值列表中的数值的数目与多形态（可选择的）子块的数目是一致的。（详见 GB/T 20818.10）。这些可供选择的子块位于已标记块的下方并且从属于下一结构层次。为清晰起见，该表只在块这一层级上列出了具有技术相关性的块；为创建多态区域而使用的额外结构元素并未在块结构表中列出。（见 GB/T 20818.12）

5.4.1.2　多变量设备

大量的测量设备不仅能够测量一个，而且能够测量两个、三个甚至更多的过程变量。例如科里奥利质量流速变送器，它除了测量一些流量变量，也可以测量密度、黏度等变量。在 GB/T 20818.10 中描述了 DLOP 的如下两种机制，用于描述多变量设备。

——DLOP 中的基属性允许必要时复制描述设备特点的块。

——多态映射允许一个从属于特定设备的块被引入到结构当中。

比如，在多变量设备当中，基数用于复制"被测变量"块；多态性用来将"<过程变量>测量"块引入到结构中。例如科氏质量流速变送器中的密度和黏度。

5.4.2　标识

标识块应包含测量设备中必要属性的明确标识，例如制造商或供应商，产品类型和名称。必要时可以增添有关设备供应的额外信息，比如序列号和版本。

5.4.3　应用

应用块应该包含用于描述测量设备的指定用途的属性。

5.4.4　功能和系统设计

5.4.4.1　概述

功能和系统设计块应该包含用于描述测量设备获取，处理和输出物理量的方法的属性。此外，它应当包含另外一些属性，用于描述系统中与测量设备特性和操作相关的方面。

5.4.4.2　可信性

可信性块应该包含用于描述与 IEC 61069-5 和 IEC 61508-6 相一致的可信性的属性。

5.4.4.3 安全性

安全性块应包含用于描述与 IEC 62443 系列标准、GB/T 20438 系列标准和 GB/T 21109 系列标准相一致的安全性的属性。

5.4.5 输入

5.4.5.1 概述

输入块应该包含指定变量或通过仪表所测变量的信息，也应包含设备具有的通过辅助输入接收外部信号能力的描述。

在适当的地方，这些信息应包含在如下两个主块当中：

——被测变量。

——辅助输入。

可以通过在基属性"被测变量个数"和"辅助输入个数"中分别输入一个大于 1 的值来复制这些块。每个块允许输入一个包含种类和功能的 PCE 标识名或标签名。

5.4.5.2 被测变量

5.4.5.2.1 概述

被测变量块应该包含用于描述仪表可测量的所有可能的过程变量以及用户指定的可计算变量的属性。在包含了多态的子块"测量变量类型"中，在多态映射控制属性"测量变量类型"中选择过程变量测量块，便可以激活它。

5.4.5.2.2 <过程变量>测量

每一个<过程变量>测量块，比如"温度测量"，应该包含用以象征性的指定测量范围的属性，例如最小值和最大值之间的跨度以及最大下降比。根据所涉及的变量类型，它还可包含这些属性：用以定义可允许的过载条件和计算测量范围的基数条件。

5.4.5.3 辅助输入

5.4.5.3.1 概述

辅助输入块应该包含用于描述测量外部信号的仪表所提供的所有可能的信号类型的属性。这些信号可以承载额外的过程变量，用以产生用户指定的可计算变量或是用来作为开关指令，例如用来重置加法器。这些块提供了用以区别功能和相关过程变量的属性，在包含了多态区域的子块"辅助变量类型"中，在多态映射控制属性"辅助输入类型"中通过选择正确的信号输入块来提供以下输入类型块：

——电流模拟输入。

——电压模拟输入。

——频率输入。

——脉冲输入。

——开关量防爆输入。

——开关量电流输入。

——开关量隔离输入（继电器）。

——开关量电子输入（三极管、晶闸管等）。

——RTD/热电偶输入。

——制造商特定输入。

若输出类型的列表中不包含以上描述的输入，则使用块"制造商特定输入"。

注：数字输入在数字通信块中指定。

5.4.5.3.2　<信号>输入

5.4.5.3.2.1　概述

每个<信号>输入块，例如"模拟电流输入"应包含用于描述信号接口的电气属性和过程变量的信号分配的属性。该属性被编辑为以下三个子块：

——分配的<过程变量>范围。

——输入信号处理。

——<信号>输入参数。

5.4.5.3.2.2　分配的<过程变量>范围

分配的<过程变量>范围块，例如"分配的质量流量范围"块，应将分配的过程变量值作为输入信号的区间端点值，该值也可以由系统默认或是用户指定。

被测变量在多态映射控制属性"分配变量类型"中选择，并且带有工程单位的合适的变量上、下限值和其他相关的信息需要输入到多态区域中已选的子块当中。

5.4.5.3.2.3　输入信号处理

输入信号处理块应当表明由测量设备提供的修改输入信号的可能性，例如线性化、求逆、截断等。

5.4.5.3.2.4　<信号>输入参数

<信号>输入参数块，例如"模拟电流输入参数"，应包含用于描述信号接口电气特性的属性。它可以包含一些子块，以描述下面所示的属性：

——信号特性。

——无源和有源操作。

——电隔离。

——防爆参数。

——电气连接。

——电缆规格。

5.4.6　输出

5.4.6.1　概述

输出块应包含用于描述仪表的信号输出的属性。

输出量由仪表测得，仪表输出的个数需要输入到"输出个数"这一基属性当中，用以表示输出模块被复制的次数。对每一个单独的输出应分配一个 PCE 标识/标签，使用输出的类别和功能对 PCE 标识/标签命名。

如果一个仪表提供了多个相同类型的输出，则每个输出的属性应单独输入。

在子块"输出的类型"中的多态映射控制属性"输出类型"决定了被描述的输出信号的类型，它复制了目标块的所有关联属性。可提供的输出类型块如下：

——电流模拟量输出。

——电压模拟量输出。

——频率输出。

——脉冲输出。

——开关量防爆输出。

——开关量电流输出。

——开关量绝缘输出（继电器）。

——开关量电源输出（极体管、晶闸管等）。

——RTD/热电偶输出。

——制造商特定输出。

被描述的输出不应包含在输出类型列表中，应当使用子块"制造商特定输出"。

注：数字输出在数字通信块中指定。

5.4.6.2 <信号>输出

5.4.6.2.1 概述

每个<信号>输出块，例如"模拟电流输出"应当包含这些属性，用于描述信号接口的电气特性和过程变量的信号分配。属性应该编译以下三个子块：

——分配的<过程变量>范围。

——输出信号处理。

——<信号>输出参数。

5.4.6.2.2 分配的<过程变量>范围

分配的<过程变量>范围块，例如"分配的质量流量范围"块，应将分配的过程变量值作为输出信号的区间端点值，该值也可以由系统默认或由用户指定。

被测变量在多态映射控制属性"分配变量类型"中选择，并且带有工程单位的合适的变量上、下限值和其他相关的信息需要输入到多态区域已选的子块当中。

5.4.6.2.3 输出信号处理

输出信号处理块应当表明由测量设备提供的修改输出信号的可能性，例如线性化、平方根、低流速截断、热电偶补偿算法等。

5.4.6.2.4 <信号>输出参数

<信号>输出参数块，例如"模拟电流输出参数"，应包含这些用于描述信号接口电气特性的属性。它可以包含一些子块，以描述下列的属性：

——信号特性。

——无源和有源操作。

——电隔离。

——防爆参数。

——电气连接。

——电缆规格。

5.4.7 通信

5.4.7.1 概述

通信块应包含用于描述设备通信功能的支持协议、性能、配置等方面的属性。该属性应编译成以下子块：

——数字通信接口。

——通信协议。

——无线通信。

——通信一致性。

5.4.7.2 数字通信接口

数字通信接口块应包含用于描述数字通信接口的功能、计量和电气等方面的属性。

测量装置的接口个数需要输入到"通信接口个数"这一基属性当中，用以表示数字通信接口块被复制的次数。对每一个单独的输出应分配一个 PCE 标识/标签，在需要时使用接口的类别和功能对 PCE 标识/标签命名。

"设备配置参考"块应提供"数字通信接口参数化"块的链接。

5.4.7.3 通信协议

通信协议块应包含用于描述设备所支持的通信协议的属性。属性"通信协议类型"决定了设备支持哪种类型的通信协议，例如 HART、PROFIBUS PA、FOUNDATION fieldbus H1 等。若被描述的通信协议类型未包含在值列表中，则使用"制造商特定通信协议"。

5.4.7.4 无线通信

无线通信块应包含用于描述设备的无线通信功能、性能和配置等方面的属性。属性"无线通信协议类型"决定了设备支持哪种类型的无线通信协议，例如 WIA、ISA100、无线 HART 等。属性"传输距离""工作频段"等给出了无线通信性能方面的信息，属性"发送设置"和"接收设置"等则描述了无线通信功能的配置信息。

5.4.7.5 通信一致性

通信一致性块应包含用于描述设备在相互通信过程中符合可用协议规范的一致性要求的属性，包括静态通信一致性和动态通信一致性的要求。该属性符合 GB/T17178 中关于通信一致性的要求。

5.4.8 互操作

互操作块应包含这些属性：用于描述设备、系统之间相互提供和接受服务，从而使其能够有效共同运行的能力。

5.4.9 适应与优化

5.4.9.1 概述

适应与优化块应包含这些属性：用于描述设备根据感知的信息调整自身的运行模式，使其处于最优状态的能力。该属性应编译成以下子块：

——自动补偿。

——容错功能。

5.4.9.2 自动补偿

自动补偿块应包含这些属性：用于描述设备在可接受或被允许的范围内对外部环境因素（温度、湿度、灰尘、静电）以及内部功能变化自动进行补偿，保证性能的稳定性与可靠性的能力。例如温度补偿、压力补偿、误差补偿等。

5.4.9.3 容错功能

容错功能块应包含这些属性：用于描述设备根据外部环境、内部运行的变化而引发的硬件故障与软件错误，基于容错技术进行调整与预防以保持正常运行与使用的能力。例如冗余、故障拼比、修复重启等。

5.4.10 可溯源性

可溯源性块应包含用于描述通过不间断地校准，将测量结果与参考对象联系起来的测量结果的属性。属性"测量基准"决定了测量结果的参考对象，可以是测量标准等。属性"校准间隔"给出了测量装备根据参考对象进行校准的时间间隔。属性"置信度"则给出了被测量参数的测量值的可信程度。

5.4.11 性能

5.4.11.1 概述

性能块应包含用于描述测量装置的准确度和动态响应以及性能测试参比条件的属性。该属性应编译成以下子块：
  ——设备参比条件。
  ——性能变量。
性能描述变量的个数由基数特性"性能变量的次数"决定，该基属性也表示出该块被复制的次数。对每一个单独的输出应分配一个PCE标识/标签,在需要时使用块的类别和功能对PCE标识/标签命名。

5.4.11.2 设备参比条件

设备参比条件块应包含用于描述测试测量装置时所用的测试条件和相应的性能规范的属性。

5.4.11.3 性能变量

5.4.11.3.1 概述

性能变量块应包含用于描述测量装置在参比条件下的准确度和动态响应的属性。这些属性应编译成以下子块：
  ——性能变量参比条件。
  ——性能百分比。
  ——<性能>变量的绝对性能。
基属性"性能变量的次数"允许性能变量块根据需要的次数被复制。多态映射控制属性"性能变量类型"决定了提供性能规范的<过程变量>。这需要通过复制目标块及相关联的属性来实现。针对以下过程变量，应提供绝对性能块：
  ——质量流量/分段流量。
  ——实际体积流量。
  ——标准状态体积流量。
  ——密度。
  ——压力。
  ——温度。
  ——动态黏度。
  ——物位。
  ——其他。

若被描述的性能变量类型块未包含在性能变量类型列表中，则使用"其他"块。

嵌入在该块中的多态区域中的可选择的子块如下：

——"性能百分比"块。

——根据"<过程变量>的绝对性能"这一模式创建的所有的块，例如"质量流量的绝对性能""流速的绝对性能""标准状态体积流量的绝对性能"。

5.4.11.3.2　性能变量参比条件

性能变量参比条件块应包含用于描述测试测量装置时所用的测试条件和相应的性能规范的属性。

注： 参比条件块应和过程变量块一起复制。通常情形下二者的条件应保持相同，然而，在一些情况下，例如对于空气和液体流量变送器，二者的条件可以不同。

5.4.11.3.3　性能百分比

5.4.11.3.3.1　概述

百分比性能块应包含用于描述不同形式下输出的准确度的属性，这些形式包括了量程、数值或扫描值的百分比。性能可用单个的量程，或者两个、多个的测量间隔来表达。除了标准化的准确度申明，百分比性能块还应包含一些属性，这些属性与外部数量的影响和测量设备的动态特性有关。关于动态特性和长期性能的信息应输入到以下子块当中：

——动态特性。

——长期性能。

5.4.11.3.3.2　动态特性

动态特性块应包含用于描述设备在预设输入变化下的响应的属性。

5.4.11.3.3.3　长期性能

长期性能块应包含用于描述固定周期内设备输出的变化的属性。

5.4.11.3.4　<性能变量>的绝对性能

5.4.11.3.4.1　概述

<性能变量>的绝对性能块应包含用于描述绝对值形式下的输出准确度的属性。性能可用单个的量程，或者两个及多个的测量间隔来表达。除了标准化的准确度申明，性能百分比块还应包含一些属性，这些属性与外部数量的影响和测量装置的动态特性有关。关于动态特性和长期性能的信息应输入到以下子块当中：

——动态特性。

——长期性能。

5.4.11.3.4.2　动态特性

动态特性块应包含用于描述设备在预设输入变化下的响应的属性。

5.4.11.3.4.3　长期性能

长期性能块应包含用于描述固定周期内设备输出的变化的属性。

5.4.12 额定工作条件

5.4.12.1 概述

额定工作条件块应包含用于描述测量装置在指定的准确度范围内且无永久性本质损伤的工作特性以及安全工作范围的属性。它包括以下四个子块：

——安装条件。

——环境设计等级。

——过程设计等级。

——压力-温度设计等级。

注：DLOP 的额定工作条件块提供了 OLOP 中测量装置能够满足的设计运行条件的确认信息。

5.4.12.2 安装条件

5.4.12.2.1 概述

安装条件块应当包含用于描述必要的安装条件的属性，以便获得测量装置的规定性能。它应包含以下子块：

——部署条件。

——启动条件。

5.4.12.2.2 部署条件

部署条件块应包含用于描述管道或容器中的测量装置的布置情况的属性，以便获得测量装置的规定性能。

5.4.12.2.3 启动条件

启动条件块应包含用于描述确保设备在规定区间内正常运转的启动条件的属性。

5.4.12.3 环境设计等级

5.4.12.3.1 概述

环境设计条件块应包含这些属性：用于描述测量装置在贮存和运行中，在规定的准确度范围内且无永久性本质损伤的环境条件。它应包括以下三个子块：

——正常环境条件。

——极限环境条件。

——外部就地清洁条件。

5.4.12.3.2 正常环境条件

正常环境条件块应包含这些属性：用于描述环境条件的范围，在此范围中测量装置在规定的性能限制区间内按设计要求运转。

5.4.12.3.3 极限环境条件

极限环境条件块应包含这些属性：用于描述在不引起测量装置永久性本质损伤的情况下的影响量的极值。

5.4.12.3.4 外部就地清洁条件

外部就地清洁条件块应包含用于描述设备外部清洁的允许条件的属性。

5.4.12.4 过程设计等级

5.4.12.4.1 概述

过程设计等级块应包含这些属性：用于描述测量装置在指定的准确度范围内且无永久性本质损伤的过程条件。该块最多包括以下三个子块：
——正常过程条件。
——极限过程条件。
——内部就地清洁条件。

5.4.12.4.2 正常过程条件

正常过程条件块应包含用于描述过程条件的范围的属性，在此范围中设备在规定的性能限制区间内按设计要求运转。

5.4.12.4.3 极限过程条件

5.4.12.4.3.1 概述

极限过程条件块应包含这些属性：用于描述在不引起测量装置永久性本质损伤的情况下的过程量的极值。该块应包含以下子块：
——极限<过程变量>条件。

5.4.12.4.3.2 极限<过程变量>条件

极限<过程变量>条件块应包含这些属性，用于描述在不引起测量装置永久性本质损伤的情况下的<过程变量>的极值。

注：该块用以收集特殊属性，这些属性对于所做的测量是有用的，但却未包含在极值过程条件块当中，例如流量计中的最大、最小下游压力。

5.4.12.4.4 内部就地清洁条件

内部就地清洁条件块应包含用于描述设备内部清洁的允许条件的属性。

5.4.12.5 压力-温度设计等级

5.4.12.5.1 概述

安全设计等级块应包含这些属性：用压力和温度的函数以及测量装置能够忍受的压力和温度的极值来描述测量装置的安全运行范围，此极值条件不会导致设备丧失完整性但却可能引起永久性损伤。该块包含以下子块：
——降额设计。
基属性"降额设计的次数"决定了降额设计块的复制次数，以映射温度压力降额曲线。

5.4.12.5.2 降额设计

降额设计块应包含这些属性：用于描述设备、管道或装置可以承受且对人和环境都没有危害的极端条件。

5.4.13 机械和电气结构

5.4.13.1 概述

机械和电气结构块应包含用于描述测量装置及其子组件的详细结构的属性。它可包含以下子块：
——外形尺寸和重量。
——结构设计。
——防爆设计认证。
——法规和标准认可。

5.4.13.2 外形尺寸和重量

外形尺寸和重量块应包含用于描述测量设备机械特性的通用细节的属性。

5.4.13.3 结构设计

结构设计块应包含用于描述设备的详细结构的属性。此外，它还应包含必要的子块以描述测量装置的各种机械部件，例如敏感元件、主体、过程连接件、连接头、变送器、远程变送器、变送器外壳、显示器，以及诸如伴热系统等辅助装置。

5.4.13.4 防爆设计认证

防爆设计认证块应包含用于描述测量设备提供的防爆类型，以及设备可以工作的危险区域的属性。

5.4.13.5 法规和标准认可

法规和标准认可块应包含测量装置中已被认可过的法规和标准的属性，例如压力设备的法规和标准。

5.4.14 可操作性

5.4.14.1 概述

可操作性块应包含用于描述测量装置人机界面的设计、运行、结构和功能的属性。该块包含如下子块：
——基本配置。
——参数化。
——调节。
——操作。
——诊断。
——人机交互。

5.4.14.2 基本配置

基本配置通用块应包含用于描述测量设备的基本设置的方法和手段的属性。

5.4.14.3 参数化

参数化块应包含用于描述所提供的设备配置方法的属性。

5.4.14.4 调节

调节块应包含用于描述所提供的设备调节方法的属性。

5.4.14.5 操作

操作块应包含用于描述所提供的设备操作方法的属性。

5.4.14.6 诊断

诊断块应包含用于描述设备提供的诊断功能的属性。

5.4.14.7 人机交互

人机交互块应包含用于描述符合 GB/T 18031—2000、GB/T 19246、GB/T 29799、ISO/IEC 30109、ISO/IEC 13066 中关于人机交互的技术规定的属性。

5.4.15 电源

电源块应包含用于描述为保持功能为测量设备供应的永久或暂时电源的属性。

5.4.16 证书和许可

证书和许可块包含用于描述测量设备提供的证书和许可的属性。

5.4.17 组件标识

组件标识块包含用于标识和描述测量设备组件的属性。

5.5 商业属性列表（CLOP）

商业属性列表包括例如价格、发货时间、物流信息、订单和交货数量等商业信息。
商业属性列表在该标准包括的范围之内。即使它包含设备属性，这个标准规范仍然适用。

注 1: 商业属性列表在工程的工作流程中起着非常重要的作用。工作流程中考虑的不光是技术属性，还包括商业属性。

注 2: 许多交货商业数据的标准化方法已经存在，所以商业属性列表在此标准中不会被进一步考虑。

5.6 属性列表的附加类型

除了在上面提及的属性列表类型，工程工作流程之中其他属性列表类型在设备类型的其他重要方面也起着作用，例如维护和安装可以被创建。这个标准对属性列表的附加类型的创建没有任何限制，而不像标准规范需要适应于它们的结构和内容。

5.7 复合设备

5.7.1 复合设备的结构

复合设备应包含主组件和分开的子组件（也可无子组件），如图 5 所示。每个子组件可以按照递归的方法再由一个主组件和其他子组件组成。了组件的个数由基数控制，每个组件的类型由多态映射控制。

复合设备在复合过程第一层次的主组件决定了复合设备的本质。

例如温度变送器是温度变送器复合装置中的主组件，阀是带有定位器和执行机构的控制阀的主组件。

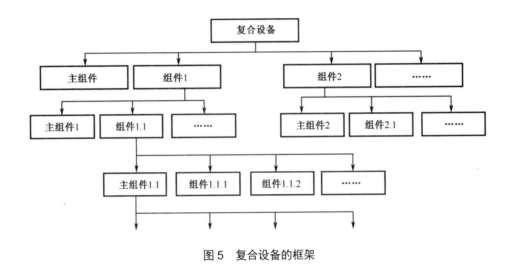

图 5   复合设备的框架

表格 3 列出了相关概述的复合设备属性列表的结构。

表 3   复合设备属性列表的结构

<主组件>的设备属性列表					与表 2 中的 DLOP 属性一致
	标识				
	……				
	认证和许可				
	组件部件标识				
	附加组件的个数[基属性]				
	附加组件				
		附加组件的类型[多态性的控制属性]			
		<组件>的设备属性列表			与表 2 中的 DLOP 属性一致
			标识		
			……		
			认证和许可		
			组件部件标识		
		附加组件的个数[基属性]			
		附加组件			
			附加组件的类型[多态性的控制属性]		
			<组件的子组件>设备属性列表		与表 2 中的 DLOP 属性一致
				标识	
				……	
				认证和许可	
				组件部件标识	
				……	

按照表 3，从"标识"块到"组件部件标识"块都应该包含这些属性，用于描述表 2 构建的主组件、组件和子组件。

基属性"附加组件的个数"表示了附加子组件设备数据的复制次数，多态映射控制属性"附加组件的类型"应当拥有一个取值列表，其取值应准确地与构成复合设备的组件和子组件对应。

如不需细节性描述，在"组件部件标识"块中，组件能可全部列举出来。否则，组件和子组件应像 DLOP 一样可以获得，以便单独订购。

对于复合设备，其主组件的性能和额定操作条件应当参照总成。

5.7.2　组件方面

就如设备有一个与本身相关的方面的集合一样，复合设备中的组件也可有一个与它自己相关的方面的集合。

注： 从数据结构的观点来看，主组件和附加组件之间是没有区别的。因此方面总是与组件相关。

应用代码的使用者应该避免不一致，例如，分配给主组件和附加组件的文件信息或环境温度应该是一致的。

5.8　附加方面

5.8.1　管理信息

管理信息方面应包含为终端用户和供应商之间的业务进程提供便利的属性。

GB/T 20818.10 中的 B.1.2 节包含一个关于单一设备类型管理属性列表（ALOP）的资料性的示例。ALOP 可以作为信息管理方面来使用。如果要求描述复合设备或者涉及多种设备类型的事务，可相应地引入附加基数。

通常情况下，管理信息方面至少包含以下块：

——文件信息。

——项目信息。

——设备信息。

文件信息块应当包含这些属性：用以区别包含 DLOP 的事务文件以及包含文件识别和版本信息的属性。

项目信息块应当包含这些属性：用以识别包含事务文件的项目以及设备安装的位置信息。

项目应通过不同的项目编号来识别，项目场址信息也可添加进去。

设备信息块应描述设备的安装位置，可以使用依据 GB/T 20818.10 命名的设备标签或者 PCE 标识符/标签进行识别。

额外的信息可以用设备描述、相关对象图（流程图和仪表管道图）的参考数目及参考文档的形式来描述。

5.8.2　校准和测试

校准和测试方面应当包含这些属性：用于描述由测量设备制造商执行的校准和测试的结果。

5.8.3　附件

附件方面应当包含用于描述测量装置的附件的属性。

5.8.4　提供的设备文档

提供的设备文档方面应当包含这些属性：用于描述许可、认证和其他交付范围内的并与测量装置相关的正式文档。

5.8.5　包装和运输

包装和运输方面应当包含与设备的包装和运输相关的属性。

5.8.6　数字通信参数化

数字通信参数化方面应当包含这些属性：用于描述制造商所提供的现场总线设备中的默认或定制的参数。

"配置参数次数"的基属性允许子块"参数配置"进行必要次数的复制，以达到对测量装置参数配置的完全描述。

5.8.7 具有与子块关联的不同方面的复合设备示例

图6使用孔板流量变送器显示了一个具有与子块关联的不同方面的复合设备属性列表的结构。图6的左部显示了完整的复合设备的DLOP，包含了主组件和由引用属性给出的关联组件的DLOP。每个DLOP的结构与图5和表3所示结构对应。

图6的右部列出了由DLOP表示的与相应设备类型相关的不同方面。这些方面只是形成组件完整DLOP所需的众多方面的部分示例。

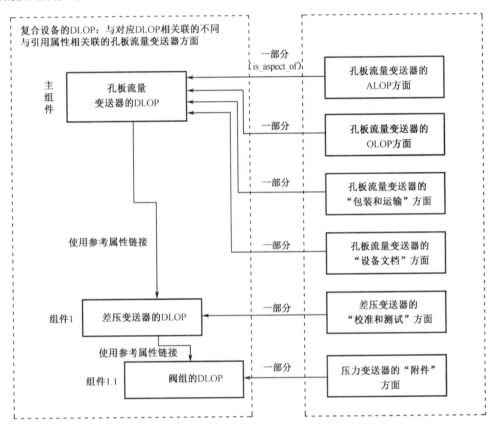

图6　具有与子块关联的不同方面的复合设备属性列表的结构示例

6　结构和事务数据

6.1　概念标识符

一个产品的自然语言描述可以让一个能够懂得自然语言的人运用语言方面的知识和关于这个产品的知识来理解它。但是计算机却无法理解这种自然语言，因此它的缺陷就是不能被计算机解析。

例如，在自然语言环境中，一个喷嘴的末端连接可能被描述如下：不锈钢末端连接符合DIN2501标准，C型，直径符合DN25标准，压力符合PN40标准，喷嘴长度为3000毫米。

有时，人类可读的规格表被用在产品说明中或产品规格说明中。这样的说明通常是单语，不够人性化，有时是断章取义，名称（术语）也可能理解不明确。在实际情况中，每个名称都暗含产品的一个属性。

例如，在一张人类可读的规格表中，一个设备合适的喷嘴的工艺连接件可描述如下：工艺连接件，法兰 DN 25 / 40 公称压力，C 型，符合 DIN 2501 / 316，长度为 300 毫米。

　　概念标识符标识是这样的概念，例如一个逻辑块，属性或者度量单位，这些概念在引用的字典当中被详细描述。这个概念标识符唯一的指向这个概念的描述性信息，如名称和定义的概念。在参考信息字典，甚至可能是多语言本地化（分国家和地区，但也分特定的市场和公司）。概念标识符可以被解析为明确的，多语种的术语或其他信息，如分配给计量属性，它提供了与上下文相关的传递和解释的值的描述。

　　根据 GB/T 17645 和 GB/T 17564 的定义，基本语义单位（BSU）就是被分配到字典元素，提供一个普遍的、独一无二的描述。 BSU 就是机器可理解的概念标识符，而不是为人类所使用的。

　　这个标准使用可读的概念标识符，类似 ISO / TS 29002-5，这是简化的 BSU 表述。前缀"IEC"的概念是指这个被指定的概念在 IEC 组建数据库中被定义。

　　一个特定的机器可理解的数据交换格式应确定确切的概念标识符表示，不能依靠这里所说的人类可读的简化形式。上面例子中的信息可以明确的呈现出如表 4 中所使用的概念识别信息。

表 4　概念标识符的例子

标识符	名称	值
IEC-ABA437	线/喷嘴	—
IEC-ABA066	管口长	300 毫米
IEC-ABA394	连接端	—
IEC-ABA144	连接端类型	边缘
IEC-ABA071	公称压力	PN 40
IEC-ABA145	公称直径	DN 25
IEC-ABA138	表面类型	C 型
IEC-ABA263	表面处理	—
IEC-ABA156	设计代码	DIN 2501
IEC-ABA167	结构材料	不锈钢
IEC-ABA162	材料代码	316L
IEC-ABA170	结构材料应用标准	AISI
IEC-ABA206	衬垫类型	—
IEC-ABA253	衬垫代码	—
IEC-ABA044	衬垫材质	—

注 1："线/喷嘴""连接端""表面处理"是块名称，它们只有名没有值。

注 2：衬垫属性的值可以后续再补充。

6.2　结构化数据

　　在第 4 章和第 5 章中所描述的结构和结构元素是为了容许产生不同类型设备和系统的不同方面的属性列表。这些结构上的数据描述了设备的静态建模抽象。他们表示在一个块中属性的顺序和属性列表中块的顺序和嵌套。

6.3　事务数据

　　当设备的一个或多个方面的描述信息需要转移到另一方，这是通过生成事务数据（或电子规格表）来完成的。

　　事务数据的目的是让该系统的信息从一台计算机转移到另一计算机系统，无论这台计算机系统使用的是什么语言。接收系统使用结构数据来解释收到的信息，即将值放在合适的位置。

　　注：事务数据的数据格式，必须得到不同的业务伙伴同意（见附录 C.1 的例子）。

当一个概念标识符在事务数据中被感知到时，应当有一个查找机制来检索数据结构的概念标识符，以便充分说明它的含意。

6.1 中引用的自然语言的示例可以用来生成事务数据，如表 5 所示。

表 5　事务数据的例子

含义	事务数据		
第 1 个功能块的块 ID	IEC-ABA437		
第 1 属性值的属性 ID	IEC-ABA066	300	MMT
第 2 个功能块的块 ID	IEC-ABA394		
第 1 属性值的属性 ID	IEC-ABA144	Flange	
第 2 属性值的属性 ID	IEC-ABA071	PN 40	
第 3 属性值的属性 ID	IEC-ABA145	DN 25	
第 4 属性值的属性 ID	IEC-ABA138	Form C	
第 5 属性值的属性 ID	IEC-ABA263		
第 6 属性值的属性 ID	IEC-ABA156	DIN 2501	
第 7 属性值的属性 ID	DIN 2501	Stainless Steel	
第 8 属性值的属性 ID	Stainless Steel	316L	
第 9 属性值的属性 ID	IEC-ABA170	AISI	
第 10 属性值的属性 ID	IEC-ABA206		
第 11 属性值的属性 ID	IEC-ABA253		
第 12 属性值的属性 ID	IEC-ABA044		

注：在这个例子中只有第 1 个块的第 1 属性值有计量单位；MMT 是单位毫米的编码。

单个属性通常代表一个全局唯一标识符和分配给这个标识符值。对于一个测量单位性质，使用的单位被添加到属性值里。该属性域（例如整数、实数、文字等）的定义是在属性的结构数据中。任何分配给属性的值都必须是相应的属性域。

结构化数据的属性定义了一个属性值表，能够传输一个或多个值。

从属于实施和选择的数据格式的列表值可能是"nonvalidated"或者"validated"，nonvalidated 代表任何值都可以传输。"validated"代表这个值必须从相关的列表值中选择，不能出现列表值以外的值。如果两个或多个值允许有一个特定的属性，两个或更多的该属性值列表的值可以出现在事务数据中。

属性的完整清单还列出了一个单独的标识符。

示例：科里奥利质量流量计被定义在 IEC‑ABA442。

科里奥利质量流量计	IEC-ABA442

在属性列表中的块既可以由一个参考定义属性来定义它在上下文中的定义，也可以将本身作为标识属性。

块名=引用属性名	引用属性标识符	块标识符
端连接	IEC-ABA237	IEC-ABA394

据其相关属性输入的值的基数，一个块在某个时期重复使用一定的数量。如果基属性的值是零，块将被忽略。

多态功能的控制属性还可以包含值。块是通过其类型的常量值关联到控制属性的。控制属性定义了所选择的块。当确定常量值后，多态集合中的其他块将不会再出现在事务数据中。

事务数据（例如形象的目的）通过实用结构化数据来解释，这一点在前面的表 3 中已举例说明。

C.1 节显示了从结构过渡到事务数据的另一个例子。

结构数据和事务数据的区别是处理的属性列表的关键因素。然而，在本标准它只是用来描述概念背景，而没有试图给出详细描述的方法。

由于操作数据和设备数据只能是数字、公式或图标，所以一个传输文件的格式允许分配文件附件给传输信息，包括那些被推荐但删减了的内容。

虽然本标准没有规定将结构数据或事务数据从一个部分传输到另一个部分的任何方法，但提到了应用 LOP 技术的已有经验，明确显示了最方便的方法是 XML。因为 XML 对于两个计算机系统之间的数据交换而言是理想选择，依据本标准的信息交换可以很容易地通过计算机生成，这是引入 LOP 技术的初衷。

7　语义化描述

语义是数据所对应的现实世界中的事物所代表的概念的含义，以及这些含义之间的关系。"本体"是共享概念模型的明确的形式化规范说明，是语义的具体表现形式，其目标是捕获相关领域的知识，提供对该领域知识的共同理解，确定该领域内共同认可的词汇，并从不同层次的形式化模式上给出这些词汇（术语）和词汇间相互关系的明确定义。

在智能制造测量装备数据字典中，对数据的含义以及不同数据之间的关系进行了清晰表述，具有智能制造测量装备领域数据语义要素完备的特点。因此，通过建设智能制造测量装备"本体"，来实现对智能制造测量装备数据字典的语义化描述与发布，可对实现与更多领域的数据字典融合提供支持。

资源描述框架（Resource Description Framework，RDF）是一种本体描述方式，用于描述 Web 资源的标记语言。当将"Web 资源"这一概念一般化后，RDF 可被用于表达关于任何可在 Web 上被标识的事物的信息，即使有时它们不能被直接从 Web 上获取。本标准数据字典的语义化描述采用 RDF 来进行，见附录 D。

本标准的语义化描述可以实现对智能制造测量装备领域整体词汇的定义与描述，是该领域知识库的一部分。语义化描述文档的建立，将有助于本标准涉及的领域知识与其他领域知识的融合与复用。

附录 A
（规范性附录）
属性列表的概念模型

A.1 属性列表的结构

图 A.1 显示了本标准中描述的 LOP 的统一建模语言（UML）的结构。

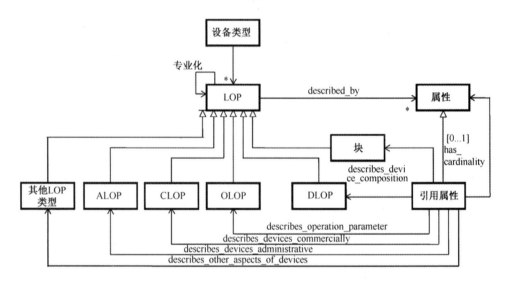

图 A.1　LOP 的统一建模语言（UML）的结构

A.2 数据模型的 UML 的概念设计

A.2.1 概述

本附录的 UML 模型并不是为了实际使用（例如数据库），它的目的是解释不同的主要实体之间概念上的关系。

在图 A.2 中，GB/T 17645.42 和 GB/T 17564.2 的主要实体和关系包含于 UML 图，它是作为 CEN/ISSS CEN 研讨会协议（CWA）15295 的一部分发布的。

图 A.2 中的个别关系说明如下。

A.2.2 每个属性（类）的唯一标识

每个字典元素（如属性）都拥有一个相关联的独立于语言的概念标识符，该标识符是全球唯一定义并包括上述字典元素的源（起源）。

这种字典元素到概念标识符的关系被定义为"identified_by"。

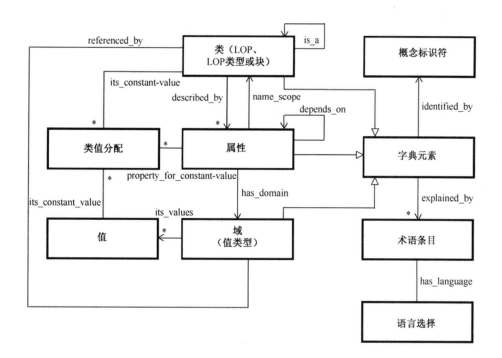

图 A.2　数据模型的 UML 的概念设计

A.2.3　每个字典元素的术语条目

每个字典元素用术语条目描述，如它的名称、定义、描述等。这种关系被定义为"explained_by"。

A.2.4　术语条目的语言选择

每个术语条目被指定为一种语言选择。这种关系被定义为"has_language"。

A.2.5　属性的范围定义

为了使每个属性拥有一个语义明确的含义，有必要为属性准确定义一个范围。这种关系被定义为"name_scope"。

在这项建议中，所有属性、设备类型（属性列表）和块具有相同的范围。

A.2.6　类中的属性应用

属性应用是在类中使用已定义好的属性（LOP、LOP 类型或块）的过程。LOP、LOP 类型或块与实际属性集之间的关系被定义为"described_by"。

A.2.7　通用类的抽象

一般化/特定化的概念用于表达一个事实，即一个特定的块是一个有更专门的含义的较通用的块，并且它有一个更专门的定义，或且有附加属性或功能。特定类和一般类之间的关系被定义为"is_a"。

注 1：一般化/特定化是多态性的基础。多态性工作的原则是每个适用于给定抽象概念的声明必须同样适用于该抽象概念的特定化。

注 2：这种方法类似一棵树，该树的每个节点代表一个抽象的概念，而子节点代表这种抽象的子集。此层次结构树不应该与层次结构的分类系统混淆。

A.2.8　属性的域

为了增强语义，属性可能指定一个明确的域。例如，一个数据类型如数值、布尔类型等，描述了允许值的集合。

该域是属性允许值的集合的描述。

属性和它的域之间的关系被定义为"has_domain"。

A.2.9　属性域的允许值

如果属性在枚举说明中有一组允许值，属性域的语义可以被进一步丰富。允许值的集合称为一个值列表。

属性和它的值的枚举类型集合之间的关系被定义为"its_values"。

A.2.10　表达组合/聚合的属性

对于复合设备有必要定义它们是如何组合在一起的。在这种情况下，LOP 将包含一个"引用属性"，该属性涉及一个 LOP（组合/聚合）或块（特征抽象）。

引用属性指向一个类（LOP 或块）。因此，属性具有一个不同的数据类型"引用"，这体现了这样的事实：域是由 LOP 或块所描述的对象集。

引用属性和被引用类之间的关系被定义为"referenced_by"。

在图 A.2 中，关系"referenced_by"被解释为建模产品构成的"part_of"关系或建模特征抽象的"consists_of"关系。

A.2.11　属性依赖属性

一个属性可以依赖于另一个属性，后一个属性可以控制前一个属性。这种关系被定义为"depends_on"。

注：属性的依赖性是势的基础。一个拥有引用属性集合的域的属性依赖于控制属性，该控制属性控制在该集合中有多少引用特性应被实例化。

A.2.12　类赋值

如果应用于一个特定的类，某些属性可能有固定值。

这种类赋值和值之间的关系被定义为"its_constant_value"。

类赋值和属性之间的关系被定义为"property_for_constant_value"。

类和类赋值之间的关系被定义为"its_constant_value"。

注：类赋值是多态的基础。多态性工作的原则是，对于一个给定的值列表，对每个值存在一个特定块，该块有一个匹配的类赋值。这种结构使得当从值列表中选择一个值时，就相应找到了一个匹配的特定块，该特定块在选择值时替代通用块。

A.2.13　从功能模型中辨识出通用模型

一个特定的测量设备使用不同的 LOP 类型进行建模。在 GB/T 17645 的术语中，这些不同的 LOP 类型并不一定说明产品本身，而是说明应用到产品的一些方面，它们被统称为功能模型。

功能模型可以防止出现编译很难查找和使用的长属性列表。它们帮助供应链的各部分迅速找到自己的属性列表。

附录 B
（资料性附录）
LOP 的用法

B.1 概述

为了更好地了解本标准中的属性列表以及它们的结构元素，例如块、势和多态性，本附录给出如下两个例子。

B.2 对 ALOP 的建议

表 B.1 是对一个属性的管理型块的建议，该块拥有一个结合了势的块结构。表 B.1 给出了 ALOP的结构数据。

在块所在的行，属性标识符属于引用属性，该属性提供对块的引用。如果块先于势属性，该块在事务性数据上将以与势属性值相同的次数被重复，如"块（R）"在表中所示。

表 B.1 ALOP 的结构数据

LOP 类型名、块或属性	行（对象）的表示	属性标识符	块标识符
设备所有属性的视图			
管理属性列表文档信息	LOP 类型		IEC-ABA439
	引用属性+块	IEC-ABA294	IEC-ABA362
文档标识符	属性	IEC-ABA164	
文档版本	属性	IEC-ABA168	
文档版次	属性	IEC-ABA113	
文档类型	属性	IEC-ABA274	
生成日期	属性	IEC-ABA272	
生成时间	属性	IEC-ABA285	
作者	属性	IEC-ABA087	
文档分配	属性	IEC-ABA079	
文档描述	属性	IEC-ABA121	
语言	属性	IEC-ABA152	
备注	属性	IEC-ABA126	
工程信息	引用属性+块	IEC-ABA104	IEC-ABA398
工程号	属性	IEC-ABA309	
子工程号	属性	IEC-ABA210	
工程标题	属性	IEC-ABA218	
企业	属性	IEC-ABA264	
位置	属性	IEC-ABA245	
区域	属性	IEC-ABA188	

工厂	属性	IEC-ABA196	
单位	属性	IEC-ABA011	
装备	引用属性+块	IEC-ABA015	IEC-ABA426
相关装备标识符	属性	IEC-ABA053	
相关装备指派	属性	IEC-ABA099	
服务描述	属性	IEC-ABA072	
设备	引用属性+块	IEC-ABA247	IEC-ABA441
设备识别码	属性	IEC-ABA038	
设备名称	属性	IEC-ABA251	
设备服务说明	属性	IEC-ABA252	
PCE 识别/标记名称	属性	IEC-ABA305	
PCE 类别和功能	属性	IEC-ABA321	
PCE 描述	属性	IEC-ABA447	
工艺流程图/参考文件	属性	IEC-ABA249	
管道和仪表图/引用文件	属性	IEC-ABA186	
部件标号	势属性	IEC-ABA204	
部件	引用属性+块（R）	IEC-ABA212	IEC-ABA372
部件作用	属性	IEC-ABA276	
部件标识符	引用属性+块	IEC-ABA303	IEC-ABA379
部件标号	属性	IEC-ABA229	
部件标号类型	属性	IEC-ABA242	
地址	引用属性+块	IEC-ABA355	IEC-AAA091
地址 1	属性	IEC-ABA346	
地址 2	属性	IEC-ABA341	
地址 3	属性	IEC-ABA314	
部门	属性	IEC-ABA073	
街道	属性	IEC-ABA286	
邮编	属性	IEC-ABA281	
信箱号码	属性	IEC-ABA295	
邮政信箱	属性	IEC-ABA142	
市/镇	属性	IEC-ABA129	
省	属性	IEC-ABA134	
国家	属性	IEC-ABA092	
VAT 号	属性	IEC-ABA028	
电话号码数	势属性	IEC-ABA148	
电话	引用属性+块（R）	IEC-ABA153	IEC-ABA399
电话号码	属性	IEC-ABA160	
电话号码类型	属性	IEC-ABA086	
传真号码数	势属性	IEC-ABA082	
传真	引用属性+块（R）	IEC-ABA050	IEC-ABA436
传真号码	属性	IEC-ABA069	
传真号码类型	属性	IEC-ABA021	
URL	属性	IEC-ABA017	
电子邮件地址数	势属性	IEC-ABA033	

电子邮件	引用属性+块（R）	IEC-ABA036	IEC-ABA395
E-mail 地址	属性	IEC-ABA045	
E-mail 类型	属性	IEC-ABA004	
公开密钥	属性	IEC-ABA030	
公开密钥类型	属性	IEC-ABA056	
地址备注	属性	IEC-ABA064	
联系人数量	势属性	IEC-ABA068	
附件数目	势属性	IEC-ABA027	
附件	引用属性+块（R）	IEC-ABA296	IEC-ABA396
语言	属性	IEC-ABA152	
地点	属性	IEC-ABA325	
存储媒介	属性	IEC-ABA349	
文件类型	属性	IEC-ABA312	
来源	属性	IEC-ABA052	
描述	属性	IEC-ABA298	
替代文本	属性	IEC-ABA329	
目的	属性	IEC-ABA333	
附加信息	引用属性+块	IEC-ABA259	IEC-AAA099
允许分批	属性	IEC-ABA238	
备注	属性	IEC-ABA126	

B.3 OLOP 的部分示例

表 B.2 为流量计的 OLOP 的部分示例。该示例通过创建一个适当的流量计 OLOP 视图而生成，每个视图必须有一个名称。由于具体设备类型的 OLOP 将在后续发布，因此属性和块标识符没有在这里列出。

表 B.2 流量计的 OLOP 的部分示例

LOP 类型名、块或属性	行（对象）的表示
由 IEC 视图限制的设备列表	
流量计操作属性列表	LOP 类型
管理信息	引用属性+块
文档信息	引用属性+块
文档标识符	属性
文档类型	属性
文档版本	属性
文档版次	属性
生成日期	属性
作者	属性
备注	属性
工程信息	引用属性+块
工程号	属性
设备数	基属性
设备	引用属性+块（R）
PCE 识别/标记名称	属性

基准条件		引用属性+块
	绝对基准压力	属性
	基准温度	属性
	过程事件的数目	基属性
过程实例		引用属性+块（R）
过程实例的引用		属性
过程实例变量		引用属性+块
全部液体		引用属性+块
	液体名称	属性
	质量流量	属性
	标准体积流量	属性
	绝对压力	属性
	温度	属性
用于设备的设计工作条件		引用属性+块
工艺设计条件		引用属性+块
正常程序设计条件		引用属性+块
	最小质量流量	属性
	最小标准体积流量	属性
	最大质量流量	属性
	最大标准体积流量	属性
安全设计条件		引用属性+块
	设计降额的数目	基属性
设计降额		引用属性+块（R）
	最大设计绝对压力	属性
	最高设计温度	属性
管线或设备管口		引用属性+块
	管线或管口数	基属性
线/喷嘴		引用属性+块（R）
	线或管口的作用	属性
	公称压力	属性
	公称直径	属性
结束连接		引用属性+块
	结束连接类型	属性
	公称压力	属性
	公称直径	属性
	表面类型	属性
	表面处理	属性
	设计规范	属性
	施工材料	属性
	材料代号	属性
	材料代号的参考标准	属性
	物理位置数	基属性
物理位置		引用属性+块（R）
	物理位置指派	属性
	PCE 识别	属性
	室内/室外局部区域分类数	属性

室内/室外局部区域分类		引用属性+块
	区	属性
	设备保护水平	属性
	类	属性
	划分	属性
	组	属性
	温度类	属性
	区域分类的参考标准	属性

B.4 DLOP 的部分示例

表 B.3 为流量计的 DLOP 的部分示例。该示例通过创建一个适当的流量计 DLOP 视图而生成，每个视图必须有一个名称。由于具体设备类型的 DLOP 将在后续发布，因此属性和块标识符没有在这里列出。

表 B.3　流量计的 DLOP 的部分示例

LOP 类型名、块或属性		行（对象）的表示
由 IEC 视图限制的设备列表		
流量仪表基本信息		LOP 类型
管理信息		引用属性+块
文档信息		引用属性+块
	文档标识符	属性
	文档类型	属性
	文档版本	属性
	文档版次	属性
	生成日期	属性
	作者	属性
	备注	属性
工程信息		引用属性+块
	工程号	属性
	设备数	基属性
	设备 1	引用属性+块（R）
	PCE 识别/标记名称	属性
设备数据		引用属性+块
标识		引用属性+块
	制造商名称	属性
	制造商产品类型	属性
	制造商产品代码	属性
输入		引用属性+块
	被测变量数	基属性
被测变量		引用属性+块（R）
	PEC 标识	属性
	被测变量类型	属性

质量流量测量		引用属性+块
测量范围		引用属性+块
	质量流量的下限	属性
	质量流量的上限	属性
	输出的数量	基属性
输出		引用属性+块（R）
	PEC 标识	属性
	输出类型	属性
电流模拟输出		引用属性+块
模拟信号配置		引用属性+块
	指定的变量类型	属性
质量流量的范围		引用属性+块
	质量流量的下限值	属性
	质量流量的上限值	属性
电流模拟输出参数		引用属性+块
	电流输出的下限值	属性
	电流输出的上限值	属性
性能属性		引用属性+块
	性能变量的数目	基属性
通信		引用属性+块
	数字通信接口	属性
	通信协议	属性
	无线通信	属性
测量溯源性		引用属性+块
	测量基准	属性
	校准间隔	属性
	置信度	属性
性能变量		引用属性+块（R）
	PEC 标识	属性
	性能变量类型	属性
质量流量的范围		引用属性+块
质量流量测量准确度		引用属性+块
质量流量测量误差		引用属性+块
	质量流量测量误差最大值	属性
额定工作条件		引用属性+块
工艺条件		引用属性+块
工艺设计的安全生产条件		引用属性+块
	公称压力	属性
运行设计条件		引用属性+块
	最大运行过程温度	属性
机械和电气结构		引用属性+块
外形尺寸和重量		引用属性+块
联机设备长度		属性
结构设计		引用属性+块
组装科氏流量计的流量传感器		引用属性+块
测量管材质		属性
流量计的主体		引用属性+块
	最终连接数	基属性

续表

连接端1		
	端接类型	属性
	公称压力	属性
	公称直径	属性
	表面类型	属性
	表面处理	属性
	设计规范	属性
	施工材料	属性
	材料规范	属性
	材料规范的参考标准	属性
科氏流量计的次级壳体		引用属性+块
	次级壳体的爆破压力	属性
	许可的防爆型设计数	势属性
许可的防爆型设计		引用属性+块（R）
	类	属性
	划分	属性
	组	属性
	区	属性
	温度等级	属性
	设备保护水平	属性
设备组和类别	设备组和类别的数量	基属性
		引用属性+块（R）
	设备组和类别	属性
	设备组/设备组	属性
	设备分类	属性
	爆炸性环境类型	属性
	保护类型	属性
	温度等级	属性
	温度编码	属性
	区域标识	属性
可信性		引用属性+块
安全性		引用属性+块
可操作性		引用属性+块
	显示/指标类型	属性
	HMI功能	属性
电源		引用属性+块
电力电源输入电路		引用属性+块
	管线数量	基属性
	电压	属性
	电压类型	属性
标准和认证		引用属性+块
	危险区域的认证	引用属性+块
	危险区域类型认证	属性
	防爆认证	属性
	防爆标志	属性
设备文件和备注		引用属性+块
	备注	属性

附录 C
（资料性附录）
用于工程的实例

C.1 工程流程中 LOP 的使用

工程流程中 LOP 的使用是基于过程控制工程的工作流。其初步工程阶段、查询生成、提议生成、选择和详细工程将通过一个例子在这里进行讨论。图 C.1 表示每个阶段有哪些类型的 LOP 在使用，这些都在图中的灰色背景矩形框中显示。

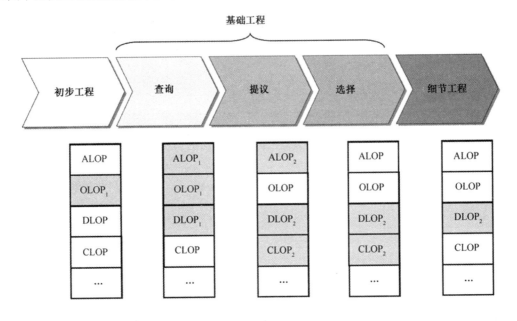

图 C.1 LOP 类型在单个项目阶段的使用

属性列表的应用在图 C.2 中用工作流程来解释。该工作流程在很大程度上实现了自动化。当安排顺序或技术查询时，用户应按以下步骤进行：

——必须利用一个工具，该工具能够处理属性列表，如 CAE 工具。

——为其具体应用选择合适的设备类型（属性列表）。

——将查询数据放入该工具提供的输入界面中，通常会是 ALOP、OLOP 和 DLOP。

——该工具生成一个传输文件（事务数据），用户通过互联网将其发送给一个或多个供应商。

为了生成传输文件，可以使用任何适当的方法。但是，为了充分使用本标准和 GB/T 20818 的后续系列标准部分，应首选计算机可解析的方法。

有些 CAE 系统由若干块组成：一个工程加工块（包括 P&I 图表）、一个管道系统块和一个过程控制设备块。当创建新循环表时，过程控制块可以从工程加工块导入所需的数据。通过使用标准化概念（LOP、块、属性），过程控制设备的策划者能够免除许多手工输入的任务，同时可提高数据的质量。

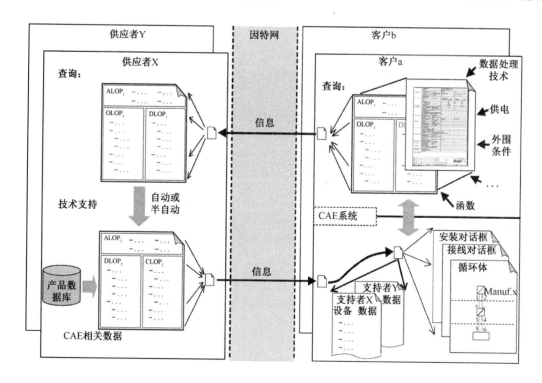

图 C.2　工程流程中的数据交换

供应商使用传输信息生成的提议。它补充更多的数据或改变 DLOP 的内容。此外，它还补充自己的 ALOP，尤其是包含商业细节的 CLOP。然后，它以之前商定的格式向客户发送此提议。

经验表明，任何双方在交换数据时，如果想要工作流被正确执行，将产生消息的人的数据放置在 ALOP 是非常重要的。

客户现在可以比较来自不同供应商的提议，选择最适合其需求的。由于每个属性已被分配了一个唯一的 ID 代码，包含在提议中的属性的值可以容易地被计算机评估。客户也可以使用供应商传输的数据生成自己的设备或系统文件。因此，客户不仅有设备要求的记录而且也得到实际选择的设备的详细说明文件，在阐明有关该设备的任何具体问题时，可用这些文件来重新排序或作为参考引用。

为确保所描述的工作流程的可重复性，供应商和客户必须有一个适当的技术基础设施。

以下原则也许会在考虑工作流程时被执行（见图 C.2）：所有为特定过程输入到 IT 系统的数据应只需要在子过程的整个工作链中输入一次。遵照这一原则可以大大提高数据处理的质量。

图 C.2 也显示了消息（包括所需的 LOP 类型）在描述的工程流程中怎样被处理。查询信息包括 $ALOP_1$、$OLOP_1$ 和 $DLOP_1$，这三个应包括在一个共同文件中。$ALOP_1$ 包含信息，该信息是一个查询。在这种情况下，数据为顾客提供至少一个联系人。$OLOP_1$ 包含所询问的设备指定的操作和环境条件的描述。$OLOP_1$ 数据的所有者是客户，并对他们负责。通常 $DLOP_1$ 是空的，但客户仍有可能对设备有特定要求。

供应商的答复消息通过使用不同的文件被发送。它由 $ALOP_2$、$DLOP_2$ 和 $CLOP_2$ 组成。$ALOP_2$ 包含信息，该信息是一个提议。在这种情况下，数据为顾客提供至少一个联系人。$DLOP_2$ 在此消息中的作用是发送一个设备描述，该描述是提议的对象。供应商是 $DLOP_2$ 的数据所有者，并对它们负责。$CLOP_2$ 包含有关该设备提供的商业信息并且它的所有者也是供应商。如果客户想用这些 LOP 产生一个顺序，则不得改变 $DLOP_2$ 和 $CLOP_2$ 的内容。

以事务数据为形式的 $DLOP_1$ 和 $DLOP_2$ 在工作流程中有不同的角色和不同的内容，尽管它们通过相同的结构数据产生。$ALOP_1$ 和 $ALOP_2$ 同样如此，都是具有相同的作用（它们包含消息的头数据）但却包含不同的内容。

在工程流程中 LOP 的主要作用总结如下：

——描述在一个过程控制设备之下的业务和功能要求。

——基于上述要求，使设备供应商为一个四核的过程控制设备提交一份提议。

——通过采购系统订购设备。

——以结构化的方式对过程控制设备中的数据归档。

——使用 CAE 工具为规划提供设备数据。

每个设备类型的结构数据是由该设备类型的 LOP 决定的。该 LOP 的数据来自 OLOP 或 DLOP。结构性数据确定属性的顺序或属性块和这些结构性元素的安排，这些结构元素被相应地编入索引中。

对于已安装的设备或交付至设备上的要求，事务数据在客户和供应商之间，或在一个公司的不同的技术部门内交换。这意味着，值被分配给定义在结构中的属性且之后被转移到一个传输交换文件中。

用结构数据来生成事务数据可用如下例子说明（见图 C.3）。

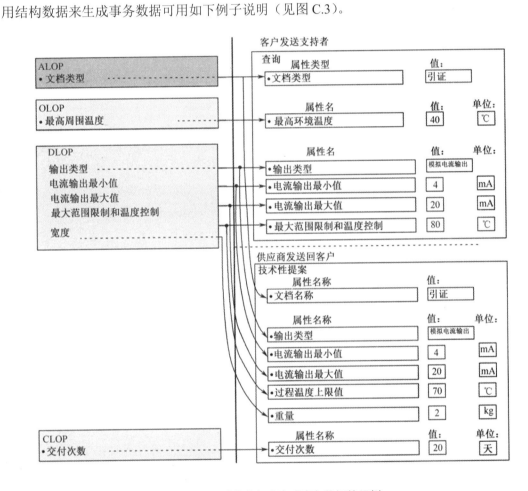

图 C.3　用结构数据来生成事务数据的示例

依据自身经验，客户指定其工厂的最高环境温度为 40℃，并将该值输入至 OLOP。此外，客户希望有一个当前的模拟输出信号，下限值为 4 mA，上限值为 20mA，并指定该设备最高工作温度为 80℃。"最高环境温度""输出类型""电流输出最小值""电流输出最大值"和"最大范围限制和温度控制"都是客户为属性（结构数据）输入的值（事务数据），同时还输入"查询"作为 ALOP"文档类型"的值。

查询的技术细节因此被指定。它们以头数据（例如文件类型）作为补充。这些数据传送给一个或多个供应商，因此这些数据由事务数据组成，它们由包含在 ALOP、OLOP 和 DLOP 中的结构数据所产生。

生成的信息以传输文件或类似形式进行传输。理想的情况下，这样的传输文件将由任何一方的 CAE 系统生成并自动使用（见附录 C.2）。

传输文档送达的供应商可以将该文档读入自己的系统并用传送的数据起草一个提议。供应商产生一个相应的 LOP 文件，该文件包含依据项目的阶段而定的相应的信息。这种信息可能会是供应商联系的个人数据或商业属性如价格和交货时间。

该提议采用由 ALOP，DLOP 和 CLOP 组成的 LOP 的形式，在供应商的系统中被转换为传输文件并发送给客户。假如该系统能够正确解释该传输文件，客户可以直接将所有或部分该 LOP 导入其 CAE 系统。应当指出，客户查询和供应商的答复是两个不同的传输文件。在例子中，客户会收到以下信息：

——传输文件包含一个引证。

——所需的输出信号类型和范围得到证实。

——供应商不能满足需要的工艺温度范围的上限值 80℃，他只可以提供了 70℃ 则需要在 DLOP 中声明。在这种情况下客户可以接受参数或另找供应商。

——从发送的附加数据中，属性"重量"已为该例子选定，该供应商已规定为 2kg。

——交货时间持续 20 天。

用于传输事务数据的文件只包含了各自的属性 ID 代码以及客户或供应商分配给它的值。对于含有单位的属性，单位是为事务而增加的。在这个例子中，利用 LOP 形式的传输文件实际交换的数据列在表 C.1 的右侧。

表 C.1 示例描述的结构和事务数据

结构数据					事务数据		
编号	首选名称	单位	格式	更多属性	编号	值	单位
在查询阶段							
IEC-ABA274	文档类型		字符串	(……)	IEC-ABA274	查询	
IEC-ABA291	最高环境温度	°C	实数型	(……)	IEC-ABA291	40	°C
IEC-ABA169	输出类型		字符串	(……)	IEC-ABA169	模拟电流输出	
IEC-ABA190	下限电流输出最小值	mA	实数型	(……)	IEC-ABA190	4	mA
IEC-ABA183	上限电流输出最大值	mA	实数型	(……)	IEC-ABA183	20	mA
IEC-ABA292	上限过程温度极限值	°C	实数型	(……)	IEC-ABA292	80	°C
在技术提议							
IEC-ABA274	文档类型		字符串	(……)	IEC-ADA274	引用	
IEC-ABA169	输出类型		字符串	(……)	IEC-ABA169	模拟电流输出	
IEC-ABA190	下限电流输出最小值	mA	实数型	(……)	IEC-ABA190	4	mA
IEC-ABA183	上限电流输出最大值	mA	实数型	(……)	IEC-ABA183	20	mA
IEC-ABA292	上限过程温度极限值	°C	实数型	(……)	IEC-ABA292	70	°C
IEC-ABA243	重量	kg	实数型	(……)	IEC-ABA243	2	kg
IEC-ABA127	交付时间	天	实数型	(……)	IEC-ABA127	20	天

C.2 CAE 及其他系统的作用

对于这一标准的实际应用，特别是 CAE 系统，在客户端发挥了决定性的作用。它们支持和提高了规划工作的效率。根据此标准用于规划过程中的 CAE 系统必须满足工程流程的先决条件，如图 C.2 所示。

其中一个重要条件是所有文件应为传输文件的形式，例如，应该能够从出口输出并输入到系统中。它还应当可以导入 CAE 相关的数据。CAE 系统应具有自动接受一个新的设备类型的主数据的能力。另一个重要因素是能够比较来自同样 CAE 系统的几个提议中的技术设备数据。

导出和导入文件有助于提高数据质量，同样在综合电子数据及其他系统，包括 ERP 系统交换的环境中进行考虑。

在设备的整个生命周期中，有关设备的数据在各有关部门之间交换，其相关的复杂工作流程如图 C.4 所示。在客户端，可能涉及过程及过程控制规划、操作、维护和采购。对供应商方面，可能涉及销售、营销、开发和售后服务。

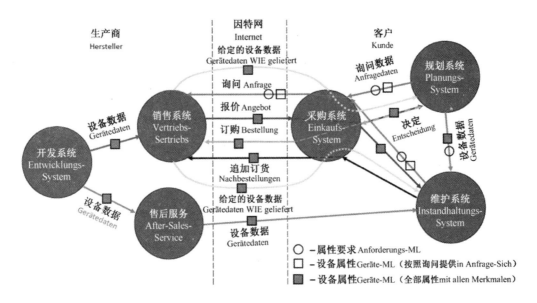

图 C.4 设备生命周期中数据交换的工作流程

在设备交付的同时，相关数据（如交付的设备数据）可导入到客户系统中（例如规划、维修或购买系统）。设备的数据传输的其他重要路径也进行了显示。

应该指出的是，数据也可以根据其他模式存储，例如，根据 GB/T 18975.4。但如果使用这个标准和另一个模型实现数据库之间的数据交换，采用映射的手段将是必要的。

附录 D
（资料性附录）
资源描述框架示例

RDF 用于表示基本的三元组，三元组即 Triple，分为主语、谓语、宾语（object、predicate、subject），主语是要描述的对象，谓语描述了主语和宾语之间的关系。RDF/XML 是一种表示 RDF 三元组的 XM 语法，本标准中语义化的编写将采用 RDF/XML。

本标准用来描述对智能制造控制装备各类属性的名称、属性以及编码的制定。各类属性结构为"包含""行（对象）的表示""属性标识符为"和"块标识符为"关系。

以图 D.1 为例，转化为 RDF 三元组描述为：

——"工程信息""包含""工程号"，"工程信息""行（对象）的表示""引用属性+块"，"工程信息""属性标识符为""IECABA104"，"工程信息""块标识符为""IECABA398"。

——"工程号""行（对象）的表示""属性"，"工程号""属性标识符为""IECABA309"。

LOP类型名、块或属性		行（对象）的表示	属性标识符	块标识符
工程信息		引用属性+块	IEC-ABA104	IEC-ABA398
	工程号	属性	IEC-ABA309	

图 D.1　属性列表节选

对应的 RDF/XML 表达为：

```
<?xml version="1.0"?>

<rdf:RDF
xmlns:rdf="http://www.w3.org/1999/02/22-rdf-syntax-ns#"
xmlns:cd="http://www.XXXXX.org/cd#">

<rdf:Description
rdf:about="http://www.XXXXX.org/cd/工程信息">
 <cd:consist>工程号</cd:consist>
 <cd:type>引用属性+块</cd:type>
 <cd:property_identifier>IECABA104</cd:property_identifier>
 <cd:block_identifier>IECABA398</cd:block_identifier>
</rdf:Description>

<rdf:Description
rdf:about="http://www.XXXXX.org/cd/工程号">
<cd:type>属性</cd:type>
<cd:property_identifier>IECABA309</cd:property_identifier>
</rdf:Description>
```

```
    ...
    </rdf:RDF>
```

在上述 RDF/XML 表达中，第一行是 XML 声明。

XML 声明之后是表达的根元素:<rdf:RDF>。

xmlns:rdf 指命名空间，规定了带有前缀 rdf 的元素来自命名空间"http://www.w3.org/1999/02/22-rdf-syntax-ns#"。

xmlns:cd 指命名空间，规定了带有前缀 cd 的元素来自命名空间 "http://www.XXXXX.org/cd#"。

<rdf:Description>元素包含了对被 rdf:about 属性标识的资源的描述。

元素：<cd:consist >、<cd:type>、<cd:property_identifier>、<cd:block_identifier>等是此资源的关系与关联对象描述。

上述 RDF/XML 文档可以表示为图形格式，如图 D.2 所示。

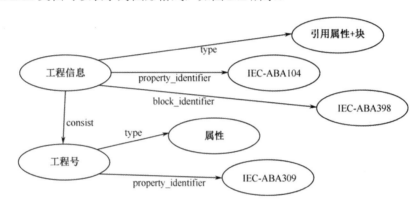

图 D.2　RDF/XML 文档表示为图形格式

对智能制造控制装备的全部内容进行 RDF/XML 文档描述，即可形成智能制造测量装备数据字典语义化描述文档。

成果九

制造装备集成信息模型
第 1 部分：通用建模规则

引　言

标准解决的问题：

本标准规定了制造装备集成信息模型的术语和定义、总则、信息模型定义、数据类型以及制造装备信息模型统一描述。

标准的适用对象：

本标准适用于制造装备集成信息模型的建模。

专项承担研究单位：

机械工业仪器仪表综合技术经济研究所。

专项参研联合单位：

中国科学院沈阳自动化研究所、浙江中控技术股份有限公司、北京和利时系统工程有限公司、重庆川仪股份自动化有限公司、上海工业自动化仪表研究院、中电科技集团重庆声光电有限公司、西安西电开关电气有限公司、重庆市伟岸测器制造股份有限公司、北汽福田汽车股份有限公司、中国电子信息产业集团有限公司第六研究所、沈阳高精数控智能技术股份有限公司、沈机（上海）智能系统研发设计有限公司、北京机床研究所、沈阳机床（集团）有限责任公司、西门子中国有限公司、三菱电机自动化有限公司。

专项参研人员：

赵艳领、王麟琨、刘丹、闫晓风、张华良、裘坤、朱毅明、田英明、徐青、韩莉、郭庆红、张泰华、刘广杰、王小文、刘红。

制造装备集成信息模型 第1部分：通用建模规则

1 范围

本标准规定了制造装备集成信息模型的术语和定义、总则、信息模型定义、数据类型以及制造装备信息模型统一描述。

本标准适用于制造装备集成信息模型的建模。

2 术语、定义和缩略语

2.1 术语和定义

下列术语和定义适用于本标准。

2.1.1

信息模型 information model

对给定的制造装备信息资源进行定义、描述和关联的组织框架。

注：改写 IEC/TR 62541-1，定义 3.2.12。

2.1.2

属性元素 attribute element

组成属性的基本信息如属性标识，属性名称。

2.1.3

属性 attribute

组成组件、属性集、设备的基本元素。

注：改写 IEC/TR 62541-1，定义 3.2.3。

2.1.4

属性集 attribute set

一个或多个属性以及子属性集的集合，可以作为节点单独存在，只构成制造装备属性描述的结构元素。

注：结构元素是指不包含实际的内容，只提供结构信息，类似于文件夹的功能。

2.1.5

静态属性集　static attributeset

属性集的一种，包含的属性自确定之后不变化或者变化不频繁。

注：哪些属性是静态属性，有些是明确的如生产商信息，有些是不明确的，由制造装备特性和用户决定。

2.1.6

过程属性集　process attributeset

属性集的一种，包含的属性只有在装备运行起来之后才显现的特性。

注：哪些属性是过程属性，有些是明确的如设备状态，有些是不明确的，由制造装备特性和用户决定。

2.1.7

配置属性集　configruation attributeset

属性集的一种，包含的属性是为了完成某一特定任务而需要进行配置的属性。

注：哪些属性是配置属性，有些是明确的如批参数，有些是不明确的，由制造装备特性和用户决定。

2.1.8

组件模型　component model

本标准规定的一种模型，是设备模型的物理或者逻辑上的一部分，由属性集、方法集以及子组件组成。

注1：组件可以用来描述实际的制造装备的部件也可以描述一个制造装备，如当制造装备代表一个3台数控机床组成的生产单元时，组件也可以用来描述数控机床。

注2：组件也可以作为结构化元素使用即类似于文件夹功能的作用，只用来组织模型的框架和层次。

2.1.9

设备模型　device model

本标准规定的一种模型，是制造装备的描述，由属性集、方法集和组件组成。

注：对于一个制造装备只能采用一个设备模型来表示，是一个特殊的组件。

2.1.10

引用　reference

事物之间关系的表示。

注：改写 IEC/TR 62541-1，定义 3.2.25。

2.2　缩略语

AGV：自动导引运输车（Automated Guided Vehicle）
PLC：可编程逻辑控制器（Programmable Logic Controller）
XML：扩展标记语言（Extensible Markup Language）

3 总则

3.1 制造装备与信息模型元素

制造装备如数控机床、机器人、PLC 系统等是由若干部件、物理属性以及各类操作组成的，每个部件又可以包含其它子部件和物理属性，因此需要定义相关的信息模型元素对制造装备进行抽象和描述，本标准定义了属性元素、属性、属性集、组件、组件集、设备、方法、方法集、引用信息模型元素，制造装备与信息模型元素的映射关系如图 1 所示，信息模型可与 OPC UA 技术结合实现对制造装备的描述和通信，参见附录 B。

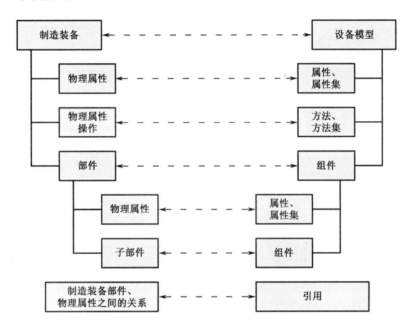

图 1　制造装备与信息模型元素的映射关系

3.2 信息模型元素基本概念与关系

本标准信息模型基本概念由属性元素、属性、属性集、组件模型、设备模型、方法、方法集和引用组成，信息模型元素的基本概念如下。

——属性元素：属性元素是信息模型元素的基本单元，本标准定义的属性元素如属性标识、属性名称等。

——属性：属性是对制造装备物理属性的抽象和描述，由一系列属性元素组成。

——属性集：属性集是为了对制造装备物理属性进行组织和分类，现实中的制造装备并不存在属性集，属性集由属性和子属性集组成，属性集分为静态属性集、过程属性集和配置属性集，其含义如下。

1）静态属性集包含的属性信息自制造装备出厂后不会变化或者变化不频繁，如生产商信息，装备序列号等信息。

2）过程属性集包含的信息一般与制造装备使用有关如制造装备状态、内存使用率、CPU 使用率等信息。

3）配置属性集包含的信息一般包括设备参数如批参数、AGV 的路径、加工速度限制、硬件的配置、掉电保持的配置等信息。

——方法：方法是用来表示对制造装备或者部件进行操作的抽象和描述，包括输入、输出和返回值。

——方法集：方法集信息模型元素是多个方法的集合，只有组件和设备才能包含方法集。

——组件：本标准定义的组件信息模型元素是对制造装备部件的抽象和描述，组件模型由静态属性集、过程属性集、配置属性集、方法集和子组件组成。

——设备模型：设备信息模型元素是对制造装备进行的抽象和描述，对于一个制造装备的描述，有且只能存在一个设备模型的实例。

——引用：引用是对制造装备关系的描述。

本标准定义的信息模型元素之间的关系如图 2 所示，设备可以包括组件、属性集、方法集，组件可以包含属性集、子部件以及方法集，属性集由属性和子属性集组成，属性由属性元素组成。

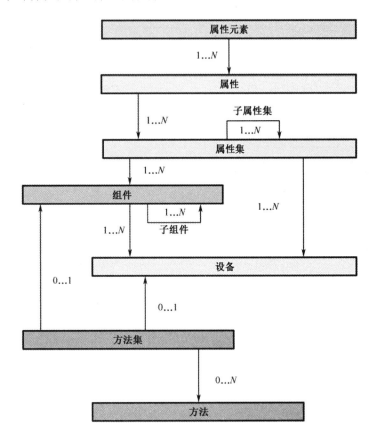

图 2　信息模型元素之间的关系

3.3　建模规则

建模规则包括基本建模规则、信息模型元素个数原则、嵌套原则，详细说明如下。

——基本建模规则：基本建模规则如表 1 所示，表示信息模型元素被包含的选择，如组件不一定包含属性集、而设备则必须包含属性集，以字母 M 表示强制的、必选的，以字母 O 表示可选的（不一定存在）。

表 1　基本建模规则

序号	基本建模规则	含义
1	M	Mandatory 强制的、必选的
2	O	Optional 可选的

——属性个数原则：如果某一属性是可选的，则根据可能出现的次数分为 $0...1$ 和 $0...N$，前者表明最多出现一次也可以不出现，后者表示出现的次数不受限制，也可以不出现；如果某一属

性是必选的，则根据可能出现的次数分为1和1...N，前者表明只能出现一次，后者表示至少出现一次，出现的次数不受限制。

——嵌套规则：属性集可以包含子属性集，子属性集可以继续包含子属性集，可以任意进行嵌套；组件可以包含子组件，子组件可以继续包含子组建，可以任意进行嵌套。

3.4 引用的表示

3.4.1 有组件引用

有组件引用（HasComponent）被用来构建组件、设备信息时使用，表明设备包含了组件或者组件包含了子组件。因此本标准定义的引用不会形成引用环。如A引用B，B引用C，C引用A，这样会形成一个引用环如图3所示，从而形成一个网状结构，本标准目标是把信息模型建成一个树状的层次结构。

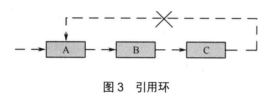

图3 引用环

HasComponent表示方法如图4所示。

图4 有组件引用表示方法

3.4.2 有复杂数据类型引用

有复杂数据类型引用（HasComplexDataType）被用来表明属性指向一个定义好的复杂数据类型，表示方法如图5所示。

图5 有复杂数据类型表示方法

3.4.3 有属性引用

有属性引用（HasAttribute）被用来表明引用了一个属性，表示方法如图6所示。

图6 有属性表示方法

3.4.4 有属性集引用

有属性集引用（HasAttributeSet）被用来表明引用了一个属性集，表示方法如图7所示。

图7 有属性集表示方法

3.4.5 有方法引用

有方法引用（HasMethod）表明引用了方法，表示方法如图8所示。

图 8　有方法表示方法

3.4.6　有方法集引用

有方法集引用（HasMethodSet）表明引用了方法集，表示方法如图 9 所示。

图 9　有方法集表示方法

4　信息模型定义

4.1　基本属性类型

基本属性类型（BaseAttributeType）如表 2 所示，每一个属性都有多个属性元素组成，属性元素是描述物理设备、部件的最小单元，注意并不是每一个属性都包含所有的属性元素，说明如下。

——AttributeID：该属性元素代表属性 ID，是属性的唯一标识，对于每一个属性其属性 ID 是确定且唯一的。

——AttributeName：该属性元素代表属性名称。

——AttributeDes：对属性的描述信息。

——AttributeAccess：属性访问权限，0 代表只可读，1 代表可读可写。

——AttributeDatatype：属性数据类型见第 6 章。

——AttributeValue：属性值形式不同，由数据类型决定，可能是标量也可能是数组。本标准只支持一维数组。

——EngineeringUnits：工程单位是对数值的单位描述。

——NativeUnits：本地单位，提供了被测量值附件的信息，在使用之前有可能需要转换成标准单位（即工程单位）所表示的数据。

——LValue：工程下限。

——HValue：工程上限。

——SamplingInterval：采样间隔，单位是毫秒（ms）。

表 2　基本属性类型定义

序号	属性元素	基本建模规则	含义	引用	数据类型	个数
1	AttributeID	M	属性标识	NULL	UNIT32	1
2	AttributeName	M	属性名称	NULL	String	1
3	AttributeDes	O	属性描述	NULL	String	0…1
4	AttributeAccess	M	访问权限	NULL	UNIT8	1
5	AttributeDatatype	M	数据类型	NULL	见 6 章节	1
6	AttributeValue	O	数据值	NULL	第 6 章节	0…1
7	EngineeringUnits	O	工程单位	NULL	String	0…1
8	NativeUnits	O	本地单位	NULL	String	0…1
9	LValue	O	下限值	NULL	FLOAT32	0…1
10	HValue	O	上限值	NULL	FLOAT32	0…1
11	SamplingInterval	O	采样间隔	NULL	UNIT16	0…1

4.2 基本集合信息类型

基本集合信息类型（BaseSetInfoType）定义如表3所示，基本集合信息类型是一个描述结构化元素的模型，基本集合信息结构是对一个集合的标识和描述信息，如本文所定义的静态属性集、过程属性集、配置属性集，每一个集合都需要一个基本集合信息结构进行描述，属性名称说明如下。

——SetInfoName：集合名称。

——SetInfoID：集合ID。

——SetInfoDescription：集合描述。

表3 基本集合信息类型定义

序号	属性名称	基本建模规则	含义	引用	数据类型	操作权限	个数
1	SetInfoName	M	集合名称	HasAttribute	string	只读	1
2	SetInfoID	M	集合ID	HasAttribute	GIMID	只读	1
3	SetInfoDescription	M	集合描述	HasAttribute	string	只读	1

4.3 引用类型

引用类型（ReferencedType）定义如表4所示，说明如下。

——ReferencedName：引用名称。

——ReferencedID：引用ID。

——XMLPath：引用的XML文件路径，当值为NULL时，引用的信息在同一个文件，不是NULL时，代表的是引用的信息所在的XML文件路径和文件名。

表4 引用类型定义

序号	属性名称	基本建模规则	含义	引用	数据类型	操作权限	个数
1	ReferencedName	O	引用的名称	HasAttribute	string	只读	0…1
2	ReferencedID	M	引用的ID	HasAttribute	GIMID	只读	1
3	XMLPath	M	引用的XML文件路径	HasAttribute	string	只读	1

4.4 属性集类型

属性集类型（AttributeSetType）定义如表5和图10所示，属性集是由一系列的属性/子属性集组成的，通过使用引用可以把多个属性集关联起来，形成树状层次结构，如下图所示，属性集由自身属性集描述、包含的属性以及引用的属性集组成。当属性集包含属性时，只有子属性集引用列表时可以当做类似文件夹功能的结构化元素节点存在。说明如下。

——SetInfoTypeInstance：属性集的描述。

——AttributeInfo：包含的属性。

——AttributeSetReferencedInfo：包含的子属性集引用列表。

表5 属性集类型定义

序号	属性名称	基本建模规则	含义	引用	数据类型	操作权限	个数
1	SetInfoTypeInstance	M	属性集的描述	HasComplexDataType	BaseSetInfoType	只读	1
2	AttributeInfo	O	包含的属性	HasAttribute	LisofBaseAttributeType	用户决定	0…N
3	AttributeSetReferencedInfo	O	包含的子属性集引用列表	HasAttributeSet	ListofReferenceType	用户决定	0…N

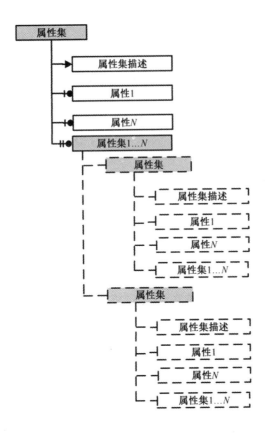

图 10 属性集类型定义

4.5 方法类型

4.5.1 参数类型

参数类型（ArgumentType）定义如表 6 所示，其中参数数据类型只能是附录 A 定义的数据类型。

表 6 参数类型定义

序号	属性名称	基本建模规则	含义	引用	数据类型	操作权限	个数
1	ArgumentName	M	参数名称	HasAttribute	String	只读	1
2	ArgumentDataType	M	参数数据类型	HasAttribute	Uint8	用户决定	1
3	ArgumentDes	O	方法描述	HasAttribute	String	只读	0…1

4.5.2 方法类型

方法类型（MethodType）定义如表 7 所示，其中参数数据类型只能是附录 A 定义的数据类型。

表 7 方法类型定义

序号	属性名称	基本建模规则	含义	引用	数据类型	操作权限	个数
1	MethodName	M	方法名称	HasAttribute	String	只读	1
2	MethodID	M	方法标识号	HasAttribute	GMID	只读	1
2	MethodDesc	O	方法描述	HasAttribute	String	只读	0…1
3	InputArgument	O	输入参数	HasComplexDataType	ListofArgumentType	读写	0…N
4	OutputArgument	O	输出参数	HasComplexDataType	ListofArgumentType	读写	0…N

4.6 方法集类型

方法集类型（MethodSetType）定义如表8所示，包含方法集的描述和引用信息，引用信息指向不同的方法。

表8 方法集类型定义

序号	属性名称	基本建模规则	含义	引用	数据类型	操作权限	个数
1	SetInfoTypeInstance	M	组件的描述	HasComplexDataType	BaseSetInfoType	只读	1
2	ReferencedMethodType	M	包含的引用列表	HasComplexDataType	LisofMethodType	只读	1…N

4.7 组件类型

组件类型（ComponentType）定义如表9和图11所示，组件类型包含了静态属性集、过程属性集、配置属性集、方法集以及子组件集。

表9 组件类型定义

序号	属性名称	基本建模规则	含义	引用	数据类型	操作权限	个数
1	ComponentStaticAttribute	O	组件静态属性集	HasComplexDataType	BaseSetInfoType	只读	1
1.1	ComponentID	O	组件ID	HasAttribute	BaseAttributeType	只读	1
1.2	ComponentName	O	组件名称	HasAttribute	BaseAttributeType	只读	1
1.3	AttributeInfo	O	包含的静态属性	HasAttribute	LisofBaseAttributeType	只读	0…N
1.4	StaticAttributeSetReferencedInfo	O	包含的其它属性集列表	HasAttributeSet	ListofReferenceType	只读	0…N
2	ComponenProcessAttribute	O	组件过程属性集	HasComplexDataType	BaseSetInfoType	只读	0…1
2.1	AttributeInfo	O	包含的属性	HasAttribute	LisofBaseAttributeType	只读	0…N
2.2	ProcessAttributeReferencedInfo	O	组件过程属性集列表	HasAttributeSet	ListofReferenceType	只读	0…N
3	ComponentConfigurationAttribute	O	组件配置属性集	HasComplexDataType	BaseSetInfoType	只读	0…1
3.1	AttributeInfo	O	包含的属性	HasAttribute	LisofBaseAttributeType	只读	0…N
3.2	ConfigurationAttributeReferencedInfo	O	组件配置属性集列表	HasAttributeSet	ListofReferenceType	只读	0…N
4	MethodSetTypeInstance	O	方法集	HasMethodSet	MethodSetType	只读	0…1
5	ComponetSetTypeInstance	O	组件集	HasComponent	ComponetSetType	只读	0…1

组件模型可以描述一个实际的制造装备的一个部件，其组成可能有如下形式：

a）由静态属性集、过程数据集和配置属性集描述一个部件。

b）由静态属性集、过程数据集和配置属性集和包含的子组件描述一个较为复杂的部件。

c）由子组件描述和子组件列表描述一个结构化元素节点。

d）部件里面可以包含方法集。

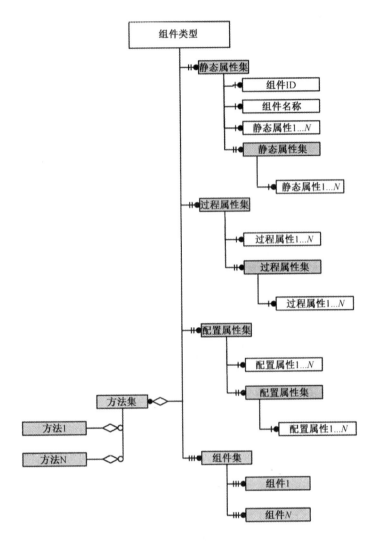

图 11　组件类型定义

当组件类型只包含子组件描述和子组件列表时，通过子组件的引用可以形成层次关系，如图 12 所示。

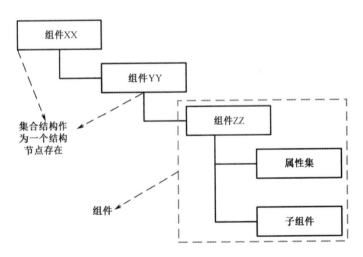

图 12　组件形成的层次关系

4.8 组件集类型

组件集类型（ComponetSetType）定义如表 10 所示，组件集类型包含组件集的描述和引用信息，引用信息指向不同的组件。

表 10 组件集类型定义

序号	属性名称	基本建模规则	含义	引用	数据类型	操作权限	个数
1	SetInfoTypeInstance	M	组件件的描述	HasComplexDataType	BaseSetInfoType	只读	1
2	ReferencedTypeInstance	M	包含的引用列表	HasComplexDataType	LisofReferencedType	只读	1...N

4.9 设备类型

4.9.1 设备静态属性集包含的信息

设备静态属性集定义如表 11 所示，包含的属性如下。
——DeviceID：设备 ID。
——DeviceName：设备名称。
——Vendor_ID：生产商指定的 ID，如序列号。
——Vendor_Name：生产商名称。
——Firmware_Revision：固件版本。
——Application_Software_Version：应用程序版本。

表 11 设备静态属性集定义

序号	属性名称	基本建模规则	引用	数据类型	操作权限
1	DeviceID	M	HasAttribute	GIMID	只读
2	DeviceName	M	HasAttribute	string	只读
3	Vendor_ID	O	HasAttribute	string	只读
4	Vendor_Name	O	HasAttribute	string	只读
5	Firmware_Revision	O	HasAttribute	string	只读
6	Application_Software_Version	O	HasAttribute	string	只读

4.9.2 设备过程属性集包含的信息

设备过程属性集定义如表 12 所示，包含的属性如下。
——Status：代表设备的状态。
——Local_Time：代表本地时间。
——Local_Date：代表本地日期。
——UTC_Offset：代表标准区时。

表 12 设备过程属性集定义

序号	属性名称	基本建模规则	引用	数据类型	操作权限
1	Status	M	HasAttribute	U32	只读
2	Local_Time	O	HasAttribute	Time	只读
3	Local_Date	O	HasAttribute	Date	只读
4	UTC_Offset	O	HasAttribute	Int32	只读

4.9.3 设备类型

设备类型（DeviceType）定义如表 13 和图 13 所示，设备类型包含了静态属性集、过程属性集、配置属性集以及方法集和组件集。其中表 13 中的 1.1 和 2.1 中包含的一部分信息必须由 4.9.1 节和 4.9.2 节定义，用户可以针对 4.9.1 节和 4.9.2 节定义的内容进行删减。

表 13 设备类型定义

序号	属性名称	基本建模规则	含义	引用	数据类型	操作权限	个数
1	DeviceStaticAttribute	M	设备静态属性集	HasComplexDataType	BaseSetInfoType	只读	1
1.1	AttributeInfo	O	包含的静态属性	HasAttribute	LisofBaseAttributeType	只读	2…N
1.2	StaticAttributeReferencedInfo	O	包含的属性集列表	HasAttributeSet	ListofReferenceType	只读	0…N
2	DeviceProcessAttribute	M	设备过程属性集	HasComplexDataType	BaseSetInfoType	只读	1
2.1	AttributeInfo	O	包含的过程属性	HasAttribute	LisofBaseAttributeType	只读	1…N
2.2	ProcessAttributeReferencedInfo	O	包含的属性集列表	HasAttributeSet	ListofReferenceType	只读	0…N
3	DeviceConfigurationAttribute	O	设备配置属性集	HasComplexDataType	BaseSetInfoType	只读	1
3.1	AttributeInfo	O	包含的配置属性	HasAttribute	LisofBaseAttributeType	只读	0…N
3.2	ConfigurationAttributeReferencedInfo	O	包含的属性集列表	HasAttributeSet	ListofReferenceType	只读	0…N
4	MethodSetTypeInstance	O	方法集	HasMethodSet	MethodSetType	只读	0…1
5	ComponetSetTypeInstance	O	组件集	HasComponent	ComponetSetType	只读	0…1

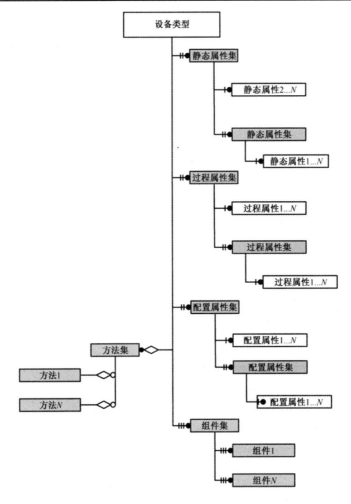

图 13 设备类型定义

5 数据类型

5.1 基本类型

基本数据类型定义如表 14 所示。

表 14 基本数据类型

名称	范围/解释
BOOLEAN	真/假：零为假；非零为真
INT8	-128~127
INT16	-32 768~32 767
INT24	-8 388 608~8 388 607
INT32	-2^{31}~2^{31}-1
INT64	-2^{63}~2^{63}-1
UINT8	0~255
U INT16	0~65 535
U INT24	0~16 777 215
U INT32	0~4 294 967 295
FLOAT32	单精度浮点值，范围和精度在 IEEE 754 单精度浮点值中指定
FLOAT64	双精度浮点值，范围和精度在 IEEE 754 双精度浮点值中指定
STRING	ASCII 码

5.2 通用信息模型标识的编码

图 14 定义了通用信息模型标识（GIMID）的编码，遵循如下原则：

a）GIMID 是一个 8 字节的数据类型。

b）实例 ID 高 4 字节在前，实例 ID 低 4 字节在后。

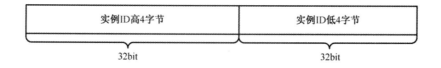

图 14 通用信息模型标识的编码

5.3 字节串数据类型

图 15 定义了字节串（Octerstring）数据类型的结构，由 0 个或者多个 Octer（1 个 Octer 包含 8bit）组成，第一个字节为长度，如果长度为 0，则后面无任何信息，否则按照时间长度进行排列。

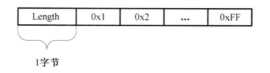

图 15 字节串数据类型的结构

5.4 日期类型

图 16 定义了日期类型的结构，日期类型结构由连续的 4 个字节表示。第一个字节代表 1970 年 0 点 0 分 0 秒经过的年数；第二个字节代表月份，1 月由数字 1 代表，以此类推，范围是 1 到 12；第三

个字节代表日，范围 1 到 31；第四个字节代表前面时间下的星期数，星期 1 由数字 1 代表，以此类推，范围 1 到 7。

任意一个字节如果是 0xFF 则代表不确定，如果每个字节都是 0xFF 则代表不需要或者不关注日期。

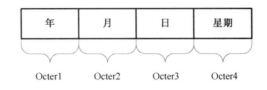

图 16　日期类型的结构

5.5　时间类型

图 17 定义了时间类型的结构，时间类型由连续的 4 个字节表示。第一个字节代表小时，采用一天 24 小时计时；第二个字节代表分钟；第三个字节代表秒；第四个字节代表毫秒。

任意一个字节如果是 0xFF 则代表不确定，如果每个字节都是 0xFF 则代表不需要或者不关注时间。

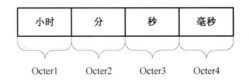

图 17　时间类型的结构

5.6　时间戳类型

图 18 定义了时间戳类型的结构，时间戳结构由 Date 和 Time 类型组成。

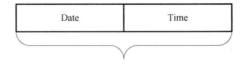

图 18　时间戳类型的结构

5.7　数组

属性类型可能是数组，数组表示方法为 Array [N] of Datatype（数据类型），N 代表包含数组元素的个数，如果 N<=0 无意义，如果 N>0 则表示包含的数组元素个数，数组索引为 0 的数据元素表示的是数组元素的个数，如 Array[3] of Int 代表一个包含 3 个 int 类型元素的数组，Array [0]则表示值为 3，Array [1]表示数组第一个元素值。

本标准只支持一维数组，多维数组可以使用一维数组组合而成。

6　制造装备信息模型统一描述

6.1　数据的表示

6.1.1　基本数据类型的表示

基本数据类型无特殊表示方法。

6.1.2 通用信息模型标识类型描述

```
<GIMID>    </GIMID>
```

GIMID 由 8 字节组成，可以由数字组成如 12345678，也可由十六进制数据表示如 0x12345678，在处理时会自动补齐为 0x0000000012345678。

6.1.3 日期类型描述

```
<GIMDATE>
        <GIMYEAR>    </GIMYEAR>
        <GIMMONTH>  </GIMMONTH>
        <GIMDAY>     </GIMDAY>
        <GIMWEEK>    </GIMWEEK>
</GIMDATE>
```

GIMDATE 为标签，GIMYEAR、GIMMONTH、GIMDAY、GIMWEEK 代表年、月、日、星期的数据。

6.1.4 时间类型描述

```
<GIMTIME>
        <GIMHOUR>      </GIMHOUR>
        <GIMMINUTER>  </GIMMINUTER>
        <GIMSECOND>   </GIMSECOND>
        <GIMMS>        </GIMMS>
</GIMTIME>
```

GIMTIME 为标签，GIMHOUR、GIMMINUTER、GIMSECOND、GIMMS 代表时、分、秒、毫秒的数据。

6.1.5 时间戳类型描述

```
<GIMTIMESTAMP>
    <GIMDATE>
            <GIMYEAR> </GIMYEAR>
            <GIMMONTH> </GIMMONTH>
            <GIMDAY>    </GIMDAY>
            <GIMWEEK> </GIMWEEK>
    </GIMDATE>
    <GIMTIME>
            <GIMHOUR> </ GIMHOUR>
            <GIMMINUTER> </GIMMINUTER>
            <GIMSECOND>    </GIMSECOND>
            <GIMMS> </GIMMS>
    </ GIMTIME>
</GIMTIMESTAMP>
```

GIMTIMESTAMP 为标签，由 Date 和 Time 描述组合而成。

6.1.6 字节串类型描述

```
<GIMOCTERSTRING>
        <GIMOctstringLen> </GIMOctstringLen>
        <GIMOctringList>
                <GIMValue> </GIMValue>
                <GIMValue> </GIMValue>
        </GIMOctringList>
</GIMOCTERSTRING>
```

6.1.7 数组的描述

对于数组类型的数组表示如下，其中 GIMArray 和 GIMValueList 代表标签，GIMValue 代表的是值。本标准定义的数组不支持结构体复杂数据类型的表示。对应的数据类型为 0～13。

```
<GIMArray>
    <GIMArrayNum> </GIMArrayNum> //数组个数
    <GIMArrayDataType> </GIMArrayDataType >//数组数据类型
    <GIMValueList>
            <GIMValuet> </GIMValue>
            <GIMValuet> </GIMValue>
    </GIMValueList>
</GIMArray>
```

6.2 制造装备描述文件

6.2.1 概述

制造装备描述文件是制造装备信息模型描述的实际载体，采用标准 XML 语法进行描述，其作用为标准化根据该标准规定的建模规则和方法描述的设备信息模型描述。设备描述文件的使用可以分为两类。

  ——制造商设备本身提供制造装备描述文件。当制造商采用该标准对制造装备进行信息建模时，其自身的信息模型已经内嵌到制造装备内部，其提供的制造装备描述文件可以被其它软件系统使用或构建信息模型。

  ——制造商设备本身不提供制造装备描述文件。当制造商没有采用本标准提供制造装备信息模型时，如老旧或者在役的装备，集成商或者制造商可以根据本标准的规定构建实际的制造装备信息模型，以中间件的方式对外提供。

6.2.2 制造装备描述文件格式

表 15 描述了根文件的结构，每一个制造装备的信息模型采用一个/多个统一的文件格式进行描述，描述文件包括根文件（Root_XML）和普通文件（Common_XML）。

  ——根文件有且只有一个，如果只有一个文件则其本身就是根文件，根文件是整个装备信息模型的入口，根文件的命名不做规定，本标准规定的 XML 文件可以被信息模型加载器使用，XML 文件参考附录 C。

  ——普通文件是属性集、设备部件的描述载体。

表15 根文件结构

类别	含义
GIMFileHeader	文件头必须存在
GIMDeviceTypeDescription	有且只有一个设备类型结构描述
GIMAttributeSetDescription	有且只有一个属性集结构描述
GIMComponentDescription	有且只有一个组件结构描述

```
<?xml version="1.0" encoding="UTF-8"?>
<GIMDEVICE>
    <GIMFileHeader>
    </GIMFileHeader>
    <GIMDeviceTypeDescription>
    </GIMDeviceTypeDescription>
    <GIMComponentDescription>
    </GIMComponentDescription>
    <GIMAttributeSetDescription>
    </GIMAttributeSetDescription>
</GIMDEVICE>
```

GIMDEVICE 有且只有一个，是这个文件的根元素。

GIMFileHeader 有且只有一个，是对整个文件的一种描述。

GIMDeviceTypeDescription 有且只有一个，是装备的表示，可以代表一个设备或者多个设备组成的一个设备集以及混合而成的生产线。

GIMComponentDescription 在文件里有且只有一个，设备引用的组件信息或者组件引用的子组件信息都在该元素之下，当组件信息单独存在 Common_XML 普通文件时，GIMComponentDescription 是普通文件的根节点。

GIMAttributeSetDescription 在文件里有且只有一个，设备引用的属性集信息或者属性集引用的子属性集信息都在该元素之下，当属性集信息单独存在 Common_XML 普通文件时，GIMAttributeSetDescription 是普通文件的根节点。

本标准规定的标准 XML 元素名称如表16所示。

表16 标准 XML 元素名称

序号	标准 XML 元素	备注
1	GIMDEVICE	根文件使用
2	GIMFileHeader	根文件使用
3	GIMDeviceTypeDescription	根文件使用
4	GIMStaticAttributeSet	设备类型、组件类型使用
5	GIMProcessAttributeSet	设备类型、组件类型使用
	GIMConfigurationAttributeSet	设备类型、组件类型使用
6	GIMSetInfoType	每一个属性集或者设备集都会使用
7	GIMRefencedAttributeSetList	属性集、设备类型、设备类型使用
8	GIMReferencedComponentList	设备类型、设备集类型使用
9	GIMRefencedInfo	属性集、设备类型、设备类型、设备集类型使用
10	GIMAttributeList	通用代表属性列表
11	GIMAttribute	代表一个属性

269

序号	标准 XML 元素	备注
12	GIMMethodType	代表方法
13	GIMMethodSetType	代表方法集
14	GIMComponentSetType	代表组件集
15	AttributeID	属性元素
16	AttributeName	属性元素
17	AttributeAccess	属性元素
18	AttributeDatatype	属性元素
19	AttributeValue	属性元素
20	AttributeEngineeringUnits	属性元素
21	AttributeLowlimitValue	属性元素
22	AttributeHighLimitValue	属性元素

6.2.3 文件头信息描述

文件头（FileHeader）包含的信息如表 17 所示，在 XML 文件中本标准规定了 GIMAttributeList、GIMAttribute 和 AttributeName、AttributeAccess、AttributeDatatype、AttributeDatatype、AttributeValue。

表 17 文件头描述信息

类别	含义	类型	说明
Version	文件版本号	String	目前为 1
Revision	修订版本号	String	目前为 1
Creator	创建者	String	
CreatTime	创建时间	String	应包含年月日时分秒
LastModifiedPerson	最后修改者	String	
LastModifyTime	修改时间	String	应包含年月日时分秒
GeneralUpdateInfo	更新信息概要	String	每次相对于上一个版本的变化信息

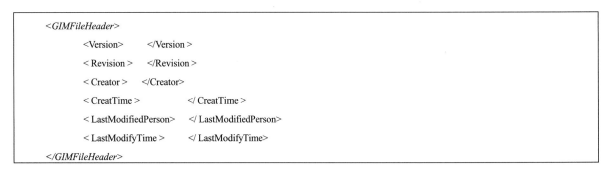

6.2.4 设备类型描述

设备类型描述（GIMDeviceTypeDescription）由 DeviceStaticAttributeSet、DeviceProcessAttributeSet、DeviceConfigurationAttributeSet、GIMMethodSetTyp 和 ComponentSetType 组成。当使用信息模型解释器进行该文件的解析时，首先需要找到 GIMDeviceTypeDescription，通过该元素下包含的信息就可以构建装备的信息模型框架；通过查找引用的各个属性集和设备/设备集信息，就可以将装备的层次关系清晰地描述出来。

注：参考的信息通过 XmlFilePath 来标记引用的信息是否属于同一个文件以及指定的文件路径，该文件路径是相对于根文件而言的，引用的文件只能放在根文件同级目录或者下级目录。

DeviceType 设备类型描述如下：

```
<GIMDeviceTypeDescription>
<GIMStaticAttributeSet>
     <GIMSetInfoType>
     //静态节点信息描述
     </GIMSetInfoType >
          <GIMAttributeList>
               <GIMAttribute>
                <AttributeName>ID</AttributeName >
                <AttributeAccess >xx</AttributeAccess>
                <AttributeDatatype >xx</AttributeDatatype >
                <AttributeValue ></AttributeValue>
               </GIMAttribute>
               <GIMAttribute>
                <AttributeName>Name</AttributeName >
                <AttributeAccess >xx</AttributeAccess>
                <AttributeDatatype >xx</AttributeDatatype >
                <AttributeValue ></AttributeValue >
               </GIMAttribute>
               <GIMAttribute>
                <AttributeName> Vendor_ID</AttributeName >
                <AttributeAccess >xx</AttributeAccess>
                <AttributeDatatype >xx</AttributeDatatype >
                <AttributeValue >123456-456789</AttributeValue>
               </GIMAttribute>
          </GIMAttributeList>
     <GIMRefencedListInfo>
     //引用列表
     </GIMRefencedListInfo>
</GIMStaticAttributeSet >

<GIMProcessAttributeSet>
     <GIMSetInfoType>

     </GIMSetInfoType >
     <GIMRefencedListInfo>

     </GIMRefencedListInfo>
</GIMProcessAttributeSet>

<GIMConfigurationAttributeSet>
//配置属性
</GIMConfigurationAttributeSet>
//方法集
<GIMMethodSetType>
</GIMMethodSetType>
//组件集
```

```
<ComponentSetType>

</ComponentSetType>
```

6.2.5 组件描述

```
<GIMComponentDescription>
//包含的是组件的描述信息
</GIMComponentDescription>
```

6.2.6 属性集描述

```
<GIMAttributeSetDescription>
//包含的是属性集的描述信息
</GIMAttributeSetDescription>
```

6.3 属性类型描述

属性类型（AttributeType）的描述采用如下方式，Attribute 元素为本标准所规定。对于本标准规定的标准属性无需填写 AttributeID 信息，比如第三方软件可以根据本标准的标准属性名来进行查找补充此信息；但是若是扩展属性，则必须进行填写，且不能与本标准存在的属性名同名。

```
<GIMAttribute >
    <GIMID>                                    </GIMID>
    < GIMAttributeName >                       </GIMAttributeName >
    <GIM AttributeDes >                        </GIMAttributeDes>
    < GIMAttributeAccess >                     </GIMAttributeAccess>
    < GIMAttributeDataType >                   </GIMAttributeDataType>
    <GIMAttributeValue>                        </GIMAttributeValue>


    <GIMAttributeEngineeringUnits >            </GIMAttributeEngineeringUnits >
    <GIMAttributeLowlimitValue >               </GIMAttributeLowlimitValue>
    <GIMAttributeHighLimitValue >              </GIMAttributeHighLimitValue >
</GIMAttribute >
```

注：——GIMID 用来表示属性 ID 的表示。

　　　——GIMAttributeValue 属性的值根据其数据类型进行表示，普通数据类型直接填写即可，如果是其他类型可以参见 6.1 节的表示。

6.4 集合信息类型描述

集合信息类型（SetinfoType）的描述采用如下方式，SetInfoType 元素为本标准所规定。

```
<GIMSetInfoType>

    < SetInfoName >          </SetInfoName >
    < SetInfoID >            </SetInfoID >
    < SetInfoDes >           </SetInfoDes>
</GIMSetInfoType >
```

6.5 引用类型描述

引用类型描述（ReferenceType）表述的是一种关联关系，考虑到可以互相引用不同的 XML 文件和引用多个的能力，其 XML 文件描述方法如下：

```
<GIMRefencedListInfo>
        <GIMSetInfoType>
            //对该列表的描述
        </GIMSetInfoType >
        <GIMRefencedInfo>
            <ReferencedName> Component_AXIS-X_123</ReferencedName>
            <ReferencedID>123</ReferencedID>
            <XmlFilePath> test2.xml</XmlFilePath>
        </GIMRefencedInfo >
        <GIMRefencedInfo>
            <ReferencedName> Component_AXIS_456</ReferencedName>
            <ReferencedID >456</ReferencedID >
            <XmlFilePath> test3.xml</XmlFilePath>
        </GIMRefencedInfo>
    </GIMRefencedListInfo>
```

6.6 属性集类型描述

属性集类型（AttributeSetType）的描述中，XML 元素需遵守<AttributeSet_集合信息名称_集合信息 Id >的规定，如定义一个名称为 BasicInfo、ID 为 1024 的静态属性集，则 XML 元素为 AttributeSet_BasicInfo_1024，示例如下：

```
<AttributeSet_BasicInfo_1024 >
        <GIMSetInfoType>

        </GIMSetInfoType>
        <GIMAttributeList>
            <GIMAttribute>
            </GIMAttribute>
        </GIMAttributeList>
        <GIMRefencedListInfo>
        </GIMRefencedListInfo>
    </AttributeSet_BasicInfo_1024 >
```

6.7 方法类型描述

参数的表示方法如下：

```
<Argument>
        <ArgumentName>         </ArgumentName>
        <ArgumentDataType>     </ArgumentDataType>
        <ArgumentDes>          </ArgumentDes>
    </Argument>
```

MethodType 方法类型如下所示，包含 MethodName、MethodID、MethodDes 以及输入输出参数，其中 GIMMethodType、MethodInputArgument、Argument 为标签元素。

```
<GIMMethodType>
    <MethodName >                    </MethodName>
    <MethodID>                       </MethodID >
    <MethodDes>                      </MethodDes>
    //输入参数列表
    <MethodInputArgument>
        <Argument>
        </Argument>
    </MethodInputArgument>
    //输出参数列表
    <MethodOutputArgument>
        <Argument>
        </Argument>
    </MethodOutputArgument>
</GIMMethodType>
```

6.8 方法集类型描述

方法集类型（MethodSetType）由集合信息描述和多个方法构成，其中 GIMMethodSetType 是标签元素。

```
<GIMMethodSetType>
    //方法集说明
    <GIMSetInfoType>
    </GIMSetInfoType>
    //方法列表
    <GIMMethodType>
    </GIMMethodType>
</GIMMethodSetType>
```

6.9 组件类型描述

组件是由属性、属性集以及子组件组成的，在 XML 文件中对于一个组件类型的描述，其元素名称需要遵守<Component_组件名称_组件 ID>的组合规则，如 Component_AXIS-X_123 就代表组件名称为 AXIS-X、组件 ID 为 123 的组件类型信息的描述。

```
< Component_AXIS-X_123>
    <GIMStaticAttributeSet>
        <GIMSetInfoType>
        </GIMSetInfoType >
        < GIMAttributeList >
        //包含的属性
            <GIMAttribute>
                <AttributeName>ID</AttributeName >
                <AttributeAccess >xx</AttributeAccess>
                <AttributeDatatype >xx</AttributeDatatype >
                <AttributeValue >8975</AttributeValue>
            </GIMAttribute>
            <GIMAttribute>
                <AttributeName>Name</AttributeName >
                <AttributeAccess >xx</AttributeAccess>
                <AttributeDatatype >xx</AttributeDatatype>
```

```
                              <AttributeValue >CNC</AttributeValue >
                          </GIMAttribute>
                      </ GIMAttributeList >
                  <GIMRefencedListInfo>
                  </GIMRefencedListInfo>
          </GIMStaticAttributeSet >
          <GIMProcessAttributeSet>
              <GIMSetInfoType>
              </GIMSetInfoType >
              <GIMComponentBaseStaticAS>
              //包含的基本信息
              </ GIMComponentBaseStaticAS>
              <GIMRefencedListInfo>
              </GIMRefencedListInfo>
          </GIMProcessAttributeSet>
          <GIMConfigurationAttributeSet>
              <GIMSetInfoType>
              </GIMSetInfoType >
              <GIMRefencedListInfo>
              </GIMRefencedListInfo>
              </ GIMConfigurationAttributeSet >
              //方法集
              <GIMMethodSetType>
              </GIMMethodSetType>
              //组件集
              <GIMReferencedComponentList>
                  <GIMRefencedListInfo>
                  </GIMRefencedListInfo>
              </GIMReferencedComponentList>
          </Component_AXIS-X_123>
```

6.10 组件集类型描述

```
      <ComponentSetType>
          //组件集说明
          <GIMSetInfoType>
          </GIMSetInfoType >
          //引用的组件列表
          <GIMRefencedListInfo>
          <GIMRefencedListInfo>
      </ComponentSetType>
```

附录 A
（规范性附录）
数据类型索引号

表 A.1　数据类型索引号

名　　称	索引号
BOOLEAN	0
INT8	1
INT16	2
INT24	3
INT32	4
INT64	5
UINT8	6
U INT16	7
U INT24	8
U INT32	9
FLOAT32	10
FLOAT64	11
STRING	12
OCTETSTRING	13
UNICODE STRING	14
Date	15
Time	16
Timestamp	17
GMID	18

附录 B
（资料性附录）
基于 OPC UA 的信息模型的使用方法

B.1 概述

本标准虽然定义了设备信息模型建模的规则、方法以及设备信息模型的描述文件，但是在实际使用中必须结合其它标准才能形成真正的集成方案。本附录以一个数控机床集成到 MES 系统来说明信息模型的使用方法。

B.2 集成目标与流程

集成目标与流程如图 B.1 所示。假设一台数控机床提供了私有的网络接口，不具有 OPC UA 接口支持，此时为了与 MES 系统集成，大致的流程如下：

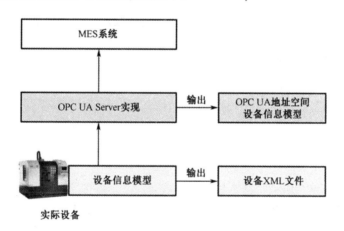

图 B.1 集成目标与流程

a）采用该标准定义的建模规则和方法构建设备的信息模型描述文件。

b）利用信息模型描述文件向 OPC UA 地址空间映射。

c）实现 OPC UA Server 的功能。

B.3 构建数控机床的信息模型

按照本部分标准和《制造装备集成信息模型 第 2 部分：数控机床信息模型》标准制定机床的信息模型，假设机床的信息模型如图 B.2 所示。

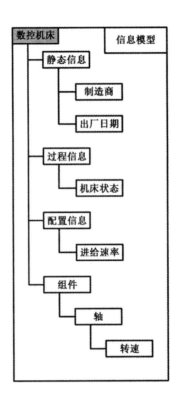

图 B.2　数控机床信息模型

B.4　与 OPC UA 的映射

信息模型与 OPC UA 的映射包括两类映射：

a）结构数据的映射。

b）纯数据的映射。

B.4.1　结构数据的映射

结构数据是为了组织结构关系，并不是实际的数据，这一类的结构信息都可以使用 OPC UA 中的 FolderType 对象类型来表示，示例中的数控机床结构信息可以表示为如图 B.3 所示的映射。

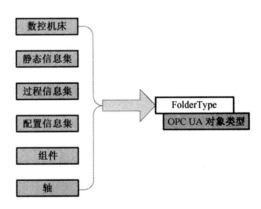

图 B.3　结构数据的映射

B.4.2　纯数据的映射

纯数据是为了表示实际的物理对象的信息，与 OPC UA 映射的时候可以遵循如下原则，两个值的状态量可以采用 TwoDiscrteStateType 来表示，多个状态值可以采用 MultiStateType 来表示，模拟量可以采用 AnalogItemType 类型，其他的可以采用 DataItemType 类型，示例中的数控机床纯数据信息可以表示为如图 B.4 所示的映射。

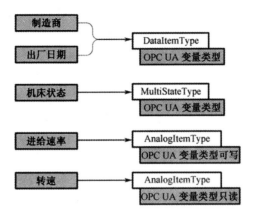

图 B.4　纯数据的映射

附录 C
（资料性附录）
贴片机信息模型

C.1 概述

SMT（Surface Mount Technology）是表面组装技术（表面贴装技术），是目前电子组装行业里最流行的一种技术和工艺，其中全自动贴片机是用来实现高速、高精度、全自动地贴放元器件的设备，是整个 SMT 生产中最关键、最复杂的设备。

本标准定义的信息模型不仅适用于数控机床、工业机器人，也可以对其它制造装备进行信息建模，本附录以建立一个贴片机的信息模型为例展示信息模型方法的使用并展示 XML 文件的部分格式。

C.2 贴片机信息建模

C.2.1 模型总体结构

根据对贴片机的分析，贴片机在实际使用中主要由静态属性集、过程属性集和配置属性集组成，总体结构如图 C.1 所示。

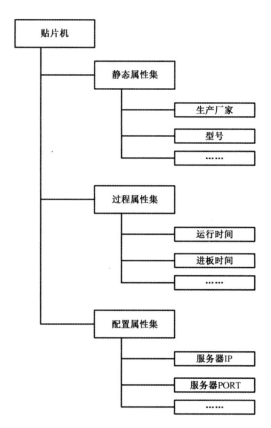

图 C.1 贴片机信息模型结构

C.2.2 静态属性集信息

贴片机的静态属性集如表 C.1 所示。

表 C.1 静态属性集信息

属性 ID	属性名称	数据类型	访问权限	描述
0x0001	DeviceID	GIMID	只读	设备 ID
0x0002	DeviceName	String	只读	设备名称
0x0003	Vendor	string	只读	生产厂家
0x0004	ProductModel	string	只读	型号
0x0005	ProductDate	string	只读	生产日期
0x0006	SerialNum	string	只读	序列号
0x0007	SmtVer	string	只读	SMT 版本号

C.2.3 过程属性集信息

贴片机的过程属性集如表 C.2 所示。

表 C.2 过程属性集信息

属性 ID	属性名称	数据类型	访问权限	描述
0x0008	TimeRun	int	只读	运行时间
0x0009	TimePwbIn	int	只读	进板时间
0x000A	TimePwbOut	int	只读	出板时间
0x000B	TimePwb	int	只读	加工时间
0x000C	TimeRepair	int	只读	维修时间
0x000D	TimeTrouble	int	只读	故障时间
0x000E	TimeNoCompo	int	只读	缺料时间
0x000F	TimeSomeStop	int	只读	其他时间
0x0010	ProductNum	int	只读	生产数
0x0011	PickNum	int	只读	吸取元件数
0x0012	PlacedNum	int	只读	贴装数
0x0013	PickErrorNum	int	只读	吸取错误数
0x0014	NoCompoNum	int	只读	未吸取数
0x0015	LaserErrorNum	int	只读	激光识别错误
0x0016	VisionErrorNum	int	只读	图像识别错误
0x0017	ScrapNum	int	只读	抛料数

C.2.4 配置属性集信息

贴片机的配置属性集如表 C.3 所示。

表 C.3 配置属性集信息

属性 ID	属性名称	数据类型	访问权限	描述
0x0018	IP	string	读写	IP 地址
0x0019	IpPort	string	读写	端口号
0x001A	PrgTime	int	读写	程序抓取数据间隔
0x001B	DataTime	int	读写	数据采集数据间隔
0x001C	UploadTime	int	读写	上传时间间隔
0x001D	Access	int	读写	权限

C.3 贴片机信息模型 XML 文件

```xml
<?xml version="1.0" encoding="utf-8"?>
<GIMDEVICE>
  <GIMFileHeader>
    <verison>1.0</verison>
    <revision>1.0</revision>
    <Creator>zhaoyanling</Creator>
    <CreatTime>2017-06-17 12:00:00</CreatTime>
    <LastModifiedPerson>yqs</LastModifiedPerson>
    <LastModifyTime>2017-06-17 12:00:00</LastModifyTime>
    <GeneralUpdateInfo>贴片机</GeneralUpdateInfo>
  </GIMFileHeader>
  <GIMDeviceTypeDescription>
    <GIMStaticAttributeSet>
      <GIMSetInfoType>
        <SetInfoName>静态属性集</SetInfoName>
        <SetInfoID>10000</SetInfoID>
        <SetInfoDes>静态属性集</SetInfoDes>
      </GIMSetInfoType>
      <GIMAttributeList>
        <GIMAttribute>
          <AttributeID>1</AttributeID>
          <AttributeName>设备ID</AttributeName>
          <AttributeAccess>1</AttributeAccess>
          <AttributeDatatype>13</AttributeDatatype>
        </GIMAttribute>
        <GIMAttribute>
          <AttributeID>2</AttributeID>
          <AttributeName>设备名称</AttributeName>
          <AttributeAccess>1</AttributeAccess>
          <AttributeDatatype>13</AttributeDatatype>
        </GIMAttribute>
        <GIMAttribute>
          <AttributeID>3</AttributeID>
          <AttributeName>型号</AttributeName>
          <AttributeAccess>1</AttributeAccess>
          <AttributeDatatype>13</AttributeDatatype>
        </GIMAttribute>
        <GIMAttribute>
          <AttributeID>4</AttributeID>
          <AttributeName>制造商名称</AttributeName>
          <AttributeAccess>1</AttributeAccess>
          <AttributeDatatype>13</AttributeDatatype>
        </GIMAttribute>
        <GIMAttribute>
          <AttributeID>5</AttributeID>
          <AttributeName>生产日期</AttributeName>
          <AttributeAccess>1</AttributeAccess>
```

```xml
    <AttributeDatatype>16</AttributeDatatype>
  </GIMAttribute>
  <GIMAttribute>
    <AttributeID>6</AttributeID>
    <AttributeName>序列号</AttributeName>
    <AttributeAccess>1</AttributeAccess>
    <AttributeDatatype>13</AttributeDatatype>
  </GIMAttribute>
  <GIMAttribute>
    <AttributeID>7</AttributeID>
    <AttributeName>SMT版本号</AttributeName>
    <AttributeAccess>1</AttributeAccess>
    <AttributeDatatype>13</AttributeDatatype>
  </GIMAttribute>
  </GIMAttributeList>
</GIMStaticAttributeSet>
<GIMProcessAttributeSet>
  <GIMSetInfoType>
    <SetInfoName>过程属性集</SetInfoName>
    <SetInfoID>10001</SetInfoID>
    <SetInfoDes>过程属性集</SetInfoDes>
  </GIMSetInfoType>
  <GIMAttributeList>
    <GIMAttribute>
    <AttributeID>8</AttributeID>
    <AttributeName>运行时间</AttributeName>
    <AttributeAccess>1</AttributeAccess>
    <AttributeDatatype>0</AttributeDatatype>
  </GIMAttribute>
  <GIMAttribute>
    <AttributeID>9</AttributeID>
    <AttributeName>进板时间</AttributeName>
    <AttributeAccess>1</AttributeAccess>
    <AttributeDatatype></AttributeDatatype>
  </GIMAttribute>
  <GIMAttribute>
    <AttributeID>10</AttributeID>
    <AttributeName>出板时间</AttributeName>
    <AttributeAccess>1</AttributeAccess>
    <AttributeDatatype>16</AttributeDatatype>
  </GIMAttribute>
  <GIMAttribute>
    <AttributeID>11</AttributeID>
    <AttributeName>加工时间</AttributeName>
    <AttributeAccess>1</AttributeAccess>
    <AttributeDatatype>16</AttributeDatatype>
  </GIMAttribute>
  <GIMAttribute>
```

```
            <AttributeID>12</AttributeID>
            <AttributeName>维修时间</AttributeName>
            <AttributeAccess>1</AttributeAccess>
            <AttributeDatatype>16</AttributeDatatype>
        </GIMAttribute>
        <GIMAttribute>
            <AttributeID>13</AttributeID>
            <AttributeName>缺料时间</AttributeName>
            <AttributeAccess>1</AttributeAccess>
            <AttributeDatatype>16</AttributeDatatype>
        </GIMAttribute>
        <GIMAttribute>
            <AttributeID>14</AttributeID>
            <AttributeName>贴装数</AttributeName>
            <AttributeAccess>1</AttributeAccess>
            <AttributeDatatype>13</AttributeDatatype>
        </GIMAttribute>
        <GIMAttribute>
            <AttributeID>15</AttributeID>
            <AttributeName>其他时间</AttributeName>
            <AttributeAccess>1</AttributeAccess>
            <AttributeDatatype>13</AttributeDatatype>
        </GIMAttribute>
        <GIMAttribute>
            <AttributeID>16</AttributeID>
            <AttributeName>生产数</AttributeName>
            <AttributeAccess>1</AttributeAccess>
            <AttributeDatatype>13</AttributeDatatype>
        </GIMAttribute>
        <GIMAttribute>
            <AttributeID>17</AttributeID>
            <AttributeName>吸取元件数</AttributeName>
            <AttributeAccess>1</AttributeAccess>
            <AttributeDatatype>13</AttributeDatatype>
        </GIMAttribute>
        <GIMAttribute>
            <AttributeID>18</AttributeID>
            <AttributeName>吸取错误数</AttributeName>
            <AttributeAccess>1</AttributeAccess>
            <AttributeDatatype>13</AttributeDatatype>
        </GIMAttribute>
        <GIMAttribute>
            <AttributeID>19</AttributeID>
            <AttributeName>未吸取数</AttributeName>
            <AttributeAccess>1</AttributeAccess>
            <AttributeDatatype>13</AttributeDatatype>
        </GIMAttribute>
    </GIMAttributeList>
```

```
      </GIMProcessAttributeSet>
      <GIMConfigurationAttributeSet>
        <GIMSetInfoType>
          <SetInfoName>配置属性集</SetInfoName>
          <SetInfoID>10001</SetInfoID>
          <SetInfoDes>配置属性集</SetInfoDes>
        </GIMSetInfoType>
        <GIMAttributeList>
          <GIMAttribute>
            <AttributeID>20</AttributeID>
            <AttributeName>IP地址</AttributeName>
            <AttributeAccess>2</AttributeAccess>
            <AttributeDatatype>1</AttributeDatatype>
          </GIMAttribute>
          <GIMAttribute>
            <AttributeID>21</AttributeID>
            <AttributeName>端口号</AttributeName>
            <AttributeAccess>2</AttributeAccess>
            <AttributeDatatype>13</AttributeDatatype>
          </GIMAttribute>
          <GIMAttribute>
            <AttributeID>22</AttributeID>
            <AttributeName>程序抓取数据间隔</AttributeName>
            <AttributeAccess>1</AttributeAccess>
            <AttributeDatatype>13</AttributeDatatype>
          </GIMAttribute>
          <GIMAttribute>
            <AttributeID>23</AttributeID>
            <AttributeName>数据采集数据间隔</AttributeName>
            <AttributeAccess>1</AttributeAccess>
            <AttributeDatatype>13</AttributeDatatype>
          </GIMAttribute>
          <GIMAttribute>
            <AttributeID>24</AttributeID>
            <AttributeName>上传时间间隔</AttributeName>
            <AttributeAccess>1</AttributeAccess>
            <AttributeDatatype>13</AttributeDatatype>
          </GIMAttribute>
          <GIMAttribute>
            <AttributeID>25</AttributeID>
            <AttributeName>权限</AttributeName>
            <AttributeAccess>1</AttributeAccess>
            <AttributeDatatype>13</AttributeDatatype>
          </GIMAttribute>
        </GIMAttributeList>
      </GIMConfigurationAttributeSet>
    </GIMDeviceTypeDescription>
  </GIMDEVICE>
```

参考文献

[1] IEC/TR 62541-1 OPC Unified Architecture –Part 1: Overview and Concepts

[2] IEC/TR 62541-3 OPC Unified Architecture –Part 3: Address Space Model

[3] IEC/TR 62541-5 OPC Unified Architecture –Part 5: Information Model

[4] IEC/TR 62390 Common automation device –Profile guideline

[5] MTConnect Standard Part2 – Device Information Model

[6] MTConnect Standard Part1 – Overview and Protocol

成果十

制造装备集成信息模型
第 2 部分：数控机床信息模型

引　言

标准解决的问题：

本标准规定了通用的数控机床的信息模型组成、数控机床信息模型的静态属性集、过程属性集、配置属性集、组件和方法，以及数控机床装备基于 XML 的信息模型描述。

标准的适用对象：

本标准适用于数控系统制造商、数控机床集成商和数控机床终端用户对数控机床集成信息模型的建模。

专项承担研究单位：

机械工业仪器仪表综合技术经济研究所。

专项参研联合单位：

中国科学院沈阳自动化研究所、浙江中控技术股份有限公司、北京和利时系统工程有限公司、重庆川仪股份自动化有限公司、上海工业自动化仪表研究院、中电科技集团重庆声光电有限公司、西安西电开关电气有限公司、重庆市伟岸测器制造股份有限公司、北汽福田汽车股份有限公司、中国电子信息产业集团有限公司第六研究所、沈阳高精数控智能技术股份有限公司、沈机（上海）智能系统研发设计有限公司、北京机床研究所、沈阳机床（集团）有限责任公司、西门子中国有限公司、三菱电机自动化有限公司。

专项参研人员：

闫晓风、王麟琨、刘丹、赵艳领、田英明、裘坤、徐青、韩莉、郭庆红、张泰华、刘广杰、王小文、刘红、张曦阳。

制造装备集成信息模型 第2部分：数控机床信息模型

1 范围

本部分规定了通用的数控机床的信息模型组成、数控机床信息模型的静态属性集、过程属性集、配置属性集、组件和方法，以及数控机床装备基于 XML 的信息模型描述。

本部分适用于数控系统制造商、数控机床集成商和数控机床终端用户对数控机床集成信息模型的建模。

2 规范性引用文件

下列文件对于本文件的应用是必不可少的。凡是注日期的引用文件，仅所注日期的版本适用于本文件。凡是不注日期的引用文件，其最新版本（包括所有的修改单）适用于本文件。

GB/T ×××××—×××× 智能制造装备集成信息模型 第1部分：通用建模规则

JB/T 11989—2014 机床数控系统术语与定义

3 术语、定义和缩略语

3.1 术语和定义

3.1.1

数控系统 numerical control system

采用数值控制方式控制机床加工功能的控制系统。

注：改写 JB/T 11989—2014，定义 2.1.3。

3.1.2

程序号 program number

以号码识别数控加工程序时，为每一程序制定的编号或标识号。

[JB/T 11989—2014，定义 2.2.4]

3.1.3

倍率 multiplying factor

倍率是一个倍乘因数，机床数控系统中运动轴的实际运动速度为编程速度与倍率的乘积。

[JB/T 11989—2014，定义 2.3.16]

3.1.4

主轴 spindle

带动工件或加工工具旋转的轴。

[JB/T 11989—2014，定义 2.7.1.2]

3.1.5

进给轴 feed axis

针对进给运动，使工件的多余材料连续在相同或不同深度被去除的工作运动的轴。

[JB/T 11989—2014，定义 3.1.5]

3.2 缩略语

CNC：计算机数字控制（Computer Numerical Control）

DNC：分布式数控（Distributed Numerical Control）

ERP：企业资源计划（Enterprise Resource Planning）

MES：制造执行系统（Manufacturing execution system）

OPC UA：OPC 统一架构（OPC Unified Architecture）

PLC：可编程逻辑控制器（Programmable Logical Controller）

XML：扩展标记语言（Extensible Markup Language）

4 数控机床信息模型架构

4.1 概述

本部分依据 GB/T×××××—××××《智能装备集成信息模型 第 1 部分：通用建模规则》标准关于通用信息模型的建模与描述方法，构建应用于数控机床的信息模型。数控机床信息模型由静态属性集、过程属性集、配置属性集、组件和方法组成，组件本身可以嵌套包含一个或多个子组件，每一个子组件包含了自身的静态属性集、过程属性集和配置属性集。数控机床信息模型架构示意如图 1 所示。

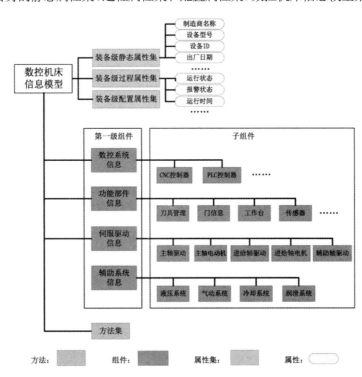

图 1 数控机床信息模型架构示意

　　静态属性集：数控机床设备的静态属性集合，主要包括数控机床的静态信息，如制造商信息、产品型号信息、出厂日期等。

　　过程属性集：数控机床设备的动态属性集合，主要包括数控机床的运行状态信息、报警信息、本地时间信息等。

　　配置属性集：数控机床的配置属性集合，主要包含数控机床的配置信息，此类信息一旦配置完成，在机床的运行过程中将不再修改，如机床的时区设置、DNC 通信接口配置等。

　　数控系统信息：构成数控机床信息模型的第一级组件，包含数控系统组件的自身信息（集合 ID、集合名称）和组件列表信息，数控系统组件引用了多个控制器组件，这些组件表示数控机床用到的运动控制器，可编程逻辑控制器等。

　　功能部件信息：构成数控机床信息模型的第一级组件，包含刀具管理、门信息、传感器、工作台等子组件。

　　伺服驱动信息：构成数控机床信息模型的第一级组件，包含主轴驱动、主轴电动机、进给轴驱动、进给轴电动机、辅助轴驱动等子组件。

　　辅助系统信息：构成数控机床信息模型的第一级组件，包含组件的自身信息（集合 ID、集合名称）和组件列表信息，辅助系统信息包括液压系统、气动系统、冷却系统、润滑系统子组件。

　　构建数控机床信息模型的方法：包括 NC 程序加载、NC 程序选择、NC 程序执行等。

4.2　引用

　　在数控机床信息模型的构建中，《智能制造装备集成信息模型　第 2 部分：数控机床信息模型》应用了以下几种引用：

　　a）HasComponent 引用：用于表述组件→子组件的引用关系。

　　b）HasAttributeSet 引用：用于表述从组件→属性集的引用关系。

　　c）HasProperty 引用：用于表述从属性集→属性的引用关系。

5　数控机床信息模型组成

5.1　数控机床设备静态属性集

　　数控机床设备静态属性集见表 1，描述数控机床的静态信息，方便设备管理，如制造商信息等。

表 1　数控机床设备静态属性集

属性名称	数据类型	描述	建模规则
设备 ID	STRING	设备的唯一标识码，例如数控机床的制造商 ID 和生产 SN 号码，系统 ID 不应超过 255 个字节	必须
名称	STRING	设备名称应保证唯一性，能够区分同品牌、同型号的不同数控机床	必须
型号	STRING	产品制造商为该设备的命名	必须
制造商名称	STRING	制造商名称	必须
生产日期	DATE	设备出厂日期	可选
ISO841 类型	GENERAL_STATE	是否遵循 ISO841 的坐标系和运动命名	可选
供电电压/功率	VOLTAGE	数控机床供电电压	可选
描述	STRING	设备描述	可选

　　数控机床设备静态属性集描述的是数控机床的基本静态信息，因此，其属性的"Property Access"元素都为"只读"。

设备静态属性集的 XML 表述示例如下：

```
<GIMStaticAttributeSet>
    <GIMSetInforType>
    <AttributeSet Name ValueType="string" Value="静态属性集"/>
    <AttributeSet ID ValueType="GIMID" Value="XXXXXXXXXXX"/>
    ……
    </GIMSetInforType >
    <GIMComponentBaseStaticAS>
    <Device ID ValueType="string" Value="Mazak-22SS357"/>
    <Name ValueType="string" Value="机加车间#52 加工中心"/>
    <Description ValueType="string" Value="590*1450 立式加工中心"/>
    <Vendor_Name ValueType="string" Value="Mazak"/>
    <Device_Type ValueType="string" Value="INTEGREX j-200"/>
    <ISO841_Class ValueType="general_state" Value=ACTIVE />
    ……
    </GIMComponentBaseStaticAS>
</GIMStaticAttributeSet >
```

5.2 数控机床设备过程属性集

数控机床设备过程属性集见表 2，描述数控机床运行的状态和报警信息等。

表 2 机床设备设备过程属性集

属性名称	数据类型	描　　述	建模规则
开关机状态	POWER_STATUS	机床的开关机状态：开机或者关机	必须
运行状态	RUN_STATUS	机床的运行状态：运行、空闲或报警	必须
开机时间	CLOCK_TIME	数控机床的最新开机运行时间	可选
关机时间	CLOCK_TIME	数控机床的最新关机运行时间	可选
实时能耗信息	ELECTRICAL_ENERGY	数控机床当前的电能消耗值	可选

设备过程属性集的 XML 表述示例如下：

```
<GIMProcessAttributeSet>
    <GIMSetInforType>
    <AttributeSet Name ValueType="string" Value="过程属性集"/>
    <AttributeSet ID ValueType="GIMID" Value="XXXXXXXXXXX"/>
    ……
    </GIMSetInforType >

    <GIMComponentBaseProcessAS>
    <GIMAttributeList>
    <GIMAttribute>
        <AttributeName>Status</AttributeName >
        <AttributeAccess >Read_Only</AttributeAccess>
        <AttributeDatatype >RUN_STATUS</AttributeDatatype >
        <AttributeValue >ON</AttributeValue>
    </GIMAttribute>
    <GIMAttribute>
        <AttributeName> Local_Time </AttributeName >
```

```
        <AttributeAccess >Read_Only</AttributeAccess>
        <AttributeDatatype >CLOCK_TIME </AttributeDatatype >
        <AttributeValue >2016.8.15 9:00:05.102</AttributeValue >
      </GIMAttribute>
    </GIMAttributeList>
    </GIMComponentBaseProcessAS>
  </GIMProcessAttributeSet>
```

5.3 数控机床设备配置属性集

数控机床设备配置属性集见表 3，描述数控机床时区、DNC 支持配置信息等。

表 3 数控机床设备配置属性集

属性名称	数据类型	描 述	建模规则
时区信息	INT8	用于配置数控机床的本地时间	可选
DNC 支持	STRING	配置数控机床的通信接口	可选

设备配置属性集的 XML 表述示例如下：

```
<GIMConfigAttributeSet>
    <GIMSetInforType>
    <AttributeSet Name ValueType="string" Value="配置属性集"/>
    <AttributeSet ID ValueType="GIMID" Value="XXXXXXXXXXX"/>
    ……
    </GIMSetInforType >


    <GIMComponentBaseProcessAS>
    <GIMAttributeList>
    <GIMAttribute>
        <AttributeName>time_zone </AttributeName >
        <AttributeAccess >Read_Write</AttributeAccess>
        <AttributeDatatype >INT8</AttributeDatatype >
        <AttributeValue >-2</AttributeValue>
    </GIMAttribute>
    <GIMAttribute>
        <AttributeName> DNC </AttributeName >
        <AttributeAccess > Read_Write </AttributeAccess>
        <AttributeDatatype > string </AttributeDatatype >
        <AttributeValue >DNC-B</AttributeValue >
    </GIMAttribute>
    </GIMAttributeList>
    </GIMComponentBaseProcessAS>
</GIMConfigAttributeSet>
```

5.4 数控系统信息模型

数控系统信息是数控机床信息模型的第一级组件，数控系统信息宜包括至少一个具体数控机床数控系统的子组件，每一个数控系统信息子组件都宜包含静态属性集、过程属性集、配置属性集。数控系统信息描述数控机床的数字控制部分，监测机床的状态和运行 NC 程序。典型的数控系统信息包括 CNC 数字控制器、PLC 可编程控制器等。数控系统信息包含加工程序的信息、加工程序执行的状态信息，以及加工程序执行的错误信息。数控系统信息模型如图2所示。

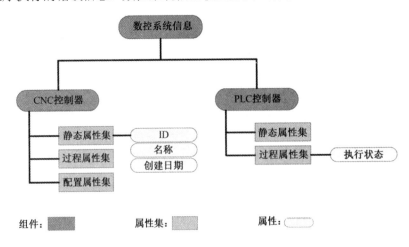

图2 数控系统组件信息模型

5.4.1 CNC 控制器子组件

CNC 控制器子组件的静态属性集见表4。

表4 CNC 控制器子组件的静态属性集

属性名称	数据类型	描 述	建模规则
制造商名称	STRING	制造商名称信息	必选
数控系统版本号	STRING	CNC 控制器系统版本号	必选
描述	STRING	CNC 控制器描述	可选

CNC 控制器子组件的过程属性集见表5。

表5 CNC 控制器子组件的过程属性集

属性名称	数据类型	描 述	建模规则
当前 NC 程序 ID	UINT_32	NC 程序的唯一标识码	必选
程序名称	STRING	NC 程序名称应保证唯一性	可选
创建日期	CLOCK_TIME	NC 程序的创建日期和时间	可选
修改日期	CLOCK_TIME	NC 程序的最新修改日期和时间	可选
执行状态	CONTROLLER_MODE	NC 程序的运行状态	可选
当前运行行数	LINE	NC 程序当前运行行数	可选
故障号	STRING	数控机床报警或故障编号	可选
故障开始时间	CLOCK_TIME	数控机床发生故障的开始时间	可选
故障结束时间	CLOCK_TIME	数控机床发生故障的结束时间	可选

CNC 控制器子组件的配置属性集见表6。

表6 CNC 控制器子组件的配置属性集

属性名称	数据类型	描 述	建模规则
总控制轴数	INT8	数控机床厂家配置使用的主轴、进给轴、辅助轴的总数量	可选
总联动轴数	INT8	描述同步轴的数量	可选

5.4.2 PLC 控制器

PLC 控制器子组件的静态属性集见表 7。

表 7 PLC 控制器子组件的静态属性集

属性名称	数据类型	描　述	建模规则
制造商名称	STRING	制造商名称信息	必选
数控系统版本号	STRING	PLC 控制器系统版本号	必选
描述	STRING	PLC 控制器描述	可选

PLC 控制器子组件的过程属性集见表 8。

表 8 PLC 控制器子组件的过程属性集

属性名称	数据类型	描　述	建模规则
当前程序 ID	STRING	PLC 程序的唯一标识码	可选
程序名称	STRING	PLC 程序名称应保证唯一性	可选
创建日期	CLOCK_TIME	PLC 程序的创建日期和时间	可选
修改日期	CLOCK_TIME	PLC 程序的最新修改日期和时间	可选
执行状态	CONTROLLER_MODE	PLC 程序的运行状态	可选
采样周期	TIME	PLC 程序采集周期	可选

数控系统组件的 XML 表述示例如下：

```
< Controller >
    <GIMSetInforType>
    <Component Name ValueType="string" Value="数控系统组件"/>
    <Component ID ValueType="GIMID" Value="XXXXXXXXXXX"/>
    ……
    </GIMSetInforType >
    <GIMStaticAttributeSet>
    <GIMSetInforType>
    <AttributeSet Name ValueType="string" Value="静态属性集"/>
    <AttributeSet ID ValueType="GIMID" Value="XXXXXXXXXXX"/>
    ……
    </GIMSetInforType >
    <GIMComponentBaseStaticAS>
    <NC_Code ID ValueType="string" Value="xxxxxx"/>
    <NC_Code Name ValueType="string" Value="xxxxx"/>
    <Create_Date ValueType="clock_time" Value="2016.8.15 9:00:05.102"/>
    <Modify_Date ValueType=" clock_time" Value="2016.9.15 12:25:01.10"/>
    <Description ValueType="string" Value="Simens 840D-sl" />
    ……
    </GIMComponentBaseStaticAS>
    </GIMStaticAttributeSet>
    <GIMProcessAttributeSet>
    <GIMSetInforType>
    <AttributeSet Name ValueType="string" Value="过程属性集"/>
    <AttributeSet ID ValueType="GIMID" Value="XXXXXXXXXXX"/>
    ……
```

```
        </GIMSetInforType >
        <GIMComponentBaseProcessAS>
        <GIMAttributeList>
        <GIMAttribute>
            <AttributeName>RC_Status</AttributeName >
            <AttributeAccess >Read_Only</AttributeAccess>
            <AttributeDatatype >RUN_STATUS</AttributeDatatype >
            <AttributeValue >OK</AttributeValue>
        </GIMAttribute>
        <GIMAttribute>
            <AttributeName> Current_Line </AttributeName >
            <AttributeAccess >Read_Only</AttributeAccess>
            <AttributeDatatype >line </AttributeDatatype >
            <AttributeValue >17505</AttributeValue >
        </GIMAttribute>
        </GIMAttributeList>
        </GIMComponentBaseProcessAS>
    </GIMProcessAttributeSet>
    <GIMConfigAttributeSet>
        <GIMSetInforType>
        <AttributeSet Name ValueType="string" Value="配置属性集"/>
        <AttributeSet ID ValueType="GIMID" Value="XXXXXXXXXXX"/>
        ……
        </GIMSetInforType >
        <GIMComponentBaseProcessAS>
        <GIMAttributeList>
        <GIMAttribute>
            <AttributeName>over_ride </AttributeName >
            <AttributeAccess >Read_Write</AttributeAccess>
            <AttributeDatatype >OVERRIDE</AttributeDatatype >
            <AttributeValue >2</AttributeValue>
        </GIMAttribute>
        <GIMAttribute>
            <AttributeName> speed_rate </AttributeName >
            <AttributeAccess > Read_Write </AttributeAccess>
            <AttributeDatatype > int32 </AttributeDatatype >
            <AttributeValue > 8 </AttributeValue >
        </GIMAttribute>
        </GIMAttributeList>
        </GIMComponentBaseProcessAS>
    </GIMConfigAttributeSet>
</Controller >
```

5.5 功能部件信息模型

功能部件信息是数控机床信息模型的第一级组件，其组成如图3所示。功能部件信息包括刀具管理信息、门信息、工作台信息、传感器等子组件。每个功能部件信息子组件都宜包含静态属性集、过程属性集、配置属性集。

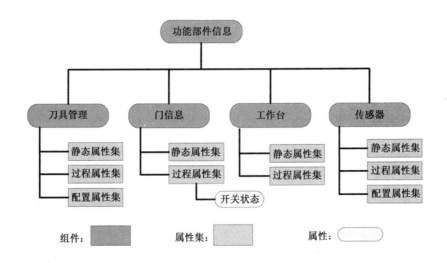

图3 功能部件组件信息模型

5.5.1 刀具管理子组件

刀具管理信息模型是机床本体信息模型的一个子组件，每一个刀具组件包含多个属性集。

刀具管理子组件的静态属性集见表9。

表9 刀具管理子组件的静态属性集

属性名称	数据类型	描 述	建模规则
刀具号	UINT_32	刀具的唯一标识码	必须
刀具类型	UINT_32	刀具的类型	必须
刀具长度	LENGTH	描述加工的刀具的长度	可选
刀具半径	LENGTH	描述加工的刀具的半径	可选
最大刀具尺寸	LENGTH	描述刀具的最大尺寸	可选
最小刀具尺寸	LENGTH	描述刀具的最小尺寸	可选

刀具管理子组件的过程属性集见表10。

表10 刀具管理子组件的过程属性集

属性名称	数据类型	描 述	建模规则
刀具寿命实际值	TIME	依据刀具磨损情况预估的刀具寿命剩余值	可选

刀具管理子组件的配置属性集见表11。

表11 刀具管理子组件的配置属性集

属性名称	数据类型	描 述	建模规则
刀具寿命最大设定值	TIME	描述刀具最大寿命的时间设定	可选
刀具寿命预警值设定	TIME	描述刀具寿命报警的时间设定	可选

5.5.2 门信息子组件

门信息是机床本体信息模型的一个子组件，表示数控机床的多个门信息，每一个门信息组件包含多个属性集。门信息表示数控机床的操作空间的开关状态，以及是否允许外部设备进入。

门信息子组件的静态属性见表12。

表 12　门信息子组件静态属性集

属性名称	数据类型	描　述	建模规则
门 ID	STRING	门的唯一标识码	必选
门名称	STRING	门名称应保证唯一性	必选
描述	STRING	描述信息	可选

门组件的过程属性见表 13。

表 13　门信息子组件过程属性集

属性名称	数据类型	描　述	建模规则
门状态	DOOR_STATE	表示数控机床门的状态，如打开、关闭和未锁定/闭合（unlatched）	必须

5.5.3　工作台子组件

工作台信息是机床本体信息模型的一个子组件，描述数控机床工作台的状态和运动信息，每一个工作台信息组件包含多个属性集。

工作台子组件静态属性集见表 14。

表 14　工作台子组件静态属性集

属性名称	数据类型	描　述	建模规则
工作台型号	STRING	描述工作台型号	可选
工作台制造商	STRING	描述工作台的制造商	可选

工作台子组件过程属性集见表 15。

表 15　工作台子组件过程属性集

属性名称	数据类型	描　述	建模规则
工作台移动速度	VELOCITY	描述工作台的移动速度	可选
工作台移动量	DISPLACEMENT	描述工作台的移动的相对位置	可选
工作台回转角度	ANGLE	描述工作台的移动的回转角度	可选

5.5.4　传感器子组件

传感器信息模型是机床本体信息模型的一个子组件，每一个传感器组件表示一个特定的测量仪表或外部设备，每一个传感器组件包含多个属性集。

传感器组件静态属性集见表 16。

表 16　传感器组件静态属性集

属性名称	数据类型	描　述	建模规则
传感器 ID	UINT_32	传感器的唯一标识码	必须
传感器名称	STRING	传感器名称应保证唯一性	必须
描述	STRING	描述信息	可选

传感器组件过程属性集见表 17。

表 17　传感器组件过程属性集

属性名称	数据类型	描　述	建模规则
主变量值	FLOAT	传感器的主变量测量值	必须
主变量单位	STRING	传感器主变量的单位	必须

5.6　伺服驱动信息模型

伺服驱动信息是数控机床信息模型的第一级组件，其组成如图4所示。伺服驱动信息子组件包含主轴驱动、主轴电动机、进给轴驱动、进给轴电动机、辅助轴信息。每一个信息子组件可以包含静态、过程、配置属性集。伺服驱动信息模型提供数控机床的线性和旋转运动的信息。

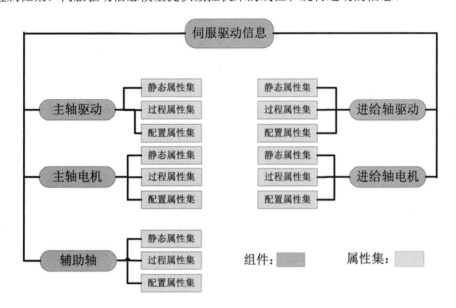

图 4　轴组件信息示例

5.6.1　主轴驱动

主轴驱动子组件的静态属性集见表18。

表 18　主轴驱动子组件的静态属性集

属性名称	数据类型	子数据类型	描　述	建模规则
主轴型号	STRING	—	描述主轴型号	必须
制造商	STRING	—	描述主轴制造商名称	可选

主轴驱动子组件的过程属性集见表19。

表 19　主轴驱动子组件过程属性集

属性名称	数据类型	子数据类型	描　述	建模规则
主轴电流	AMPERAGE	—	主轴电流实时值	必须

主轴驱动子组件的配置属性集见表20。

表20　主轴驱动子组件的配置属性集

属性名称	数据类型	子数据类型	描　述	建模规则
主轴增益	INT	—	主轴设定的增益值	可选
主轴滤波	INT8	—	主轴的滤波模式	可选
主轴最大转速	ROTARY_VELOCITY	COMMANDED	主轴最大转速设定值	可选
主轴转速级数	INT8	—	主轴转速级数的设定值	可选

5.6.2　主轴电动机

主轴电动机子组件的静态属性集见表21。

表21　主轴电动机子组件的静态属性集

属性名称	数据类型	子数据类型	描　述	建模规则
主轴电动机型号	STRING	—	描述主轴电动机型号	必须
制造商	STRING	—	描述主轴电动机制造商名称	可选

主轴电动机子组件的过程属性集见表22。

表22　主轴电动机子组件的过程属性集

属性名称	数据类型	子数据类型	描　述	建模规则
主轴电动机转速	ROTARY_VELOCITY	ACTUAL	主轴电动机实际转速信息	必选
主轴电动机负载	FLOAT	—	主轴电动机的负载信息	可选
主轴电动机旋转方向	DIRECTION	ROTARY	描述主轴电动机正转还是反转	可选

5.6.3　进给轴驱动

进给轴驱动子组件的静态属性见表23。

表23　进给轴驱动子组件的静态属性集

属性名称	数据类型	子数据类型	描述	建模规则
进给轴类型	STRING	—	描述进给轴类型，如 X 轴、Y 轴、Z 轴	必选
制造商	STRING	—	描述进给轴驱动制造商名称	可选

进给轴驱动子组件的过程属性集见表24。

表24　进给轴驱动子组件的过程属性集

属性名称	数据类型	子数据类型	描　述	建模规则
进给轴电流	AMPERAGE	—	进给轴电流实时值	可选

进给轴驱动子组件的配置属性集见表25。

表25　进给轴驱动子组件的配置属性集

属性名称	数据类型	子数据类型	描　述	建模规则
进给轴限位	POSITIOM	—	进给轴的硬限位信息	必选
进给速率	VELOCITY	—	进给速率	可选

5.6.4 进给轴电动机

进给轴电动机子组件的静态属性集见表26。

表26 进给轴电动机子组件的静态属性集

属性名称	数据类型	子数据类型	描 述	建模规则
进给轴电动机型号	STRING	—	描述进给轴电动机型号	必须
制造商	STRING	—	描述进给轴电动机制造商名称	可选

进给轴电动机子组件子组件的过程属性集见表27。

表27 进给轴电动机子组件的过程属性集

属性名称	数据类型	子数据类型	描 述	建模规则
进给轴电动机转速	ROTARY_VELOCITY	ACTUAL	进给轴电动机实际转速信息	必选
进给轴电动机旋转方向	DIRECTION	ROTARY	描述进给轴电动机正转还是反转	可选

5.6.5 辅助轴驱动

辅助轴驱动子组件的静态属性集见表28。

表28 辅助驱动子组件的静态属性集

属性名称	数据类型	子数据类型	描 述	建模规则
辅助轴类型	STRING	—	描述辅助轴类型，如刀盘辅助轴	可选
制造商	STRING	—	描述辅助轴驱动制造商名称	可选

辅助轴驱动子组件的过程属性见表29。

表29 辅助轴驱动子组件过程属性集

属性名称	数据类型	子数据类型	描 述	建模规则
辅助轴电流	AMPERAGE	—	辅助轴电流实时值	可选

伺服驱动组件的 XML 表述示例如下：

```
< Axis >
    <GIMSetInforType>
    < Component Name ValueType="string" Value="主轴组件"/>
    < Component ID ValueType="GIMID" Value="XXXXXXXXXXX"/>
    ……
    </GIMSetInforType >
    <GIMStaticAttributeSet>
    <GIMSetInforType>
    <AttributeSet Name ValueType="string" Value="静态属性集"/>
    <AttributeSet ID ValueType="GIMID" Value="XXXXXXXXXXX"/>
    ……
    </GIMSetInforType >
    <GIMComponentBaseStaticAS>
    <NC_Code ID ValueType="string" Value="xxxxxx"/>
    <NC_Code Name ValueType="string" Value="xxxxx"/>
```

```
        ……
            </GIMComponentBaseStaticAS>
          </GIMStaticAttributeSet>

          <GIMProcessAttributeSet>
          <GIMSetInforType>
          <AttributeSet Name ValueType="string" Value="过程属性集"/>
          <AttributeSet ID ValueType="GIMID" Value="XXXXXXXXXXX"/>
          ……
          </GIMSetInforType >
          <GIMComponentBaseProcessAS>
          <GIMAttributeList>
          <GIMAttribute>
              <AttributeName> Axis_Acceleration </AttributeName >
              <AttributeAccess >Read_Only</AttributeAccess>
              <AttributeDatatype > acceleration </AttributeDatatype >
              <AttributeValue >1.2</AttributeValue>
          </GIMAttribute>
          </GIMAttributeList>
          </GIMComponentBaseProcessAS>
        </GIMProcessAttributeSet>
        <GIMConfigAttributeSet>
          <GIMSetInforType>
          <AttributeSet Name ValueType="string" Value="配置属性集"/>
          <AttributeSet ID ValueType="GIMID" Value="XXXXXXXXXXX"/>
          ……
          </GIMSetInforType >

          <GIMComponentBaseProcessAS>
          <GIMAttributeList>
          <GIMAttribute>
              <AttributeName>Program_Position </AttributeName >
              <AttributeAccess >Read_Write</AttributeAccess>
              <AttributeDatatype > position </AttributeDatatype >
              <AttributeValue >45.5</AttributeValue>
          </GIMAttribute>
          </GIMAttributeList>
          </GIMComponentBaseProcessAS>
        </GIMConfigAttributeSet>
    </Axis >
```

5.7 辅助系统信息模型

辅助系统是数控机床信息模型的一个组件，辅助系统包含液压系统、气动系统、冷却系统、润滑系统等组件，每一个组件由多个属性集构成。

5.7.1 液压系统

液压系统是数控机床辅助系统下的一个组件，为液压卡盘，液压尾台，液压转塔提供稳定的压力。一个完整的液压系统由五个部分组成，即动力元件、执行元件、控制元件、辅助元件和液压油。液压系统组件包含静态属性集和过程属性集。

液压系统的静态属性集见表 30。

表 30 液压系统静态属性集

属性名称	数据类型	描 述	建模规则
液压泵类型	STRING	齿轮泵、叶片泵和柱塞泵，向整个液压系统提供动力	可选
液压油类型	STRING	液压系统中传递能量的工作介质，有各种矿物油、乳化液和合成型液压油等	可选

液压系统的过程属性集见表 31。

表 31 液压系统过程属性集

属性名称	数据类型	描 述	建模规则
液压油温度	FLOAT	油位油温计读数	可选
液压压力	FLOAT	当前的液压压力值	可选
压力安全阀状态	GENERAL_STATE	压力控制阀状态	可选

液压系统组件的 XML 表述示例如下：

```
< Hydraulic >
    <GIMSetInforType>
    < Component Name ValueType="string" Value="液压系统"/>
    < Component ID ValueType="GIMID" Value="XXXXXXXXXXX"/>
    ......
    </GIMSetInforType >
    <GIMStaticAttributeSet>
    <GIMSetInforType>
    <AttributeSet Name ValueType="string" Value="静态属性集"/>
    <AttributeSet ID ValueType="GIMID" Value="XXXXXXXXXXX"/>
    ......
    </GIMSetInforType >
    <GIMComponentBaseStaticAS>
    <Oil Type ValueType="string" Value="xxxxxx"/>
    ......
    </GIMComponentBaseStaticAS>
    </GIMStaticAttributeSet>

    <GIMProcessAttributeSet>
    <GIMSetInforType>
    <AttributeSet Name ValueType="string" Value="过程属性集"/>
    <AttributeSet ID ValueType="GIMID" Value="XXXXXXXXXXX"/>
    ......
    </GIMSetInforType >
    <GIMComponentBaseProcessAS>
    <GIMAttributeList>
    <GIMAttribute>
        <AttributeName> Oil Temperature </AttributeName >
        <AttributeAccess >Read_Only</AttributeAccess>
        <AttributeDatatype > float </AttributeDatatype >
```

```
            <AttributeValue > 28.7 </AttributeValue>
        </GIMAttribute>
    </GIMAttributeList>
    </GIMComponentBaseProcessAS>
    </GIMProcessAttributeSet>
</ Hydraulic >
```

5.7.2 气动系统

气动系统是数控机床辅助系统下的一个组件，主要用于对工件、刀具的定位（主轴锥孔、交换工作台的自动吹屑、夹具动作、主轴松刀等），气动系统组件包含过程属性集。

气动系统的静态属性集见表32。

表32　气动系统的静态属性集

属性名称	数据类型	描　　述	建模规则
气动系统信息	STRING	描述厂家、技术规格等信息	可选

气动系统的过程属性集见表33。

表33　气动系统过程属性集

属性名称	数据类型	描　　述	建模规则
气体流量	FLOAT	压缩空气流量	可选
气体压力	FLOAT	气动系统的供气压力值	可选
汽缸阀状态	GENERAL_STATE	汽缸状态	可选
汽缸故障类型	STRING	汽缸泄露、润滑不良	可选

气动系统组件的 XML 表述示例如下：

```
< Pneumatic >
    <GIMSetInforType>
    < Component Name ValueType="string" Value="气动系统"/>
    < Component ID ValueType="GIMID" Value="XXXXXXXXXXX"/>
    ……
    </GIMSetInforType >
    <GIMProcessAttributeSet>
    <GIMSetInforType>
    <AttributeSet Name ValueType="string" Value="过程属性集"/>
    <AttributeSet ID ValueType="GIMID" Value="XXXXXXXXXXX"/>
    ……
    </GIMSetInforType >
    <GIMComponentBaseProcessAS>
    <GIMAttributeList>
    <GIMAttribute>
        <AttributeName> compression_air_flow</AttributeName >
        <AttributeAccess >Read_Only</AttributeAccess>
        <AttributeDatatype > float </AttributeDatatype >
        <AttributeValue > 0.5 </AttributeValue>
    </GIMAttribute>
    </GIMAttributeList>
```

```
        </GIMComponentBaseProcessAS>
      </GIMProcessAttributeSet>
    </ Pneumatic >
```

5.7.3 冷却系统

冷却系统是数控机床辅助系统下的一个组件，为高速转动的主轴进行冷却，通常采用切削液水冷的方式。液压冷却系统组件包含静态属性集和过程属性集。

冷却系统的静态属性集见表 34。

表 34 冷却系统静态属性集

属性名称	数据类型	描 述	建模规则
切削液类型	STRING	纯油、可溶油及合成剂	可选

冷却系统的过程属性集见表 35。

表 35 冷却系统过程属性集

属性名称	数据类型	描 述	建模规则
主轴温度	FLOAT	主轴的工作温度	可选
冷却泵阀状态	GENERAL_STATE	压力控制阀状态	可选

冷却系统组件的 XML 表述示例如下：

```
< Coolant >
    <GIMSetInforType>
    < Component Name ValueType="string" Value="冷却系统"/>
    < Component ID ValueType="GIMID" Value="XXXXXXXXXXX"/>
    ……
    </GIMSetInforType >
    <GIMStaticAttributeSet>
    <GIMSetInforType>
    <AttributeSet Name ValueType="string" Value="静态属性集"/>
    <AttributeSet ID ValueType="GIMID" Value="XXXXXXXXXXX"/>
    ……
    </GIMSetInforType>
    <GIMComponentBaseStaticAS>
    <Cutting Fluid Type ValueType="string" Value="xxxxxx"/>
    ……
    </GIMComponentBaseStaticAS>
    </GIMStaticAttributeSet>
    <GIMProcessAttributeSet>
    <GIMSetInforType>
    <AttributeSet Name ValueType="string" Value="过程属性集"/>
    <AttributeSet ID ValueType="GIMID" Value="XXXXXXXXXXX"/>
    ……
    </GIMSetInforType >
    <GIMComponentBaseProcessAS>
    <GIMAttributeList>
    <GIMAttribute>
```

```
                <AttributeName> Axis_Temperature </AttributeName >
                <AttributeAccess >Read_Only</AttributeAccess>
                <AttributeDatatype > float </AttributeDatatype >
                <AttributeValue > 45.9 </AttributeValue>
            </GIMAttribute>
        </GIMAttributeList>
        </GIMComponentBaseProcessAS>
    </GIMProcessAttributeSet>
</ Coolant >
```

5.7.4 润滑系统

润滑系统是数控机床辅助系统下的一个组件，数控车床的油液润滑形式一般是采用集中润滑系统。集中润滑系统是从一个润滑油供给源把一定压力的润滑油，通过各主、次油路上的分配器，按所需的油量分配到各润滑点。润滑系统组件包含过程属性集和配置属性集。

润滑系统的过程属性集见表 36。

表 36　润滑系统的过程属性集

属性名称	数据类型	描　述	建模规则
润滑系统状态	GENERAL_STATE	润滑系统状态	可选

润滑系统的配置属性集见表 37。

表 37　润滑系统配置属性集

属性名称	数据类型	描　述	建模规则
自动润滑时间	INT8	自动润滑小时数	可选

润滑系统组件的 XML 表述示例如下：

```
< Lubrication >
    <GIMSetInforType>
    < Component Name ValueType="string" Value="润滑系统"/>
    < Component ID ValueType="GIMID" Value="XXXXXXXXXXX"/>
    ……
    </GIMSetInforType >
    <GIMProcessAttributeSet>
    <GIMSetInforType>
    <AttributeSet Name ValueType="string" Value="过程属性集"/>
    <AttributeSet ID ValueType="GIMID" Value="XXXXXXXXXXX"/>
    ……
    </GIMSetInforType >
    <GIMComponentBaseProcessAS>
    <GIMAttributeList>
    <GIMAttribute>
        <AttributeName> Lubrication_state </AttributeName >
        <AttributeAccess >Read_Only</AttributeAccess>
        <AttributeDatatype > general_state </AttributeDatatype >
        <AttributeValue > OK </AttributeValue>
    </GIMAttribute>
```

```
        </GIMAttributeList>
      </GIMComponentBaseProcessAS>
    </GIMProcessAttributeSet>
    <GIMConfigAttributeSet>
    <GIMSetInforType>
    <AttributeSet Name ValueType="string" Value="配置属性集"/>
    <AttributeSet ID ValueType="GIMID" Value="XXXXXXXXXXX"/>
    ......
      </GIMSetInforType >
    <GIMComponentBaseConfigAS>
    <GIMAttributeList>
    <GIMAttribute>
        <AttributeName> Lubrication_interval </AttributeName >
        <AttributeAccess >Read_Only</AttributeAccess>
        <AttributeDatatype > integer </AttributeDatatype >
        <AttributeValue > 3 </AttributeValue>
      </GIMAttribute>
      </GIMAttributeList>
    </GIMComponentBaseConfigAS>
  </GIMConfigAttributeSet>
</ Lubrication >
```

6 属性与属性元素

数控机床的每一个属性都包含其特定的属性元素，用于描述属性的类型、类别、值等重要信息。属性元素的通用定义见表38。

表38 属性元素的通用定义

属性元素	描 述	建模规则
元素标识/ID	属性的唯一标识码，属性 ID 必须保证在整个数控机床系统中的唯一性，包括组件 ID 和子组件 ID	必须
名称/name	属性名称为提供一个属性可读的标识，String 类型，不超过255个字符	必须
值/value	属性值	必选
类别/category	表述一个属性属于哪种类别，包括采样类别、事件类别和状态类别，相同类别属性的属性元素在结构上具有很大的相似性	必选
类型/type	属性的类型，如对轴组件的采样类别，其属性具有位置、速度、角度等属性类型	必选
子类型/subtype	属性的子类型，如针对轴组件的位置属性类型，具有预编程位置子类型和实际位置子类型	可选
访问权限/Access Property	表示属性的可读、可写属性，值为 Read Only 或 Read Write	可选
统计值/statistic	表示一个属性值的特定数学计算，如属性值的平均数、最大值、最小值、平方根、方差等	可选
单位/unit	表示属性数值的单位	可选
采样率/sample rate	表示属性值的采样周期，单位是秒，一般采样率为正整数。若采样率小于1s，则采样率可以为浮点小数，例如，0.1表示采样率为100ms采样一次	可选

6.1 属性 ID

每一个属性都应定义其属性 ID，属性 ID 应在整个设备和其 XML 的表述文件中具有唯一性（包括设备 ID、组件 ID、子组件 ID）。属性 ID 的作用是对于使用信息模型的软件能够识别每一个数据，并且能够从属性 ID 关联得到属性的初始含义和功能。

6.2 属性名称

属性名称为每一个属性提供了一个除属性 ID 外的可读标识，属性名称不是强制实现的。

6.3 属性值

属性值的大小及其表示由属性类别、属性类型、属性单位等元素共同决定。

6.4 属性类别

数控机床信息模型中，最常见的属性是数值（如轴的转速）或状态（机床门的开/关状态），数值属性的类别可以是采样类别或事件类别，状态属性的属性类别是状态类别。属性类别可以方便地使用信息模型的软件应用快速地定位想获取的信息。

属性类别包括采样类别、事件类别和状态类别三种。

采样类别：表示一个可读取的连续变量或者模拟数值，一个采样类别的属性可以在任意时间点被读取，并且会返回一个数值。例如：线性轴 X 的位置信息就是一个采样类别信息；一个具有采样类别属性元素的属性必须同时具有单位属性元素。

事件类别：表示一个可读取的离散型数值，事件类别属性表示某一组件的当前状态；例如门组件的门状态属性，它属于事件类别，门状态的数值智能是打开、关闭、未锁定/未闭合三者中的一个。

状态类别：表示一个设备的健康状况或可执行特定功能的能力，具有状态类别的属性值一般为不可用、正常、警告和错误。

6.5 属性类型和子类型

详细定义参见本部分第 7 章。

6.6 统计值

在读取一个数控机床的信息时，例如：数控机床需要返回信息的实时值，也会附加上该值的统计值信息，如平均数、期望值、平方根，统计信息应通过统计值属性元素表述。

6.7 属性单位

数控机床信息模型属性值的单位见表 39。

表 39　数控机床信息模型属性值的单位

单　　位	描　　述
安培	电流单位
摄氏度	摄氏温度单位
计数	用于事件类型属性的计数，正整数值
分贝	声音强度单位
角度	角的度数
角度数/秒	角速度单位
角度数/秒^2	角加速度单位
赫兹	频率单位
焦耳	测量能量单位
千克	重量单位
升	液体体积单位

续表

单　位	描　述
升/秒	体积流量单位
微弧度	倾斜单位
毫米	长度单位
毫米/秒	速度单位
毫米/秒^2	加速度单位
毫米_3D	X、Y、Z坐标系下的三维空间的一个向量
牛顿	力的单位
牛·米	力矩的单位
欧姆	电阻单位
帕斯卡	压力单位
帕斯卡秒	黏度单位
百分比%	百分比单位
pH	酸碱值单位
r/min	转速单位
秒	时间单位
S/m（Siemens per meter）	电导率单位
伏特	电压单位
伏安	视在功率单位
瓦特	功率单位

6.8　采样率

采样率是表示属性值的采样周期，单位是秒，采样率为正整数。若采样率小于1s，则采样率可以为浮点小数。例如，0.1表示采样率为100ms采样一次。

7　属性的类型

根据6.5节的描述，属性的类别可以分为采样类别、事件类别和状态类别三种，针对这三种不同的属性类别分别说明属性具有的类型。

7.1　采样类别的属性类型

采样类别的属性类型详见表40，其中属性类别用粗体表示，属性子类别用普通字体表示。

表40　采样类别的属性类型

属性类别/属性子类别	描　述	单　位	数值类型
STRING	设备的静态信息和描述	—	string
INT8	8位整数型		int8
INT16	16位整数型	—	int16
INT32	32位整数型		int32
FLOAT	IEEE754浮点型	—	float
ACCELERATION	速度的变化率	毫米/秒^2	float
ACCUMULATED_TIME	某一活动或事件的测量时长	秒	int32
ANGULAR_ACCELERATION	角速度的变化率	角度数/秒^2	float
ANGULAR_VELOCITY	角位置的变化率	角度数/秒	float

数据类别/数据子类别	描　述	单　位	数值类型
POSITION	线性轴位置	毫米	float
ACTUAL	实际轴位置	毫米	float
COMMANDED	设定轴位置	毫米	float
AMPERAGE	电流的测量值	安培	float
ALTERNATING	交流电流的测量值	安培	float
DIRECT	直流电流的测量值	安培	float
ANGLE	角位置	弧度	float
ACTUAL	实际角位置	弧度	float
COMMANDED	设定角位置	弧度	float
AXIS_FEEDRATE	线性轴的馈送率	毫米/秒	float
ACTUAL	实际线性轴的馈送率	毫米/秒	float
COMMANDED	设定线性轴的馈送率	毫米/秒	float
CLOCK_TIME	符合 W3C ISO 8601 标准的时间	YYYY-MM-DD hh:mm:ss.fff	—
DATE	参见《制造装备集成信息模型 第1部分：通用建模规则》	4字节，分别代表年、月、日、星期	—
DISPLACEMENT	一个物体位置的变化	毫米	float
ELECTRICAL_ENERGY	组件的电能消耗	焦耳	float
FLOW	液体的流量	升/秒	float
FREQUENCY	一个事件发生的频率	赫兹	int32
LENGTH	某一对象的长度	毫米	float
LINEAR_FORCE	某一执行器推或拉的力	牛顿	float
PRESSURE	由压缩空气或液体在单位面积上产生的压力	帕斯卡	int32
ROTARY_VELOCITY	旋转轴的转速	周/分	float
ACTUAL	实际旋转轴的转速	周/分	float
COMMANDED	设定旋转轴的转速	周/分	float
TILT	倾斜的角度	微弧度	float
TEMPERATURE	温度的测量	摄氏度	float
VELOCITY	位置的变化速率	毫米/秒	float
VISCOSITY	液体黏度（抵抗流动能力的大小）	帕斯卡秒	float
VOLTAGE	电压的测量值	伏特	float
ALTERNATING	交流电压的测量值	伏特	float
DIRECT	直流电压的测量值	伏特	float

7.2 事件类别的属性类型

事件类别的属性类型详见表41，其中属性类别用粗体表示，属性子类别用普通字体表示。

表41　事件类别的属性类型

属性类别/属性子类别	描　述	数值类型
GENERAL_STATE	通用状态，值只能是 ACTIVE 或 INACTIVE	枚举型 0：INACTIVE 1：ACTIVE

续表

属性类别/属性子类别	描述	数值类型
TARGET_STATE	加工对象状态，READY 或 NOT READY	枚举型 0：NOT READY 1：READY
ACTUATOR_STATE	表示一个执行器的运行状态，值只能是 ACTIVE 或 INACTIVE	枚举型 0：INACTIVE 1：ACTIVE
AXIS_INTERLOCK	表示在失电状态下，数控机床的轴是否自锁；值只能是 ACTIVE 或 INACTIVE	枚举型 0：INACTIVE 1：ACTIVE
AXIS_STATE	表示轴的运行状态，值只能是 HOME、TRAVEL、PARKED 或 STOPPED 中的一个	枚举型 0：HOME 1：TRAVEL 2：PARKED 3：STOPPED
CONTROLLER_MODE	控制器当前状态，值只能是 AUTOMATIC、MANUAL、MANUAL_DATA_INPUT、SEMI_AUTOMATIC 或 EDIT 中的一个	枚举型 0：AUTOMATIC 1：MANUAL 2：MANUAL_DATA_INPUT 3：SEMI_AUTOMATIC 4：EDIT
DIRECTION	轴运动的方向，必须实现子类型	—
ROTARY	值只能是 CLOCKWISE 或 COUNTER_CLOCKWISE	枚举型 0：CLOCKWISE 1：COUNTER_CLOCKWISE
LINEAR	值只能是 POSTIVE 或 NEGATIVE	枚举型 0：POSTIVE 1：NEGATIVE
DOOR_STATE	值只能是 OPEN、UNLATCHED 或 CLOSED	枚举型 0：OPEN 1：UNLATCHED 2：CLOSED
POWER_STATUS	值只能是 POWER_ON、POWER_OFF	枚举型 0：POWER_ON 1：POWER_OFF
RUN_STATUS	值可以是 AUTO、MANU、STOP、STANDBY	枚举型 0：AUTO 1：MANU 2：STOP 3：STANDBY
LINE	当前程序运行的行数	int32

7.3 状态类别的属性类型

具有状态类别的属性数据类型为枚举型，状态类别属性的值只能是 NORMAL（0）、WARNING（1）、FAULT（2）和 UNAVAILABLE（3）中的一个。其中，属性类别用粗体表示，状态类别的属性类型详见表42。

表 42 状态类别的属性类型

属性类别/属性子类别	描　述
MOTION_PROGRAM	运动编程时发生的错误状态
LOGIC_PROGRAM	PLC 编程时发生的错误状态
COMMUNICATION	通信发生异常时的状态
HARDWARE	组件硬件发生异常时的状态

参 考 文 献

[1] MTConnect® Standard Part 1 – Overview and Protocol Version 1.3.0

[2] MTConnect® Standard Part 2 – Components and Data Items Version 1.3.1

[3] MTConnect® Standard Part 3 – Streams, Events, Samples, and Condition Version 1.3.1

[4] MTConnect® Standard Part 4 – Assets Version 1.3.0

[5] MTConnect® Standard Part 5 – Cutting Tools Version 1.3.0

[6] Engineering Industries Association. EIA Standard - EIA-274-D, Interchangeable Variable, Block Data Format for Positioning, Contouring, and Contouring/Positioning Numerically Controlled Machines. Washington, D.C. 1979

[7] International Organization for Standardization. ISO 14649: Industrial automation systems and integration – Physical device control – Data model for computerized numerical controllers – Part 10: General process data. Geneva, Switzerland, 2004

[8] International Organization for Standardization. ISO 6983/1 – Numerical Control of machines – Program format and definition of address words – Part 1: Data format for positioning, line and contouring control systems. Geneva, Switzerland, 1982

[9] International Organization for Standardization. ISO 841—2001: Industrial automation systems and integration – Numerical control of machines – Coordinate systems and motion nomenclature. Geneva, Switzerland, 2001

[10] OPC Foundation. OPC Unified Architecture Specification, Part 1: Concepts Version 1.00. 1782 July 28, 2006

[11] ISO 13399 Part 1: Overview, fundamental principles and general information model

[12] ISO 13399 Part 2: Reference dictionary for cutting items

[13] ISO 13399 Part 3: Reference dictionary for tool items

[14] ISO 13399 Part 4: Reference dictionary for adaptive items

[15] ISO 13399 Part 5: Reference dictionary for assembly items

[16] GB/T 18759.3—2009 机械电气设备 开放式数控系统 第 3 部分：总线接口与通信协议

[17] GB/T 25636—2010 机床数控系统 用户服务指南

[18] GB/T 26220—2010 工业自动化系统与集成 机床数值控制 数控系统通用技术条件

成果十一

制造装备集成信息模型
第 3 部分：工业机器人信息模型

引　言

标准解决的问题：

本标准规定了通用的工业机器人的信息模型组成、工业机器人信息模型的静态属性集、过程属性集、配置属性集、组件和方法，以及工业机器人装备基于 XML 的信息模型描述，为工业机器人与其他制造装备和软件系统间的信息集成提供了参考模型。

标准的适用对象：

本标准适用于工业机器人本体制造商、工业机器人控制器厂商、系统集成商、机器人离线编程软件与生产线仿真软件开发商、MES/ERP 开发商、工业云应用开发商等对工业机器人集成信息模型的建模。

专项承担研究单位：

中国科学院沈阳自动化研究所。

专项参研联合单位：

机械工业仪器仪表综合技术经济研究所、新松机器人自动化股份有限公司、南京埃斯顿自动化股份有限公司、北京理工大学、固高科技（深圳）有限公司、珞石（北京）科技有限公司、南京中科川思特软件科技有限公司、深圳华龙讯达信息技术股份有限公司、北京亚控科技发展有限公司、北京力控元通科技有限公司、东软集团、大连光洋科技集团有限公司、沈阳高精数控智能技术股份有限公司、北京盟通科技有限公司、北京机床研究所、西门子（中国）有限公司。

专项参研人员：

张华良、杨帆、闫晓风、王麟琨、刘丹、赵艳领、王福东、秦锋、李庆鑫、于晓龙、韩冰。

制造装备集成信息模型 第 3 部分：工业机器人信息模型

1 范围

本标准依据 GB/T ×××××—×××× 《制造装备集成信息模型 第 1 部分：通用信息模型》所规定的建模方法与编码方式，定义了广义的工业机器人通用信息模型，本标准包含了工业机器人信息模型的信息组件与术语，本标准还定义了工业机器人通用基础信息描述、通用控制信息描述和通用安全信息描述。

2 规范性引用文件

下列文件对于本文件的应用是必不可少的。凡是注日期的引用文件，仅所注日期的版本适用于本文件。凡是不注日期的引用文件，其最新版本（包括所有的修改单）适用于本文件。

GB/T ×××××—×××× 智能制造装备集成信息模型 第 1 部分：通用建模规则

3 术语、定义和缩略语

3.1 术语和定义

3.1.1

机器人静态属性 **robot static attributes**

机器人出厂具备的不受工作环境影响的固有参数。

3.1.2

机器人过程属性 **robot process attributes**

机器人在运动过程中产生的动态数据属性。

3.1.3

机器人配置属性 **robot configure attributes**

机器人应用过程中用于调整机器人运动性能的属性。

3.1.4

控制器组件 **controller module**

具有对机器人运动控制、逻辑控制和安全控制等功能的组件。

3.1.5

驱动器组件　driver module

具有对机器人关节或附加轴电动机控制功能的组件。

3.1.6

扩展组件　expand module

具有支持机器人扩展对外交互接口功能的组件。

3.1.7

辅助系统组件　auxiliary system module

具有配合机器人完成指定作业任务等功能的组件。

3.1.8

方法组件　methods module

对机器人具有通用性方法控制等功能的组件。

3.2　缩略语

IR：工业机器人（Industrial Robot）

IPC：工控机（Industrialized Computer）

OPC UA：OPC 统一架构（OPC Unified Architecture）

XML：扩展标记语言（Extensible Markup Language）

UML：统一建模语言（Unified Modeling Language）

ERP：企业资源计划（Enterprise Resource Planning）

MES：制造执行系统（Manufacturing execution system）

4　工业机器人信息模型架构

4.1　概述

依据 GB/T ××××—×××× 《智能装备集成信息模型　第 1 部分：通用信息模型》标准关于通用信息模型的建模与描述方法，构建应用于工业机器人的信息模型。工业机器人信息模型由静态属性集、过程属性集、配置属性集和组件集构成，组件集可以包含一个或多个组件集或组件，每一个组件又包含了自身的静态属性、过程属性和配置属性集。工业机器人信息模型架构如图 1 所示。

静态属性集：工业机器人的静态属性集合，主要包括工业机器人基础信息模型，工业机器人工作空间信息模型。

过程属性集：工业机器人的动态属性集合，主要包括工业机器人运行特性信息模型，工业机器人运动精度信息模型，工业机器人有效负载信息模型，工业机器人动态特性信息模型等。

配置属性集：工业机器人的配置属性集合，主要包含工业机器人运动自由度信息模型，工业机器人运动学模型，工业机器人动力学模型等。

组件集：构成工业机器人的组件集合结构，包含集合结构的自身信息（集合 ID、集合名称）和集合结构的引用列表信息，结合结构可以引用子结合结构或组件。

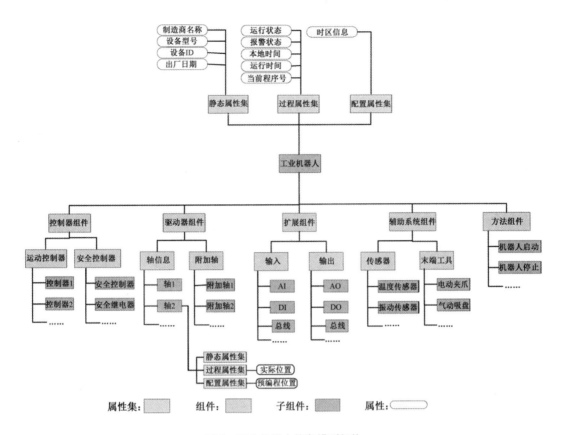

图1 工业机器人信息模型架构

控制系统：构成工业机器人的组件集合结构，包含集合结构的自身信息（集合ID、集合名称）和组件列表信息，包括工业机器人运动模式等信息。

轴信息：构成工业机器人的组件集合结构，包含集合结构的自身信息（集合ID、集合名称）和组件列表信息，包括轴长度、质量等模型信息。

附加轴信息：构成工业机器人的组件集合结构，包含集合结构的自身信息（集合ID、集合名称）和组件列表信息，主要包括附加轴电动机、编码器等模型信息。

传感器：构成工业机器人的组件集合结构，包含集合结构的自身信息（集合ID、集合名称）和组件列表信息，主要包括工业机器人结构光、激光等模型信息。

输入/输出：构成工业机器人的组件集合结构，包含集合结构的自身信息（集合ID、集合名称）和组件列表信息，主要包括数字输入/输出、模拟量输入/输出等模型信息。

末端工具：构成工业机器人的组件集合结构，包含集合结构的自身信息（集合ID、集合名称）和组件列表信息，主要包括气动夹具、电动夹具等模型信息。

辅助系统：构成工业机器人的组件集合结构，包含集合结构的自身信息（集合ID、集合名称）和组件列表信息，辅助系统集合结构引用了多个辅助系统组件，主要包括安全控制器信息。

4.2 引用

在工业机器人信息模型的构建中，用到了以下几种引用：

a）HasComponent引用：用于表述从集合结构→集合结构或者从结合结构→组件的引用关系。

b）HasSetStructure引用：用于表述从组件→集合结构的引用关系。

c）HasAttributeSet引用：用于表述从组件→属性集的引用关系。

d）HasProperty引用：用于表述从属性集→属性的引用关系。

引用表示了集合结构、组件、从组件之间以及属性与属性元素之间的关系，其中属性与属性元素如图 2 所示。

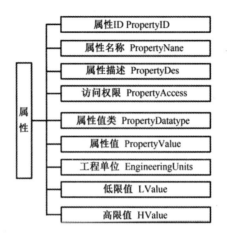

图 2　属性与属性元素

5　工业机器人信息模型组成

5.1　工业机器人静态属性集

工业机器人静态属性集包含工业机器人产品出厂阶段伴随产生的属性参数，具体分为工业机器人基础信息模型和机器人工作空间信息模型。

5.1.1　工业机器人基础属性

工业机器人基础属性主要描述了一般常见工业机器人的基础信息。工业机器人基础属性见表 1。

表 1　工业机器人基础属性表

属性名称	英文描述	属性类型	描　　述	建模规则
工业机器人 ID	RobotID	STRING	工业机器人唯一标识，出厂 S/N 码	必须
工业机器人名称	RobotName	STRING	工业机器人产品名称	可选
工业机器人型号	RobotModel	STRING	工业机器人所属产品系列名称	可选
制造商	VendorName	STRING	工业机器人生产商名称	可选
额定功率	RatedPower	INT32	工业机器人正常使用功率	必须
负载	RobotLoad	INT32	工业机器人负载能力	必须
生产日期	ProductionDate	Date	工业机器人出厂日期	必须
常规使用年限	RoutineServiceLife	INT32	工业机器人质保年限	必须
安全等级	SecurityLevel	STRING	工业机器人应用安全等级	可选

工业机器人基础属性是工业机器人出产具备属性，因此，其属性的"Property Access"元素都为"只读"。

设备静态属性集的 XML 表述示例如下：

```
<GIMStaticAttributeSet>
    <GIMSetInforType>
    <AttributeSet Name ValueType="string" Value="工业机器人基础属性"/>
    <AttributeSet ID ValueType="GIMID" Value="xxx"/>
    ……
    </GIMSetInforType>
```

```
    <GIMComponcntBaseStaticAS>
    <RobotID ValueType="string" Value="xxx"/>
    <RobotName ValueType="string" Value="xxx"/>
    <RobotModel ValueType="string" Value="xxx"/>
    <VendorName ValueType="string" Value="xxx"/>
    <RatedPower ValueType="int32" Value="xxx"/>
    <ProductionDate ValueType="Date" Value="xxx"/>
    <RoutineServiceLife ValueType="int32" Value="xxx"/>
    <SecurityLevel ValueType="string" Value="xxx"/>
    </GIMComponcntBaseStaticAS>
</GIMStaticAttributeSet>
```

5.1.2 工业机器人本体属性

工业机器人本体属性主要描述工业机器人本体的特征参数。本体属性是工业机器人的基础属性，通过对不同构型工业机器人和刚度基频等信息，能够直接影响工业机器人控制的难易程度。

工业机器人本体属性见表2。

表2 工业机器人本体属性

属性名称	英文描述	属性类型	描　述	建模规则
重量	Weight	DOUBLE	工业机器人本体自重	必选
精度	Accuracy	DOUBLE	绝对定位精度	可选
自由度	DegreeOfFreedom	INT32	工业机器人本体自由度	必选
载荷	InertiaMoment	DOUBLE	静/动载荷	可选
防护等级	ProtectionGrade	STRING	本体防尘防水等级	可选
刚度	Stiffness	DOUBLE	荷载与位移成正比的比例系数	可选

工业机器人本体属性是工业机器人本体构型和装配后测试获取的，因此，其属性的"Property Access"元素都为"只读"。

工业机器人本体静态属性集的 XML 表述示例如下：

```
<GIMStaticAttributeSet>
    <GIMSetInforType>
    <AttributeSet Name ValueType="string" Value="工业机器人本体属性"/>
    <AttributeSet ID ValueType="GIMID" Value="xxx"/>
    ……
    </GIMSetInforType>
    <GIMComponentBaseStaticAS>
    <Weight ValueType="double" Value="xxx"/>
    <Accuracy ValueType="double" Value="xxx"/>
    <DegreeOfFreedom ValueType="int32" Value="xxx"/>
    <InertiaMoment ValueType="double" Value="xxx"/>
    <ProtectionGrade ValueType="string" Value="xxx"/>
    <Stiffness ValueType="double" Value="xxx"/>
    </GIMComponentBaseStaticAS>
</GIMStaticAttributeSet>
```

5.1.3 工业机器人工作空间属性

工业机器人工作空间属性主要描述工业机器人有效作业区域。工作空间是指工业机器人臂杆的特定部位在一定条件下所能到达空间的位置集合。工作空间的性状和大小反映了工业机器人工作能力的大小。

工业机器人工作空间属性见表3。

表3　工业机器人工作空间属性

属性名称	英文描述	属性类型	描　　述	建模规则
移动性	Movability	BOOLEAN	判断工业机器人是否具有移动性	必选
移动范围	MovingRange	STRING[]	机器移动人工作范围	必选
垂直工作半径	VerticalWorkingRadius	DOUBLE-DOUBLE	工业机器人垂直方向工作范围	必选
水平工作半径	HorizontalWorkingRadius	DOUBLE- DOUBLE	工业机器人水平方向工作范围	必选
盲区范围	BlindRange	STRING[]	工业机器人盲区工作范围	必选

工业机器人工作空间属性是工业机器人安装固定后，更加设计说明确定的工作空间。因此，其属性的"Property Access"元素都为"只读"。

工业机器人工作空间静态属性集的 XML 表述示例如下：

```
<GIMStaticAttributeSet>
    <GIMSetInforType>
    <AttributeSet Name ValueType="string" Value="工业机器人工作空间属性"/>
    <AttributeSet ID ValueType="GIMID" Value="xxx"/>
    ......
    </GIMSetInforType>
    <GIMComponentBaseStaticAS>
    <Movability ValueType="boolen" Value="xxx"/>
    <MovingRange ValueType="string[]" Value="xxx"/>
    <VerticalWorkingRadius ValueType="double" Value="xxx"/>
    <HorizontalWorkingRadius ValueType="double" Value="xxx"/>
    <BlindRange ValueType="string[]" Value="xxx"/>
    </GIMComponentBaseStaticAS>
</GIMStaticAttributeSet>
```

5.2　工业机器人过程属性集

工业机器人过程属性集包含工业机器人作业过程中产生的属性参数，具体分为工业机器人状态属性，工业机器人瞬时属性和运动精度属性。在多机协同作业中，工业机器人过程属性参数是协同控制的核心属性。

5.2.1　工业机器人状态属性

工业机器人状态属性主要描述了工业机器人运行过程中的状态属性。

工业机器人状态属性见表4。

表4　工业机器人状态属性

属性名称	英文描述	属性类型	描　　述	建模规则
开关机状态	PowerStatus	BOOLEAN	工业机器人的开关机状态：开机或者关机	必选
运行状态	RunStatus	STRING	工业机器人的运行状态：运行、空闲或者报警	必选
开机时间	BootTime	Time	工业机器人的最新开机运行时间	可选
故障号	FaultNumber	STRING	工业机器人报警或者故障编号，0表示无故障	可选
故障开始时间	FaultStartTime	Time	工业机器人发生故障的开始时间	可选
任务列表	TaskList	STRING[]	工业机器人作业任务列表	可选
当前任务	CurrentTask	STRING	工业机器人当前任务编号	可选

工业机器人状态属性集描述的是工业机器人的基本运行状态和报警信息，因此，其属性的"Property Access"元素都为"只读"。

工业机器人状态属性集的 XML 表述示例如下：

```xml
<GIMProcessAttributeSet>
  <GIMSetInforType>
  <AttributeSet Name ValueType="string" Value="工业机器人状态属性"/>
  <AttributeSet ID ValueType="GIMID" Value="xxx"/>
  ……
  </GIMSetInforType >
  <GIMComponentBaseProcessAS>
    <GIMAttributeList>
      <GIMAttribute>
      <AttributeName> PowerStatus</AttributeName>
      <AttributeAccess>Read_Only</AttributeAccess>
      <AttributeDatatype>boolen</AttributeDatatype>
      <AttributeValue>xxx</AttributeValue>
      </GIMAttribute>
      <GIMAttribute>
      <AttributeName> RunStatus</AttributeName>
      <AttributeAccess>Read_Only</AttributeAccess>
      <AttributeDatatype>string</AttributeDatatype>
      <AttributeValue>xxx</AttributeValue>
      </GIMAttribute>
      <GIMAttribute>
      <AttributeName>BootTime</AttributeName>
      <AttributeAccess>Read_Only</AttributeAccess>
      <AttributeDatatype> Time</AttributeDatatype>
      <AttributeValue >xxx</AttributeValue>
      </GIMAttribute>
      <GIMAttribute>
      <AttributeName> FaultNumber</AttributeName>
      <AttributeAccess>Read_Only</AttributeAccess>
      <AttributeDatatype> string</AttributeDatatype>
      <AttributeValue >xxx</AttributeValue>
      </GIMAttribute>
      <GIMAttribute>
      <AttributeName> FaultStartTime</AttributeName>
      <AttributeAccess>Read_Only</AttributeAccess>
      <AttributeDatatype> time</AttributeDatatype>
      <AttributeValue >xxx</AttributeValue>
      </GIMAttribute>
      <GIMAttribute>
      <AttributeName> TaskList</AttributeName>
      <AttributeAccess>Read_Only</AttributeAccess>
      <AttributeDatatype> string[]</AttributeDatatype>
      <AttributeValue >xxx</AttributeValue>
      </GIMAttribute>
      <GIMAttribute>
```

```
                    <AttributeName> CurrentTask</AttributeName>

                    <AttributeAccess>Read_Only</AttributeAccess>

                    <AttributeDatatype> string</AttributeDatatype>

                    <AttributeValue >xxx</AttributeValue>

                    </GIMAttribute>

            </GIMAttributeList>

        </GIMComponentBaseProcessAS>

    </GIMProcessAttributeSet>
```

5.2.2 工业机器人数据属性

工业机器人瞬时属性主要描述了工业机器人运行过程中的实时采集属性。

工业机器人数据属性见表5。

表5　工业机器人数据属性

属性名称	英文描述	属性类型	描　　述	建模规则
运动控制模式	MotionControlMode	INT32	运动控制模式：位置、速度或者力矩	必选
运动控制周期	MotionControlCycle	INT32	运动控制周期	必选
运动轨迹	MovementTrajectory	INT32[]	轨迹点规划信息	必选
期望关节角度	DesiredJointAngle	DOUBLE[]	工业机器人关节瞬时期望角度	可选
实测关节角度	MeasuredJointAngle	DOUBLE[]	工业机器人关节瞬时实测角度	必选
期望关节速度	DesiredJointSpeed	DOUBLE[]	工业机器人关节瞬时期望速度	可选
实测关节速度	MeasuredJointSpeed	DOUBLE[]	工业机器人关节瞬时实测速度	必选
期望关节力矩	DesiredJointTorque	DOUBLE[]	工业机器人关节瞬时期望力矩	可选
实测关节力矩	MeasuredJointTorque	DOUBLE[]	工业机器人关节瞬时实测力矩	必选
期望工业机器人位置	DesiredRobotPosition	DOUBLE[]	工业机器人期望运动空间位置	可选
实测工业机器人位置	MeasuredRobotPosition	DOUBLE[]	工业机器人实测运动空间位置	必选
期望工业机器人姿态	DesiredRobotAttitude	DOUBLE[]	工业机器人期望运动空间姿态	可选
实测工业机器人姿态	MeasuredRobotAttitude	DOUBLE[]	工业机器人实测运动空间姿态	必选

工业机器人数据的过程属性集描述的是工业机器人在运行过程中与运动控制相关数据，因此，其中回显采集数据属性的"Property Access"元素都为"只读"，下发控制指令数据属性的"Property Access"元素都为"读写"。

工业机器人数据过程属性集的 XML 表述示例如下：

```
    <GIMProcessAttributeSet>

        <GIMSetInforType>

        <AttributeSet Name ValueType="string" Value="工业机器人数据属性"/>

        <AttributeSet ID ValueType="GIMID" Value="xxx"/>

        ......

        </GIMSetInforType>

        <GIMComponentBaseProcessAS>

            <GIMAttributeList>

            <GIMAttribute>

            <AttributeName>MotionControlMode</AttributeName>

            <AttributeAccess>Read_Only</AttributeAccess>

            <AttributeDatatype>int32</AttributeDatatype>

            <AttributeValue>xxx</AttributeValue>

            </GIMAttribute>
```

```xml
<GIMAttribute>
<AttributeName>MotionControlCycle</AttributeName>
<AttributeAccess >Read_Only</AttributeAccess>
<AttributeDatatype >int32[]</AttributeDatatype>
<AttributeValue >xxx</AttributeValue>
</GIMAttribute>
<GIMAttribute>
<AttributeName> MovementTrajectory</AttributeName>
<AttributeAccess >Read_Only</AttributeAccess>
<AttributeDatatype >int32[]</AttributeDatatype>
<AttributeValue >xxx</AttributeValue>
</GIMAttribute>
<GIMAttribute>
<AttributeName> DesiredJointAngle</AttributeName>
<AttributeAccess >Read_Only</AttributeAccess>
<AttributeDatatype >double[]</AttributeDatatype>
<AttributeValue >xxx</AttributeValue>
</GIMAttribute>
<GIMAttribute>
<AttributeName> MeasuredJointAngle</AttributeName>
<AttributeAccess >Read_Only</AttributeAccess>
<AttributeDatatype >double[]</AttributeDatatype>
<AttributeValue >xxx</AttributeValue>
</GIMAttribute>
<GIMAttribute>
<AttributeName> DesiredJointSpeed</AttributeName>
<AttributeAccess >Read_Only</AttributeAccess>
<AttributeDatatype >double[]</AttributeDatatype>
<AttributeValue >xxx</AttributeValue>
</GIMAttribute>
<GIMAttribute>
<AttributeName> MeasuredJointSpeed</AttributeName>
<AttributeAccess >Read_Only</AttributeAccess>
<AttributeDatatype >double[]</AttributeDatatype>
<AttributeValue >xxx</AttributeValue>
</GIMAttribute>
<GIMAttribute>
<AttributeName> DesiredJointTorque</AttributeName>
<AttributeAccess >Read_Only</AttributeAccess>
<AttributeDatatype >double[]</AttributeDatatype>
<AttributeValue >xxx</AttributeValue>
</GIMAttribute>
<GIMAttribute>
<AttributeName> MeasuredJointTorque</AttributeName>
<AttributeAccess >Read_Only</AttributeAccess>
<AttributeDatatype >double[]</AttributeDatatype>
<AttributeValue >xxx</AttributeValue>
</GIMAttribute>
```

```
            <GIMAttribute>
            <AttributeName> DesiredRobotPosition</AttributeName>
            <AttributeAccess >Read_Only</AttributeAccess>
            <AttributeDatatype >double[]</AttributeDatatype>
            <AttributeValue >xxx</AttributeValue>
            </GIMAttribute>
            <GIMAttribute>
            <AttributeName> MeasuredRobotPosition</AttributeName>
            <AttributeAccess >Read_Only</AttributeAccess>
            <AttributeDatatype >double[]</AttributeDatatype>
            <AttributeValue >xxx</AttributeValue>
            </GIMAttribute>
            <GIMAttribute>
            <AttributeName> DesiredRobotAttitude</AttributeName>
            <AttributeAccess >Read_Only</AttributeAccess>
            <AttributeDatatype >double[]</AttributeDatatype>
            <AttributeValue >xxx</AttributeValue>
            </GIMAttribute>
            <GIMAttribute>
            <AttributeName> MeasuredRobotAttitude</AttributeName>
            <AttributeAccess >Read_Only</AttributeAccess>
            <AttributeDatatype >double[]</AttributeDatatype>
            <AttributeValue >xxx</AttributeValue>
            </GIMAttribute>
            </GIMAttributeList>
        </GIMComponentBaseProcessAS>
    </GIMProcessAttributeSet>
```

5.2.3 工业机器人运动精度属性

工业机器人运动精度主要描述了工业机器人运行过程中实际检测的运动精度属性。

工业机器人运动精度属性见表 6。

表 6 工业机器人运动精度属性

属性名称	英文描述	属性类型	描 述	建模规则
位姿精度	PoseAccuracy	DOUBLE[]	期望位姿与实际位姿的稳态误差	可选
重复位姿精度	RepeatPoseAccuracy	DOUBLE	多次位姿精度的平均稳态误差	可选
轨迹精度	TrajectoryAccuracy	DOUBLE[]	期望轨迹与实际轨迹的运动误差	可选
重复轨迹精度	RepeatTrajectoryAccuracy	DOUBLE	多次轨迹精度的平均稳态误差	可选

工业机器人运动精度过程属性集描述的是工业机器人的运行过程中界定工业机器人运动控制性能相关数据，因此，其中运动精度属性的"Property Access"元素都为"只读"。

工业机器人运动精度过程属性集的 XML 表述示例如下：

```
    <GIMProcessAttributeSet>
        <GIMSetInforType>
        <AttributeSet Name ValueType="string" Value="工业机器人运动精度属性"/>
        <AttributeSet ID ValueType="GIMID" Value="xxx"/>
        ......
```

```
            </GIMSetInforType>
        <GIMComponentBaseProcessAS>
            <GIMAttributeList>
                <GIMAttribute>
                    <AttributeName>PoseAccuracy</AttributeName>
                    <AttributeAccess >Read_Only</AttributeAccess>
                    <AttributeDatatype >double[]</AttributeDatatype>
                    <AttributeValue >xxx</AttributeValue>
                </GIMAttribute>
                <GIMAttribute>
                    <AttributeName> RepeatPoseAccuracy</AttributeName>
                    <AttributeAccess>Read_Only</AttributeAccess>
                    <AttributeDatatype>double</AttributeDatatype>
                    <AttributeValue>xxx</AttributeValue>
                </GIMAttribute>
                <GIMAttribute>
                    <AttributeName> TrajectoryAccuracy</AttributeName>
                    <AttributeAccess>Read_Only</AttributeAccess>
                    <AttributeDatatype>double[]</AttributeDatatype>
                    <AttributeValue>xxx</AttributeValue>
                </GIMAttribute>
                <GIMAttribute>
                    <AttributeName> RepeatTrajectoryAccuracy</AttributeName>
                    <AttributeAccess>Read_Only</AttributeAccess>
                    <AttributeDatatype>double</AttributeDatatype>
                    <AttributeValue>xxx</AttributeValue>
                </GIMAttribute>
            </GIMAttributeList>
        </GIMComponentBaseProcessAS>
    </GIMProcessAttributeSet>
```

5.3 工业机器人配置属性集

工业机器人配置属性集包含工业机器人作业前的基础配置类属性，具体分为工业机器人通信接口属性、控制约束属性、运动学配置属性和动力学配置属性。

5.3.1 工业机器人通信接口属性

工业机器人通信接口属性主要用于描述工业机器人对外的开放接口属性。

工业机器人通信接口属性见表7。

表7 工业机器人通信接口属性

属性名称	英文描述	属性类型	描 述	建模规则
通信接口	CommunicationInterface	STRING	工业机器人第三方交互接口	可选
交互信息索引	InteractiveInformationIndex	STRING	第三方交互信息索引路径	可选

工业机器人通信接口配置属性集描述的是工业机器人的基本配置信息，因此其属性的"Property Access"元素都为"读写"。

工业机器人通信接口配置属性集的 XML 表述示例如下：

```
<GIMConfigAttributeSet>
    <GIMSetInforType>
    <AttributeSet Name ValueType="string" Value="工业机器人通信接口属性"/>
    <AttributeSet ID ValueType="GIMID" Value="xxx"/>
    ......
    </GIMSetInforType>
    <GIMComponentBaseProcessAS>
        <GIMAttributeList>
            <GIMAttribute>
            <AttributeName>CommunicationInterface</AttributeName>
            <AttributeAccess>Read_Only</AttributeAccess>
            <AttributeDatatype>string</AttributeDatatype>
            <AttributeValue>xxx</AttributeValue>
            </GIMAttribute>
            <GIMAttribute>
            <AttributeName>InteractiveInformationIndex</AttributeName>
            <AttributeAccess>Read_Write</AttributeAccess>
            <AttributeDatatype>string</AttributeDatatype>
            <AttributeValue>xxx</AttributeValue>
            </GIMAttribute>
        </GIMAttributeList>
    </GIMComponentBaseProcessAS>
</GIMConfigAttributeSet>
```

5.3.2　工业机器人控制约束属性

工业机器人控制约束属性主要用于描述工业机器人控制中的限制性属性。

工业机器人控制约束属性见表 8。

表 8　工业机器人控制约束属性

属性名称	英文描述	属性类型	描　　述	建模规则
最大机械转角	MaximumMechanicalCorner	DOUBLE[]	关节空间本体最大运动角度	必选
最小机械转角	MinimumMechanicalCorner	DOUBLE[]	关节空间本体最小运动角度	必选
最大软转角	MaximumSoftCorner	DOUBLE[]	软件最大角度限制	可选
最小软转角	MinimumSoftCorner	DOUBLE[]	软件最小角度限制	可选
最大扭矩	MaximumTorque	DOUBLE[]	关节空间本体最大扭矩	可选
最大关节速度	MaximumJointSpeed	DOUBLE[]	关节空间本体最大扭矩	可选
最大末端速度	MaximumEndSpeed	DOUBLE	工业机器人末端运动速度	可选
速度边界系数	SpeedBoundaryCoefficient	DOUBLE[]	边界速度抑制系数	可选
力矩边界系数	TorqueBoundaryCoefficient	DOUBLE[]	边界力矩抑制系数	可选
避碰区位置	CollisionZoneLocation	DOUBLE[]	工作区间内不可到达区域限制	可选
避碰区姿态	CollisionZoneAttitude	DOUBLE[]	工作区间内不可到达姿态限制	可选
坐标系	CoordinateSystem	INT32	1—基坐标系，2—工具坐标系	必选

工业机器人控制约束配置属性集描述的是工业机器人运动控制的配置信息，因此，其属性的"Property Access"元素都为"读写"。

工业机器人控制约束配置属性集的 XML 表述示例如下：

```xml
<GIMConfigAttributeSet>
    <GIMSetInforType>
    <AttributeSet Name ValueType="string" Value="工业机器人控制约束属性"/>
    <AttributeSet ID ValueType="GIMID" Value="xxx"/>
    ……
    </GIMSetInforType>
    <GIMComponentBaseProcessAS>
        <GIMAttributeList>
            <GIMAttribute>
            <AttributeName>MaximumMechanicalCorner</AttributeName>
            <AttributeAccess>Read_Only</AttributeAccess>
            <AttributeDatatype>double[]</AttributeDatatype>
            <AttributeValue>xxx</AttributeValue>
            </GIMAttribute>
            <GIMAttribute>
            <AttributeName>MinimumMechanicalCorner</AttributeName>
            <AttributeAccess>Read_Only</AttributeAccess>
            <AttributeDatatype>double[]</AttributeDatatype>
            <AttributeValue>xxx</AttributeValue>
            </GIMAttribute>
            <GIMAttribute>
            <AttributeName> MaximumSoftCorner</AttributeName>
            <AttributeAccess>Read_Only</AttributeAccess>
            <AttributeDatatype>double[]</AttributeDatatype>
            <AttributeValue>xxx</AttributeValue>
            </GIMAttribute>
            <GIMAttribute>
            <AttributeName> MinimumSoftCorner</AttributeName>
            <AttributeAccess>Read_Only</AttributeAccess>
            <AttributeDatatype>double[]</AttributeDatatype>
            <AttributeValue>xxx</AttributeValue>
            </GIMAttribute>
            <GIMAttribute>
            <AttributeName> MaximumTorque</AttributeName>
            <AttributeAccess>Read_Only</AttributeAccess>
            <AttributeDatatype>double[}</AttributeDatatype>
            <AttributeValue>xxx</AttributeValue>
            </GIMAttribute>
            <GIMAttribute>
            <AttributeName> MaximumJointSpeed</AttributeName>
            <AttributeAccess>Read_Only</AttributeAccess>
            <AttributeDatatype>double[]</AttributeDatatype>
            <AttributeValue>xxx</AttributeValue>
            </GIMAttribute>
            <GIMAttribute>
            <AttributeName> MaximumEndSpeed</AttributeName>
            <AttributeAccess>Read_Only</AttributeAccess>
```

```
                <AttributeDatatype>double[]</AttributeDatatype>

                <AttributeValue>xxx</AttributeValue>

            </GIMAttribute>

            <GIMAttribute>

            <AttributeName> SpeedBoundaryCoefficient</AttributeName>

            <AttributeAccess>Read_Only</AttributeAccess>

            <AttributeDatatype>double[]</AttributeDatatype>

            <AttributeValue>xxx</AttributeValue>

            </GIMAttribute>

            <GIMAttribute>

            <AttributeName> TorqueBoundaryCoefficient</AttributeName>

            <AttributeAccess>Read_Only</AttributeAccess>

            <AttributeDatatype>double[]</AttributeDatatype>

            <AttributeValue>xxx</AttributeValue>

            </GIMAttribute>

            <GIMAttribute>

            <AttributeName> CollisionZoneLocation</AttributeName>

            <AttributeAccess>Read_Only</AttributeAccess>

            <AttributeDatatype>double[]</AttributeDatatype>

            <AttributeValue>xxx</AttributeValue>

            </GIMAttribute>

            <GIMAttribute>

            <AttributeName> CollisionZoneAttitude</AttributeName>

            <AttributeAccess>Read_Only</AttributeAccess>

            <AttributeDatatype>double[]</AttributeDatatype>

            <AttributeValue>xxx</AttributeValue>

            </GIMAttribute>

            <GIMAttribute>

            <AttributeName> CoordinateSystem</AttributeName>

            <AttributeAccess>Read_Only</AttributeAccess>

            <AttributeDatatype>int32</AttributeDatatype>

            <AttributeValue>xxx</AttributeValue>

            </GIMAttribute>

        </GIMAttributeList>

    </GIMComponentBaseProcessAS>

</GIMConfigAttributeSet>
```

5.3.3 工业机器人运动学配置属性

工业机器人运动学配置属性主要描述工业机器人控制中运动学构型所需要的属性，详情见附录 B。工业机器人运动学配置属性见表 9。

表 9 工业机器人运动学配置属性

属性名称	英文描述	属性类型	描　　述	建模规则
关节角度	JointAngle	DOUBLE[]	工业机器人关节角度	必选
连杆偏置	LinkBias	DOUBLE[]	运动学模型中的偏置参数	必选
连杆长度	LinkLength	DOUBLE[]	运动学模型中的杆长参数	可选
连杆扭度	LinkRodTorsion	DOUBLE[]	运动学模型中的连杆扭度	可选

属性名称	英文描述	属性类型	描　　述	建模规则
关节初值	JointInitialValue	DOUBLE[]	初始关节角度	可选
关节类型	JointType	INT32	0—旋转关节，1—滑动关节	可选
转动方向	RotationDirection	INT32	关节转动方向，0—正向，1—负向（右手定则）	可选

工业机器人运动学配置属性集描述的是工业机器人构建运动学过程中的配置信息，因此，其属性的"Property Access"元素都为"读写"。

工业机器人运动学配置属性集的 XML 表述示例如下：

```
<GIMConfigAttributeSet>
    <GIMSetInforType>
    <AttributeSet Name ValueType="string" Value="工业机器人运动学控制属性"/>
    <AttributeSet ID ValueType="GIMID" Value="xxx"/>
    ……
    </GIMSetInforType>
    <GIMComponentBaseProcessAS>
        <GIMAttributeList>
            <GIMAttribute>
            <AttributeName>JointAngle</AttributeName>
            <AttributeAccess>Read_Only</AttributeAccess>
            <AttributeDatatype>double[]</AttributeDatatype>
            <AttributeValue>xxx</AttributeValue>
            </GIMAttribute>
            <GIMAttribute>
            <AttributeName>LinkBias</AttributeName>
            <AttributeAccess>Read_Only</AttributeAccess>
            <AttributeDatatype>double[]</AttributeDatatype>
            <AttributeValue>xxx</AttributeValue>
            </GIMAttribute>
            <GIMAttribute>
            <AttributeName> LinkLength</AttributeName>
            <AttributeAccess>Read_Only</AttributeAccess>
            <AttributeDatatype>double[]</AttributeDatatype>
            <AttributeValue>xxx</AttributeValue>
            </GIMAttribute>
            <GIMAttribute>
            <AttributeName> LinkRodTorsion</AttributeName>
            <AttributeAccess>Read_Only</AttributeAccess>
            <AttributeDatatype>double[]</AttributeDatatype>
            <AttributeValue>xxx</AttributeValue>
            </GIMAttribute>
            <GIMAttribute>
            <AttributeName> JointInitialValue</AttributeName>
            <AttributeAccess>Read_Only</AttributeAccess>
            <AttributeDatatype>double[]</AttributeDatatype>
            <AttributeValue>xxx</AttributeValue>
            </GIMAttribute>
            <GIMAttribute>
```

```
                <AttributeName> JointType</AttributeName>

                <AttributeAccess>Read_Only</AttributeAccess>

                <AttributeDatatype>int32</AttributeDatatype>

                <AttributeValue>xxx</AttributeValue>

            </GIMAttribute>

            <GIMAttribute>

                <AttributeName> RotationDirection</AttributeName>

                <AttributeAccess>Read_Only</AttributeAccess>

                <AttributeDatatype>int32</AttributeDatatype>

                <AttributeValue>xxx</AttributeValue>

            </GIMAttribute>

        </GIMAttributeList>

    </GIMComponentBaseProcessAS>

</GIMConfigAttributeSet>
```

5.3.4　工业机器人动力学配置属性

　　工业机器人动力学配置属性主要描述工业机器人控制中动力学构型所需的属性，动力学模型参数需要进行参数辨识，详情见附录 C。

　　工业机器人动力学配置属性见表 10。

表 10　工业机器人动力学配置属性

属性名称	英文描述	属性类型	描　　述	建模规则
连杆质量	LinkQuality	DOUBLE[]	工业机器人关节角度	必选
质心位置向量	CentroidPositionVector	DOUBLE[]	运动学模型中的偏置参数	必选
连杆惯性矩阵	LinkInertiaMatrix	DOUBLE[]	运动学模型中的杆长参数	可选
关节惯性系数	JointInertiaCoefficient	DOUBLE[]	关节中电机输出端的惯性系数	可选
黏滞摩擦系数	ViscousFrictionCoefficient	DOUBLE[]	摩擦力调节系数 1	可选
库伦摩擦系数	CoulombFrictionCoefficient	DOUBLE[]	摩擦力调节系数 2	可选

　　工业机器人运动学配置属性集描述的是工业机器人构建动力学过程中的配置信息，因此其属性的"Property Access"元素都为"读写"。

　　工业机器人动力学配置属性集的 XML 表述示例如下：

```
    <GIMConfigAttributeSet>

        <GIMSetInforType>

        <AttributeSet Name ValueType="string" Value="工业机器人运动学控制属性"/>

        <AttributeSet ID ValueType="GIMID" Value="xxx"/>

        ……

        </GIMSetInforType>

        <GIMComponentBaseProcessAS>

            <GIMAttributeList>

                <GIMAttribute>

                <AttributeName>LinkQuality</AttributeName>

                <AttributeAccess>Read_Only</AttributeAccess>

                <AttributeDatatype>double[]</AttributeDatatype>

                <AttributeValue>xxx</AttributeValue>

                </GIMAttribute>

                <GIMAttribute>
```

```
                <AttributeName> CentroidPositionVector </AttributeName>
                <AttributeAccess>Read_Only</AttributeAccess>
                <AttributeDatatype>double[]</AttributeDatatype>
                <AttributeValue>xxx</AttributeValue>
            </GIMAttribute>
            <GIMAttribute>
                <AttributeName> LinkInertiaMatrix</AttributeName>
                <AttributeAccess>Read_Only</AttributeAccess>
                <AttributeDatatype>double[]</AttributeDatatype>
                <AttributeValue>xxx</AttributeValue>
            </GIMAttribute>
            <GIMAttribute>
                <AttributeName> JointInertiaCoefficient</AttributeName>
                <AttributeAccess>Read_Only</AttributeAccess>
                <AttributeDatatype>double[]</AttributeDatatype>
                <AttributeValue>xxx</AttributeValue>
            </GIMAttribute>
            <GIMAttribute>
                <AttributeName> ViscousFrictionCoefficient</AttributeName>
                <AttributeAccess>Read_Only</AttributeAccess>
                <AttributeDatatype>double[]</AttributeDatatype>
                <AttributeValue>xxx</AttributeValue>
            </GIMAttribute>
            <GIMAttribute>
                <AttributeName> CoulombFrictionCoefficient</AttributeName>
                <AttributeAccess>Read_Only</AttributeAccess>
                <AttributeDatatype>double[]</AttributeDatatype>
                <AttributeValue>xxx</AttributeValue>
            </GIMAttribute>
        </GIMAttributeList>
    </GIMComponentBaseProcessAS>
</GIMConfigAttributeSet>
```

5.4 控制器组件

5.4.1 运动控制器信息模型

工业机器人控制系统是控制工业机器人在工作空间中的运动位置、姿态和轨迹，操作顺序及动作的时间等。它同时具有编程简单、软件菜单操作、友好的人机交互界面、在线操作提示和使用方便等特点。

5.4.1.1 任务管理信息模型

任务管理信息模型主要描述控制器在处理工业机器人示教任务或离线任务时的信息模型。模型提供通用的任务执行过程描述，包括任务获取、任务执行和任务调节等。

控制器任务管理信息模型见表11。

5.4.1.2 工业机器人控制接口信息模型

工业机器人控制接口信息模型主要描述基于模型实现工业机器人应用搭建的接口。通过信息模型可以将控制器与其他手持操作器进行解耦，不同手持操作器可按照相同接口模型进行工业机器人控制。

工业机器人控制接口信息模型见表12。

表 11 控制器任务管理信息模型

属性名称	英文描述	属性类型	描 述	建模规则
任务编号 ID	TaskID	STRING	工业机器人任务唯一编号	必选
任务存储路径	TaskStoragePath	STRING	新建工业机器人任务在控制器中的存放路径	必选
任务状态	TaskStatus	STRING	任务执行状态	必选
操作指令	OperationInstruction	STRING	任务执行、挂起和注销	必选
循环标识	CycleIdentification	BOOLEAN	任务循环执行，0—单次，1—循环	必选
速度标识	SpeedIdentification	INT32	最大速度，范围 1～100	必选

表 12 工业机器人控制接口信息模型

属性名称	英文描述	属性类型	描 述	建模规则
电源开关	PowerSwitch	BOOLEAN	工业机器人上下电开关	必选
运动模式	MovementMode	INT32	工业机器人运动控制模式	必选
采集指令	CollectionInstruction	STRING	上层回显操作指令	必选
控制指令	ControlInstruction	STRING	上层控制操作指令	必选
执行状态	ExecutionState	STRING	控制器状态机	必选
错误信息	ErrorMessage	STRING	异常及错误报警	必选
操作权限	OperatingAuthority	STRING	指令操作权限	必选
复位指令	ResetInstruction	STRING	清除错误	必选

5.4.1.3 运动控制指令信息模型

运动控制指令信息模型主要描述工业机器人基础部分运动控制，通过配置此部分模型，可以扩充工业机器人控制指令实现复杂工业机器人运动控制。

工业机器人运动控制指令信息模型见表13。

表 13 工业机器人运动控制指令信息模型

属性名称	英文描述	属性类型	描 述	建模规则
指令 ID	InstructionID	STRING	工业机器人运动控制指令唯一编号	必选
控制周期	ControlCycle	INT32	控制器对工业机器人本体的控制周期	必选
插补模式	InterpolationMode	INT32	运动控制插补的模式	必选
期望位姿	DesiredPose	DOUBLE[]	运动指令目标位姿	必选
期望速度	DesiredSpeed	INT32	运动过程中的最大速度	必选
连续标识	ContinuousIdentification	INT32	若期望位姿是连续运动的途经点，则经过途经点速度规划不为 0	必选

控制器组件的属性的"Property Access"元素为"只读"，属性的全部属性元素见本标准的第 1 部分《通用建模规则》。

控制器组件的 XML 表述示例如下：

```
< Controller >
    <GIMSetInforType>
    < Component Name ValueType="string" Value="控制系统信息模型"/>
    < Component ID ValueType="GIMID" Value="xxx"/>
    ……
```

```xml
</GIMSetInforType>
<GIMProcessAttributeSet>
<GIMSetInforType>
<AttributeSet Name ValueType="string" Value="任务管理信息模型"/>
<AttributeSet ID ValueType="GIMID" Value="xxx"/>
……
</GIMSetInforType>
<GIMComponentBaseProcessAS>
<GIMAttributeList>
<GIMAttribute>
<AttributeName>TaskID</AttributeName>
<AttributeAccess>Read_Only</AttributeAccess>
<AttributeDatatype>string</AttributeDatatype>
<AttributeValue>xxx</AttributeValue>
</GIMAttribute>
<GIMAttribute>
<AttributeName>TaskStoragePath</AttributeName>
<AttributeAccess>Read_Only</AttributeAccess>
<AttributeDatatype>string</AttributeDatatype>
<AttributeValue>xxx</AttributeValue>
</GIMAttribute>
<GIMAttribute>
<AttributeName> TaskStatus</AttributeName>
<AttributeAccess>Read_Only</AttributeAccess>
<AttributeDatatype>string</AttributeDatatype>
<AttributeValue>xxx</AttributeValue>
</GIMAttribute>
<GIMAttribute>
<AttributeName> OperationInstruction</AttributeName>
<AttributeAccess>Read_Only</AttributeAccess>
<AttributeDatatype>string</AttributeDatatype>
<AttributeValue>xxx</AttributeValue>
</GIMAttribute>
<GIMAttribute>
<AttributeName> CycleIdentification</AttributeName>
<AttributeAccess>Read_Only</AttributeAccess>
<AttributeDatatype>boolean</AttributeDatatype>
<AttributeValue>xxx</AttributeValue>
</GIMAttribute>
<GIMAttribute>
<AttributeName> SpeedIdentification</AttributeName>
<AttributeAccess>Read_Only</AttributeAccess>
<AttributeDatatype>int32</AttributeDatatype>
<AttributeValue>xxx</AttributeValue>
</GIMAttribute>
</GIMAttributeList>
</GIMComponentBaseProcessAS>
</GIMProcessAttributeSet>
<GIMConfigAttributeSet>
<GIMSetInforType>
<AttributeSet Name ValueType="string" Value="工业机器人控制接口信息模型"/>
<AttributeSet ID ValueType="GIMID" Value="xxx"/>
……
</GIMSetInforType>
```

```
<GIMComponentBaseProcessAS>
<GIMAttributeList>
<GIMAttribute>
<AttributeName>PowerSwitch</AttributeName>
<AttributeAccess>Read_Write</AttributeAccess>
<AttributeDatatype>boolean</AttributeDatatype>
<AttributeValue>xxx</AttributeValue>
</GIMAttribute>
<GIMAttribute>
<AttributeName>MovementMode</AttributeName>
<AttributeAccess>Read_Write</AttributeAccess>
<AttributeDatatype>int32</AttributeDatatype>
<AttributeValue>xxx</AttributeValue>
</GIMAttribute>
<GIMAttribute>
<AttributeName> CollectionInstruction </AttributeName>
<AttributeAccess>Read_Write</AttributeAccess>
<AttributeDatatype>string</AttributeDatatype>
<AttributeValue>xxx</AttributeValue>
</GIMAttribute>
<GIMAttribute>
<AttributeName> ControlInstruction</AttributeName>
<AttributeAccess>Read_Write</AttributeAccess>
<AttributeDatatype>string</AttributeDatatype>
<AttributeValue>xxx</AttributeValue>
</GIMAttribute>
<GIMAttribute>
<AttributeName> ExecutionState</AttributeName>
<AttributeAccess>Read_Write</AttributeAccess>
<AttributeDatatype>string</AttributeDatatype>
<AttributeValue>xxx</AttributeValue>
</GIMAttribute>
<GIMAttribute>
<AttributeName> ErrorMessage</AttributeName>
<AttributeAccess>Read_Write</AttributeAccess>
<AttributeDatatype>string</AttributeDatatype>
<AttributeValue>xxx</AttributeValue>
</GIMAttribute>
<GIMAttribute>
<AttributeName> OperatingAuthority</AttributeName>
<AttributeAccess>Read_Write</AttributeAccess>
<AttributeDatatype>string</AttributeDatatype>
<AttributeValue>xxx</AttributeValue>
</GIMAttribute>
<GIMAttribute>
<AttributeName> ResetInstruction</AttributeName>
<AttributeAccess>Read_Write</AttributeAccess>
<AttributeDatatype>string</AttributeDatatype>
<AttributeValue>xxx</AttributeValue>
</GIMAttribute>
</GIMAttributeList>
</GIMComponentBaseProcessAS>
```

```
</GIMConfigAttributeSet>
<GIMConfigAttributeSet>
<GIMSetInforType>
<AttributeSet Name ValueType="string" Value="运动控制指令信息模型"/>
<AttributeSet ID ValueType="GIMID" Value="xxx"/>
……
</GIMSetInforType>
<GIMComponentBaseProcessAS>
<GIMAttributeList>
<GIMAttribute>
<AttributeName>InstructionID</AttributeName>
<AttributeAccess>Read_Write</AttributeAccess>
<AttributeDatatype>string</AttributeDatatype>
<AttributeValue>xxx</AttributeValue>
</GIMAttribute>
<GIMAttribute>
<AttributeName>ControlCycle</AttributeName>
<AttributeAccess>Read_Write</AttributeAccess>
<AttributeDatatype>int32</AttributeDatatype>
<AttributeValue>xxx</AttributeValue>
</GIMAttribute>
<GIMAttribute>
<AttributeName> InterpolationMode</AttributeName>
<AttributeAccess>Read_Write</AttributeAccess>
<AttributeDatatype>int32</AttributeDatatype>
<AttributeValue>xxx</AttributeValue>
</GIMAttribute>
<GIMAttribute>
<AttributeName> DesiredPose</AttributeName>
<AttributeAccess>Read_Write</AttributeAccess>
<AttributeDatatype>double[]</AttributeDatatype>
<AttributeValue>xxx</AttributeValue>
</GIMAttribute>
<GIMAttribute>
<AttributeName> DesiredSpeed</AttributeName>
<AttributeAccess>Read_Write</AttributeAccess>
<AttributeDatatype>int32</AttributeDatatype>
<AttributeValue>xxx</AttributeValue>
</GIMAttribute>
<GIMAttribute>
<AttributeName> ContinuousIdentification</AttributeName>
<AttributeAccess>Read_Write</AttributeAccess>
<AttributeDatatype>int32</AttributeDatatype>
<AttributeValue>xxx</AttributeValue>
</GIMAttribute>
</GIMAttributeList>
</GIMComponentBaseProcessAS>
</GIMConfigAttributeSet>
< /Controller >
```

5.4.2 安全控制器信息模型

安全控制器是基于视觉/光/红外线实现的确保工业机器人在与人协作环境下实现危险预判和自动停机等功能的辅助性安全维护系统。在安全控制器信息模型中，静态属性包含安全控制器基础信息模型，过程属性包含安全控制器状态信息模型，配置属性集包含安全控制器接口信息模型。

5.4.2.1 安全控制器信息模型

安全控制器基础信息模型主要描述版本系统和功能等。

安全控制器基础信息模型见表 14。

表 14 安全控制器基础信息模型

属性名称	英文描述	属性类型	描　　述	建模规则
软件名称	Software Name	STRING	软件的唯一标识	必选
软件版本	Software Version	STRING	系统版本号	可选
厂家	Manufacturer	STRING	系统提供商	可选
功能	Features	STRING	软件系统功能描述	必选

5.4.2.2 安全控制器状态信息模型

安全控制器状态信息模型主要描述安全控制器执行状态信息。

安全控制器状态信息模型见表 15。

表 15 安全控制器状态信息模型

属性名称	英文描述	属性类型	描　　述	建模规则
触发信号	Trigger Signal	INT32	0—正常，1—预警，2—暂停	必选
执行状态	Work State	INT32	正常、预警、暂停	必选

5.4.2.3 安全控制器接口信息模型

安全控制器接口信息模型主要描述不同等级安全控制器的接口。

安全控制器接口信息模型见表 16。

表 16 安全控制器接口信息模型

属性名称	英文描述	属性类型	描述	建模规则
接口类型	InterfaceType	STRING	软件系统与控制器接口类型	可选
预警区域	Early Warning Area	DOUBLE-DOUBLE	设定二级警报区域，降速处理	可选
停止区域	Stop Area	DOUBLE-DOUBLE	设定一级警报区域，暂停处理	可选

安全控制器组件属性的"Property Access"元素为"读写"，属性的全部属性元素见本标准的第 1 部分《通用建模规则》。

安全控制器组件的 XML 表述示例为如下

```
< Safety_barrier_auxiliary_system>
    <GIMSetInforType>
    < Component Name ValueType="string" Value="安全控制器信息模型"/>
    < Component ID ValueType="GIMID" Value="xxx"/>
    ......
```

```xml
</GIMSetInforType>
<GIMStaticAttributeSet>
<GIMSetInforType>
<AttributeSet Name ValueType="string" Value="安全控制器基础信息模型"/>
<AttributeSet ID ValueType="GIMID" Value="xxx"/>
......
</GIMSetInforType >
<GIMComponentBaseStaticAS>
<SoftwareName ValueType="string" Value="xxx"/>
<SoftwareVersion ValueType="string" Value="xxx"/>
<Manufacturer ValueType="string" Value="xxx"/>
<Features ValueType="string" Value="xxx"/>
</GIMComponentBaseStaticAS>
</GIMStaticAttributeSet>
<GIMProcessAttributeSet>
<GIMSetInforType>
<AttributeSet Name ValueType="string" Value="安全控制器状态信息模型"/>
<AttributeSet ID ValueType="GIMID" Value="xxx"/>
......
</GIMSetInforType>
<GIMComponentBaseProcessAS>
<GIMAttributeList>
<GIMAttribute>
<AttributeName>TriggerSignal</AttributeName>
<AttributeAccess>Read_Only</AttributeAccess>
<AttributeDatatype>int32</AttributeDatatype>
<AttributeValue>xxx</AttributeValue>
</GIMAttribute>
<GIMAttribute>
<AttributeName>WorkState</AttributeName>
<AttributeAccess>Read_Only</AttributeAccess>
<AttributeDatatype>int32</AttributeDatatype>
<AttributeValue>xxx</AttributeValue>
</GIMAttribute>
</GIMAttributeList>
</GIMComponentBaseProcessAS>
</GIMProcessAttributeSet>
<GIMSetInforType>
<AttributeSet Name ValueType="string" Value="安全控制器接口信息模型"/>
<AttributeSet ID ValueType="GIMID" Value="xxx"/>
......
</GIMSetInforType>
<GIMComponentBaseProcessAS>
<GIMAttributeList>
<GIMAttribute>
<AttributeName>InterfaceType</AttributeName>
<AttributeAccess>Read_Only</AttributeAccess>
<AttributeDatatype>string</AttributeDatatype>
```

```
            <AttributeValue >xxx</AttributeValue>
        </GIMAttribute>
        <GIMAttribute>
        <AttributeName>EarlyWarningArea</AttributeName>
        <AttributeAccess>Read_Write</AttributeAccess>
        <AttributeDatatype>double[]</AttributeDatatype>
        <AttributeValue>xxx</AttributeValue>
        </GIMAttribute>
        <GIMAttribute>
        <AttributeName> StopArea</AttributeName>
        <AttributeAccess>Read_Write</AttributeAccess>
        <AttributeDatatype>double[]</AttributeDatatype>
        <AttributeValue>xxx</AttributeValue>
        </GIMAttribute>
        </GIMAttributeList>
        </GIMComponentBaseProcessAS>
    < /Safety_barrier_auxiliary_system>
```

5.5 驱动器组件

5.5.1 轴（关节）信息模型

工业机器人可以看做多轴联动的集合体，因此轴信息模型是对工业机器人模型的基础保障。工业机器人轴信息是指关节空间信息和附加轴信息。轴信息模型中运动控制部分参考 Canopen CIA402 中定义。轴信息模型中静态属性集包含轴基础信息模型，过程属性集包含轴运动信息模型，配置属性集包含轴接口信息模型。

5.5.1.1 轴基础信息模型

轴基础信息模型主要描述硬件参数和编码器等。

工业机器人轴基础信息模型见表 17。

表 17 工业机器人轴基础信息模型

属性名称	英文描述	属性类型	描　述	建模规则
轴 ID	AxisID	STRING	轴唯一标识	必选
轴标识	AxisIdentification	STRING	轴在工业机器人中的标识	必选
功率	Power	INT32	额定功率	必选
额定转矩	RatedTorque	INT32	负载能力	必选
单圈编码值	SingleLapCodingValue	INT32	2^编码器位数	必选
减速比	ReductionRatio	STRING	输出端码值/总编码值	必选

5.5.1.2 轴运动信息模型

工业机器人轴信息模型见 5.2.2 节工业机器人瞬时属性，附加轴信息模型包含实际转速和转轴状态。

轴运动信息模型见表 18。

表 18 轴运动信息模型

属性名称	英文描述	属性类型	描 述	建模规则
转速（附加轴）	AdditionalAxisSpeed	STRING	轴唯一标识	必选
状态（附加轴）	AdditionalAxisStatus	STRING	轴在工业机器人中的标识	必选

5.5.1.3 轴接口信息模型

轴配置信息模型见 CanOpen CIA402 标准定义。

轴组件的属性的"Property Access"元素为"读写"，属性的全部属性元素见本标准的第 1 部分《通用建模规则》。

轴组件的 XML 表述示例如下：

```
            <AttributeAccess >Read_Only</AttributeAccess>

            <AttributeDatatype >string</AttributeDatatype>

            <AttributeValue >xxx</AttributeValue>

          </GIMAttribute>

        </GIMAttributeList>

      </GIMComponentBaseProcessAS>

    </GIMProcessAttributeSet>

  </Axis >
```

5.5.2 附加轴信息模型

附加轴是机器人移动导轨轴，信息模型构建方式同 5.5.1 节中的定义方式相同。

5.6 扩展组件

输入/输出组件是机器人与其他设备协同作业的基础，一般机器人通过 IO 的方式控制机器人启/停，执行作业任务。在输入/输出信息模型中，静态属性集包含输入/输出基础信息模型，过程属性集包含输入/输出数据信息模型，配置属性集包含输入/输出接口信息模型。

5.6.1 输入信息模型

5.6.1.1 输入数据信息模型

输入基础信息模型主要描述输入信息数据类型等。

输入输出数据信息模型见表 19。

表 19 输入数据信息模型

属性名称	英文描述	属性类型	描　　述	建模规则
DI	DI	BOOLEAN	控制器数字量输入	必选
AI	AI	BOOLEAN	控制器模拟量输入	可选

输入输出组件的属性的"Property Access"元素为"读写"，属性的全部属性元素见本标准的第 1 部分《通用建模规则》。

输入输出组件的 XML 表述示例如下：

```
  <IO>

     <GIMStaticAttributeSet>

     <GIMSetInforType>

     <AttributeSet ValueType="string" Value="输入数据信息模型"/>

     <AttributeSet ValueType="GIMID" Value="xxx"/>

     </GIMSetInforType>

     <GIMComponentBaseStaticAS>

     <DI ValueType="boolean" Value="xxx"/>

     <AI ValueType="boolean" Value="xxx"/>

     </GIMComponentBaseStaticAS>

     </GIMStaticAttributeSet>

  </IO>
```

5.6.2 输出信息模型

5.6.2.1 输出数据信息模型

输出基础信息模型主要描述输出数据信息类型等。

输出数据信息模型见表 20。

表 20 输出数据信息模型

属性名称	英文描述	属性类型	描 述	建模规则
DO	DO	BOOLEAN	控制器数字量输出	必选
AO	AO	BOOLEAN	控制器模拟量输出	可选

输入/输出组件的属性的"Property Access"元素为"读写"，属性的全部属性元素见本标准的第 1 部分《通用建模规则》。

输入/输出组件的 XML 表述示例如下：

```
<IO>
    <GIMStaticAttributeSet>
    <GIMSetInforType>
    <AttributeSet ValueType="string" Value="输出数据信息模型"/>
    <AttributeSet ValueType="GIMID" Value="xxx"/>
    </GIMSetInforType>
    <GIMComponentBaseStaticAS>
    <DO ValueType="boolean" Value="xxx"/>
    <AO ValueType="boolean" Value="xxx"/>
    </GIMComponentBaseStaticAS>
    </GIMStaticAttributeSet>
</IO>
```

5.7 辅助系统组件

5.7.1 传感器信息模型

传感器是工业机器人作业的重要辅助工具，用于辅助检测工业机器人运行状态，辅助引导工业机器人完成作业任务等功能。传感器组件表示一个特定的测量仪表或外部设备，完成信息采集。传感器信息模型中，静态属性包含传感器基础信息模型，过程属性包含传感器数据信息模型，配置属性集包含传感器接口信息模型。

5.7.1.1 传感器基础信息模型

传感器基础信息模型主要描述硬件参数和功能等。

传感器基础信息模型见表 21。

表 21 传感器基础信息模型

属性名称	英文描述	属性类型	描 述	建模规则
传感器 ID	SensorID	STRING	传感器唯一标识	必选
传感器名称	SensorName	STRING	传感器的名称	必选
厂家	Manufacturer	STRING	传感器厂家	可选
功能	Features	STRING	传感器功能描述	必选
电源	PowerSupply	INT32	传感器供电	必选

5.7.1.2 传感器数据信息模型

传感器数据信息模型主要描述传感采集参数信息。

传感器数据信息模型见表22。

表22 传感器数据信息模型

属性名称	英文描述	属性类型	描　述	建模规则
传感器 ID	SensorID	STRING	传感器唯一标识	必选
传感器名称	SensorName	STRING	传感器的名称	必选
厂家	Manufacturer	STRING	传感器厂家	可选
功能	Features	STRING	传感器功能描述	必选
电源	PowerSupply	INT32	传感器供电	必选

5.7.1.3 传感器接口信息模型

传感器接口信息模型主要描述不同类型传感器的接口和通信协议。

传感器接口信息模型见表23。

表23 传感器接口信息模型

属性名称	英文描述	属性类型	描　述	建模规则
接口类型	InterfaceType	STRING	传感器接口类型	必选
通信协议	CommunicateProtocol	STRING	传感器通信协议	必选

传感器组件的属性的"Property Access"元素为"只读"，属性的全部属性元素见本标准的第 1 部分《通用建模规则》。

传感器组件的 XML 表述示例如下：

```
< Sensor >
    <GIMSetInforType>
    < Component Name ValueType="string" Value="传感器信息模型"/>
    < Component ID ValueType="GIMID" Value="xxx"/>
    ……
    </GIMSetInforType>
    <GIMStaticAttributeSet>
    <GIMSetInforType>
    <AttributeSet Name ValueType="string" Value="传感器基础信息模型"/>
    <AttributeSet ID ValueType="GIMID" Value="xxx"/>
    ……
    </GIMSetInforType>
    <GIMComponentBaseStaticAS>
    <SensorID ValueType="string" Value="xxxxxx"/>
    <SensorName ValueType="string" Value="xxxxx"/>
    < Manufacturer ValueType="string" Value="xxxxx"/>
    < Features ValueType="string" Value="xxxxx"/>
    < PowerSupply ValueType="int32" Value="xxxxx"/>
    </GIMComponentBaseStaticAS>
    </GIMStaticAttributeSet>
    <GIMProcessAttributeSet>
    <GIMSetInforType>
```

```xml
<AttributeSet Name ValueType="string" Value="传感器数据信息模型"/>
<AttributeSet ID ValueType="GIMID" Value="xxx"/>
……
</GIMSetInforType>
<GIMComponentBaseProcessAS>
<GIMAttributeList>
<GIMAttribute>
<AttributeName> SensorID</AttributeName>
<AttributeAccess>Read_Only</AttributeAccess>
<AttributeDatatype>string</AttributeDatatype>
<AttributeValue>xxx</AttributeValue>
</GIMAttribute>
<GIMAttribute>
<AttributeName> SensorDescription</AttributeName>
<AttributeAccess>Read_Only</AttributeAccess>
<AttributeDatatype>string</AttributeDatatype>
<AttributeValue>xxx</AttributeValue>
</GIMAttribute>
</GIMAttributeList>
</GIMComponentBaseProcessAS>
</GIMProcessAttributeSet>
<GIMSetInforType>
<AttributeSet Name ValueType="string" Value="传感器接口信息模型"/>
<AttributeSet ID ValueType="GIMID" Value="xxx"/>
……
</GIMSetInforType>
<GIMComponentBaseProcessAS>
<GIMAttributeList>
<GIMAttribute>
<AttributeName>InterfaceType</AttributeName>
<AttributeAccess>Read_Only</AttributeAccess>
<AttributeDatatype>string</AttributeDatatype>
<AttributeValue>xxx</AttributeValue>
</GIMAttribute>
<GIMAttribute>
<AttributeName>CommunicateProtocol</AttributeName>
<AttributeAccess>Read_Write</AttributeAccess>
<AttributeDatatype>string</AttributeDatatype>
<AttributeValue>xxx</AttributeValue>
</GIMAttribute>
</GIMAttributeList>
</GIMComponentBaseProcessAS>
</Sensor >
```

5.7.2 末端工具信息模型

末端工具是工业机器人作业的重要辅助工具，用于辅助工业机器人完成作业任务功能。末端工具表示一组可完成抓取、切割或喷涂等复杂工艺的执行设备。在传感器信息模型中，静态属性包含末端工具基础信息模型，过程属性包含末端工具状态信息模型，配置属性集包含末端工具接口信息模型。

5.7.2.1　末端工具基础信息模型

末端工具基础信息模型主要描述硬件参数和功能等。

末端工具基础信息模型见表24。

表24　末端工具基础信息模型

属性名称	英文描述	属性类型	描　述	建模规则
末端工具 ID	EndToolID	STRING	末端工具唯一标识	必选
名称	Name	STRING	末端工具的名称	必选
厂家	Manufacturer	STRING	末端工具厂家	可选
功能	Features	STRING	末端工具功能描述	必选
动源	MovingSource	STRING	末端工具动力装置	必选

5.7.2.2　末端工具状态信息模型

末端工具状态信息模型主要描述末端工具执行状态信息。

末端工具状态信息模型见表25。

表25　末端工具状态信息模型

属性名称	英文描述	属性类型	描　述	建模规则
触发信号	TriggerSignal	INT32	1—触发，0—完成	必选
执行状态	WorkState	INT32	等待、执行、完成	必选

5.7.2.3　末端工具接口信息模型

末端工具接口信息模型主要描述不同类型末端工具的接口和通信协议。

末端工具接口信息模型见表26。

表26　末端工具接口信息模型

属性名称	英文描述	属性类型	描　述	建模规则
接口类型	InterfaceType	STRING	末端工具接口类型	必选
通信协议	CommunicateProtocol	STRING	末端工具通信协议	必选

末端工具组件的属性的"Property Access"元素为"读写"，属性的全部属性元素见本标准的第1部分《通用建模规则》。

末端工具组件的 XML 表述示例如下：

```
＜End_Tool＞
    <GIMSetInforType>
    < Component Name ValueType="string" Value="末端工具信息模型"/>
    < Component ID ValueType="GIMID" Value="xxx"/>
    ……
    </GIMSetInforType>
    <GIMStaticAttributeSet>
    <GIMSetInforType>
    <AttributeSet Name ValueType="string" Value="末端工具基础信息模型"/>
    <AttributeSet ID ValueType="GIMID" Value="xxx"/>
    ……
```

```xml
</GIMSetInforType >
<GIMComponentBaseStaticAS>
<EndToolID ValueType="string" Value="xxx"/>
<Name ValueType="string" Value="xxx"/>
<Manufacturer ValueType="string" Value="xxx"/>
<Features ValueType="string" Value="xxx"/>
< MovingSource ValueType="string" Value="xxx"/>
</GIMComponentBaseStaticAS>
</GIMStaticAttributeSet>
<GIMProcessAttributeSet>
<GIMSetInforType>
<AttributeSet Name ValueType="string" Value="末端工具状态信息模型"/>
<AttributeSet ID ValueType="GIMID" Value="xxx"/>
……
</GIMSetInforType >
<GIMComponentBaseProcessAS>
<GIMAttributeList>
<GIMAttribute>
<AttributeName>TriggerSignal</AttributeName>
<AttributeAccess>Read_Only</AttributeAccess>
<AttributeDatatype>int32</AttributeDatatype>
<AttributeValue >xxx</AttributeValue>
</GIMAttribute>
<GIMAttribute>
<AttributeName>WorkState</AttributeName>
<AttributeAccess>Read_Only</AttributeAccess>
<AttributeDatatype>int32</AttributeDatatype>
<AttributeValue>xxx</AttributeValue>
</GIMAttribute>
</GIMAttributeList>
</GIMComponentBaseProcessAS>
</GIMProcessAttributeSet>
<GIMSetInforType>
<AttributeSet Name ValueType="string" Value="末端工具接口信息模型"/>
<AttributeSet ID ValueType="GIMID" Value="xxx"/>
……
</GIMSetInforType>
<GIMComponentBaseProcessAS>
<GIMAttributeList>
<GIMAttribute>
<AttributeName>InterfaceType</AttributeName>
<AttributeAccess>Read_Only</AttributeAccess>
<AttributeDatatype>string</AttributeDatatype>
<AttributeValue >xxx</AttributeValue>
</GIMAttribute>
<GIMAttribute>
<AttributeName>CommunicateProtocol</AttributeName>
<AttributeAccess>Read_Write</AttributeAccess>
```

```
        <AttributeDatatype>string</AttributeDatatype>
        <AttributeValue>xxx</AttributeValue>
      </GIMAttribute>
    </GIMAttributeList>
  </GIMComponentBaseProcessAS>
</End_Tool>
```

5.8 方法组件

5.8.1 机器人上电方法

机器人上电方法信息模型主要描述通过信息模型方法调用底层机器人使能操作的实例。

机器人上电方法信息模型见表 27。

表 27 机器人上电方法信息模型

方法名称	英文描述	属性类型	描 述	建模规则
上电	Power_on	Int	调用机器人使能方法	必选

5.8.2 机器人下电方法

机器人下电方法信息模型主要描述通过信息模型方法调用底层机器人下电操作的实例。

机器人下电方法信息模型见表 28。

表 28 机器人下电方法信息模型

方法名称	英文描述	属性类型	描 述	建模规则
下电	Power_off	Int	调用机器人下电方法	必选

6 属性与属性元素

工业机器人的每一个属性都包含其特定的属性元素，用于描述属性的类型、类别、值等重要信息。属性元素的通用定义见表 29。

表 29 属性元素的通用定义

属性元素	描述	建模规则
元素标识/ID	属性的唯一标识码，属性 ID 必须保证在整个机器人系统中的唯一性，包括组件 ID 和子组件 ID	必须
名称/name	属性名称为提供一个属性可读的标识，String 类型，不超过 255 个字符	必须
值/value	属性值	必选
类别/category	表述一个属性属于哪种类别，包括采样类别、事件类别和状态类别，相同类别属性的属性元素在结构上具有很大的相似性	必选
类型/type	属性的类型，如对轴组件的采样类别，其属性具有位置、速度、角度等属性类型	必选
子类型/subtype	属性的子类型，如针对轴组件的位置属性类型，具有预编程位置子类型和实际位置子类型	可选
访问权限/Access Property	表示属性的可读、可写属性，值为 Read Only 或 Read Write	可选
统计值/statistic	表示一个属性值的特定数学计算，如属性值的平均数、最大值、最小值、平方根、方差等	可选
单位/unit	表示属性数值的单位	可选
采样率/sample rate	表示属性值的采样周期，单位是秒，一般采样率为正整数。若采样率小于 1s，则采样率可以为浮点小数	可选

6.1　属性 ID

每一个属性都应定义其属性 ID，属性 ID 应在整个设备和其 XML 的表述文件中具有唯一性（包括设备 ID、组件 ID、子组件 ID）。属性 ID 的作用是对于使用信息模型的软件能够识别每一个数据，并且能够从属性 ID 关联得到属性的初始含义和功能。

6.2　属性名称

属性名称为每一个属性提供了一个除属性 ID 外的可读的标识，属性名称不是强制实现的。

6.3　属性值

属性值的大小和表示由属性类别、属性类型、属性单位等元素共同决定。

6.4　属性类别

工业机器人信息模型中，最常见的属性是数值（如轴的转速）或状态，数值属性的类别可以是采样类别或者事件类别，状态属性的属性类别是状态类别。属性类别可以方便地使用信息模型的软件应用快速地定位想获取的信息。

属性类别包括采样类别、事件类别和状态类别三种。

采样类别：表示一个可读取的连续变量或者模拟数值，一个采样类别的属性可以在任意时间点被读取，并且会返回一个数值，例如：线性轴 X 的位置信息就是一个采样类别信息；一个具有采样类别属性元素的属性必须同时具有单位属性元素。

事件类别：表示一个可读取的离散型数值，事件类别属性表示某一组件的当前状态。

状态类别：表示一个设备的健康状况或可执行特定功能的能力，具有状态类别的属性值一般为不可用、正常、警告和错误。

6.5　属性类型和子类型

详细定义参见本标准第 7 章。

6.6　统计值

在读取一个机器人的信息时，例如，机器人需要返回信息的实时值，也会附加上该值的统计值信息，如平均数、期望值、平方根，统计信息应通过统计值属性元素表述。

6.7　属性单位

工业机器人信息模型属性值的单位，见表 30。

表 30　工业机器人信息模型属性值的单位

单　位	描　述
安培	电流单位
摄氏度	摄氏温度单位
计数	用于事件类型属性的计数，正整数值
分贝	声音强度单位
角度	角的度数
角度数/秒	角速度单位
角度数/秒^2	角加速度单位
赫兹	频率单位
焦耳	测量能量单位

单　位	描　述
千克	重量单位
升	液体体积单位
升/秒	体积流量单位
微弧度	倾斜单位
毫米	长度单位
毫米/秒	速度单位
毫米/秒^2	加速度单位
毫米_3D	X、Y、Z坐标系下的三维空间的一个向量
牛顿	力的单位
牛·米	力矩的单位
欧姆	电阻单位
帕斯卡	压力单位
帕斯卡秒	黏度单位
百分比%	百分比单位
pH	酸碱值单位
r/min	转速单位
秒	时间单位
S/m（Siemens per meter）	电导率单位
伏特	电压单位
伏安	视在功率单位
瓦特	功率单位

6.8　采样率

表示属性值的采样周期，单位是秒，采样率为正整数。若采样率小于1s，则采样率可以为浮点小数。例如，0.1表示采样周期为100ms。

7　属性的类型

根据6.5节的描述，属性的类别可以分为采样类别、事件类别和状态类别三种，针对这三种不同的属性类别分别说明属性具有的类型。

7.1　采样类别的属性类型

采样类别的属性类型详见表31，其中属性类别用粗体表示，属性子类别用普通字体表示。

表31　采样类别的属性类型

数据类别/数据子类别	描述	单位	数值类型
STRING	设备的静态信息和描述	—	string
INT8	8位整数型	—	int8
INT16	16位整数型	—	int16
INT32	32位整数型	—	int32
FLOAT	IEEE754浮点型	—	float
ACCELERATION	速度的变化率	毫米/秒^2	float
ACCUMULATED_TIME	某一活动或事件的测量时长	秒	int32

数据类别/数据子类别	描述	单位	数值类型
ANGULAR_ACCELERATION	角速度的变化率	角度数/秒^2	float
ANGULAR_VELOCITY	角位置的变化率	角度数/秒	float
POSITION	线性轴位置	毫米	float
ACTUAL	实际轴位置	毫米	float
COMMANDED	设定轴位置	毫米	float
AMPERAGE	电流的测量值	安培	float
ALTERNATING	交流电流的测量值	安培	float
DIRECT	直流电流的测量值	安培	float
ANGLE	角位置	弧度	float
ACTUAL	实际角位置	弧度	float
COMMANDED	设定角位置	弧度	float
AXIS_FEEDRATE	线性轴的馈送率	毫米/秒	float
ACTUAL	实际线性轴的馈送率	毫米/秒	float
COMMANDED	设定线性轴的馈送率	毫米/秒	float
CLOCK_TIME	符合 W3C ISO 8601 标准的时间	YYYY-MM-DD hh:mm:ss.fff	—
DATE	参见《制造装备集成信息模型第1部分：通用建模规则》	4 字节，分别代表年，月，日，星期	—
DISPLACEMENT	一个物体位置的变化	毫米	float
ELECTRICAL_ENERGY	组件的电能消耗	焦耳	float
FLOW	液体的流量	升/秒	float
FREQUENCY	一个事件发生的频率	赫兹	int32
LENGTH	某一对象的长度	毫米	float
LINEAR_FORCE	某一执行器推或拉的力	牛顿	float
PRESSURE	由压缩空气或者液体在单位面积上产生的压力	帕斯卡	int32
ROTARY_VELOCITY	旋转轴的转速	周/分	float
ACTUAL	实际旋转轴的转速	周/分	float
COMMANDED	设定旋转轴的转速	周/分	float
TILT	倾斜的角度	微弧度	float
TEMPERATURE	温度的测量	摄氏度	float
VELOCITY	位置的变化速率	毫米/秒	float
VISCOSITY	液体黏度（抵抗流动能力的大小）	帕斯卡秒	float
VOLTAGE	电压的测量值	伏特	float
ALTERNATING	交流电压的测量值	伏特	float
DIRECT	直流电压的测量值	伏特	float

7.2 事件类别的属性类型

事件类别的属性类型详见表 32，其中属性类别用粗体表示，属性子类别用普通字体表示。

表 32　事件类别的属性类型

属性类别/属性子类别	描述	数值类型
GENERAL_STATE	通用状态，值只能是 ACTIVE 或 INACTIVE	枚举型 0：INACTIVE 1：ACTIVE
TARGET_STATE	加工对象状态，READY 或 NOT READY	枚举型 0：NOT READY 1：READY
ACTUATOR_STATE	表示一个执行器的运行状态，值只能是 ACTIVE 或 INACTIVE	枚举型 0：INACTIVE 1：ACTIVE
AXIS_INTERLOCK	表示在失电状态下，机器人的轴是否自锁；值只能是 ACTIVE 或 INACTIVE	枚举型 0：INACTIVE 1：ACTIVE
AXIS_STATE	表示轴的运行状态，值只能是 HOME、TRAVEL、PARKED 或 STOPPED 中的一个	枚举型 0：HOME 1：TRAVEL 2：PARKED 3：STOPPED
CONTROLLER_MODE	控制器当前状态，值只能是 AUTOMATIC、MANUAL、MANUAL_DATA_INPUT、SEMI_AUTOMATIC 或 EDIT 中的一个	枚举型 0：AUTOMATIC 1：MANUAL 2：MANUAL_DATA_INPUT 3：SEMI_AUTOMATIC 4：EDIT
DIRECTION	轴运动的方向，必须实现子类型	—
ROTARY	值只能是 CLOCKWISE 或 COUNTER_CLOCKWISE	枚举型 0：CLOCKWISE 1：COUNTER_CLOCKWISE
LINEAR	值只能是 POSTIVE 或 NEGATIVE	枚举型 0：POSTIVE 1：NEGATIVE
DOOR_STATE	值只能是 OPEN、UNLATCHED 或 CLOSED	枚举型 0：OPEN 1：UNLATCHED 2：CLOSED
POWER_STATUS	值只能是 POWER_ON、POWER_OFF	枚举型 0：POWER_ON 1：POWER_OFF
RUN_STATUS	值可以是 AUTO、MANU、STOP、STANDBY	枚举型 0：AUTO 1：MANU 2：STOP 3：STANDBY
LINE	当前程序运行的行数	int32

7.3　状态类别的属性类型

具有状态类别的属性数据类型为枚举型，状态类别属性的值只能是 NORMAL（0）、WARNING（1）、FAULT（2）和 UNAVAILABLE（3）中的一个。状态类别的属性类型详见表 33，其中，属性类别用粗体表示。

表 33　状态类别的属性类型

属性类别/属性子类别	描　述
MOTION_PROGRAM	运动编程时发生的错误状态
LOGIC_PROGRAM	逻辑编程时发生的错误状态
COMMUNICATION	通信发生异常时的状态
HARDWARE	组件硬件发生异常时的状态

附录 A
（资料性附录）
连杆型工业机器人工作空间描述

根据工业机器人的构型、连杆及腕关节的大小，工业机器人能到达的点的集合称为工作空间。每个工业机器人的工作空间形状都与工业机器人的特性指标密切相关。工作空间可以用数学方法通过列写方程来确定，这些方程规定了工业机器人连杆与关节的约束条件，这些约束条件可能是每个关节的动作范围。除此之外，工作空间还可以凭经验确定，可以使每个关节在其运动范围内运动。然后，将其可以到达的所有区域连接起来，再除去工业机器人无法到达的区域。但工业机器人用作特殊用途时，必须研究其工作空间，以确保工业机器人能到达要求的点。

工作空间有以下几点说明：

a）通常工业机器人说明书中表示的工作空间指的是机器人手腕上机械接口坐标系的原点在空间能达到的范围，即手腕端部法兰的中心点在空间所能到达的范围，而不是末端执行器端点所能达到的范围。因此，在设计和选用时，要注意在安装末端执行器后，工业机器人实际所能达到的工作空间。

b）工业机器人说明书上提供的工作空间往往小于运动学意义上的最大空间，这是因为在可达空间中，手臂位姿不同时，有效负载、允许达到的最大速度和最大加速度都不一样，在臂杆最大位置允许的极限值通常要比其他位置的小些。此外，在工业机器人的最大可达空间边界上可能存在自由度退化的问题，此时的位姿称为奇异位形，而且在奇异位形周围相当大的范围内都会出现自由度进化现象，这部分工作空间在工业机器人工作时都不能被利用。

c）除了在工作空间边缘，实际应用中的工业机器人还可能由于受到机械结构的限制，在工作空间的内部也存在着臂端不能达到的区域，这就是常说的空洞或空腔。空腔是指在工作空间内臂端不能达到的完全封闭空间，而空洞是指在沿转轴周围全长上臂端都不能达到的空间。

附录B
（资料性附录）
基于工业机器人信息模型的运动学建模过程描述

运动学包括正运动学和逆运动学，描述了工业机器人的运动特性。正运动学是利用工业机器人各个关节变量的信息求取工业机器人末端的位置与姿态信息。逆运动学则与正运动学相反，利用工业机器人末端点的位置与姿态信息求取工业机器人各个关节变量的值。H-D 表示法是推导工业机器人运动学方程的常用方法，D-H 表示法是通过对工业机器人的连杆及其关节进行建模的一种简单方法，适用于多数工业机器人的构型，无论工业机器人具有何种结构顺序及复杂程度如何。

多数工业机器人是由一系列连杆及关节组成的，这些可以是关节滑动的，也可以是旋转的。关节和连杆的顺序可以是任意的，也可以处于不同的平面。连杆的长度可以是任意的，连杆也可以是弯曲。因此，需要在每个关节处建立一个参考坐标系。然后，确定从一个关节坐标系到下一个关节坐标系的变换。从基座坐标系到关节一坐标系，再从关节一坐标系到关节二坐标系，直到最后一个关节坐标系的所有变换组合起来，就可以得到工业机器人的总变换矩阵了。

以 PUMA560 工业机器人为例，其运动参数和坐标分布如图 B.1 所示。

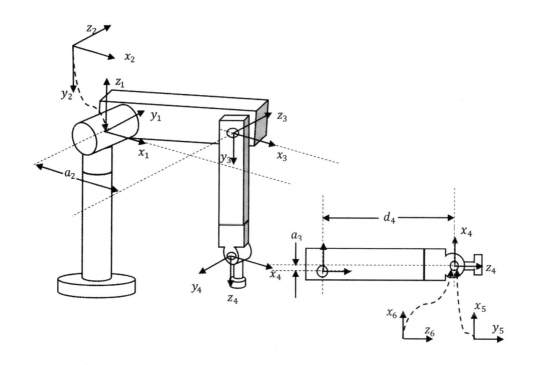

图 B.1 PUMA560 操作臂构型运动参数和坐标分布

根据建立的坐标系可建立 D-H 参数表，见表 B.1。

表 B.1 D-H 参数

i	α_{i-1}	a_{i-1}	d_i	θ_i
1	0	0	0	θ_1
2	-90°	0	0	θ_2
3	0	a_2	d_3	θ_3
4	-90°	a_3	d_4	θ_4
5	90°	0	0	θ_5
6	-90°	0	0	θ_6

每个连杆之间的变化矩阵表达方式为：

$$^{i-1}_{i}T = \begin{bmatrix} c\theta_i & -s\theta_i & 0 & a_{i-1} \\ s\theta_i c\alpha_{i-1} & c\theta_i c\alpha_{i-1} & -s\alpha_i & -s\alpha_{i-1}d_i \\ s\theta_i s\alpha_{i-1} & c\theta_i s\alpha_{i-1} & c\alpha_{i-1} & c\alpha_{i-1}d_i \\ 0 & 0 & 0 & 1 \end{bmatrix}$$

其中：

α——连杆扭度；

a——连杆偏置；

d——连杆长度；

θ——关节角度。

由于工业机器人建模姿态可能与工业机器人的实际零位姿态不符，因此，需要信息模型中的关节初值予以补偿。关节类型包括转动环节和滑动关节，对于转动关节，关节角度为变量；对于滑动关节；连杆长度为变量。由于建模的正方向可能与工业机器人的正方向不同，因此，需要信息模型中的转动方向进行修正。

附录C
（资料性附录）
基于工业机器人信息模型的动力学建模过程描述

动力学方程是用来确定力与运动的关系，既给定力和力矩确定出机构如何运动。工业机器人动力学存在非常严重的非线性，是一个强耦合动力学系统。工业机器人一般由多个关节和连杆组成，属于多输入/多输出系统。系统的状态量之间存在着复杂耦合关系，并且系统的复杂程度随着工业机器人自由度的增加而增大。工业机器人动力学则描述了这一复杂的耦合关系。

工业机器人动力学方程的建立方法有拉格朗日方程法、牛顿-欧拉方程法、凯恩方程法、高斯方程法、旋量法和罗伯逊-威登堡方程法等。下面以 PUMA 560 工业机器人的牛顿-欧拉方程法为例进行说明。

根据关节运动计算关节力矩的完整算法由两部分组成：第一部分是对每个连杆应用牛顿-欧拉方程，从连杆1到连杆n向外迭代计算连杆的速度和加速度；第二部分是从连杆n到连杆1向内迭代计算连杆间的相互作用力和力矩及关节驱动力矩。对于转动关节来说，这个算法归纳如下。

外推 i：$0 \rightarrow 5$

$$^{i+1}_{i+1}\boldsymbol{\omega} = {}^{i+1}_{i}\boldsymbol{R}^{i}_{i}\boldsymbol{\omega} + \dot{\theta}_{i+1}{}^{i+1}_{i+1}\widehat{\boldsymbol{Z}}$$

$$^{i+1}_{i+1}\dot{\boldsymbol{\omega}} = {}^{i+1}_{i}\boldsymbol{R}^{i}_{i}\dot{\boldsymbol{\omega}} + {}^{i+1}_{i}\boldsymbol{R}^{i}_{i}\boldsymbol{\omega} \times \dot{\theta}_{i+1}{}^{i+1}_{i+1}\widehat{\boldsymbol{Z}} + \ddot{\theta}_{i+1}{}^{i+1}_{i+1}\widehat{\boldsymbol{Z}}$$

$$^{i+1}_{i+1}\dot{\boldsymbol{v}} = {}^{i+1}_{i}\boldsymbol{R}({}^{i}_{i}\dot{\boldsymbol{\omega}} \times {}^{i}_{i+1}\boldsymbol{R} + {}^{i}_{i}\boldsymbol{\omega} \times ({}^{i}_{i}\boldsymbol{\omega} \times {}^{i}_{i+1}\boldsymbol{P}) + {}^{i}_{i}\dot{\boldsymbol{v}})$$

$$^{i+1}_{ci+1}\dot{\boldsymbol{v}} = {}^{i+1}_{i+1}\dot{\boldsymbol{\omega}} \times {}^{i+1}_{ci+1}\boldsymbol{P} + {}^{i+1}_{i+1}\boldsymbol{\omega} \times ({}^{i+1}_{i+1}\boldsymbol{\omega} \times {}^{i+1}_{ci+1}\boldsymbol{P}) + {}^{i+1}_{i+1}\dot{\boldsymbol{v}}$$

$$^{i+1}_{i+1}\boldsymbol{F} = m_{i+1}{}^{i+1}_{ci+1}\dot{\boldsymbol{v}}$$

$$^{i+1}_{i+1}\boldsymbol{N} = {}^{ci+1}_{i+1}I^{i+1}_{i+1}\dot{\boldsymbol{\omega}} + {}^{i+1}_{i+1}\boldsymbol{\omega} \times {}^{ci+1}_{i+1}I^{i+1}_{i+1}\boldsymbol{\omega}$$

内推 i：$6 \rightarrow 1$

$$^{i}_{i}\boldsymbol{f} = {}^{i}_{i+1}\boldsymbol{R}^{i+1}\boldsymbol{f} + {}^{i}_{i}\boldsymbol{F}$$

$$^{i}_{i}\boldsymbol{n} = {}^{i}_{i}\boldsymbol{N} + {}^{i}_{i+1}\boldsymbol{R}^{i+1}\boldsymbol{n} + {}^{i}_{ci}\boldsymbol{P} \times {}^{i}_{i}\boldsymbol{F} + {}^{i}_{i+1}\boldsymbol{P} \times {}^{i}_{i+1}\boldsymbol{R}^{i+1}\boldsymbol{f}$$

$$\boldsymbol{\tau}_i = {}^{i}_{i}\boldsymbol{n}^{\mathrm{T}i}_{i}\widehat{\boldsymbol{Z}} + I_{\mathrm{acti}}\ddot{\theta}_i + f_{\mathrm{vi}}\dot{\theta}_{i+1} + f_{\mathrm{ci}}\mathrm{sign}(\theta_i)$$

其中：θ_i 为关节 i 的角度，$\dot{\theta}_{i+1}$ 和 $\ddot{\theta}_{i+1}$ 为关节 $i+1$ 的角速度和角加速度，$\boldsymbol{\tau}_i$ 为关节力矩，$^{i+1}_{i+1}\widehat{\boldsymbol{Z}} = [0 \quad 0 \quad 1]^{\mathrm{T}}$，$_{i+1}^{i}\boldsymbol{P}$ 为坐标系 $i+1$ 在坐标系 i 下的位置，$^{i}_{ci+1}\boldsymbol{P}$ 为连杆 $i+1$ 的质心位置，$^{i+1}_{i}\boldsymbol{R}$ 为坐标系 i 到坐标系 $i+1$ 的旋转矩阵，$^{ci+1}_{i+1}I$ 为连杆 $i+1$ 的质心惯性张量，$^{i+1}_{ci+1}\dot{\boldsymbol{v}}$ 为连杆 $i+1$ 的质心线加速度，$^{i+1}_{i+1}\dot{\boldsymbol{v}}$ 为坐标系 $i+1$ 的原点线加速度，$^{i+1}_{i+1}\boldsymbol{\omega}$ 和 $^{i+1}_{i+1}\dot{\boldsymbol{\omega}}$ 分别为连杆 $i+1$ 的角速度和角加速度，$^{i+1}_{i+1}\boldsymbol{F}$ 为连杆 $i+1$ 质心上的力，$^{i+1}_{i+1}\boldsymbol{N}$ 为连杆 $i+1$ 质心上的力矩，$^{i}_{i}\boldsymbol{f}$ 和 $^{i}_{i}\boldsymbol{n}$ 为关节 i 处所受的力和力矩（$^{7}_{7}\boldsymbol{f}$、$^{7}_{7}\boldsymbol{n}$ 为环境作用在机械臂末端的作用力和转矩），I_{acti} 为第 i 个关节电机惯量，f_{vi} 为第 i 个关节的黏滞摩擦系数，f_{ci} 为第 i 个关节的库伦摩擦系数。在考虑重力的情况下，令 $^{0}_{0}\dot{\boldsymbol{v}} = [0 \quad 0 \quad g]^{\mathrm{T}}$（$g = 9.81\mathrm{N/kg}$）。由于机座静止不动，则 $^{0}_{0}\boldsymbol{\omega} = [0 \quad 0 \quad 0]^{\mathrm{T}}$，$^{0}_{0}\dot{\boldsymbol{\omega}} = [0 \quad 0 \quad 0]^{\mathrm{T}}$。

附录 D
（规范性附录）
基于 OPC UA 的工业机器人信息模型集成方法

本部分描述了一个基于 OPC UA 实现的工业机器人信息模型集成范例，用户可通过 OPC UA 客户端，控制工业机器人完成多种任务，包括以下几项：

a）基本作业场景：通过工业机器人将重量为 mkg 的物品从 A 点搬运至 B 点，停留 n 秒后，再从 B 搬至 A，往复循环。

b）目标物体识别搬运：根据实际任务需求，通过视觉传感器，区分目标拾取物的颜色，形状信息，进行有区别的抓取。

c）不同质量物体识别搬运：通过力矩传感器，判断拾取物的重量，提供优化路径。

d）搬运过程中的设备诊断维护：通过温度、振动传感器，依据设定的门限值，进行维护报警。

e）搬运过程中的人机交互：提供显示并支持人工操作，HMI 触摸屏显示、支持相关过程的信息显示、功能设置。

OPC UA 的信息模型结构图图 D.1 所示。

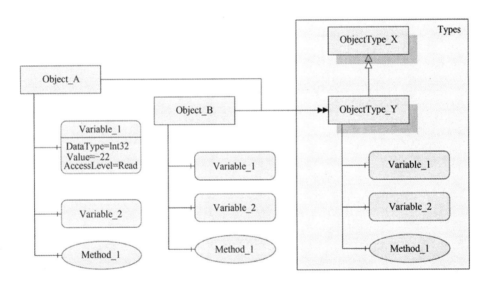

图 D.1　OPC UA 信息模型结构图

OPC UA 信息空间模型由多个节点组成。节点类型包括对象、变量、方法，引用等。对象可以包含变量和方法，变量也可以独立存在。每一个节点又包含自己的属性及引用，节点与节点之间通过不同类型的引用互相连接。

该工业机器人标准验证系统的信息模型如图 D.2 所示。

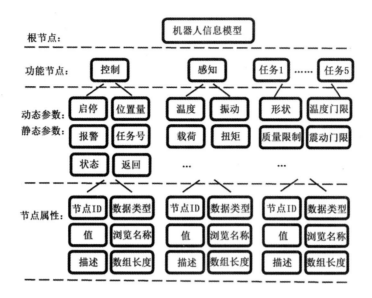

图 D.2　工业机器人信息模型

本工业机器人标准验证系统由"工业机器人信息模型"对象节点开始展开。按照功能划分，它包含"控制""感知""任务 1""任务 2"……"任务 5"等对象节点。每一个功能对象节点又包含自己的变量节点，例如"控制"节点包含"启停""位置量""报警""任务号""状态""返回"这 6 个变量节点。这些变量节点又包含"节点 ID""数据类型""值""浏览名称""描述""数组长度"等属性。工作人员使用 OPC UA 客户端，通过对这 6 个变量节点的值，实现对工业机器人的部分运动控制。

具体工业机器人信息模型与 OPC UA 信息模型的对应方法见表 D.1。

表 D.1　工业机器人信息模型与 OPC UA 信息模型对应方法

工业机器人信息模型元素		对应 OPC UA 信息模型元素
工业机器人信息模型	⬌	Object
控制、感知、任务 1-n……	⬌	Object
启停、位置量、状态……	⬌	Variable
节点 ID、浏览名称、值……	⬌	Attribute
与控制、感知等的从属关系	⬌	Reference

工业机器人信息模型对象节点实例化方法见表 D.2（以控制对象节点为例）。

表 D.2　控制对象节点实例化方法

属　　性	值
NodeId	1200
NodeClass	Object
BrowseName	1,"控制"
Description	Null
WriteMask	0
DisplayName	"控制"
Reference	Target DisplayName
HasTypeDefinition	FolderType

属　　性	值
Organizes	启停
Organizes	位置量
Organizes	报警
Organizes	任务号
Organizes	状态
Organizes	返回

"控制"对象节点主要属性为"NodeID""NodeClass""BrowseName"及引用。"NodeID"属性用来在 OPC UA 信息空间中定位这个节点，"NodeClass"属性用来表明这个节点的类型，"BrowseName"用来表示该对象节点被客户端浏览的名字。它的引用包含两类，一种是"HasTypeDefinition"，它所指向的值为"FolderType"，表明这个节点是一个文件夹对象节点；另一种是"Organizes"，这种类型的引用指向了"启停""位置量""报警""任务号""状态""返回"这 6 个变量节点，表明这个文件夹下所包含的 6 个变量节点。

工业机器人信息模型变量节点实例化方法见表 D.3（以温度节点为例）。

表 D.3　"温度"节点实例化方法

属　　性	值
NodeId	52301
NodeClass	Variable
BrowseName	1，"温度"
Description	"单位：C；量程：−70～180℃"
WriteMask	0
DisplayName	"温度"
Value	23.165
DataType	Double
ValueRank	-1
AccessLevel	CurrentRead
Reference	Target DisplayName
HasTypeDefinition	BaseDataVariableType

变量节点的属性与对象节点的属性基本类似，比对象节点多出"Value""DataType""ValueRank""AccessLevel"等属性，它们分别用来描述该变量节点的值、数据类型、数组长度、访问权限等信息。

OPC UA 服务器启动运行后，通过指定的 IP 地址及端口号，可以使用 OPC UA 客户端连接。OPC UA 客户端通过 View 服务，可以快速获取工业机器人的信息模型，包括工业机器人本体信息，动静态参数等。在"控制"对象节点下，通过对工业机器人"启/停""位置量"等变量值的修改，来控制工业机器人的运动姿态；在"任务"对象节点下，通过对"形状"等节点值的写入，可以按照要求配置工业机器人的工作任务。

参 考 文 献

[1] GB/T 12644—2001 工业机器人 特性表示

[2] GB/T 16977—2005 工业机器人 坐标系和运动命名原则

[3] GB/Z 20869—2007 工业机器人 用于工业机器人的中间代码

[4] GB/T 12643—1997 工业机器人 词汇

[5] GB/T 32197—2015 工业机器人 控制器开放式通信接口规范

[6] GB/T 29825—2013 工业机器人 通信总线协议

[7] GB/T 16977—2005 工业机器人 坐标系和运动命名原则

[8] GB/T 12642—2001 工业机器人 性能规范及其试验方法

[9] GB 11291—1997 工业机器人 安全规范

[10] ISO/IEC 19503:2005 Information technology － XML Metadata Interchange (XMI)

[11] IEC/TR 62541-1 OPC Unified Architecture － Part 1: Overview and Concepts

[12] IEC/TR 62541-3 OPC Unified Architecture － Part 3: Address Space Model

[13] IEC/TR 62541-5 OPC Unified Architecture － Part 5: Information Model

成果十二

用于数字化车间生产的射频识别（RFID）系统通用技术要求

引　言

标准解决的问题：

本标准规定了用于数字化车间生产的射频识别系统的组成及相关技术要求。

标准的适用对象：

本标准主要适用于离散型制造的数字化车间射频识别系统的设计、开发和使用，流程型制造的射频识别系统的设计、开发和使用可参考使用。

专项承担研究单位：

中国电子技术标准化研究院。

专项参研联合单位：

北京机械工业自动化研究所有限公司、海尔集团公司。

专项参研人员：

耿力、宋继伟、冯敬、夏娣娜、张佩佩、刘文莉、黎晓东、孙洁香、杨秋影、李晓峰、朱文印、李宏林。

用于数字化车间生产的射频识别（RFID）系统通用技术要求

1　范围

本标准规定了用于数字化车间生产的射频识别系统的组成及相关技术要求。

本标准主要适用于离散型制造的数字化车间射频识别系统的设计、开发和使用，流程型制造的射频识别系统的设计、开发和使用可参考使用。

2　规范性引用文件

下列文件对于本文件的应用是必不可少的。凡是注日期的引用文件，仅注日期的版本适用于本文件。凡是不注日期的引用文件，其最新版本（包括所有的修改单）适用于本文件。

GB/T 1988　信息技术　信息交换用七位编码字符集

GB 2312　信息交换用汉字编码字符集　基本集

GB/T 4208—2017　外壳防护等级（IP 代码）

GB 4943.1　信息技术设备　安全　第 1 部分：通用要求

GB 5007.1　信息技术　汉字编码字符集（基本集）　24 点阵字型

GB 5007.2　信息技术　汉字编码字符集（辅助集）　24 点阵字型　宋体

GB 5080.7—1986　设备可靠性试验恒定失效率假设下的失效率与平均无故障时间的验证实验方案

GB 5199　信息技术　汉字编码字符集（基本集）　15×16 点阵字型

GB/T 6107　使用串行二进制数据交换的数据终端设备和数据电路终接设备之间的接口

GB 9254　信息技术　设备的无线电骚扰限值和测量方法

GB/T 11460　信息技术　汉字字型要求和检测方法

GB 15934　电器附件　电线组件和互连电线组件

GB 16793　信息技术　通用多八位编码字符集（I 区）　汉字 24 点阵字型　宋体

GB/T 17618　信息技术　设备抗扰度限值和测量方法

GB 17698　信息技术　通用多八位编码字符集（I 区）　汉字 16 点阵字型

GD 18030　信息技术　中文编码字符集

GB/T 29768—2013　信息技术　射频识别　800/900MHz 空中接口协议

GB/T××××—××××　数字化车间　通用技术要求

SJ 11240　信息技术　汉字编码字符集（基本集）　12 点阵字型

SJ 11241　信息技术　汉字编码字符集（基本集）　14 点阵字型

3　术语和定义

下列术语和定义适用于本文件。

3.1

射频识别　radio frequency identification

在频谱的射频部分，利用电磁耦合或感应耦合，通过各种调制和编码方案，与射频标签进行通信，读取射频标签信息的技术。

3.2

射频标签　RF tag

用于物体或物品标识、具有信息存储机制的、能接收读写器的电磁场调制信号，并返回响应信号的数据载体。

3.3

读写器　reader/writer

一种用于从射频标签获取数据和向射频标签写入数据的电子设备，通常具有冲突仲裁、差错控制、信道编码、信道解码、信源编码、信源译码和交换源端数据等过程。

3.4

射频识别系统　radio frequency identification system

一种自动识别和数据采集系统，包含一个或多个读写器，以及一个或多个标签。其中，数据传输通过对电磁场载波信号的适当调制而实现。

3.5

数字化车间　digital workshop

以物理车间为基础，以信息技术等为方法，用数据连接生产运营过程不同单元，对生产进行规划、协同、管理、诊断和优化，实现产品制造的高效率、低成本、高质量。

4　系统组成

用于数字化车间生产的射频识别系统一般由标签、读写器、数据采集接口组成，通过数据管理平台与数字化车间应用系统相连。其组成如图1所示。

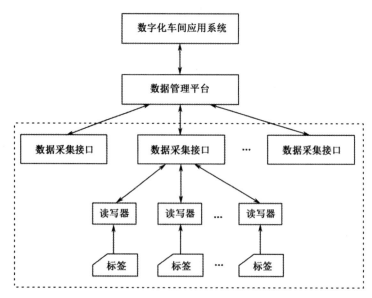

图1　用于数字化车间生产的射频识别系统组成

5 RFID 标签要求

5.1 空中接口

标签空中接口协议应符合 GB/T 29768 中相关规定。

5.2 标签存储

标签存储器特性应满足如下要求：
——标签数据保存时间不小于 10 年。
——标签擦写次数不小于 10 万次。

5.3 标签信息安全

标签宜支持读写器对电子标签的身份鉴别，可选择支持电子标签对读写器的身份鉴别。
若标签支持身份鉴别，则应使用国家密码管理部门认可的密码算法。

5.4 抗静电

标签耐受静电为在空气放电电压达到 2000V 的条件下，应能继续正常工作。

5.5 静态磁场

暴露在 79500A/m 的静态磁场内后，标签应能继续正常工作。
警告：标签中的数据内容可能被这种磁场擦除。

5.6 抗油污

标签表面覆盖 0.5mm 厚度的油污后，应能正常工作。

5.7 抗金属

具有抗金属屏蔽要求的标签置于金属背景环境下时，应能正常工作。

5.8 防护等级

根据具体应用环境要求，标签应具有相应的防护功能，防护等级宜不低于 GB/T 4208—2017 规定的 IP65 级。

5.9 安装要求

根据不同的应用需求，标签可在托盘、周转容器或产品上，以反应胶粘接、不干胶粘接、扎带固定、铆钉铆接、磁铁吸附等方式进行安装固定，应避免标签在使用过程中受到碰撞。

5.10 标签信息

5.10.1 概述

用于数字化车间生产的射频识别标签应用信息可包括在制品信息、原材料信息、成品信息、盛具信息、辅具信息、设备信息、空间位置信息、可回收物品信息等。

标签应用信息类型可采用对象标识符标识。对象标识符由根对象标识符和相对对象标识符组成。应用信息的根对象标识符可向国家 OID 注册中心申请。每类应用信息的相对对象标识符见表 1。每个应用信息项的唯一标识符编码应遵守相关国家标准或行业标准的规定。

表1 应用信息类型的相对对象标识符

应用信息类型	相对对象标识符
原材料	1
在制品	2
成品	3
盛具	4
辅具	5
设备	6
空间位置	7
可回收物品	8
保留	9～99

5.10.2 在制品信息

在制品指正在加工、尚未完成的产品。

在制品信息可包括在制品唯一标识符、所属产品种类、所属订单号、生产日期、加工状态、加工工人等，由用户根据应用需求自定义。其中，在制品唯一标识符编码应遵守相关国家标准或行业标准的规定。

5.10.3 原材料信息

原材料指生产中所需的原材料或配件。

原材料信息可包括原材料唯一标识符、所属种类、原材料生产厂家、生产日期等，由用户根据应用需求自定义。其中，原材料唯一标识符编码应遵守相关国家标准或行业标准的规定。

5.10.4 成品信息

成品指企业生产出的可销售的产品。

成品信息可包括成品唯一标识符、所属产品种类、所属订单号、生产厂家、生产日期等，由用户根据应用需求自定义。其中，成品唯一标识符编码应遵守相关国家标准或行业标准的规定。

5.10.5 盛具信息

盛具指用于盛装和转运物料、在制品等生产要素的容器，如吊篮、周转箱、托盘、栈板等。

盛具信息可包括盛具唯一标识符、盛具所属种类、生产厂家、生产日期、使用寿命、所存放生产要素、存放量、存放期等，由用户根据应用需求自定义。其中，盛具唯一标识符编码应遵守相关国家标准或行业标准的规定。

5.10.6 辅具信息

辅具指可移动的辅助生产加工的器具，如工装夹具、模具、运输工具、手持工具等。

辅具信息可包括工具唯一标识符、工具种类、生产厂家、生产日期、使用寿命、维修状态等信息。由用户根据应用需求自定义。其中，辅具唯一标识符编码应遵守相关国家标准或行业标准的规定。

5.10.7 设备信息

设备指生产过程中置于固定场地、直接参与生产的机器设备，如加工设备、检测设备等。

设备信息可包括设备唯一标识符、所属种类、生产厂家、生产日期、使用寿命、使用状态等，由用户根据应用需求自定义。其中设备唯一标识符编码应遵守相关国家标准或行业标准的规定。

5.10.8 空间位置信息

空间位置指企业内与生产相关的空间区域，如生产车间、工位、库位等。

空间位置信息可包括空间位置唯一标识符、空间位置的区域坐标、位置描述等，由用户根据应用需求自定义。其中，空间位置唯一标识符编码应遵守相关国家标准或行业标准的规定。

5.10.9 可回收物品信息

可回收物品指与生产相关的废弃物品。

可回收物品信息可包括可回收物品唯一标识符、所属产品种类、所属订单号、生产日期、当前状态等，由用户根据应用需求自定义。其中，可回收物品唯一标识符编码应遵守相关国家标准或行业标准的规定。

6 RFID 读写器要求

6.1 一般要求

6.1.1 外观

读写器外观至少应符合以下要求：
——表面无明显的凹痕、划伤、裂缝、变形和污染等。
——表面涂覆层均匀，无起泡、龟裂、脱落和磨损。
——金属零部件无锈蚀及其他机械损伤。
——零部件紧固无松动，按键、开关及其他活动部件的操作灵活可靠。
——产品的标志、铭牌和说明功能的文字及符号简明、清晰、端正。

6.1.2 空中接口

空中接口协议应符合 GB/T 29768—2013 中相关规定。

6.1.3 读写功能

读写器应具有读取和/或改写 RFID 标签芯片中数据的功能。

6.1.4 通信接口

读写器的串行通信接口应符合 GB/T 6107 中相关规定。若有其他接口，则该接口应符合相关标准的规定。

6.1.5 字符及输出

具有显示功能的读写器应具有汉字处理功能，应符合 GB/T 1988 和 GB 2312 中相关规定。考虑到广泛应用的需求，当 GB 2312 不能满足使用时，应符合 GB 18030 中强制部分相关规定。

读写器应采用国家标准或行业标准规定的点阵汉字字型，读写器采用的汉字应符合下述标准：

a）打印用点阵字型宜采用不低于 15×16 点阵的字型，若需采用低于 15×16 点阵的字型，则应保证字型笔画的完整：
——15×16 点阵的字型应符合 GB 5199 和 GB 17698 中相关规定。
——24×24 点阵的字型应符合 GB 5007.1、GB 5007.2 和 GB 16793 中相关规定。

b）显示用点阵字型应不低于 11×12 点阵字型：
——11×12 点阵的字型应符合 SJ 11240 中相关规定。

——24×24 点阵的字型应符合 SJ 11241 中相关规定。

——或上述 a）规定的字型。

c）读写器采用的字型还应符合 GB/T 11460 中相关规定。

d）读写器若采用曲线汉字字型，则其对繁笔字的处理应与相应尺寸的点阵汉字字型一致。

6.1.6 信息安全要求

读写器信息安全要求如下：

——具备国家密码管理部门认可的密码算法。

——读写器应具备口令等访问控制功能。

——读写器可支持对电子标签的身份鉴别。

——读写器可支持与电子标签的双向身份鉴别。

6.2 电磁兼容

6.2.1 无线电骚扰限值

应符合 GB 9254—2008 的有关规定。在产品规范中给出选用 A 级或 B 级所规定的无线电骚扰限值。

6.2.2 抗扰度限值

应符合 GB/T 17618—1998 的有关规定。

6.3 气候环境适应性

读写器气候环境适应性应符合表 2 的规定。

表 2　读写器气候环境适应性

气候条件		级　　别			
		1	2	3	4
温度	工作	−40℃～70℃	−20℃～70℃	−10℃～55℃	5℃～40℃
	储存运输	−40℃～85℃	−40℃～85℃	−20℃～70℃	−10℃～55℃
相对湿度	工作	30%～90%	30%～90%	30%～90%	30%～90%
	储存运输	20%～93%			
大气压		86～106kPa			

6.4 机械环境适应性

6.4.1 振动适应性

振动适应性应符合表 3 的要求。

表 3　振动适应性

项　　目	分　项	参　　数
初始和最后振动响应检查	频率范围	5～35Hz
	扫频速度	≤1oct/min
	驱动振幅	0.15mm
定频耐久试验	驱动振幅	0.15mm
	持续时间	10min

续表

项　　目	分　项	参　　数
扫频耐久试验	频率范围	5～35Hz
	位移幅值	0.15mm
	扫频速率	≤1oct/min
	循环次数	2
表中驱动振幅为峰值。		

6.4.2 冲击适应性

冲击适应性应符合表4的要求。

表4　冲击适应性

峰值加速度 m/s^2	波形持续时间 ms	冲击波形
150	11	半正弦波

6.4.3 碰撞适应性

碰撞适应性应符合表5的要求。

表5　碰撞适应性

峰值加速度 m/s^2	波形持续时间 ms	碰撞次数	冲击波形
100	16	1000	半正弦波

6.4.4 运输包装件跌落适应性

运输包装件跌落适应性应符合表6的要求。

表6　运输包装件跌落适应性

包装件质量 kg	跌落高度 mm
≤15	1000
15～30	800

6.5 电线组件

读写器的电线组件应符合 GB 15934 中的相关规定。

6.6 电气安全要求

读写器电气安全要求应符合 GB 4943.1 中的相关规定。

6.7 电源适应能力

读写器电源适应能力要求如下：
——对于交流供电的读写器，在 220V±10%，50Hz±1Hz 条件下应能正常工作。
——对于直流供电的读写器，在直流电压标称值±5%的条件下应能正常工作，标称值应在产品说明书中给出。

——对于电池供电的读写器，在直流电压标称值-20%～+5％的条件下应能正常工作。标称值应在产品说明书中给出。

——读写器还应有掉电、极性反接等保护措施，当电压恢复正常时，应能正常工作。

6.8 可靠性

采用平均故障间隔时间（MTBF）衡量 RFID 读写器的可靠性水平。RFID 读写器的平均故障间隔时间的 m_1 值应不少于 5000 h。由具体产品规范中给出具体的 m_1 值。

6.9 防护等级要求

读写器外壳防护等级要求应不低于 GB 4208—2017 规定的 IP65 级防护等级。

7 数据采集接口

7.1 概述

数据采集接口用于衔接读写器等前端设备和数据管理平台，如图 2 所示。一个数据采集接口可以连接多个读写器等前端设备，并对其进行数据采集、提取、过滤、协议转换后上传给数据管理平台进行处理。

读写器应具有通过数据采集接口与数据管理平台通信的能力，具备向数据管理平台上报数据、接收数据管理平台配置管理信息、故障告警的能力。

数据采集接口可以运行在服务器、台式机或读写器等前端嵌入式设备上。

数据采集接口包括设备参数查询接口、设备参数设置接口和设备状态控制接口。

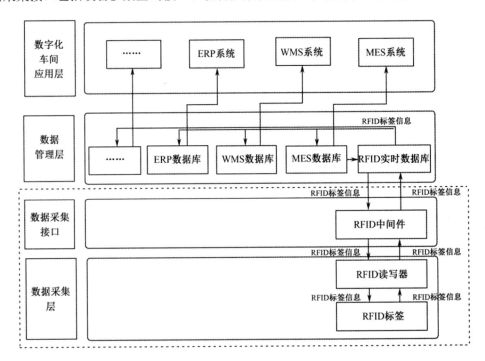

图 2　用于数字化车间生产的射频识别系统结构

7.2　设备参数查询接口

7.2.1　查询读写器的软、硬件信息

实现要求：必选。

用法：getDescription(void): string。

注：本标准采用类 UML 形式描述接口语义，其形式如：Interface(DataType, DataType,…): DataType。

返回值：该命令返回读写器的描述信息，数据类型为 string。

7.2.2　查询读写器的标识符

实现要求：可选。

用法：getReaderID(void): string。

返回值：该命令返回读写器的标识符，数据类型为 string。

7.2.3　查询读写器的物理接口类型

实现要求：必选。

用法：getPhysicalInterfaceType(void): ReaderPhysicalInterfaceType[]。

返回值：该命令返回读写器的物理接口的数组，数组元素的数据类型为 ReaderPhysicalInterfaceType。

7.2.4　查询读写器的天线数量

实现要求：可选。

用法：getAntennaCount(void): integer。

返回值：该命令返回读写器可连接天线的数量，数据类型为 integer。

7.2.5　查询读写器当前工作天线端口

实现要求：可选。

用法：getCurrentWorkingAntenna (void): int[]。

返回值：该命令返回读写器当前工作天线端口的端口号，数组元素的数据类型为 int。

7.2.6　查询读写器当前工作模式

实现要求：必选。

用法：getWorkingMode (void): ReaderWorkingMode。

返回值：该命令返回读写器当前的工作模式，数据类型为 ReaderWorkingMode。

7.2.7　查询读写器的单次可识别标签数量

实现要求：必选。

用法：getMaxReadCountLimit (void): integer。

返回值：该命令返回读写器单次可识别的最多标签数量，数据类型为 integer。

7.2.8　查询读写器当前可识别的标签类型

实现要求：必选。

用法：getRecognizedTagType(void): TagType[]。

返回值：该命令返回读写器当前可识别的标签种类的列表，数据类型为 TagType。

7.2.9 查询读写器当前工作频率范围

实现要求：必选。

用法：getWorkFrequency(void): ReaderWorkFrequency。

返回值：该命令返回读写器当前的工作频率范围，数据类型为 ReaderWorkFrequency。

7.2.10 查询读写器串行接口参数

实现要求：可选。

用法：getInterfaceParameters (void): InterfaceParameters。

返回值：该命令返回 GB/T 6107 接口或 EIA-RS-485 接口参数，数据类型为 InterfaceParameters。

7.2.11 查询读写器的输出功率

实现要求：必选。

用法：getRFPower(void):float。

返回值：该命令返回读写器的输出功率，数据类型为 float，单位为分贝毫瓦（dBm）。

7.2.12 查询读写器的通信逻辑地址

实现要求：必选。

用法：getLogicAddress (void): ReaderLogicAddress。

返回值：该命令返回读写器的通信逻辑地址，数据类型为 ReaderLogicAddress。

7.2.13 查询读写器的状态报告方式

实现要求：可选。

用法：getStatusReportMode(void): StatusReportMode。

返回值：数据类型为 StatusReportMode7。

7.2.14 查询读写器的故障代码

实现要求：可选。

用法：getErrorReport(void): ErrorReportType。

返回值：数据类型为 ErrorReportType8。

7.3 设备参数设置接口

7.3.1 设置读写器标识符

实现要求：可选。

用法：setReaderID(string): bool。

输入参数：读写器的唯一标识符，数据类型为 string。

返回值：数据类型为 bool。返回值为 true 时，表示设置成功；为 false 时，表示设置失败。

7.3.2 设置读写器物理接口类型

实现要求：必选。

用法：setCommunicationPortType(ReaderComPortType[]): bool。

输入参数：读写器物理接口类型的数组，数组元素的数据类型为 ReaderComPortType。

返回值：数据类型为 bool。返回值为 true 时，表示设置成功；为 false 时，表示设置失败。

7.3.3 设置读写器工作天线端口

实现要求：可选。

用法：setCurrentWorkingAntenna (Int[]): bool。

输入参数：读写器工作天线端口的数组，数组的数据类型为 integer。

返回值：数据类型为 bool。返回值为 true 时，表示设置成功；为 false 时，表示设置失败。

7.3.4 设置读写器工作模式

实现要求：必选。

用法：setWorkingMode(ReaderWorkingMode): bool。

输入参数：读写器的工作模式，其数据类型为 ReaderWorkingMode。

返回值：数据类型为 bool。返回值为 true 时，表示设置成功；为 false 时，表示设置失败。

7.3.5 设置读写器单次目标识别标签数量

实现要求：可选。

用法：setMaxReadCountLimit (integer): bool。

输入参数：设置的读写器单次可最大识别目标标签的数量，数据类型为 integer。

返回值：数据类型为 bool。返回值为 true 时，表示设置成功；为 false 时，表示设置失败。

7.3.6 设置读写器可识别的标签类型

实现要求：可选。

用法：setRecognizedTagType(TagType[]): bool。

输入参数：读写器可识别标签类型的数组，数组元素的数据类型为 TagType。

返回值：数据类型为 bool。返回值为 true 时，表示设置成功；为 false 时，表示设置失败。

7.3.7 设置读写器工作频率范围

实现要求：必选。

用法：setWorkFrequency(ReaderWorkFrequency): bool。

输入参数：读写器工作频率范围，数据类型为 ReaderWorkFrequency。

返回值：数据类型为 bool。返回值为 true 时，表示设置成功；为 false 时，表示设置失败。

7.3.8 设置读写器串行接口参数

实现要求：可选。

用法：setInterfaceParameters (InterfaceParameters): bool。

输入参数：读写器 GB/T 6107 接口或 EIA-RS-485 接口参数，数据类型为 InterfaceParameters。

返回值：数据类型为 bool。返回值为 true 时，表示设置成功；为 false 时，表示设置失败。

7.3.9 设置读写器的输出功率

实现要求：必选。

用法：setRFPower (float): bool。

输入参数：读写器的输出功率，数据类型为 float，单位是 dBm。

返回值：数据类型为 bool。返回值为 true 时，表示设置成功；为 false 时，表示设置失败。

7.3.10 设置读写器的通信逻辑地址

实现要求：必选。

用法：setLogicAddress (ReaderLogicAddress): bool。

输入参数：读写器的通信逻辑地址，数据类型为 ReaderLogicAddress。

返回值：数据类型为 bool。返回值为 true 时，表示设置成功；为 false 时，表示设置失败。

7.3.11 设置读写器的状态报告方式

实现要求：可选。

用法：setStatusReportMode(StatusReportMode):bool。

输入参数：读写器的状态报告方式，数据类型为 StatusReportMode。

返回值：数据类型为 bool。返回值为 true 时，表示设置成功；为 false 时，表示设置失败。

7.4 设备状态控制接口

7.4.1 休眠读写器

实现要求：可选。

用法：sleepReader (void): bool。

返回值：数据类型为 bool。返回值为 true 时，表示设置成功；为 false 时，表示设置失败。

7.4.2 唤醒读写器

实现要求：可选。

用法：awakeReader(void): bool。

返回值：数据类型为 bool。返回值为 true 时，表示设置成功；为 false 时，表示设置失败。

7.4.3 重启读写器

实现要求：可选。

用法：rebootReader(void): bool。

返回值：数据类型为 bool。返回值为 true 时，表示设置成功；为 false 时，表示设置失败。

7.4.4 启动心跳检测

实现要求：可选。

用法：startHeartbeatDetection(void): bool。

返回值：数据类型为 bool。返回值为 true 时，表示启动成功；为 false 时，表示启动失败。

7.4.5 停止心跳检测

实现要求：可选。

用法：stopHeartbeatDetection(void): bool。

返回值：数据类型为 bool。返回值为 true 时，表示停止成功；为 false 时，表示停止失败。

8 数据管理平台

数据管理平台接收从多个数据采集接口发送上来的数据，然后，将这些数据进行存储管理。

数据管理平台在参数配置中，应能对读写器空口接口参数、网络通信参数等信息进行配置管理，在故障告警中应当能够定期检测自身故障并进行上报。

数据管理平台应保存以往的历史数据，同时为数字化车间应用系统提供数据访问服务。

9 数字化车间应用系统

9.1 RFID 中间件与数字化车间应用系统的接口要求

数字化车间的 RFID 系统可以直接嵌入的应用系统内部，也可以独立存在，并和应用系统进行集成。

主要通过中间件层与数字化车间应用系统之间的数据接口交换中间件的数据，应用接口应能实现用户的一些常用基本操作请求，如指定连接、读取、写入、过滤、查询等。中间件平台的功能通过表 7 中的 5 组接口实现。

表 7　RFID 中间件与数字化车间应用系统的接口描述

接　口	描　述	工作层
Reading API	读写器等物联设备通过此接口读取数据	边缘服务器（设备管理器接口层）
Writing API	支持读写器对标签写信息	边缘服务器（设备管理器接口层）
Logical Reader API	提供对逻辑读写器的支持	边缘服务器（设备管理器接口层）
Access Control API	控制用户对数据、资源及其他 API 函数的访问权限	应用接口层
Tag Memory Specification API	支持对数据的过滤、聚合和报告等操作	边缘服务器和高级事件处理器

9.2 数字化车间应用系统通用要求

数字化车间应用系统应满足《数字化车间　通用技术要求》的要求，应具有数字化、网络化、系统化、集成化和可视化的特征。

数字化车间应用系统应包括制造执行系统（MES）、仓库管理系统（WMS）、企业资源管理系统（ERP）。用于建立数字化车间生产过程中原材料、半成品、成品的基础数据管理，进一步对数据进行挖掘、分析、处理，完成从仓库到产线上的每个主要零部件、半成品、成品的物流状态跟踪、生产状态监控、产品质量控制与追溯；建立数字化车间生产加工的数字化模型，实现生产流程实时数据采集与可视化。

在生产操作开始之前，用户应根据生产工艺流程的工艺编排、工序设定、工位设置、设备配置等信息对应用系统进行相应参数设定。

在生产过程中，数字化车间应用系统可通过数据管理平台获取生产过程实时数据信息，实现对生产过程的实时监测、异常处理和生产能力平衡。

用于数字化车间的 RFID 系统应用场景参见附录 A。

附录A
（资料性附录）
用于数字化车间的 RFID 系统应用场景

A.1 概述

本附录给出了用于电冰箱生产数字化车间的 RFID 系统应用情况。在电冰箱工厂综合利用超高频射频识别、机器人、即印即贴和视频技术覆盖 U 壳下线及预装、总装、内胆吸附、门衬吸附、门体发泡、箱体发泡、抽空、作电和包装线。同时，在现有仓库管理中引入 RFID 技术，对仓库到货检验、入库、出库、调拨、移库/移位、库存盘点等各个作业环节的数据进行自动化的数据采集，保证仓库管理各个环节数据输入的速度和准确性，确保及时准确地掌握库存的真实数据，合理保持和控制企业库存，实现快捷准确的库存盘点，提高物流的整体透明度。

A.2 业务框架

RFID 系统覆盖 U 壳下线及预装、总装、内胆吸附、门衬吸附、门体发泡、箱体发泡、抽空、作电和包装，实现自动数据采集和全流程自动跟踪，涉及的相关业务环节如下：

a）根据 RFID 读写器采集的冰箱型号、批次和个体信息，相应工位自动打印条码，自动粘贴，即印即贴。

b）门体发泡和箱体发泡质量参数可追溯，注料防差错。

c）内胆吸附和门衬吸附换模后设备自动调整生产工艺。

d）模具自动盘点。

e）机器人自动固定 RFID 标签并自动初始化标签。

g）箱体库存、门体库存精细化管理。

h）生产过程产品状态跟踪，根据规则自动换线。

i）RFID 系统配合 MES 系统，实现箱体根据计划自动上总装线。

j）生产过程重点部分产品智能拍照，信息可追溯。

k）RFID 系统配合 MES 系统线边库存根据产品 BOM 自动冲减。

l）RFID 系统与 MES 系统互联实现门体与箱体的智能匹配与自动配送。

A.3 技术方案

通过射频识别技术手段，实现制造装配线生产过程的工序实时跟踪和数据采集，通过信息传递对从生产订单下达到产品最终完成的整个生产过程进行优化管理,实现个性化和定制化的智能制造模式。系统构架包括 RFID 数据服务器、MES 系统、现场控制系统、四通道读写器、天线、光电传感器、报警灯、工位一体机、微视频摄像机、机器人、自动打印贴标机和自动标签打印机，其中：

a）RFID 数据服务器、总装线上位机与 MES 系统通过以太网连接。

b）RFID 数据服务器完成对 RFID 数据的过滤、存储和处理，包括工位数据、工艺数据、生产订单数据、标签读写数据、产品型号数据等。当线体上有在制品通过时，光电传感器通过开关量输入端子接入到四通道读写器，作为读写器读写标签的触发，触发后读写器读写标签并将数据回传给 RFID

数据服务器。

c）工位一体机通过以太网和 RFID 数据服务器进行联系，用于 SOP 提示，避免装配错误。扫描枪通过以太网将 RFID 扫描数据上传给 RFID 数据服务器，完成 RFID 和条码信息的绑定。

d）微视频摄像机通过以太网口与 RFID 数据服务器相连，其拍照将由开关量输入触发，当读写器读取电子标签时，读写器输出开关量触发摄像机拍照。拍照后摄像机将照片发送至 RFID 数据服务器，RFID 数据服务器将照片与电子标签代码关联。

e）机器人自动将电子标签吸附在冰箱柜体中，然后进行初始化。

f）提高生产数据统计分析的及时性和准确性，生产管理标准化流程化。

g）自动打印贴标机负责大黄贴、背板码、能耗贴、二维码和敬告贴的即印即贴。

h）自动标签打印机负责型号贴合三联单的打印。

A.4　系统功能

A.4.1　在制品跟踪

在制品跟踪通过 RFID 标签与在制品进行绑定。从上线生产开始，对每一个生产环节进行跟踪，对生产过程进行实时监控，对质量、维修、物料等信息进行实时记录。

A.4.2　工艺管理

生产工序自动排产，订单生成后则自动生产工序流程，每一道工序的生产工艺信息实时下发到相应工位的 LED 显示屏上，生产过程中可随时改变工序及工艺要求。

用于数字化车间生产的二维码系统通用技术要求

引　言

标准解决的问题：

本标准规定了用于数字化车间生产的二维码系统的组成及相关技术要求。

标准的适用对象：

本标准适用于用于数字化车间生产的二维码系统的设计、开发和使用。

专项承担研究单位：

中国电子技术标准化研究院。

专项参研联合单位：

北京机械工业自动化研究所有限公司、武汉矽感科技有限公司。

专项参研人员：

耿力、宋继伟、冯敬、夏娣娜、张佩佩、刘文莉、黎晓东、孙洁香、杨秋影、李军、樊旭川、佘桂馥、陈华斌、张涛。

用于数字化车间生产的二维码系统通用技术要求

1　范围

本标准规定了用于数字化车间生产的二维码系统的组成及相关技术要求。

本标准适用于数字化车间生产的二维码系统的设计、开发和使用。

2　规范性引用文件

下列文件对于本文件的应用是必不可少的。凡是注日期的引用文件，仅注日期的版本适用于本文件。凡是不注日期的引用文件，其最新版本（包括所有的修改单）适用于本文件。

GB/T 4208—2017　外壳防护等级（IP 代码）

GB 4943.1　信息技术设备　安全　第 1 部分：通用要求

GB/T 6107　使用串行二进制数据交换的数据终端设备和数据电路终接设备之间的接口

GB 9254　信息技术　设备的无线电骚扰限值和测量方法

GB 15934　电器附件　电线组件和互连电线组件

GB/T 26572　电子电气产品中限用物质的限量要求

GB/T 27766　二维码　网格矩阵码

GB/T ×××××—××××　数字化车间　通用技术要求

SJ/T ×××××　条码识读设备通用技术规范

3　术语和定义

下列术语和定义适用于本文件。

3.1

二维码　two-dimensional bar code

在水平和垂直方向的二维空间存储信息的条形码。

3.2

数字化车间　digital workshop

以物理车间为基础，以信息技术等为方法，用数据连接生产运营过程不同单元，对生产进行规划、协同、管理、诊断和优化，实现产品制造的高效率、低成本、高质量。

4　系统组成

用于数字化车间生产的二维码系统一般由二维码、识读设备、数据采集接口、数据管理平台和数字化车间应用系统组成，其组成如图 1 所示。

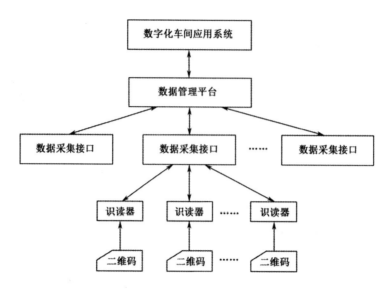

图 1　用于数字化车间生产的二维码系统组成

5　二维码要求

5.1　一般要求

二维码标识应清晰、易识别，不因搬运或其他因素而损毁。

二维码标识无脱墨、无污损、无畸变，边缘清晰，无发毛和虚晕或弯曲现象。

用于数字化车间生产的二维码码制应符合 GB/T 27766 的规定。

数据保存期限应长于产品保质期。

应保证标识媒体不对工业制品造成污染。

根据设定的打印位置、打印速度、二维码生成等参数，标签输出设备生成二维码，并且能将信息通过打码机生成标签，附着在工业制品指定的位置。同时，自动将二维码数据记录到数据库。

二维码与标识对象一一对应，应具有唯一性、开放性和不可复制性。

5.2　数据要求

5.2.1　基本信息

加工过程应记录的基本信息，包括产品名称、批次和生产日期等。

5.2.2　生产用料信息

应记录并保存至二维码系统数据库中的生产用料信息，包括但不限于原材料的名称、用量、采用标准号和批次号。

5.2.3　加工过程信息

应记录并保存至二维码系统数据库中的加工过程信息，包括但不限于：

主要加工环节的温度，生产过程中原材料、各工序、半成品、成品的温度。

主要加工环节的加工延续时间。

加工过程的作业记录、生产班组及其负责人、产品批次。

5.2.4　检验信息

应记录并保存至二维码系统数据库中的检验信息，包括但不限于：

——出厂检验项目、检测项目的检测值。

——检验人、检验日期。

5.2.5　标识信息

应记录并保存至二维码系统数据库中的产品标识信息，包括但不限于：

——企业名称。

——品种、批次和规格。

——产品采用的标准号。

——质量负责人和联系方式。

6　识读设备要求

6.1　外观

识读设备外观至少应符合以下要求：

——表面不应有明显的凹痕、划伤、裂缝、变形和污染等。

——表面涂覆层应均匀，不应起泡、龟裂、脱落和磨损。

——金属零部件不应有锈蚀及其他机械损伤。

——零部件应紧固无松动，按键、开关及其他活动部件的操作应灵活可靠。

——产品的标志、铭牌和说明功能的文字及符号应简明、清晰、端正。

6.2　通信接口

识读设备的串行通信接口应符合 GB/T 6107—2000 中相关规定。

6.3　分辨率

识读设备的分辨率应符合《条码识读设备通用技术规范》的相关要求。

6.4　电磁兼容

6.4.1　无线电骚扰限值

应符合 GB 9254—2008 的有关规定。在产品规范中给出选用 A 级或 B 级所规定的无线电骚扰限值。

6.4.2　抗扰度限值

应符合 GB/T 17618—1998 的有关规定。

6.5　气候环境适应性

读写设备气候环境适应性应符合表 1 的规定。

表 1 读写设备气候环境适应性

气候条件		参　数
温度	工作	0℃～40℃
	储存运输	-20℃～55℃
相对湿度	工作	20%～90%(40℃)
	储存运输	20%～93%(40℃)
气压		86～106 kPa

6.6 机械环境适应性

6.6.1 振动适应性

振动适应性应符合表 2 的要求。

表 2 振动适应性

项　目	分　项	参　数
初始和最后振动响应检查	频率范围	5～35Hz
	扫频速度	≤1oct/min
	驱动振幅	0.15mm
定频耐久试验	驱动振幅	0.15mm
	持续时间	10min
扫频耐久试验	频率范围	5～35Hz
	位移幅值	0.15mm
	扫频速率	≤1oct/min
	循环次数	2
表中驱动振幅为峰值		

6.6.2 冲击适应性

冲击适应性应符合表 3 的要求。

表 3 冲击适应性

峰值加速度 m/s²	波形持续时间 ms	冲击波形
150	11	半正弦波

6.6.3 碰撞适应性

碰撞适应性应符合表 4 的要求。

表 4 碰撞适应性

峰值加速度 m/s²	波形持续时间 ms	碰撞次数	冲击波形
100	16	1000	半正弦波

6.6.4 运输包装件跌落适应性

运输包装件跌落适应性应符合表 5 的要求。

表5 运输包装件跌落适应性

包装件质量 kg	跌落高度 mm
≤15	1000
15~30	800

6.7 电线组件

识读设备的电线组件应符合 GB 15934 中的相关规定。

6.8 电气安全要求

识读设备电气安全要求应符合 GB 4943.1 中的相关规定。

6.9 电源适应能力

识读设备电源适应能力要求如下：
——对于交流供电的识读设备，在 220V±10%和 50Hz±1Hz 条件下应能正常工作。
——对于直流供电的识读设备，在直流电压标称值为±5%的条件下应能正常工作，标称值应在产品说明书中给出。
——对于电池供电的识读设备，在直流电压标称值为-20%～5%的条件下应能正常工作。标称值应在产品说明书中给出。
——识读设备还应有掉电、极性反接等保护措施，当电压恢复正常时，应能正常工作。

6.10 可靠性

采用平均故障间隔时间（MTBF）衡量识读设备的可靠性水平。识读设备的平均故障间隔时间的 m_1 值应不少于 5000 h。由具体产品规范中给出具体的 m_1 值。

6.11 防护等级要求

识读设备的外壳防护等级要求应不低于 GB/T 4208—2017 规定的 IP65 级防护等级。

6.12 限用物质限量要求

识读设备的限用物质限量应符合 GB/T 26572 中的相关要求。

7 赋码设备要求

7.1 外观

赋码设备外观至少应符合以下要求：
——表面不应有明显的凹痕、划伤、裂缝、变形和污染等。
——表面涂覆层应均匀，不应起泡、龟裂、脱落和磨损。
——金属零部件不应有锈蚀及其他机械损伤。
——零部件应紧固无松动，按键、开关及其他活动部件的操作应灵活可靠。
——产品的标志、铭牌和说明功能的文字及符号应简明、清晰、端正。

7.2 通信接口

赋码设备的串行通信接口应符合 GB/T 6107—2000 中相关规定。

7.3 分辨率

赋码设备的分辨率应符合《条码识读设备通用技术规范》的相关要求。

7.4 电磁兼容

7.4.1 无线电骚扰限值

应符合 GB 9254—2008 的有关规定。在产品规范中给出选用 A 级或 B 级所规定的无线电骚扰限值。

7.4.2 抗扰度限值

应符合 GB/T 17618—1998 的有关规定。

7.5 气候环境适应性

赋码设备气候环境适应性应符合表 6 的规定。

表 6　赋码设备气候环境适应性

气候条件		级　别			
		1	2	3	4
温度	工作	−40℃～70℃	−20℃～70℃	−10℃～55℃	5℃～40℃
	储存运输	−40℃～85℃	−40℃～85℃	−20℃～70℃	−10℃～55℃
相对湿度	工作	30%～90%	30%～90%	30%～90%	30%～90%
	储存运输	20%～93%			
大气压		86～106kPa			

7.6 机械环境适应性

7.6.1 振动适应性

振动适应性应符合表 7 的要求。

表 7　振动适应性

项　目	分　项	参　数
初始和最后振动响应检查	频率范围	5～35Hz
	扫频速度	≤1oct/min
	驱动振幅	0.15mm
定频耐久试验	驱动振幅	0.15mm
	持续时间	10min
扫频耐久试验	频率范围	5～35Hz
	位移幅值	0.15mm
	扫频速率	≤1oct/min
	循环次数	2
表中驱动振幅为峰值。		

7.6.2 冲击适应性

冲击适应性应符合表 8 的要求。

表8　冲击适应性

峰值加速度 m/s²	波形持续时间 ms	冲击波形
150	11	半正弦波

7.6.3　碰撞适应性

碰撞适应性应符合表9的要求。

表9　碰撞适应性

峰值加速度 m/s²	波形持续时间 ms	碰撞次数	冲击波形
100	16	1000	半正弦波

7.6.4　运输包装件跌落适应性

运输包装件跌落适应性应符合表10的要求。

表10　运输包装件跌落适应性

包装件质量 kg	跌落高度 mm
≤15	1000
15～30	800

7.7　电线组件

赋码设备的电线组件应符合GB 15934中的相关规定。

7.8　电气安全要求

赋码设备电气安全要求应符合GB 4943.1中的相关规定。

7.9　电源适应能力

赋码设备电源适应能力要求如下：
——对于交流供电的赋码设备，在220V±10%，50Hz±1Hz条件下应能正常工作。
——对于直流供电的赋码设备，在直流电压标称值为±5%的条件下应能正常工作，标称值应在产品说明书中给出。
——对于电池供电的赋码设备，在直流电压标称值为-20%～5%的条件下应能正常工作。标称值应在产品说明书中给出。
——赋码设备还应有掉电、极性反接等保护措施，当电压恢复正常时，应能正常工作。

7.10　可靠性

采用平均故障间隔时间（MTBF）衡量赋码设备的可靠性水平。赋码设备的平均故障间隔时间的 m_1 值应不少于5000 h。由具体产品规范中给出具体的 m_1 值。

7.11　防护等级要求

赋码设备的外壳防护等级要求应不低于GB/T 4208—2017规定的IP65级防护等级。

7.12 限用物质限量要求

赋码设备的限用物质限量应符合 GB/T 26572 中的相关要求。

8 编码规则

编码主要由 6 部分组成：根对象标识符、行业标识信息、厂家信息、产品类别信息、产品信息、厂家自定义信息。

——根对象标识符：应由国家 OID 注册中心分配。

——行业标识信息：应遵守按照国家或相关行业标准的规定。

——企业信息：对各行业内的企业分别进行编码，由 5 位数字组成。

——产品类别信息：对一个企业的产品类别进行编码，由 5 位数字组成。

——产品信息：本产品的原材料、零部件信息，由 18 位数字组成。原材料的信息用 6 位数字表示；零部件的信息用 6 位数字表示；成品的信息用 6 位阿拉伯数字表示。

——企业自定义信息：主要由企业自定义编码内容，由 15 位数字或字母组合组成。

9 识读设备接口

9.1 获取端口名称

函数名称：string[] GetPortNames()

参数：无。

说明：使用指定的端口名称初始化新实例，返回当前计算机端口名称数组。

9.2 端口名称初始化端口

函数名称：SerialPort(string portName)

参数：要使用的端口（如 COM1）。

说明：使用指定的端口名称初始化新实例。

9.3 接收扫描枪端口数据事件

事件名称：event SerialDataReceivedEventHandler DataReceived

说明：处理端口接收数据后的对象说明。

9.4 打开一个新的端口连接

函数名称：void Open()

参数：无。

说明：打开新的串行端口连接。

9.5 关闭端口链接

函数名称：void Close()

参数：无。

说明：关闭端口连接，将已经打开的端口属性设置为 false，释放内部空间对象。

9.6　释放端口占用资源

函数名称：void Dispose()

参数：无。

说明：释放端口占用资源。

10　赋码设备接口

10.1　指定计算机端的输出端口

函数名称：openp*t(a)

参数 a：单机打印时，请指定打印机驱动程序名称。

10.2　关闭指定的计算机端输出端口

函数名称：closep*t()

参数：无。

10.3　设定卷标的宽度、高度、打印速度、打印浓度、感应器类别

函数名称：setup(a,b,c,d,e,f,g)

参数如下：

a：字符串型，设定卷标宽度，单位 mm。

b：字符串型，设定卷标高度，单位 mm。

c：字符串型，设定打印速度（打印速度随机型不同而有不同的选项）。

——1.0：每秒 1.0 英寸打印速度；

——1.5：每秒 1.5 英寸打印速度；

——2.0：每秒 2.0 英寸打印速度；

——3.0：每秒 3.0 英寸打印速度；

——4.0：每秒 4.0 英寸打印速度；

——5.0：每秒 5.0 英寸打印速度；

——6.0：每秒 6.0 英寸打印速度。

d：字符串型，设定打印浓度，0～15，数值越大，打印结果越黑。

e：字符串型，设定使用感应器类别。

——0 表示使用垂直间距传感器（gap sens）；

——1 表示使用黑标传感器（black mark sens）。

f：字符串型，设定 gap/black mark 垂直间距高度，单位为 mm。

g：字符串型，设定 gap/black mark 偏移距离，单位为 mm，此参数若使用一般卷标时均设为 0。

返回值：int 类型。

10.4　清除打印内容

函数名称：clearbuffer()

参数：无。

10.5　使用条形码机内建条形码打印

函数名称：barcode(a,b,c,d,e,f,g,h,I)

参数如下：

a：字符串型，条形码 X 轴方向起始点，以点（point）表示。

（200 DPI，1 点=1/8 mm；300 DPI，1 点=1/12 mm）

b：字符串型，条形码 Y 轴方向起始点，以点表示。

（200 DPI，1 点=1/8 mm；300 DPI，1 点=1/12 mm）

c：字符串型。

d：字符串型，设定条形码高度，高度以点来表示。

e：字符串型，设定是否打印条形码码文。

——0：不打印码文；

——1：打印码文。

f：字符串型，设定条形码旋转角度。

——0：旋转 0°；

——90：旋转 90°；

——180：旋转 180°；

——270：旋转 270°。

g：字符串型，设定条形码窄条比例因子。

h：字符串型，设定条形码窄条比例因子。

I：字符串型，条形码内容。

10.6 使用条形码机内建文字打印

函数名称：printerfont(a,b,c,d,e,f,g)

参数如下：

a：字符串型，文字 X 轴方向起始点，以点表示。

（200 DPI，1 点=1/8 mm；300 DPI，1 点=1/12 mm）

b：字符串型，文字 Y 轴方向起始点，以点表示。

（200 DPI，1 点=1/8 mm；300 DPI，1 点=1/12 mm）

c：字符串型，内建字型名称，共 12 种。

——1：8*/12 dots；

——2：12*20 dots；

——3：16*24 dots；

——4：24*32 dots；

——5：32*48 dots；

——TST24.BF2：繁体中文 24*24；

——TST16.BF2：繁体中文 16*16；

——TTT24.BF2：繁体中文 24*24（电信码）；

——TSS24.BF2：简体中文 24*24；

——TSS16.BF2：简体中文 16*16；

——K：韩文 24*24；

——L：韩文 16*16。

d：字符串型，设定文字旋转角度。

——0：旋转 0°；

——90：旋转 90°；

——180：旋转 180°；

——270：旋转 270°。

e：字符串型，设定文字 X 轴方向放大倍率，1～8。

f：字符串型，设定文字 Y 轴方向放大倍率，1～8。

g：字符串型，打印文字内容。

10.7　送内建指令到条形码打印机

函数名称：sendcommand(command)

参数：详细参数请参考 TSPL 手册。

10.8　打印卷标内容

函数名称：printlabel(a,b)

参数如下：

a：字符串型，设定打印卷标式数（set）。

b：字符串型，设定打印卷标份数（copy）。

10.9　设定纸张不回吐

函数名称：nobackfeed()

参数：无。

10.10　使用 Windows TTF 字型打印文字

函数名称：windowsfont(a,b,c,d,e,f,g,h)

参数如下。

a：整数型，文字 X 轴方向起始点，以点表示。

b：整数型，文字 Y 轴方向起始点，以点表示。

c：整数型，字体高度，以点表示。

d：整数型，旋转角度，逆时钟方向旋转。

——0：旋转 0°；

——90：旋转 90°；

——180：旋转 180°；

——270：旋转 270°。

e：整数型，字休外形。

——0：标准（N*mal）；

——1：斜体（Italic）；

——2：粗体（Bold）；

——3：粗斜体（Bold and Italic）。

f：整数型，底线。

——0：无底线；

——1：加底线。

g：字符串型，字体名称，如 Arial、Times new Roman、细名体、标楷体。

h：字符串型，打印文字内容。

10.11　显示 DLL 版本号码

函数名称：about()

参数：无。

11 数据管理平台

数据管理平台接收从多个数据采集接口发送上来的数据，并将这些数据进行存储管理，保存以往的历史数据，同时为数字化车间应用系统提供数据访问服务。

识读设备应具有与数据管理平台通信的能力，具备向数据管理平台上报数据、接收数据管理平台配置管理信息、故障告警的能力。

在参数配置中，能够对识读设备参数、网络通信参数等信息进行配置管理，在故障告警中应当能够定期检测自身故障并进行上报。

12 数字化车间应用系统

数字化车间应用系统应满足《数字化车间 通用技术要求》的要求，应具有数字化、网络化、系统化、集成化和可视化的特征。

数字化车间应用系统应包括制造执行系统（MES）、仓库管理系统（WMS）、企业资源管理系统（ERP）。用于建立数字化车间生产过程中原材料、半成品、成品的基础数据管理，进一步对数据进行挖掘、分析、处理，完成从仓库到产线上的每个主要零部件、半成品、成品的物流状态跟踪、生产状态监控、产品质量控制与追溯，建立数字化车间生产加工的数字化模型，实现生产流程实时数据采集与可视化。

在生产操作开始之前，用户可根据生产工艺流程的工艺编排、工序设定、工位设置、设备配置等信息对应用系统进行相应参数设定。

在生产过程中，数字化车间应用系统可通过数据管理平台获取生产过程实时数据信息，实现对生产过程的实时监测、异常处理和生产能力平衡。

用于数字化车间的 RFID 系统应用场景参见附录 A。

13 数字化车间二维码系统与应用系统的接口要求

用于数字化车间的二维码系统与 ERP、MES 和 CRM 等系统之间的集成可以基于中间件技术实现。基于中间件的二维码系统与数字车间的 ERP、MES 和 CRM 等系统数据交互如图 2 所示。

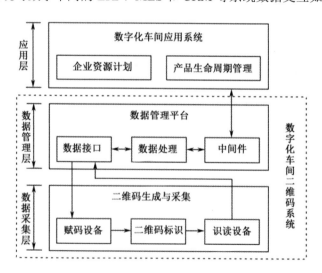

图 2　用于数字化车间生产的二维码系统与应用系统的中间件数据流

二维码系统和 ERP、MES、CRM 等系统数据交换的要素一般包括交换数据名称、定义、Schema 定义、命名空间、注释和源代码等。

接口程序是与上级系统、各部门之间其他系统进行数据交互的主要渠道，在允许的情况下一般都是采用 Web Service 作为接口服务，Web Service 是以 XML 方式进行数据传递。

系统中的信息包括公文处理数据、督查督办数据、内部事务管理数据、公共服务管理、综合查询统计数据信息等。

基本信息表单 XML_Schema 定义如下：

a）名称：基本信息表单。

b）定义：基本信息表单。

c）Schema 定义：见表"基本信息表单 XML_Schema 定义"。

d）命名空间：pc.data.bo。

e）注释：无。

f）源代码：

```xml
<?xml version="1.0" encoding="utf-8" ?>
<xsd:schemaxmlns:xsd="http://www.w3.org/2010/XMLSchema"targetNamespace="cstar.data.bo">
  <xsd:element name="PersonBaseInfo">
      <xsd:complexType>
          <xsd:sequence>
              <xsd:element name="ID" type="xsd:string"/>
              <xsd:element name="Name" type="xsd:string"/>
              <xsd:element name="统一 rdTypeID" type="xsd:int"/>
              <xsd:element name="统一 rdNo" type="xsd:string"/>
              <xsd:element name="Sex" type="xsd:int"/>
              <xsd:element name="Birthday" type="xsd:dateTime"/>
              <xsd:element name="NativePlace" type="xsd:string"/>
              <xsd:element name="NationID" type="xsd:int"/>
              <xsd:element name="RegisterAddress" type="xsd:string"/>
              <xsd:element name="Nationality" type="xsd:int"/>
          </xsd:sequence>
      </xsd:complexType>
  </xsd:element>
</xsd:schema>
```

附录 A
（资料性附录）
用于数字化车间的二维码系统应用场景

A.1 概述

本附录给出了用于照明灯具数字化车间生产的二维码系统应用情况，可实现以下功能：

a）通过二维码系统实现对欧普集团（包括吴江工厂、中山工厂、OEM 工厂等）产品的生产加工、物流、仓储和销售的全过程进行双向追溯。

b）通过二维码系统的追溯模式和快速预警机制可有效防止产品窜货和假冒产品。

c）通过二维码系统可以实时监控各个区域产品的销售、库存等状态，有利于制订更切合市场需求的生产计划。

A.2 业务流程

业务流程如图 A.1 所示，分为以下几个环节：

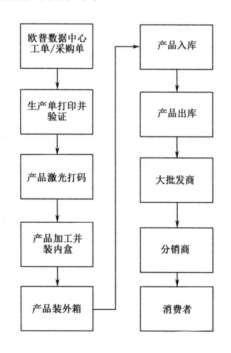

图 A.1 业务流程图

a）二维码系统同步 SAP 工单和 SRM PO 单，为每张生产单赋予唯一生产二维码。

b）用激光雕刻机扫描工单二维码，系统解码并验证匹配服务器的工单与工单生产数量。匹配成功后，在产品底盘上雕刻二维码标签，为每个产品底盘赋予唯一防伪二维码。

c）在包装时，读取每个产品底盘上的二维码，标签打印机打印相应的内盒标签，工人将标签贴在相对应的内盒包装上。

d）装箱时，依次扫描箱内内盒标签，系统根据获取的 WMS 物流码，生成一个包含物流码与外箱二维码的标签，物流码与外箱二维码共存，系统为两者做数据关联。

e）贴有外箱二维码与物流码标签的产品通过 WMS 扫描物流码入库到欧普 CDC 与 RDC 仓库。

f）出库时 WMS 扫描物流码出库、大批发商/一级代理商收到产品时，需扫描欧普交货单，根据交货单能查询欧普出货的产品。

g）系统确认产品从供应商发出后，被大代理商或区域仓库接受，形成了产品溯源的闭环数据链。

h）各大批发商（或区域仓库）进行产品销售时，扫描成品包装上的二维码。

i）在系统中录入分销商的信息，将产品在分销渠道中的溯源信息记录进入中心数据库。

j）消费者通过手机查询系统，扫描产品上的二维码，就可立即查询到产品的相关信息，并根据不同用户分配不同级别的使用权限，展示相应的产品信息，包括产品的生产信息、出/入库信息、物流信息、溯源信息等。

智能制造能力成熟度要求

引　言

标准解决的问题：

本标准规定了在不同的成熟度等级下类与域的要求，通过对类与域的要求的描述，为企业进行制造能力提升提供准则和依据。

标准的适用对象：

本标准适用于为制造企业诊断与提升智能制造能力提供方法，为服务商提供产品与解决方案提供建设依据；为第三方开展智能制造能力成熟度评估提供参考。

专项承担研究单位：

中国电子技术标准化研究院。

专项参研联合单位：

北京机械工业自动化研究所、中国航空综合技术研究所、北京和利时系统工程有限公司、上海明匠智能系统有限公司、宁夏共享集团股份有限公司、江苏极熵物联科技有限公司、江苏海宝软件股份有限公司、四川长虹电器股份有限公司、中车株洲电力机车有限公司。

专项参研人员：

于秀明、郭楠、王程安、杨梦培、张星星、吴灿辉、王海丹、乃晓文、毕京洲、虞日跃、索寒生、招庚、张巍、苏伟、贾超、刘亚宾、郭建祥、刘翊、李小联、姜佳俊、李琳、韦莎、韩丽、余云涛等。

智能制造能力成熟度要求

1 范围

本标准规定了智能制造能力成熟度（以下简称"能力成熟度"）模型的中不同能力成熟度等级下对核心能力要素（类和域）的通用要求。

本标准适用于为制造企业诊断与提升智能制造能力提供方法，为服务商提供产品与解决方案提供建设依据，为第三方开展智能制造能力成熟度评估提供参考。

2 规范性引用文件

下列文件对于本规范的应用是必不可少的。凡是注日期的引用文件，仅注日期的版本适用于本文件。凡是不注日期的引用文件，其最新版本（包括所有的修改单）适用于本文件。

GB/T ××××× -×××× 智能制造能力成熟度模型

3 术语和定义

3.1 术语和定义

GB/T ××××× -×××× 《智能制造能力成熟度模型》中界定的术语和定义适用于本文件。

3.2 缩略语

下列缩略语适用于本文件。

DCS：分布式控制系统（Distributed Control System）

ERP：企业资源计划（Enterprise Resource System）

MES：制造执行系统（Manufacturing Execution System）

PLC：可编程逻辑控制器（Programmable Logic Controller）

SCADA：监控与数据采集系统（Supervisory Control And Data Acquisition）

4 概述

智能制造能力成熟度要求是在《智能制造能力成熟度模型》的基础上，对模型的核心能力要素（维度、类和域）在不同成熟度等级下应满足的条件进行定义，即做出要求。企业应根据自身的业务特点对核心能力要素进行选择，其中，制造维和智能维是企业应同时兼具的要素，智能维下的类和域不可裁剪，制造维下的类和域可根据企业业务特点进行选择。企业要达到某一成熟度等级，需满足该成熟度等级下所选择的类和域的所有要求，以保障智能制造能力的全面均衡发展。成熟度等级与核心能力要素的对应关系如图1所示。

维度	制造维															智能维											
类	设计			生 产							物流		销售	服务		资源要素			系统集成		互联互通		信息融合		新兴业态		
域	产品设计	工艺设计	工艺优化	采购	计划与调度	生产作业	质量管理	安全管理	环境保护	能源管理	仓储配送	运输管理	销售管理	客户服务	产品服务	战略和组织	人员	设备	应用集成	系统安全	网络环境	网络安全	数据融合	数据安全	个性化定制	远程运维	协同制造
五级	√	√	√	√	√	√	√	√	√	√	√	√	√	√	√	√	√	√	√	√	√	√	√	√	√	√	√
四级	√	√	√	√	√	√	√	√	√	√	√	√	√	√	√	√	√	√	√	√	√	√	√	√	—	—	—
三级	√	√	√	√	√	√	√	√	√	√	√	√	√	√	√	√	√	√	√	√	√	√	√	√	—	—	—
二级	√	√	√	√	√	√	√	√	√	√	√	√	√	√	√	√	√	√	√	√	√	√	√	√	—	—	—
一级	√	√	√	√	√	√	√	√	√	√	√	√	√	√	√	√	√	√	√	√	√	√	√	√	—	—	—

图 1　成熟度等级与核心能力要素的对应关系

企业应在成熟度的初级阶段对智能制造核心能力要素进行规划，为高等级提出的系统间集成、数据的优化等智能化提升奠定基础。新兴业态是智能制造高等级具备的特征，只对成熟度五级进行要求。

5　一级

5.1　设计

5.1.1　产品设计

a）应根据用户需求，按照设计经验进行产品设计方案的策划。

b）应基于计算机辅助开展二维产品设计。

c）应根据相关标准规范开展产品设计。

d）应对产品设计进行验证。

5.1.2　工艺设计

a）应依据设计经验，进行计算机辅助工艺规划及工艺设计。

b）应建立产品设计与工艺设计之间的关联性。

c）应对工艺设计进行验证。

5.1.3　工艺优化

应基于经验对工艺流程进行优化。

5.2　生产

5.2.1　采购

a）应根据产品、物料需求和库存等信息制订采购计划。

b）应通过信息系统，实现对采购订单、采购合同、供应商等信息管理。

c）应建立供货商评价体系，并通过信息化手段，记录评价结果。

5.2.2　计划与调度

a）应基于销售订单和销售预测等信息，编制主生产计划。

b）应基于主生产计划进行调度排产，编制详细生产作业计划。

5.2.3　生产作业

a）应有生产作业相关的标准化指导文件。

b）生产过程中关键件、关键工艺信息及过程信息应可采集。

5.2.4　质量管理

a）应建立覆盖采购、过程及最终检验的规程。

b）应建立质量检验所需的设备设施，并符合计量法规要求。

c）应通过人工通知检验，并编制、维护检验记录，形成检验数据。

5.2.5　安全管理

a）应建立安全管理信息系统，有风险识别评价管理、隐患管理及统计等功能。

b）应通过信息化手段实现从业人员职业健康与安全作业管理。

c）应建立应急预案。

5.2.6　环境保护

a）应使用信息化手段管理环保业务。

b）应定期录入环保数据。

c）应可离线统计监测仪表与数据采集系统的环保监测数据。

d）应实现月度的总量核算。

5.2.7　能源管理

a）应建立能源运行与统计的信息管理系统。

b）应使用信息化手段管理能耗。

5.3　物流

5.3.1　仓储配送

a）应建立信息系统管理出/入库、盘点和安全库存。

b）应制订管理分类和认证规范。

c）应基于生产线计划制订配送计划，实现原材料和中间产品定时定量配送。

d）通过人工计量方式记录罐区相关信息（如温度、液位、压力、密度、物料变更等），录入罐区管理系统。

5.3.2　运输管理

a）应实现订单的信息化管理。

b）应根据运输订单和经验，制订运输计划并配置调度。

c）应对物流信息进行简单跟踪。

d）应对车辆和驾驶人进行统一管理。

5.4 销售

5.4.1 销售管理

a）应基于市场信息和销售经验进行销售预测，制订销售计划。

b）应通过信息系统实现对销售订单、销售合同、分销商和客户信息管理。

5.5 服务

5.5.1 客户服务

a）应制订客户信息收集、处理的程序和方法。

b）应通过信息化手段实现对客户服务信息进行记录，反馈给市场等相关部门，维护客户关系。

5.5.2 产品服务

a）应建立规范化产品服务制度，提供现场服务和远程指导服务。

b）应用信息化手段记录维修服务信息。

c）应统计产品故障信息并反馈给设计、生产部门。

5.6 资源要素

5.6.1 战略和组织

a）应建立相应的规划和发展战略，有发展智能制造的愿景。

b）最高管理者应对资金投入做出规划。

c）应能进行 IT 自身管理。

5.6.2 人员

a）应培养或引进拟发展智能制造需要的人员。

b）企业内部员工应充分意识到智能制造的重要性。

5.6.3 设备

应用信息化手段实现设备的日常管理，包括建立设备管理制度、明确设备维修程序、具备设备意外故障维修能力等。

5.7 系统集成

5.7.1 应用集成

a）应有系统集成架构的初级规划，规划应包括网络、硬件、软件界面等部分集成。

b）设备层部分仪器仪表、控制器、执行机构等现场设备具备开放的集成接口。

5.7.2 系统安全

a）应有系统安全防护意识，拟建立相应的防护计划与措施。

b）应建立系统安全制度、措施等。

5.8 互联互通

5.8.1 网络环境

应建立网络架构总体设计方案。

5.8.2 网络安全

应建立网络安全管理规范，有相应的防护计划与措施文档。

5.9 信息融合

5.9.1 数据融合

a）围绕企业各业务环节，通过手工的方式维护一个逻辑或物理的列表。

b）列表维护应包括数据添加、删除、更新等功能。

c）列表能够向各部门提供其所需的数据。

5.9.2 数据安全

应重视数据安全，对数据安全管理进行规范。

6 二级

6.1 设计

6.1.1 产品设计

a）应建立计算机辅助三维产品设计平台。

b）应针对客户需求，建立自定义的仿真模型，实现产品外观、结构、性能等关键要素的设计仿真及迭代优化。

c）应建立企业内产品设计协同机制，实现产品设计过程中不同专业或者组件之间的内部协同。

6.1.2 工艺设计

a）应建立工艺设计规范和标准，指导计算机辅助工艺规划及工艺设计。

b）应建立工艺文件或数据的管理机制，满足工艺文件或数据能按照一定的格式进行查阅、执行、记录的要求。

c）应建立自定义的仿真模型，基于质量、成本、效益、周期等约束条件，实现制造工艺关键环节的仿真优化。

d）应建立产品工艺设计协同平台，实现工艺设计与工装设计、工具设计等之间的内部协同。

6.1.3 工艺优化

工艺模型应在现场稳定运行，并满足场地、安全、环境和质量要求。

6.2 生产

6.2.1 采购

a）应通过信息系统，基于物料需求计划和生产计划制订采购计划。

b）应通过信息系统，实现对采购过程和供货商静态信息和动态信息的管理。

c）应通过信息系统，实现供货商评估等功能。

6.2.2 计划与调度

a）应建立信息系统，系统基于生产数量、交期等约束条件自动生成主生产计划。

b）应基于企业的安全库存、采购提前期、生产提前期等制约要素来实现物料需求计划的运算。

6.2.3 生产作业

a）应通过信息技术手段及时传输和下发与生产相关的图样、工艺文件、作业指导书、配方等图文资料到各生产单元。

b）生产过程中对关键物料、设备、人员等的资源信息应实现自动采集，上传到信息系统。

c）信息系统与数字化设备应在关键工位实现集成。

6.2.4 质量管理

a）应通过信息技术手段实现采购、过程及最终检验等环节的自动提醒。

b）关键检测系统或检验设备应能自动输出检测结果数据到相关系统。

c）检验数据应形成质量控制图。

6.2.5 安全管理

a）应建立安全技能培训、风险识别、隐患、应急管理台账。

b）应建立风险源信息化系统，实现风险源的线上管理。

c）应建立从业人员职业健康体检、工作场所环境监测管理电子台账。

d）应通过信息化手段对安全作业进行全面管理。

6.2.6 环境保护

a）环保业务的标准化流程应使用信息化手段实现。

b）应利用信息化手段自动获取环保直接管理的相关数据。

c）应自动获取环保国控在线监测数据。

d）应通过信息化手段实现从清洁生产到末端治理的全过程化管理。

6.2.7 能源管理

a）应建立能源管理信息系统与能源供应、转换、输配和消耗的能流体系。

b）应对能源生产和消耗进行预警和监控，提升能源管理水平。

6.3 物流

6.3.1 仓储配送

a）应使用统一条码管理标识货物，使用网络设备实现自动和半自动出/入库管理。

b）应通过仓库管理系统实现货物库位分配、出/入库顺序和移库等合理管理。

c）应基于实际物料情况发起配送请求并提示及时配送。

d）应使用数字化仪表，实时采集、存储、分析储罐中介质数据，导入罐区管理系统。

6.3.2 运输管理

a）应通过信息系统，实现订单管理功能。

b）应通过信息系统，实现运输计划、调度管理等功能。

c）关键节点应通过电话、短信等形式反馈给管理人员，然后录入系统。

d）应通过信息系统，实现运力资源管理等功能。

6.4 销售

6.4.1 销售管理

a）应通过信息系统实现销售计划、分销计划管理。

b）应通过信息系统实现销售管理、分销商和客户静态信息和动态信息管理。

6.5　服务

6.5.1　客户服务

a）建立规范化服务体系，设立客户反馈渠道，建立服务满意度评价制度，实现客户服务闭环管理。

b）应通过信息系统实现客户服务管理，应对客户服务信息进行统计，反馈给相关部门。

6.5.2　产品服务

a）信息系统应建立产品故障知识库和维护方法知识库，服务人员可根据手册进行现场服务和远程指导服务。

b）信息系统应实现简单的服务管理功能。

c）系统应对产品故障进行统计，把统计结果反馈给相关的设计、生产部门。

6.6　资源要素

6.6.1　战略和组织

a）应形成发展智能制造的战略，建立明确的指标体系。

b）应建立有关发展智能制造的长期发展规划。

c）应建立明确的资金管理制度，支持发展智能制造的规划。

d）应与相关机构开展合作，验证发展智能制造的愿景及战略可行性与合理性。

6.6.2　人员

a）应确定与企业发展战略相匹配的人员所必要的能力，应能提供现有人员具备与智能制造发展战略相匹配的能力的证据。

b）应制定适宜的措施，形成记录。

6.6.3　设备

a）应采用信息化手段实现设备点检、维护（检修）、保养管理。

b）应采用信息化手段实现设备状态管理（含异常状态）。

c）应已开展主动维修（定期计划）。

6.7　系统集成

6.7.1　应用集成

a）已有系统集成架构的完整规划，包括硬件系统集成、系统软件和应用软件的集成、信息和资源的集成、应用技术集成等。

b）设备层部分仪器仪表、控制器、执行机构等现场设备采用统一的通信协议。

c）基于 http 调用、java 远程调用、Web service 等方式实现部分应用软件集成。

6.7.2　系统安全

a）应制定针对工业控制系统的安全管理要求，包括配置管理、信息安全规划、用户行为规则等。

b）应制定并定期更新系统维护方针策略和规程，对工业控制系统维护的人员、工具和维护时限进行控制。

6.8 互联互通

6.8.1 网络环境

a）应按照网络架构总体设计方案实施，网络覆盖办公和生产区域的比率达到80%以上。

b）开始应用信息化手段开展网络管理工作。

c）对网络可靠性、冗余性进行要求。

6.8.2 网络安全

a）应考虑网络关键设备在业务高峰时的冗余能力。

b）应根据企业各部门工作职能等因素，将网络分多个子网进行管理。

6.9 信息融合

6.9.1 数据融合

a）建立数据标准，定义对存储在数据库中详细数据的访问和共享，为企业各系统间共享使用数据提供支持。

b）数据库通过在线的方式支持数据的访问和共享。

6.9.2 数据安全

a）应对静态存储的重要数据进行加密存储或隔离保护，设置访问控制功能。

b）应对关键业务数据进行定期备份。

7 三级

7.1 设计

7.1.1 产品设计

a）应建立典型产品组件的标准库及典型产品设计知识库，在产品设计时进行匹配、引用。

b）三维模型应集成产品设计信息（尺寸、公差、工程说明、材料需求等），确保产品研发过程中数据源的唯一性。

c）基于三维模型，应实现对外观、结构、性能等关键要素的设计仿真及迭代优化。

d）应建立产品设计与工艺设计的协同平台，通过工艺设计的介入与联动，实现产品设计与工艺设计间的信息交互、并行协同。

7.1.2 工艺设计

a）应建立计算机辅助三维工艺设计平台，实现计算机辅助工艺规划及三维工艺设计。

b）应建立产品典型制造工艺流程、参数、资源等关键要素的知识库，并能以结构化的形式展现、查询与更新。

c）应建立工艺设计与管理平台，实现工艺设计数据或文档的结构化管理及数据共享。

d）可基于三维模型实现制造工艺关键环节的仿真分析及迭代优化。

e）应建立工艺设计与产品设计的协同平台，通过产品设计的介入与联动，实现工艺设计与设计产品间的信息交互、并行协同。

7.1.3　工艺优化

a）应建立部分单元的工艺优化模型，针对现场异常数据信息，提供对应的优化方案。

b）应基于现有工艺参数，综合考虑产量、质量、能源消耗、环保、运行工况、物料平衡等因素，实现工艺优化。

7.2　生产

7.2.1　采购

a）应将采购、生产（维修）、仓储等信息系统集成，自动生成采购计划。

b）应将采购、仓储等信息系统集成，实现流水、库存、单据的同步。

7.2.2　计划与调度

a）应基于约束理论的有限产能算法开展排产调度，并自动生成详细生产作业计划。

b）系统应自动预警和分析调度排产后的异常（如生产延时、产能不足）情况，并支持人工方式调整异常。

7.2.3　生产作业

a）应根据在制品信息自动获取相关的图样、工艺文件、作业指导书、配方等图文资料传到各生产单元电子看板。

b）应实现生产过程全流程数据记录并可追溯。

c）应建立生产过程模型，根据实时更新的实际制造过程数据出具结果报告，通过信息系统电子化显示。

d）应在关键工位进行电子防呆防错管理。

7.2.4　质量管理

a）应通过信息系统将待检产品、检验设备、检验规程及检验人员等数据关联。

b）应通过信息技术手段实现关键工序的技术指标和参数实时监控和预警。

c）通过检验规程与检验设备集成，检测系统或检验设备应能自动在线判断检验的异常，实现在线检测、判断和预警。通过质量管理系统自动生成质量控制图。

7.2.5　安全管理

a）应建立安全技能培训、风险管理、职业卫生、隐患管理等知识库。

b）风险源应建立规范的信息化系统，实现风险源的多平台（生产、设备、安全）管理。

c）应通过移动通信、定位技术，实现安全作业现场管理。

d）建立应急指挥中心，形成典型应急管理、应急专家、应急资源知识库，自动给出基本管理建议，逐步完善应急预案，优化突发事件应急响应时间。

7.2.6　环境保护

a）应对环保事故进行报警，对减排指标完成情况进行预测。

b）应集成生产、设备等环保需要的所有数据，保证数据的唯一性。

c）应自动获取企业所有环境排放点的实时监测数据，以便企业能实时了解企业全部外排及内排口情况。

d）应实现生产环保一体化管理。

7.2.7 能源管理

a）应建立集成一体的能源管理体系，逐步实现对能流、能耗的动态监控及能源集中统一管理，以便优化利用。

b）信息系统应集成成熟的节能模型、实时优化技术、模拟技术，提高能源管理的定量管理水平，实现能流精细化和可视化。

c）活动数据计算、碳排统计应通过信息化手段管理，实现细粒度的企业级排放量、排放强度指标计算。

7.3 物流

7.3.1 仓储配送

a）应基于数字化仓储设备和信息系统集成，根据实际生产计划实现无人或少人化自动出入库管理。

b）应基于仓库管理模型实现动态货位分配和移库管理。

c）应用射频遥控数据终端、声控或按灯拣货等手段进行入库和拣货。

d）应用数字化设备（AGV、桁车等）或配送人员和信息系统集成实施关键件及时配送。

e）基于工业无线网与无线传感器，自动采集罐区信息至管理系统，对储罐状态进行实时监测，储罐状态异常时可自动报警，避免冒罐事故发生。

7.3.2 运输管理

a）应实现运输管理系统与仓储管理系统集成，整合出库和运输过程。

b）系统应支持拼单、拆单等功能。

c）通过配置执行方案来实现多式联运，到达关键节点反馈给信息系统，应通过邮件或短信等方式推送给客户。

7.4 销售

7.4.1 销售管理

a）应根据销售预测模型，生成销售计划。

b）应与生产系统集成实现客户需求预测/客户实际需求拉动生产、采购和物流计划，应与仓储管理系统的集成，整合销售和产品仓储业务。

7.5 服务

7.5.1 客户服务

应建立客户服务知识库，通过云平台提供客户服务，实现与客户关系管理系统集成。

7.5.2 产品服务

a）产品应具有存储、网络通信等功能。

b）通过网络和远程工具，可对产品进行远程服务。

c）系统应有运行信息管理、维修计划和执行管理、维修物料及寿命管理等功能并与其他系统集成。

7.6 资源要素

7.6.1 战略和组织

a）应将智能制造发展战略和行动纳入公司整体战略中，指标已分解到企业相关部门中。

b）企业建立的智能制造发展规划中应包括长期发展规划和近期发展规划。

c）企业在部分领域应有智能制造的专项资金投入。

d）为实现智能制造发展战略，应对组织结构进行优化，最高管理者应确定实施智能制造相关工作的职能部门及领导者。

e）智能制造领导者应在企业内部具有一定权威性，能发挥核心作用，确保智能制造发展战略的推进和实施。

f）企业内部应建立健全的创新管理机制。

7.6.2　人员

a）应制定适宜的持续教育措施，及时有效地使员工获取新的技能和资格，以适应企业的变更和调整。

b）应评价所采取措施的有效性。

c）应建立技能知识库，自动给出基本培训建议，使人员掌握必需的技能。

7.6.3　设备

a）应建立基于设备寿命周期的设备管理系统。

b）应建立针对关键设备的实时远程监控系统。

c）应建立设备故障案例知识库。

7.7　系统集成

7.7.1　应用集成

a）设备层建立以可编程逻辑控制器（PLC）、分布式控制（DCS）、监控与数据采集（SCADA）为基础的开放系统。

b）基于数据库共享、JMS等方式实现控制层和企业层应用软件的集成，搭建完整的SOA架构。

7.7.2　系统安全

a）应定期开展针对可编程逻辑控制器（PLC）、分布式控制（DCS）、监控与数据采集（SCADA）、制造执行系统（MES）、企业资源计划（ERP）等重要组成部分的安全风险评估。

b）应制定工业控制系统信号安全应急响应规划、事件管理和响应等制度。

7.8　互联互通

7.8.1　网络环境

a）应可灵活实现网络带宽、规模、关键节点可扩展、可升级。

b）应可实现电话网络、数字网络等不同网络之间的连接，支撑数据的传输。

7.8.2　网络安全

a）应具有入侵防范功能，对网络设备用户应具有较强的鉴别功能。

b）应对访问网络的用户采用访问控制功能。

c）应能检测到鉴别信息和重要业务数据在传输过程中完整性受到破坏。

7.9　信息融合

7.9.1　数据融合

a）应建立统一数据平台，将割裂的不同区域、不同部门、不同数据库、不同应用平台的数据进行统一整合，实现数据共享。

b）应实现数据集中管理，实现数据同步，提升数据的集中维护点。

7.9.2 数据安全

a）应对关键业务数据具备数据恢复能力。

b）应对动态传输的重要数据进行加密传输或使用 VPN 等方式进行保护。

8 四级

8.1 设计

8.1.1 产品设计

a）应基于产品组件的标准库、产品设计知识库的集成和应用，实现产品参数化、模块化设计；

b）应将产品的设计信息、制造信息、检验信息、运维信息、销售信息、服务信息等集成于产品的三维数字化模型中，实现基于模型的产品数据归档和管理。

c）应构建完整的设计仿真分析平台，并对产品外观、结构、性能、工艺等全维度的仿真分析与迭代优化。

d）应通过产品设计、制造及支撑业务范围内的高度集成，实现设计、制造、检验、运维等业务之间的协同。

8.1.2 工艺设计

a）应建立包含工装模型、工具模型、设备模型等信息的工艺模型，将完整的工艺信息集成于三维数字化模型中。

b）应将知识库与工艺设计系统集成，在制造工艺流程、工序内容、工艺资源等优化过程中，为工艺规划与设计提供决策支持。

c）应利用有限元分析、虚拟现实等技术，实现基于三维模型的制造工艺全过程的仿真分析及迭代优化。

d）通过工艺设计系统与资源管理系统、制造执行系统、质量管理系统等高度集成，形成产品信息、物料清单、工艺路线、工艺设计要求与生产作业等信息下发、执行、反馈、监控、优化等闭环管控，实现工艺设计与制造协同。

8.1.3 工艺优化

a）应建立全过程的工艺优化模型。

b）应形成全过程的工艺优化知识库。

c）能够基于工艺优化模型与知识库，自动给出全流程工艺优化的决策建议。

8.2 生产

8.2.1 采购

a）应与上游供应商的销售系统集成，实现协同供应链。

b）可通过数学模型优化供应商评价和选择。

8.2.2 计划与调度

系统应建立数学模型并采用先进排产调度的算法，自动给出满足多种约束条件、优化的排产方案，形成最优的详细生产作业计划。

8.2.3　生产作业

a）应通过信息系统集成实现生产过程三维电子作业指导、运行参数和生产指令自动下发到数字化设备。

b）应实现生产作业数据的自动采集与在线优化，根据优化结果调整生产作业工艺、工位和生产线布局。

c）应通过信息系统模型分析作业异常报告，优化现场管理决策。

8.2.4　质量管理

a）基于数据分析和知识库的运用，统计工序控制应能预估检验设备等检验资源的瓶颈，交互生产排程系统以调整。

b）应依据产品质量在线检测结果预测未来的质量异常，应结合知识库自动给出生产的纠正和预防措施。

8.2.5　安全管理

a）应用移动技术、物联网手段等，实现现场作业规范化，实现安全作业管理系统与风险管控系统的综合管理和集成联动，引用典型风险管理知识库，动态实现风险识别、评审和治理的闭环管理。

b）应用典型职业卫生知识库，优化相应的职业健康管理体系，实现职业健康体检异常处置的闭环管理。

c）应通过现场多源的信息融合，利用应急指挥中心、典型应急管理、应急专家，给出最佳管理建议，协调各方面资源，快速响应并开展应急处置。

8.2.6　环境保护

a）信息系统应集成实时计算模型、挥发性有机物（VOCs）估算技术，给出调整减排量方案，提高环保管理水平，降低企业排放量。

b）信息系统应根据生产、设备等业务约束条件，给出减排优化方案。

c）应自动获取企业所需的监测数据，以便企业能实时了解所有排放口情况。

d）应实现环保业务集中统一管理。

8.2.7　能源管理

a）能源管理业务应实现从能源计划、能源运行、用能统计到能源改进的业务完整闭环。

b）应实现包括产能优化、输送优化、耗能优化的全局在线可优化。

c）应实现碳资产管理业务完整闭环。

8.3　物流

8.3.1　仓储配送

a）应基于仓储配送系统与企业资源管理系统、供应链管理系统和制造执行系统集成，形成仓储模型和配送模型优化，实现最小库存和方便快捷配送。

b）应实现仓储和配送可视化管理，生产计划实现动态模拟拣货需求。

c）应通过生产线的实际生产计划实时拉动物料配送。

d）应根据储罐状态实时数据进行趋势预测，结合知识库自动给出纠正和预防措施。

8.3.2 运输管理

a）应通过对每一环节的精益化管理，实现对于最终订单执行结果的保障；系统应具有异常处理功能。

b）系统应根据模型优化引擎提供最佳配送线路。

c）应通过实时定位技术（GPS 等）、传感器、网络和移动网络等技术，实现全程货物跟踪，随时随地掌握货物信息。

8.4 销售

8.4.1 销售管理

a）应通过客户知识挖掘、预测分析和优化策略等加强销售决策，优化销售预测，制订更为准确的销售计划。

b）应用电子商务平台，将所有销售方式进行统一管理。然后，与企业级信息系统集成，实现根据客户需求变化自动调整采购、生产、物流计划。

8.5 服务

8.5.1 客户服务

应通过移动客户端提供产品全生命周期管理，实现产品全程可追溯。

8.5.2 产品服务

a）产品应具有数据采集、通信和远程控制等功能。

b）应用工业互联网技术，实现远程操控、健康状况监测、售后服务等。

c）建立远程运维服务平台，能对装备/产品上传数据进行有效集成、存储与管理，并通过数据建模分析，提供在线检测、故障预警、预测性维护、运行优化、远程升级等服务。

d）应实现远程运维服务平台与产品全生命周期管理系统、产品研发管理系统的协同与集成，提升研发和服务的质量和效率。

8.6 资源要素

8.6.1 战略和组织

a）智能制造战略应驱动公司整体战略的调整，对企业的未来发展方向及重大决策产生重要影响，战略实施过程应进行评审。

b）智能制造应成为企业的一个核心竞争力。

c）应在多个领域内有智能制造专项资金投入。

d）应与外部相关方共享发展战略，并带动相关行业的发展。

e）具备完善的创新管理机制和实施办法，应在企业内部的多个部门实施了创新管理。

8.6.2 人员

a）应通过信息化系统定期收集、分析企业内现有员工的技能水平，使员工技能水平与智能制造发展水平保持一致。

b）应引用典型技能知识库，自动给出培训建议，使人员完全掌握必需的技能，满足人员的个性化培训需求。

8.6.3　设备

a）设备应支持异地(远程）专家在线诊断。

b）应建立关键设备运行模型。

c）应基于设备模型开展预测维修。

8.7　系统集成

8.7.1　应用集成

a）建立现场总线，设备层仪器仪表、控制器、执行机构等现场设备采用统一的通信协议，实现设备与控制系统、设备与设备、设备与管理系统的集成。

b）建立企业服务总线，实现企业内部纵向的实时共享和交互协作。

8.7.2　系统安全

a）在智能制造相关系统建设等活动中应考虑信息安全架构。

b）应对非本地维护的过程进行监视和控制。

c）在新建的系统投产前，应对控制系统开展漏洞检测、渗透测试等检测手段。

d）应根据应急计划定期开展培训、测试和演练。

8.8　互联互通

8.8.1　网络环境

a）网络可通过软件升级、自适应、配置等方式，能够动态支持新的业务需求。

b）可通过将网络的传输资源封装成服务，通过集成接口与其他系统对接，接受各种业务对网络的需求，为不同业务提供有针对性的网络服务。

8.8.2　网络安全

a）应考虑各通信企业之间数据传输的保密性，应能检测到系统管理数据、鉴别信息和重要业务数据在传输和存储过程中的完整性是否受到破坏。在检测到完整性错误时应采取必要的恢复措施，保证重要子网的安全性。

b）应对进出网络的协议信息进行过滤，对网络数据流量进行管控。

c）应对网络边界的完整性进行检查。

8.9　信息融合

8.9.1　数据融合

通过建立数据模型等方法将企业在经营管理、研发设计、生产制造、产品服务等业务环节的数据、机器数据，以及外部互联网数据等各种杂乱无章的数据进行分析、整合、优化后，输出企业的相关策略。

8.9.2　数据安全

a）应确保存储信息的保密性。

b）通过冗余和备份技术实现数据和系统的可用性。

9 五级

9.1 设计

9.1.1 产品设计

a）应基于参数化、模块化设计，建立个性化定制服务平台，具备个性化定制的接口与能力。

b）应基于三维模型，建立产品全生命周期的业务模型，满足设计、制造、检验、运维、销售、服务等应用需求。

c）应基于产品标准库和设计知识库的集成和应用，自动优化并实现产品智能设计。

d）应基于大数据、知识库建立产品设计云服务平台，进行产品设计周期动态管理，实现服务信息与用户实时交互、协同。

9.1.2 工艺设计

a）应基于知识库实现辅助工艺创新推理及在线自主优化。

b）应实现设计、工艺、制造、检验、运维等信息动态协同。

c）应基于云设计服务平台，围绕产业链实现多领域、多区域、跨平台的全面协同，提供即时的工艺设计服务。

9.1.3 工艺优化

a）应建立完整的工艺的三维数字化仿真模型，实现生产全过程的数字化模拟。

b）应基于知识库实现工艺的实时在线优化。

9.2 生产

9.2.1 采购

a）应支持准时制生产方式，实现零库存。

b）应通过云平台整合供应链上所有企业，实现自动采购。

c）应通过人工智能，进行供应商评价和选择。

9.2.2 计划与调度

a）应建立基于智能算法并融合人工智能动态调整算法的新一代高级计划与高级排产系统。

b）高级计划与排产系统的排程计算应通过不断"试算"的方式，为企业提供生产决策依据。

9.2.3 生产作业

a）应基于云计算和大数据技术实现生产作业全过程虚拟化生产，优化生产作业模型，满足个性化和柔性化生产需求。

b）应建立生产指挥中心，实现生产作业现场可视化监控，指导生产作业。

c）应利用智能设备、互联网、云计算和大数据技术，实现生产作业全过程无人化和少人化生产。

9.2.4 质量管理

基于人工智能和大数据分析，检验系统或检验设备应能依据检测结果预测未来可能的异常并自动回馈以调校相关生产参数。

9.2.5　安全管理

a）应基于知识库，实现安全作业与风险管控一体化管理，实现风险管理知识库的持续优化，通过大数据分析技术，实现风险管理的预测预警。

b）应基于采集、存储职业卫生管理的数据信息，通过智能设备，自动预测、预警从业人员的健康状况，并能自动给出改善健康状况的建议。

c）应基于采集、存储的应急管理数据信息，通过大数据分析技术，模拟三维事故场景，智能推送出应急处置方案。

9.2.6　环境保护

a）应实现环保事故以及减排指标的预测、报警及自动调整，实现环保管理的智能化，提高环保管理水平。

b）应根据环境监测数据趋势，进行预测分析，自动提出最优排放并执行。

c）根据实时的治理设施、生产、设备等数据，自动制订治理方案并执行，提高治理效率。

9.2.7　能源管理

a）应根据智能终端感知能源变化情况，智能驱动能源生产、输送、消耗的优化运行，实现能效最大化。

b）应通过知识库自动生成节能降耗方案。

c）系统应通过大数据分析，主动预测预警排放量及排放强度。

9.3　物流

9.3.1　仓储配送

a）应基于实际生产实现全流程自主实时分拣和配送。

b）运用大数据和云计算技术实现与计划和排产、生产作业、供应链集成优化，实现最优库存或即时供货。

c）基于核心分拣算法和智能物流算法优化满足个性化、柔性化生产实时配送需求。

d）应通过智能仪表、互联网、云计算和大数据技术，实现罐区阀门自动控制，实现无人罐区。

9.3.2　运输管理

应通过无线射频识别（RFID）、物联网等技术，实现物流信息链畅通；应通过高清摄像和移动网络等技术，实现全方位直播物流过程，企业和顾客可随时随地查看货物。

9.4　销售

9.4.1　销售管理

a）应采用云计算、大数据和机器学习等技术，对电子商务平台销售数据、消费行为数据进行分析，不断优化销售预测模型。

b）应用电子商务平台，实现从个性化定制的销售到回款的全过程管理。

9.5　服务

9.5.1　客户服务

应通过智能客服机器人，实现自然语言交互、智能客户管理、多维度的数据挖掘、智能人工切换并能自学习，提供个性化服务等。

9.5.2 产品服务

a）应用物联网技术和增强/虚拟现实技术，实现智能运维。

b）云平台应实现协同服务。

c）应用大数据技术，实现运行状态、使用效率和故障处理的深度挖掘与跟踪分析，反馈设计的修改和创新知识。

9.6 资源要素

9.6.1 战略和组织

a）以智能制造为基础的发展战略应为企业引进新服务和新产品，在战略实施过程中应定期评审。

b）智能制造的业务活动应为企业创造了更高的经济效益。

c）智能制造投资应涉及企业的整个范围。

d）智能制造的实现带来了新的业务机会、运行机会、环境机会和社会机会，应具备利用这些机会的能力。

e）应具备健全的创新管理措施，应设有专门的创新团队承担创新责任，应有成功的创新案例，使企业内形成系统的技术和创新管理。

9.6.2 人员

a）对于协助企业未来发展有突出贡献与重大创新的人员，应实施激励措施。

b）应持续提高员工在更多领域的技能水平。

c）应能通过模拟仿真，实现对人员技能的培训。

9.6.3 设备

a）应建立完整的设备知识库。

b）应基于大数据分析开展预知维修。

c）应采用虚拟现实技术判断设备故障原因。

9.7 系统集成

9.7.1 应用集成

基于云平台建立连接产业上下游等统一的数据管理平台，实现价值链横向的系统集成。

9.7.2 系统安全

a）应实现对工业控制系统安全威胁的主动防御。

b）应对运行工业控制系统开展漏洞扫描、渗透测试等安全防护。

9.8 互联互通

9.8.1 网络环境

应实现信息系统云端网络的统一部署，实现上下游企业网络互联互通。

9.8.2 网络安全

a）应确保云数据中心访问的安全性。

b）应对重要通信提供专用通信协议或安全通信协议服务，避免来自基于通用通信协议的攻击而破坏数据的完整性。

9.9 信息融合

9.9.1 数据融合

a）应通过企业内部数据与外部数据（客户行为、市场趋势等）的综合分析，产生数据盈利（如创造智能型产品）。

b）利用可操作的用户行为数据收集，提升客户关系、全新塑造客户体验等。

9.9.2 数据安全

a）应建立异地灾备中心，确保数据安全。

b）应通过采用专用通信通道确保数据完整性、保密性。

c）应对系统管理数据、鉴别信息和重要业务数据提供完整性校验和恢复功能。

9.10 新兴业态

9.10.1 个性化定制

a）应通过个性化定制平台实现与用户的需求对接。

b）应用工业云和大数据技术对用户的个性化需求特征进行挖掘和分析，并反馈到设计环节，进行产品优化。

c）个性化定制平台应实现与企业研发设计、计划排产、柔性制造、营销管理、供应链管理和售后服务等信息系统实现协同与集成。

9.10.2 远程运维

a）应实现智能装备/产品远程运维服务平台与产品全生命周期管理系统（PLM）、客户关系管理系统（CRM）、产品研发管理系统的协同与集成。

b）应用工业互联网实现远程操控、健康状况监测、售后服务等。

c）数据建模分析应提供在线检测、故障预警、预测性维护、运行优化、远程升级等服务。

9.10.3 协同制造

a）应建立网络化制造资源协同云平台，实现企业间研发系统、生产管理系统、运营管理系统的协同与集成，实现信息资源的交互共享。

b）应实现上下游企业的在供应链、设计、生产、销售和物流的对接。

_____

成果十五

智能制造能力成熟度评估指南

引　言

标准解决的问题：

本标准为实施评估的组织提供了实施智能制造能力成熟度评估的指导性文件，给出了流程型制造企业和离散型制造企业的不同评估域，结合制造业的业务特点，针对不同评估域推荐了不同权重。

标准的适用对象：

本标准适用于需要进行智能制造能力成熟度内部评估的企业，也适用于第三方评估或需要评估的所有组织。

专项承担研究单位：

中国电子技术标准化研究院。

专项参研联合单位：

北京机械工业自动化研究所、中国航空综合技术研究所、北京和利时系统工程有限公司、上海明匠智能系统有限公司、宁夏共享集团股份有限公司、江苏极熵物联科技有限公司、江苏海宝软件股份有限公司、四川长虹电器股份有限公司、中车株洲电力机车有限公司。

专项参研人员：

于秀明、郭楠、王程安、杨梦培、张星星、吴灿辉、王海丹、乃晓文、毕京洲、虞日跃、索寒生、招庚、张巍、苏伟、贾超、刘亚宾、郭建祥、刘翊、李小联、姜佳俊、李琳、韦莎、韩丽、余云涛等。

智能制造能力成熟度评估指南

1 范围

本标准为实施评估的组织提供了实施智能制造能力成熟度评估的指导性文件，给出了流程型制造企业和离散型制造企业的不同评估域，结合制造业的业务特点，针对不同评估域推荐了不同权重。

本标准适用于需要进行智能制造能力成熟度内部评估的企业，也适用于第三方评估或需要评估的所有组织。

需要时，对特定能力给予特殊考虑，本标准可应用于其他类型的评估。

2 规范性引用文件

下列文件对于本规范的应用是必不可少的。凡是注日期的引用文件，仅注日期的版本适用于本文件。凡是不注日期的引用文件，其最新版本（包括所有的修改单）适用于本文件。

GB/T ×××××—×××× 智能制造能力成熟度模型

GB/T ×××××—×××× 智能制造能力成熟度要求

GB/T ×××××—×××× 智能制造能力成熟度评估方法

3 术语和定义

下列术语和定义适用于本文件。

3.1

评估委托方 assessment client

要求评估的组织或人员。

注：评估委托方可以是受评估方、第三方评估机构、合同方或潜在用户。

3.2

受评估方 assessment

接受评估的组织。

3.3

评估准则 assessment criteria

用于与评估证据进行比较的一组方针、程序或要求。

注1：源于GB/T 19011—2013，术语和定义3.2，经修改。

注2：本标准提及的评估准则是指《智能制造能力成熟度要求》。

3.4

评估证据 assessment evidence

与评估准则有关并能够证实的记录、事实陈述或其他信息。评估证据可以是定性的，也可以是定量的

注：源于 GB/T 19011—2013，术语和定义 3.3，经修改。

3.5

评估发现 assessment findings

将收集的评估证据对照评估准则进行评估的结果。

注：源于 GB/T 19011—2013，术语和定义 3.4，经修改。

3.6

评估结论 assessment conclusion

考虑了评估目标和所有评估发现后得出的评估结果。

注：源于 GB/T 19011—2013，术语和定义 3.5，经修改。

4 评估过程

本章描述了实施智能制造成熟度评估的过程与方法，将组织的过程与智能制造能力成熟度要求进行对比，以便了解组织当前实施的过程，识别组织单元内的过程弱项和强项，确定所评估的组织的智能制造过程，包括明确成熟度评估需求，根据企业确定的评估域，结合评估依据实施评估，给出评估结果。成熟度评估过程如图 1 所示。

4.1 策划和准备

4.1.1 确定评估需求

根据制造企业的业务特点，受评估方可选择与企业自身业务活动相匹配的评估域。适当时，可对智能制造能力成熟度模型进行裁剪使用。

企业在确定评估内容时，智能维作为企业发展智能制造的核心驱动内容，不能裁剪。企业可根据自身业务活动对制造维所涉及的业务域进行裁剪。可选择制造维中的一个或多个评估域并结合智能维进行评估，如智能维和设计、智能维和生产、智能维和物流，或选择智能维和多个评估域的组合方式进行评估。

4.1.2 组建评估团队

应确保实施评估活动的评估组成员是有经验、经过培训、具备评估能力的人员，以便顺利完成评估活动。评估团队应具备以下能力：

a）识别评估组长。

b）选择评估组员。

c）评估组成员应运用评估原则、程序和防范。

d）能按商定的时间进行评估。

e）能优先关注重要问题。

f）能通过有效的面谈、观察和对文件、记录及数据的评估来收集评估证据。

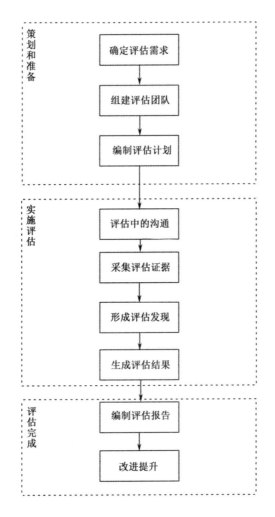

图1 成熟度评估过程

g）能验证收集信息的准确性。

h）能确认评估证据的充分性和适宜性，以支持评估发现和评估结论。

i）能将评估发现形成文件，并编制适宜的评估报告。

j）应维护信息、数据、文件和记录的保密性和安全性。

k）应理解与评估有关的各类风险。

4.1.3 编制评估计划

在实施现场评估前，评估组成员应收集和评审与其承担的评估工作相关的信息，准备必要的工作文件，用于评估过程的参考和记录评估证据，包括评估检查表及根据《智能制造能力成熟度要求》形成的评估问题。

实施评估活动时，应按照既定的策划方案进行，由评估组对方案的策划结果形成不同阶段的评估计划。智能制造能力成熟度评估方式分为两个阶段：预评估和二阶段正式评估。

a）预评估：主要指对受评估企业进行成熟度等级的初步识别和判断，此阶段可通过平台填报问卷的方式，实施非现场评估，也可通过现场评估的方式。一般适用于企业了解智能制造现状水平，对现阶段等级进行自我评估和诊断。

b）二阶段正式评估：是由第二方、第三方机构组织的在受评估方现场进行的评估活动。评估方通过适宜的评估方法，采集评估证据，对照《智能制造能力成熟度要求》形成评估发现，并根据评估发现的满足程度给出评估结论。

评估组长可在评估组团队内进行协商，将具体的过程、活动、职能或场所的评估工作分配给评估组成员，分配评估组工作任务时，应考虑评估组成员能力，做到合理有效利用。评估计划应包括以下内容：

a）确定了评估的范围和程度。

b）确定了评估的持续时间。

c）确定评估过程，选择适宜的评估组成员。

d）明确评估的责任。

e）识别了评估的风险。

f）确定评估所需资源。

g）保密和信息安全的事宜。

评估计划应在实施现场评估活动前得到受评估方的认可。当评估计划不可行时，应向评估委托方和受评估方协商一致。

4.2 实施评估

4.2.1 评估中的沟通

评估过程中应对以下内容进行沟通：

a）正式评估前，评估团队应与受评估方及相关职能、过程的负责人、参与人对评估计划和即将实施的评估活动做出解释和说明，确保所策划的评估活动能够实施。

b）评估期间，评估组应定期讨论交换信息，包括评估进展情况，需要时重新分配评估组成员的工作。

c）评估过程中，评估组织可定期向受评估方、评估委托方通报评估进展及相关情况。

d）对于超过评估范围之外的引起关注的问题，评估组内部应沟通，以便识别有可能存在的紧急的和重大的风险。

e）当采集的评估证据不能达到评估目标时，评估组应向评估委托方和受评估方报告理由以确定适当的措施。

4.2.2 采集评估证据

在实施评估的过程中，应通过适当的方法采集评估证据，收集并验证与企业发展智能制造相关的信息。通过收集的评估证据与成熟度要求的满足程度进行对比，形成评估发现。同时，形成评估发现的评估证据应予以记录。在采集评估证据的过程中，评估组若发现了新的、变化的情况或风险应予以关注。图2给出了从采集评估证据到得出评估结论的过程概述。

采集和验证评估证据的方法包括以下几个：

a）在受评估方参与的情况下完成问卷。

b）面谈。

c）观察。

d）现场巡视。

e）文件、记录评审。

f）操作系统演示。

g）数据采集。

应保持适当的评估过程的记录。

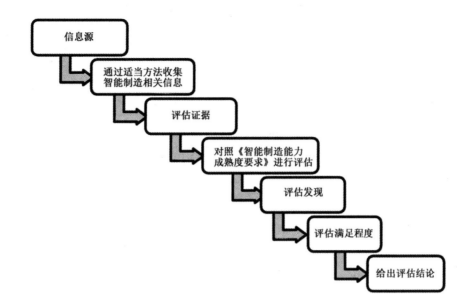

图2　采集评估证据的过程

4.2.3　形成评估发现

应对照 GB/T ××××× −×××× 《智能制造能力成熟度要求》评价已采集的评估证据，以确定评估发现。

根据评估发现的内容，与标准进行对比，形成本项评估内容的分数。确定分数的规则如下：全部满足时，得1分；大部分满足时，得0.8分；小部分满足时，得0.5分；不满足时，得0分。

4.2.4　生成评估结果

评估组应基于已采集的评估证据和评估准则的对照所产生的结果，按照《智能制造能力成熟度评估方法》中提供的方法计算受评估方的分数，并给出对应的成熟度等级。评估组应告知受评估方在评估过程中遇到的可能降低评估结论可信程度的情况，应与受评估方就评估的结论达成一致。可针对评估结论识别改进机会，提出改进建议。

4.3　编制评估报告

评估组应根据评估程序报告最终的评估结果，形成评估报告。评估报告应提供完整、准确、简明和清晰的评估记录，包括以下内容：

a）评估目标。

b）评估范围。

c）明确评估委托方。

d）明确评估组和受评估方在评估活动中的参与人员。

e）评估活动的实施日期和地点。

f）评估准则。

g）评估发现和相关评估证据。

h）评估结论。

评估报告应在商定的时间期限内分发至评估委托方和受评估方。

附录 A
（资料性附录）
智能制造能力成熟度模型评估域权重值的计算方法

A.1 概述

根据制造企业的业务特点，对不同行业、不同企业实施智能制造能力成熟度评估时，其对应的评估域不同，评估域权重值也不尽相同。本附录给出了在不同行业的评估域的推荐权重，以及有关权重的计算方法。

A.2 主要评估域及权重

根据制造企业的业务特点，通过层次分析法对流程型制造业和离散型制造业分别进行权重值计算。流程型制造企业主要评估域及权重见表 A.1，离散型制造企业主要评估域及权重见表 A.2。

表 A.1　流程型制造企业主要评估域及权重表

类	评估类权重	评估域	各评估域权重
设计	8%	工艺优化	8%
生产	32%	采购	2%
		计划与调度	6%
		生产作业	6%
		质量控制	5%
		安全管理	4%
		环境保护	4%
		能源管理	5%
物流	5%	仓储配送	4%
		运输管理	1%
销售	3%	销售管理	3%
服务	2%	客户服务	2%
资源要素	10%	战略和组织	3%
		人员	3%
		设备	4%
系统集成	12%	应用集成	6%
		系统安全	6%
互联互通	11%	网络环境	6%
		网络安全	5%
信息融合	15%	数据融合	8%
		数据安全	7%
新兴业态	2%	协同制造	2%

表 A.2　离散型制造企业主要评估域及权重值

类	评估类权重	评估域	各评估域权重
设计	13%	产品设计	5%
		工艺设计	8%
生产	23%	采购	2%
		计划与调度	6%
		生产作业	6%
		质量控制	6%
		安全管理	1%
		环境保护	1%
		能源管理	1%
物流	7%	仓储配送	6%
		运输管理	1%
销售	3%	销售管理	3%
服务	4%	产品服务	2%
		客户服务	2%
资源要素	10%	战略和组织	3%
		人员	3%
		设备	4%
系统集成	12%	应用集成	6%
		系统安全	6%
互联互通	11%	网络环境	6%
		网络安全	5%
信息融合	15%	数据融合	8%
		数据安全	7%
新兴业态	2%	个性化定制	2%
		远程运维	
		协同制造	

A.3　权重值的计算方法

A.3.1　层次分析法

考虑到评估域大多为定性指标且需要通过专家经验来确定个评估域之间的相对重要程度，因此，本标准采用定量与定向相结合的层次分析法来确定个评估域的权重系数。通过说明权重确定的过程，推荐给有不同使用需求的组织。

层次分析法是一种定性与定量分析相结合的多目标决策分析方法论。它将定性的方法和定量的方法有机地结合起来，将复杂的问题系统地进行分解。层次分析法中每一层因素的权重设置会直接地或间接地影响评价结果，并且层次中每一个因素的影响程度都是可以量化的，它将各个因素的影响程度清晰明确地表示出来，是一种有效的评价工具。层次分析法是决策人对复杂系统的评价决策思维过程的数量化，基本思想是将同一层次各要素以其上一层次的要素为准则，进行两两比较、判断和计算，从而明确成熟度模型中各要素的重要性程度。判断矩阵是以上一层的某一要素作为准则，对下一层要素进行两两比较从而确定矩阵元素值，其判定原则见表 A.3。

表 A.3　判定原则

标度 b_{ij}	定　义
1	因素 i 与因素 j 同等重要
3	因素 i 比因素 j 稍重要
5	因素 i 比因素 j 较重要
7	因素 i 比因素 j 非常重要
9	因素 i 比因素 j 绝对重要
2，4，6，8	因素 i 与因素 j 的重要性的比较值介于上述两个相邻等级之间
倒数 1，1/2，1/3，1/4，1/5，1/6，1/7，1/8，1/9	因素 j 与因素 i 比较得到判断值为 b_{ij} 的互反数，$b_{ji}=1/b_{ij}$ $b_{ii}=1$

A.3.1.1　构造判断矩阵

为断定矩阵的科学性和权威性，组织智能制造相关专家、学者及制造企业进行问卷调研，将专家意见汇总，通过判断尺度的归一化，得到最终判定矩阵，判断矩阵表示针对上一层次某因素而言，本层次与之有关的各因素之间的相对重要性。以确定评估类的权重为例，构造的判断矩阵 A 见表 A.4。同理可构造各评估域的判断矩阵 B_2、B_3、B_4、B_5。

表 A.4　智能制造能力成熟度模型制造维度评估类判定矩阵

A	设计 B_1	生产 B_2	物流 B_3	销售 B_4	服务 B_5	评估类 B_j
设计 B_1	b_{11}	b_{12}	b_{13}	b_{14}	b_{15}	…
生产 B_2	b_{21}	b_{22}	b_{23}	b_{24}	b_{25}	…
物流 B_3	b_{31}	b_{32}	b_{33}	b_{34}	b_{35}	…
销售 B_4	b_{41}	b_{42}	b_{43}	b_{44}	b_{45}	…
服务 B_5	b_{51}	b_{52}	b_{53}	b_{54}	b_{55}	…
评估类 B_i	…	…	…	…	…	b_{ij}

其中，b_{ij} 是对于 A 而言，B_i 对 B_j，相对重要性的数值表示，b_{ij} 的取值各级所选择标度的不同而不同，一般采用 1～9 比例标度，即 b_{ij} 取 1,2,3,…,9 及它们的倒数，其含义见表 A.3。表 A.3 中支队标度 9、7、5、3、1 及其倒数给出了两个元素相比较时的重要程度的取值，标度 8、6、4、2 和 $\dfrac{1}{8}$、$\dfrac{1}{6}$、$\dfrac{1}{4}$、$\dfrac{1}{2}$ 则描述了分别界于它相邻的两个奇数标度之间的取值。

A.3.1.2　确定各级评价要素的权重值

智能制造成熟度模型评估类的判断矩阵 A 的特征值方程为 $AW_a=\lambda_{max}W_a$，求得特征根 λ_{max} 和特征向量 W_a。当判断矩阵 A 通过一致性检验后，W_a 即一级评价指标的权重，$W_a=[w_1,w_2,w_3,w_4]$。

同理，通过评估域的判断矩阵为 B_1、B_2、B_3、B_4、…，可确定为各评估类下评估域的权重：
$W_{b1}=[w_{11},w_{12},\cdots,w_{14}]$ $W_{b2}=[w_{21},w_{22},\cdots,w_{28}]$ $W_{b3}=[w_{31},w_{32},\cdots,w_{38}]$ $W_{b4}=[w_{41},w_{42},\cdots,w_{45}]$

A.3.1.3　确定各项评价要素的权重值

第 i 项评估域的权重值为智能制造能力成熟度模型评估类下评估域的权重值，按式（A-1）~式（A-4）计算：

$$W_i=[w_{11},w_{12},\cdots,w_{14}]=[w_1,w_2,\cdots,w_4] \qquad i=1,2,\cdots,4 \qquad (\text{A-1})$$

$$W_i=[w_{21},w_{22},\cdots,w_{28}]=[w_5,w_6,\cdots,w_{12}] \qquad i=5,6,\cdots,12 \qquad (\text{A-2})$$

$$\boldsymbol{W}_i=[w_{31},w_{32},\cdots,w_{38}]=[w_{13},w_{14},\cdots,w_{20}] \qquad i=13,14,\cdots,20 \qquad （A\text{-}3）$$

$$\boldsymbol{W}_i=[w_{41},w_{42},\cdots,w_{45}]=[w_{21},w_{22},\cdots,w_{25}] \qquad i=21,22,\cdots,25 \qquad （A\text{-}4）$$

A.3.2　专家咨询法

就各评估类和评估域的权重值，分发调查表向专家函询意见，由组织者汇总整理，作为参考意见再次发给每位专家，供他们分析判断并提出新的意见。如此反复多次，使意见趋于一致，最后得出结论。

附录B
（资料性附录）
智能制造能力成熟度评估案例

B.1 概述

为增强本标准的理解和应用，附录 B 给出了智能制造能力成熟度的评估案例。

B.2 流程型制造企业评估案例

Z 为石油化工企业，属流程型企业，企业选择 A.1 推荐的评估域申请智能制造能力成熟度评估。由评估方组建评估团队，并指派一名评估组长。按照策划的方案编制形成评估计划，实施第三方现场评估。

通过现场采集评估证据，形成评估发现；通过专家对各项内容的综合评估，对照《智能制造成熟度要求》评估其各过程的满足程度，然后，根据本标准表 A.1 推荐的权重值进行计算，形成各评估域的得分，最终确定了各评估类的得分，见表 B.1。

表 B.1 Z 企业智能制造能力成熟度各类得分

评估分数	设计	生产	物流	销售	服务	战略与组织	系统集成	互联互通	信息融合	新兴业态
五级	0.1	0.24	0.33	0.5	0.5	0.33	0	0.1	0.35	0.19
四级	0.62	0.48	0.95	0.5	0.8	0.81	0.01	0.41	0.35	—
三级	0.92	0.93	0.9	0.8	1	0.91	0.87	0.95	0.54	—
二级	0.95	0.97	1	1	1	0.92	0.9	0.97	0.75	—
一级	1	1	1	1	1	0.96	0.97	1	0.82	—

根据《智能制造能力成熟度评估方法》给出的计算方法得出：$Z_1=0.99$，$Z_2=0.96$，$Z_3=0.91$，$Z_4=0.67$，$Z_5=0.33$

Z 企业申请评估四级时，未能达到该等级的能力成熟度要求。因此，Z 企业能力成熟度得分为 3.67 分。根据分数与等级对应关系，Z 企业目前处于三级水平，即集成级。

B.3 离散型制造企业评估案例

K 为家电制造企业，属离散型企业，企业选择 A.2 推荐的评估域申请智能制造能力成熟度评估。由评估方组建评估团队，并指派一名评估组长。按照策划的方案编制形成评估计划，并实施第三方现场评估。通过现场采集评估证据，形成评估发现，通过专家对各项内容的综合评估，对照《智能制造成熟度要求》评估其各过程的满足程度。然后根据本标准表 A.2 推荐的权重值进行计算，形成各评估域的得分，最终确定了各评估类的得分，见表 B.2。

表 B.2　*K* 企业智能制造能力成熟度各类得分

评估分数	设计	生产	物流	销售	服务	战略和组织	系统集成	互联互通	信息融合	新兴业态
五级	0	0.43	0	0.65	0	0.7	0	0	0	0
四级	0	0.17	0	0.8	0	0.87	0.5	0.65	0.5	—
三级	0.5	0.83	0.5	0.8	0.3	1	0.8	1	0.67	—
二级	0.7	0.83	0.72	0.8	0.78	1	0.8	0.8	0.8	—
一级	1	1	0.8	1	0.81	1	0.8	0.9	0.8	—

根据《智能制造能力成熟度评估方法》给出的计算方法，得出 *K* 企业每一个等级的评估分数：$K_1=0.9$，$K_2=0.80$，$K_3=0.71$，$K_4=0.39$，$K_5=0.17$

K 企业申请评估三级时，未能达到该等级的能力成熟度要求。因此，*K* 企业能力成熟度得分为 2.71 分。根据分数与等级对应关系，*K* 企业目前处于二级水平，即规范级。

参 考 文 献

[1] 2016 年智能制造试点示范项目要素条件. 工业和信息化部. 2016

[2] 工业和信息化部，国家标准化管理委员会. 国家智能制造标准体系建设指南（2015 年版）. 2015

[3] GB/T 19011—2013　管理体系审核指南

成果十六

智能制造能力成熟度模型

引　言

标准解决的问题：

本标准定义了用于制造企业智能制造能力提升的成熟度模型，给出了模型的内涵与构成，确立了由一级到五级的成熟度等级及模型的应用。拟帮助企业解决智能制造落地实施的问题：一是帮助企业解决如何从顶层设计智能制造规划及如何分步实施的问题；二是帮助企业区分重点，该抓住哪些核心制造能力，以及核心能力如何提升的问题。

标准的适用对象：

本标准适用于制造企业、服务商等识别、规划与提升智能制造能力，也可为能力成熟度评估的需求方开展评估提供参考。

专项承担研究单位：

中国电子技术标准化研究院。

专项参研联合单位：

北京机械工业自动化研究所、中国航空综合技术研究所、北京和利时系统工程有限公司、上海明匠智能系统有限公司、宁夏共享集团股份有限公司、江苏极熵物联科技有限公司、江苏海宝软件股份有限公司、四川长虹电器股份有限公司、中车株洲电力机车有限公司。

专项参研人员：

于秀明、郭楠、王程安、杨梦培、张星星、吴灿辉、王海丹、乃晓文、毕京洲、虞日跃、索寒生、招庚、张巍、苏伟、贾超、刘亚宾、郭建祥、刘翊、李小联、姜佳俊、李琳、韦莎、韩丽、余云涛等。

智能制造能力成熟度模型

1　范围

本标准定义了用于制造企业智能制造能力提升的成熟度模型，给出了模型的内涵与构成，确立了由一级到五级的成熟度等级及模型的应用。

本标准适用于制造企业、服务商等识别、规划与提升智能制造能力，也可为能力成熟度评估的需求方开展评估提供参考。

2　术语和定义

下列术语和定义适用于本文件。

2.1

智能制造　smart manufacturing

基于物联网、大数据、云计算等新一代信息技术，贯穿于设计、生产、管理、服务等制造活动的各个环节，具有信息深度自感知、智慧优化自决策、精准控制自执行等功能的先进制造、系统与模式的总称。

2.2

智能制造能力　the capability of smart manufacturing

企业在实现智能制造的目标过程中所拥有的技术、方法、服务等的综合体。

2.3

能力要素　capability enabler

驱动能力的元素集合。

[GB/T 33136—2016，定义 3.1.7]

3　成熟度模型

3.1　概述

智能制造能力成熟度模型如图 1 所示。

本模型定义了逐步提升的五个等级，自低向高分别为一级、二级、三级、四级和五级，较高的成熟度等级涵盖了低等级的要求。

本模型中每个成熟度等级包含了若干能力要素，由维度、类和域组成，企业可根据业务特点对类和域进行裁剪。

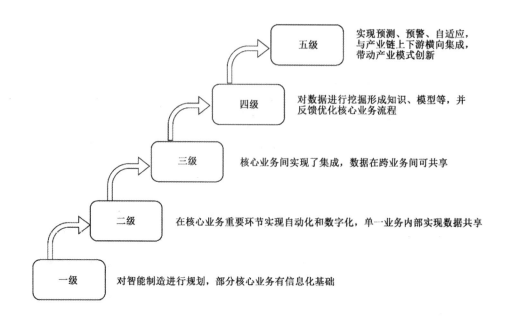

图 1　智能制造能力成熟度模型

3.2　等级

成熟度等级定义了智能制造的阶段水平，不同的成熟度等级代表当前实施智能制造的程度。

3.2.1　一级

企业应有实施智能制造的规划和投资，应实现设计、生产、物流、销售、服务部分核心制造环节的流程信息化。

3.2.2　二级

企业实现设计、生产、物流、销售、服务核心业务重要环节的自动化与数字化，核心业务内部流程实现集成。

3.2.3　三级

企业应实现设计、生产、物流、销售、服务核心业务间的信息系统集成，跨业务数据可共享。

3.2.4　四级

企业应对采集到的人员、装备、产品、环境、生产过程等数据进行分析，形成知识库、模型库、专家库等，并反馈优化生产工艺和业务流程。

3.2.5　五级

企业应实现与产业链上下游的横向集成，带动个性化定制、网络协同、远程运维等新模式的创新。

3.3　模型构成

本模型根据颗粒度可分为等级、维度、类、域，域是类的主要组成部分，模型构成如图2所示。

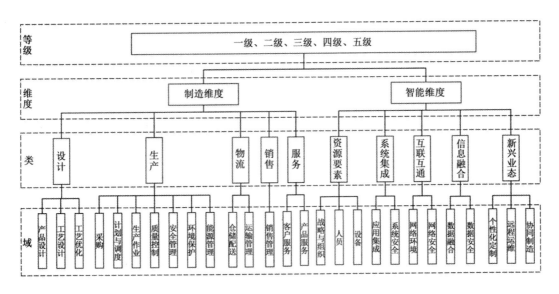

图2　智能制造能力成熟度模型构成

维度包括制造维度和智能维度，制造维度包括设计、生产、物流、销售和服务5大类，智能维度包括资源要素、系统集成、互联互通、信息融合和新兴业态5大类。

类和域是智能制造关注的核心要素，是对智能维度与制造维度两个维度的深度诠释。其中，域是对类的进一步分解。设计包括产品设计、工艺设计、工艺优化3个域。生产包括采购、计划与调度、生产作业、质量控制、安全管理、环境保护、能源管理7个域；物流包括仓储与配送与运输管理2个域；销售包括销售管理域；服务包括客户服务、产品服务2个域；资源要素包括战略与组织、人员、设备3个域；系统集成包括应用集成与系统安全2个域；互联互通包括网络环境与网络安全2个域；信息融合包括数据融合与数据安全2个域；新兴业态包括个性化服务、远程运维、协同制造3个域。

4　应用

智能制造能力成熟度模型适用于任何规模和业务领域的制造企业，企业可以将本模型作为指南，确定自身智能制造能力建设和改进的目标和途径；可基于企业自身的基础，以某成熟度等级为目标，实施全方位或单方面的改进，以实现智能制造能力的提升。

智能制造能力成熟度模型应用过程中，可依据企业业务范围对类和域进行裁剪。第3章给出的模型构成是一个全集，企业可根据白身业务特点对制造维度的类和域进行裁剪，以便识别出适合自身发展的智能制造能力提升的目标。

反侵权盗版声明

电子工业出版社依法对本作品享有专有出版权。任何未经权利人书面许可，复制、销售或通过信息网络传播本作品的行为；歪曲、篡改、剽窃本作品的行为，均违反《中华人民共和国著作权法》，其行为人应承担相应的民事责任和行政责任，构成犯罪的，将被依法追究刑事责任。

为了维护市场秩序，保护权利人的合法权益，我社将依法查处和打击侵权盗版的单位和个人。欢迎社会各界人士积极举报侵权盗版行为，本社将奖励举报有功人员，并保证举报人的信息不被泄露。

举报电话：（010）88254396；（010）88258888

传　　真：（010）88254397

E-mail：　dbqq@phei.com.cn

通信地址：北京市万寿路 173 信箱

电子工业出版社总编办公室

邮　　编：100036